国家科学技术学术著作出版基金资助出版

昆虫表皮发育与害虫防治

张建珍　朱坤炎 等　编著

科 学 出 版 社

北 京

内 容 简 介

本书较系统地阐述了昆虫表皮发育及基于表皮发育的害虫防治策略，不仅反映了国际上昆虫表皮发育和害虫防治方面的研究进展，而且展示了国内该领域的最新研究成果。全书共9章，前6章是理论基础，综合分析了昆虫表皮结构与功能、表皮几丁质代谢、表皮蛋白、表皮脂类物质、表皮体色与鞣化及昆虫卵内表皮发育；后3章是应用策略，系统总结了以昆虫表皮代谢为靶标的化学防治、真菌防治和RNA干扰生物防治策略的最新进展。

本书内容丰富，涉及面广，系统性强，结构完整，可作为昆虫学和植物保护领域大专院校的本科生、相关领域的研究生和科技工作者的参考书，同时可为生物学各研究领域的学者提供新的思路。

图书在版编目（CIP）数据

昆虫表皮发育与害虫防治/张建珍等编著. —北京：科学出版社，2024.2
ISBN 978-7-03-077575-7

Ⅰ.①昆… Ⅱ.①张… Ⅲ.①昆虫–表皮–发育 ②嗜虫真菌–病虫害防治–生物防治 Ⅳ.① Q96 ② S476

中国国家版本馆 CIP 数据核字（2024）第 003416 号

责任编辑：陈 新 郝晨扬/责任校对：郑金红
责任印制：赵 博/封面设计：无极书装

科学出版社 出版
北京东黄城根北街 16 号
邮政编码：100717
http://www.sciencep.com
涿州市般润文化传播有限公司印刷
科学出版社发行 各地新华书店经销
*
2024 年 2 月第 一 版 开本：720×1000 1/16
2024 年 2 月第一次印刷 印张：16 1/2
字数：333 000
定价：**218.00 元**
（如有印装质量问题，我社负责调换）

《昆虫表皮发育与害虫防治》编著者名单

（以姓名汉语拼音为序）

柴 林　董 玮　范云鹤　高 璐　郭红芳
韩鹏飞　李大琪　李慧咏　刘卫敏　刘晓健
史学凯　宋慧芳　王艳丽　杨 洋　于荣荣
张建珍　张 晶　张 敏　张 睿　张婷婷
赵小明　赵艺妍　朱坤炎

序

昆虫是地球上已知物种中种类最多的，其中 46% 以植物为食。全世界每年被农业有害昆虫吃掉的谷物在 30% 左右，"虫口夺粮"因而成为人们必须长期面对的难题。众所周知，农药在控制虫害中担当着不可或缺的重要角色。然而，农药的不合理使用和传统农药品种的潜在毒性引发了环境污染、害虫抗药性、农产品质量安全等一系列问题，受到社会的广泛关注。因此，高效、绿色的虫害防控技术对于农业的可持续发展、保护生态、保障食品安全意义重大。

表皮是昆虫的重要组织结构。由表皮形成的外骨骼可保护昆虫内脏器官，赋予昆虫灵活的运动机能。表皮也是虫体的保护性屏障，既能防止体内水分蒸发，又能保护虫体免受机械损伤和微生物侵染。一些表皮细胞特化成感受器或腺体，接受外界刺激，分泌种间或种内信息化合物，调节和控制着昆虫的生理与行为反应。昆虫在个体发育过程中旧表皮周期性地蜕去，同时新表皮周期性地形成，蜕皮是节肢动物等类群特有的生物学现象，而人类和其他高等哺乳动物缺少这一生物学特性，因此表皮作为人们认为的害虫防治的理想靶标备受期待。

表皮的主要成分为几丁质、表皮蛋白和脂类。这些主要成分的缺失或含量的减少均会导致表皮功能异常甚至丧失，从而严重影响昆虫的正常生长发育。因此，针对表皮代谢系统关键基因的鉴定及功能解析是该领域的研究热点。近年来，基因组学、蛋白质组学和 RNA 干扰等前沿生物学技术快速发展，极大地促进了昆虫表皮发育研究。《昆虫表皮发育与害虫防治》包含了张建珍教授团队多年来的研究成果及国内外该领域最新研究进展，围绕昆虫表皮结构与功能、表皮几丁质代谢、表皮蛋白、表皮脂类物质、表皮体色与鞣化、昆虫卵内表皮发育等进行综述，并就基于表皮代谢系统的害虫防治方法和最新进展等进行系统论述，对基于 RNA 干扰的分子靶标设计及潜在应用前景进行回顾和展望。该书内容丰富，系统性强，结构完整，为我国农业资源利用和植物保护等相关领域的科研工作者、学生及农业技术推广人员提供了一本专业性强、学术水平高的参考书，对于践行"绿水青山就是金山银山"的生态文明建设理念、助力乡村振兴战略具有重要意义。

杨青

2023 年 11 月

前　　言

　　昆虫属于无脊椎动物中的节肢动物，种类繁多、形态各异，是地球上种类和数量最多的动物群体，几乎遍布世界每一个角落。我国农业生物灾害频发，生态环境脆弱，毁灭性的农作物病虫害导致农业经济损失与环境破坏。因此，安全有效地防治农作物病虫害是农业可持续发展的重大课题，对保障我国农业生产安全、提高农产品质量和减少环境污染具有重要的意义。长期以来，我国农业害虫防治主要采用化学防治法，化学杀虫剂的大量施用已导致害虫产生抗药性和环境污染问题。对此，科技部、国家发展改革委、财政部和农业农村部等部委联合组织实施"十三五"国家重点研发计划试点专项"化学肥料和农药减施增效综合技术研发"，双减政策的实施对农业植物保护现代化具有重要的推动作用。

　　昆虫体表具有坚硬的外骨骼以保护柔软的躯体。昆虫的外骨骼，即昆虫体壁，由表皮、表皮细胞和基膜组成，是抵御外界不良环境的第一道防线。昆虫表皮是由表皮细胞分泌产生的细胞外基质，覆盖于虫体表面，提供肌肉附着点，对于维持虫体形状、防止水分散失、抵御微生物侵染和天敌捕食等具有重要作用。昆虫复杂的表皮结构和化学成分使其适应于所处的生态环境。昆虫在生长发育过程中需要周期性蜕皮，而哺乳动物不具有蜕皮这一生物学现象，因此表皮是害虫防治的理想靶标。解析昆虫表皮发育及其生理机制，可为基于昆虫蜕皮发育特点设计害虫防治分子靶标，从而实现害虫绿色精准防控提供理论和实践依据，在植物保护领域具有重要的科学意义与广泛的应用价值。近年来，基因组学、蛋白质组学和RNA干扰等分子生物学技术快速发展，推动了昆虫表皮发育机理的研究。然而，目前围绕昆虫表皮发育与害虫防治尚缺乏全面系统论述的专业书籍。本书是在国家化肥农药减量施用的双减战略需求下进行编撰的，依托国家自然科学基金重点项目、中德国际合作项目、"十三五"国家重点研发计划项目等国家级研究任务，以及团队在昆虫表皮发育领域的研究基础，凝聚了作者团队近20年的研究积累。

　　全书共包含9章内容：第1章介绍了昆虫表皮结构与功能，第2章、第3章和第4章分别就昆虫表皮几丁质代谢、昆虫表皮蛋白和昆虫表皮脂类物质进行了总结与论述，第5章阐述了昆虫表皮体色与鞣化，第6章综述了昆虫卵内表皮发育，第7章、第8章和第9章分别论述了以表皮代谢为靶标的化学防治策略、真菌防治策略和RNA干扰生物防治策略。其中，前6章综述了课题组近20年的研究成果，并参考国内外该领域的最新研究进展，对昆虫表皮结构及代谢机制进行了系统全面的总结和论述。后3章主要针对表皮代谢分子靶标设计及潜在的应用前景进行展望，从经典的几丁质酶抑制剂设计到最新的 RNA 干扰生物防治策略，系统总结了目前基于表皮的害虫防治方法和最新进展。

全书由张建珍和朱坤炎设计与统稿，撰写过程中得到不少专家的大力支持和帮助，还邀请马恩波教授对每一章节进行了认真的审阅，杨青研究员欣然为本书题序，在此一并表示衷心的感谢！

感谢国家自然科学基金重点项目（31730074），"十三五"国家重点研发计划项目（2017YFD0200900），核酸生物农药山西省重点实验室的资助。感谢科学出版社陈新编辑等在本书出版过程中给予的帮助，谨此致以诚挚的谢意。

限于作者学术水平和研究工作的阶段性，书中不足之处恐难避免，敬请广大读者朋友批评指正。

作　者
2023 年 8 月

目　　录

第 1 章

昆虫表皮结构与功能

张建珍[1]，张　睿[2]，郭红芳[1]，杨　洋[3]，张　晶[1]

[1] 山西大学应用生物学研究所；[2] 山西大同大学农学与生命科学学院；
[3] 德国图宾根大学理学院生物系

1.1　昆虫表皮的结构组成

昆虫隶属于无脊椎动物中的节肢动物，种类繁多、形态各异，是地球上种类和数量最多的动物群体。这与其体表具有坚硬的外骨骼——体壁（integument）结构密不可分。体壁就如同脊椎动物的皮肤，为昆虫提供了防护盔甲，是昆虫抵御外界不良环境的第一道防线。除昆虫体表外，外胚层起源的前肠、后肠和气管系统几乎都被体壁覆盖。一般来说，昆虫体壁结构自内而外分别为基膜（basement membrane）、表皮细胞（epidermal cell）、表皮（cuticle）。

基膜位于表皮细胞下方，将表皮细胞与体腔分隔开。其厚约 0.5μm，是一个由胞外基质构成的、连续的非磷脂双分子层结构，由基底层（basal lamina）和网状片层（reticular lamina）融合而成，前者由表皮细胞分泌形成，后者由血细胞和脂肪体细胞分泌形成。基膜的主要成分是纤维形成蛋白，如层粘连蛋白、胶原蛋白和糖蛋白，以及由核心蛋白和氨基葡聚糖交联形成的蛋白聚糖等。基膜与肌丝纤维相连，是肌肉附着的地方，表皮细胞基部质膜与基膜通过半桥粒相连（Chapman，2013）。

表皮细胞位于基膜上部，是一层排列整齐的单细胞层，来源于外胚层，其形状和密度随昆虫生长发育状态而变化。一些表皮细胞在发育过程中可特化成腺体（gland）、绛色细胞（oenocyte）、感觉细胞（sensory cell）等，接受外界刺激，分泌种间或种内的信息化合物，调节和控制着昆虫的生理机能和行为反应。昆虫在蜕皮中和刚蜕皮后不久，表皮细胞会连续向外分泌胞质，延伸到表皮孔道（pore canal）中，这些过程在表皮成熟后便不再发生。表皮细胞底部质膜通常是扁平的，可以增加膜表面的信息传递，促进分子的运输，通常在腺体细胞中更为明显。表皮细胞层的主要生理功能是分泌表皮组分以及在昆虫蜕皮过程中消化和修饰表皮的酶，因而表皮细胞具有大量的粗面内质网、高尔基复合体及膜结合的色素颗粒（Klowden，2007；Chapman，2013）。

　　表皮是由表皮细胞分泌，跨膜转运至胞外，并沉积在表皮细胞顶膜表面而形成的，是一种天然的生物复合材料，具有独特的理化性质。其可将虫体与外界环境隔离开，具有防止干燥、机械支撑、定位方向、辅助运动、抵御外界机械损伤及微生物病菌的侵害等功能。表皮还可作为气管、腺管和感觉器官的导管，以及前、后肠内膜，在虫体呼吸、取食、排泄、渗透调节、水分控制等方面发挥作用。昆虫表皮结构具有高度的保守性，在不同昆虫类群中，均由多层组成，由外而内分别为外包膜（envelope）、上表皮（epicuticle）和原表皮（procuticle），每层组分各不相同。在昆虫表皮发育过程中，外包膜、上表皮和原表皮依次分泌，按顺序沉积形成成熟表皮（Locke，2001），孔道和蜡道（wax canal）分别贯穿原表皮和上表皮（图1-1）。

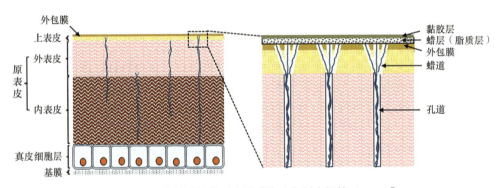

图 1-1　昆虫体壁结构示意图［修改自刘晓健等（2019）］

右图为左图方框内的放大图

1.1.1　外包膜

　　外包膜位于表皮最外层（图1-1），是昆虫在蜕皮时形成的第一层表皮结构，可保护新形成的原表皮不被几丁质酶降解。其厚度约为20nm，在电子显微镜下观察，呈现出电子致密、透明和电子致密交替排列的三层结构（Moussian et al.，2006a）。其主要成分为脂类和蛋白质，两者通过共价键结合，并被醌类物质鞣化，外包膜被鞣化后性质稳定，具有较强的抵抗酸水解的能力（Locke，2001）。外包膜在昆虫生长发育过程中起着保护虫体和限制昆虫生长的作用，同时还可以帮助昆虫抵御外界机械损伤及微生物病菌和杀虫剂等的侵害，并参与昆虫体色的形成（Bennet-Clark，1963；Lai-Fook，1966；Gillott，2005）。

　　绝大多数昆虫表皮外包膜外还覆盖有一层厚度不等的蜡层（wax layer），厚约15nm，由绛色细胞合成，对表皮防水具有重要作用。其主要成分有表皮碳氢化合物（cuticular hydrocarbon），脂肪醇，蜡酯和游离脂肪酸等。其中，碳氢化合物主要包括正烷烃、饱和甲基支链烷烃和不饱和烃等三大类，碳链长度从12个碳到50

个碳均有，且绝大多数为奇数碳原子链（Chapman，2013）。某些昆虫类群表皮蜡层外还有一层薄薄的黏胶层（cement layer），主要由黏多糖组成，具有保护蜡层的作用，也被称为护蜡层（图 1-1）。

1.1.2　上表皮

上表皮位于外包膜下面，与原表皮最外侧紧密相连（图 1-1），由脂类和蛋白质共价交联形成（Moussian，2013）。上表皮中的蛋白质往往被酚类及醌类物质鞣化或硬化，使其具有高强度和低透水性。在其形成过程中，往往有一些酚醛类物质及酚氧化酶（phenol oxidase）的存在，这可能与蛋白质鞣化有关。在成熟的表皮中，作为胞外酶的酚氧化酶长期存在，如果上表皮受损，则会催化新的鞣化过程发生，产生新的上表皮（Chapman，2013）。由于上表皮中的蛋白质与醌类物质交联在一起，难以分离纯化，因此，目前有关组成上表皮的结构蛋白还知之甚少。近些年来，科研工作者采用基因组测序方法，获得了几种可能参与上表皮形成的表皮蛋白（cuticular protein）完整序列（He et al.，2007；Togawa et al.，2007；Cornman and Willis，2009）。

1.1.3　原表皮

原表皮位于表皮的最内层，与表皮细胞质膜紧密相连（图 1-1），主要由几丁质（chitin）和蛋白质组成。几丁质是昆虫表皮的重要结构组分，昆虫表皮的物理和化学性质主要是由其蛋白质决定的。

昆虫表皮几丁质含量占其干重的 25%～40%，N-乙酰葡糖胺（N-acetylglucosamine，GlcNAc）在膜结合酶几丁质合成酶 1（chitin synthetase 1，CHS1）的催化下，通过 β-1,4-糖苷键（β-1,4-glycosidic bond）线性聚合在一起并形成几丁质。几丁质高分子聚合物结晶形成微纤维（microfibril），嵌入表皮蛋白基质中，两者共价交联形成几丁质蛋白复合物。几丁质微纤维在表皮平面平行排列形成片层结构（chitin lamina），原表皮由多个片层结构压缩而成，这些片层以表皮垂直轴为中心，按恒定角度进行逆时针旋转形成螺旋状排列。在电子显微镜下可清晰地看到原表皮的分层结构，因而也被称为层状表皮。这种排列方式使得原表皮具有弹性，可有效地抵御外界压力（Chapman，2013）。

原表皮自外而内又可分为外表皮（exocuticle）和内表皮（endocuticle）两部分（图 1-1）。在一些昆虫表皮中，两者之间可见中间区域，称为中表皮（mesocuticle）（Gillott，2005）。外表皮厚 3～10μm，其中的蛋白质经鞣化反应，形成骨蛋白层，是表皮中最坚硬的一层，且颜色较深、性质稳定，不易被蜕皮液降解。内表皮是表皮细胞向外分泌的最后一层，厚 10～200μm，也是表皮层中最厚的一层，不被鞣化，由蛋白质和几丁质通过共价键、氢键以及醌类交联而成，具有特殊的弯曲和伸展性能。

1.1.4 孔道和蜡道

孔道是从表皮细胞穿过原表皮，止于上表皮下，直径为 0.10～0.15μm 的直线形或螺旋形通道，在上表皮中分支形成蜡道，蜡道直径仅为孔道的 1/20～1/10。孔道在上表皮和外表皮的形成中发挥作用，可作为运送形成蜡层的脂类、鞣化所需要的物质以及其他化合物的通道，将上述物质运送到外表皮和上表皮的交界处后，再通过上表皮的蜡道继续扩散，进而覆盖整个表皮。研究结果表明，蜡道可被四氧化锇（不饱和脂类可被其染色）染色，证明蜡道主要输送脂类（Klowden，2007）。目前认为表皮层中的孔道和蜡道结构是脂类物质运输至表皮的主要通道。脂类是外包膜的主要成分，在绛色细胞和脂肪体中合成，表皮细胞将合成的脂类吸收，经孔道和蜡道将其运输到表皮表面，但其转运机制目前尚不清楚（Schal et al.，1998）。Wigglesworth（1975a，1985）在显微和超微结构水平证实，脂类在长红锥蝽（*Rhodnius prolixus*）孔道和蜡道中的存在。在表皮层形成之后，孔道中即充塞硬化物质，作为表皮层的支柱。

1.2 昆虫表皮的化学组分

昆虫表皮主要由几丁质、蛋白质和脂类物质组成，表皮蛋白与几丁质螺旋堆叠相互作用，从而形成 Bouligand 模型，以稳定表皮的复杂结构，同时维持表皮弹性和其他物理性质。除此之外，昆虫表皮还含有色素、少量酚类和无机盐等物质。

1.2.1 表皮几丁质

几丁质是昆虫表皮的重要组分之一，占虫体干重的 25%～40%，是自然界中广泛存在的多聚糖，除甲壳类动物和昆虫外，许多无脊椎动物、线虫卵以及真菌的细胞壁中也存在几丁质。

1. 几丁质的合成

几丁质在生物体内的合成部位为细胞质膜内侧。在一种直径为 40～70nm、被称为几丁质酶体（chitosome）的颗粒上，在几丁质合成酶（chitin synthetase，CHS）的作用下，以海藻糖（trehalose）或糖原降解的葡萄糖起始合成，聚合成为几丁质微丝。

2. 几丁质的构型

经 X 射线分析研究，几丁质依其双股螺旋以及对称轴分子的排列方向，可分为 α、β 及 γ 3 种类型。α 型几丁质为斜方晶系（rhombic system），其两股双螺旋呈反向平行（antiparallel）排列，其构型最细密，质地较为坚硬（Kameda et al.，2005）。在自然界中，此类几丁质构型含量最为丰富，大部分昆虫或甲壳类（如虾、蟹）的几丁质即属于此类。β 型几丁质为单斜晶系（monoclinic system），其两股双螺旋呈平行（parallel）排列，此类几丁质的组织较为松散，易被几丁质酶（chitinase，Cht）分解，乌贼中的软骨（squid pen）即属于此类。γ 型则为 α 型和 β 型的混合体，藻类和真菌所含的几丁质即属于此类。

3. 几丁质的降解与再利用

昆虫体内存在几丁质合成和降解两类酶系，在虫体每次蜕皮时，大部分表皮均被溶解和再吸收，同时又用来合成新表皮。在几丁质合成的同时，也进行着蛋白质的生物合成。蜕皮激素是控制这两类体系的主导因子，其控制作用是通过对酶原的活化或激发特殊酶的合成来实现的。

1.2.2　表皮蛋白

蛋白质是昆虫表皮的另一大组成成分，其种类丰富，性质多样。表皮蛋白的合成、降解和重构贯穿于昆虫的整个生命周期，表皮蛋白相关基因也因此呈现出多样化的时空表达模式。

近年来，黑腹果蝇（*Drosophila melanogaster*）（Adams et al.，2000）、家蚕（*Bombyx mori*）（Xia et al.，2004）、意大利蜜蜂（*Apis mellifera*）（George et al.，2006）、赤拟谷盗（*Tribolium castaneum*）（Richards et al.，2008）、冈比亚按蚊（*Anopheles gambiae*）（Sharakhova et al.，2010）、飞蝗（*Locusta migratoria*）（Wang et al.，2014a）等各种昆虫全基因组测序工作已经陆续完成。随着日益增多的昆虫基因组密码被破译，越来越多的表皮蛋白基因被鉴定出来。目前，美国国家生物技术信息中心（National Center for Biotechnology Information，NCBI）上收录的表皮蛋白基因序列多达 1400 多条，在已完成基因组测序的昆虫中，表皮蛋白基因的数量均占到其基因组中蛋白质编码基因总数的 1%（Takeda et al.，2001），这些表皮蛋白主要分为 5 个家族，包括 CPR 家族、CPF/CPFL 家族、Tweedle 家族、CPAP 家族及其他家族。

昆虫不同组织中含有的蛋白质种类不同，这使得不同组织的功能也不相同。在对昆虫翅表皮蛋白的研究中，以模式昆虫的研究较为深入，如日本学者从家蚕翅原基化蛹前 cDNA 库中随机选出 cDNA 进行序列测定，鉴定了 10 种表皮蛋白基因，命名为 *BmWCP*（梁欣等，2014）。韩国全南国立大学 Yasuyuki Arakane 课题组以赤拟谷盗为对象，研究鞘翅中高丰度的表皮蛋白功能（Noh et al.，2014，2015）。20 世纪 90 年代，南丹麦大学分子生物学系的 Krogh 等（1995）研究了飞蝗翅中表皮蛋白的主要结构等，Nøhr 和 Andersen（1993）发现飞蝗内外表皮蛋白组成具有明显差异，随后来自哥本哈根大学生物化学研究所的 Andersen（1998）从沙漠蝗（*Schistocerca gregaria*）中分析鉴定出 8 个内表皮蛋白，分别命名为 SgAbd-1、SgAbd-2、SgAbd-3、SgAbd-4、SgAbd-5、SgAbd-6、SgAbd-8、SgAbd-9。Andersen（2000）从飞蝗和死人头蟑螂（*Blaberus craniifer*）中鉴定出多个蜕皮后蛋白（内表皮合成时期）。上述研究为表皮蛋白在昆虫变态发育和表皮形成过程中的作用机制研究奠定了重要基础，同时也为害虫防治提供了特异性分子靶标。

1.2.3 表皮脂类物质

脂类物质属于昆虫表皮系统中除几丁质以及表皮蛋白之外的第三大类重要组成成分，其中原表皮主要是由几丁质以及相关的蛋白质构成，而上表皮的组成成分大部分是脂类物质（刘晓健等，2019）。

昆虫表皮所含有的脂质成分构成非常复杂，如蜡酯、脂肪醇及碳氢化合物等，都是表皮脂质的重要组成成分（Chapman，2013）。表皮中的脂类及其衍生物质可以维持保水性（Wigglesworth，1975a），同时还能够大幅度地降低表皮的渗透性，提升对外来物质的抵御能力。而且在昆虫进行繁殖和信息交流过程中，表皮中所分泌的烃类物质能够作为信号分子吸引同类，传递信息（Howard and Blomquist，2005；Carot-Sans et al.，2015）。

上述脂类大部分为有机物，其所具有的功能及相关的性质都是由其空间结构、官能团以及官能团在有机物中的位置等所决定的（Carot-Sans et al.，2015）。不同物质在实际当中的组成比例也存在着较大的差异，而在脂类物质中含量和占比最高的是碳氢化合物（Buček et al.，2013），碳氢化合物还能够根据其碳原子之间的成键形式进行更为细致的划分，如果碳氢化合物中的碳原子 4 个电子对都是和独立的原子所形成的，就称为饱和烃；如果其碳原子之间的化学键存在碳碳双键或碳碳三键，就称为不饱和烃。结构决定性质，其所发挥的功能也不相同。表皮还含有部分蜡酯、脂肪醇和游离脂肪酸等物质，其中，蜡酯是由超长链脂肪酸与脂肪醇形成的，是一类单酯，对于昆虫表皮的屏障功能具有重要作用（杨璞等，2012）。

表皮中所含有的脂类物质通常是由表皮细胞、绛色细胞以及相关的脂肪体合成的，然后借助相关的孔道分泌到表皮表面发挥作用（Zuber et al.，2018）。在脂质合成过程中所用到的脂肪酸有些是直接通过食物摄入的，但大多数脂肪酸是由昆虫自行合成的，其合成场所是细胞质。脂类物质的加工与合成是一个由多种酶类参与的复杂的过程（杨璞等，2012）。首先，乙酰辅酶 A 被乙酰辅酶 A 羧化酶（acetyl-CoA carboxylase，ACC）羧化，生成丙二酰辅酶 A（Řezanka et al.，2018）；然后，在脂肪酸合成酶（fatty acid synthetase，FAS）的作用下，丙二酰辅酶 A 和乙酰辅酶 A 进行反应，每一个循环增加一个二碳单位，最终形成 16C 的脂酰辅酶 A（Yang et al.，2020）；脂酰辅酶 A 在长链脂肪酸延伸酶（elongase of very long chain fatty acid，ELOVL）的作用下延伸为更长的碳链（Zhao et al.，2020a）；同时，在脂肪酸去饱和酶（fatty acid desaturase，FAD）的催化下形成不饱和脂肪酸；脂肪酸在脂酰辅酶 A 还原酶（fatty acetyl-CoA reductase，FAR）的作用下生成脂肪醇和脂肪醛等碳氢化合物的底物；最后，通过细胞色素 P450 单加氧酶（cytochrome P450 monooxygenase，又称 cytochrome P450）催化醛类物质脱羧基，形成碳氢化合物（Qiu et al.，2012；Řezanka et al.，2018）。

1.2.4　表皮其他成分

除几丁质、蛋白质和脂类物质外，昆虫表皮还含有色素以及少量矿物质。昆虫的体色大多是其体壁中色素的反映，昆虫多样的体色在其躲避天敌、警戒敌害、吸引异性及体温调节等方面有着重要作用。昆虫体壁中的色素种类很多，包括黑色素（melanin）、类胡萝卜素（carotenoid）、胆色素（bile pigment）和类黄酮（flavonoid）等。

黑色素大量存在于外表皮的鞣化蛋白中，包括真黑色素（吲哚黑色素）和儿茶酚的衍生物或聚合物。黑色素的形成往往与表皮的黑化（melanization）和硬化（hardening）同时发生，其前体物酪氨酸经酚氧化酶催化生成多巴（dihydroxyphenylalanine，DOPA；二羟基苯丙氨酸），多巴脱羧并环化形成吲哚醌，由吲哚醌结合成黑色素单体，最后聚合成为真黑色素。儿茶酚的衍生物也能使虫体由浅色变为金黄色或棕色（Hopkins et al.，1984）。此外，类胡萝卜素是飞蝗群居和散居两型体色差异的主要决定因素，当飞蝗聚集成为群居型时，类胡萝卜素结合增多，使得飞蝗的体色由绿色转变为黑色（Yang et al.，2019a）。

大多数昆虫表皮不含大量矿物质。然而，一些暴露于机械应力的表皮会通过加入金属和矿物质从而使硬度得到增强（Fontaine et al.，1991）。例如，对于蝗虫下颚的切缘，由于蝗虫以各种坚硬、富含硅类的植物为食，因此该区域的表皮明显比虫体其他部位的表皮坚硬，而硬化是由于大量锌的掺入。

1.3　昆虫蜕皮过程

蜕皮是昆虫生长发育过程中的重要特征之一，由于表皮坚硬，昆虫在生长发育期间会受到外骨骼的限制，因此，为了适应虫体不断长大，昆虫会定期蜕皮。蜕皮是新表皮产生以及旧表皮蜕去的过程，这一过程是由多种激素共同调节的。蜕皮过程可大致分为 3 个环节，即皮层溶离，新表皮沉积以及旧表皮降解。新表皮的形成贯穿整个蜕皮过程，在旧表皮蜕去后新表皮依然在形成，且这一过程还可维持至下一次蜕皮的到来。

1.3.1 皮层溶离

在蜕皮初期新表皮还未形成时，表皮细胞脱离旧表皮，两者之间形成蜕皮间隙，这个过程称为离皮或者皮层溶离（apolysis），这一概念最早于 1966 年由 Jenkin 和 Hinton 提出，皮层溶离发生在昆虫每个龄期的后期。在蜕皮过程中，蜕皮酮（ecdysone）起到很重要的作用，其为一类多羟基化的类固醇，由幼虫的前胸腺和成虫的生殖腺所分泌。在蜕皮初期，先由大脑神经细胞释放促前胸腺激素（prothoracicotropic hormone，PTTH）神经肽；然后，促前胸腺激素促进前胸腺合成蜕皮甾酮，并释放至血淋巴；最后，蜕皮甾酮在脂肪体、马氏管及其他组织中经过羟化反应转化成为 20-羟基蜕皮酮（20-hydroxyecdysone，20E）（赵小凡，2007）。在蜕皮前，蜕皮激素滴度达到第一个峰值，鳞翅目幼虫会出现停止进食、消化道排空、体表透明发亮等现象（王荫长，2004）；在直翅目若虫如飞蝗中，会出现进食显著减少、行动减缓的现象。当蜕皮激素滴度达到第二个峰值时，表皮细胞受到蜕皮激素的刺激，分泌活动显著增强，昆虫表皮下的表皮细胞开始启动有丝分裂，按照表皮细胞的前后顺序由前向后展开（徐亚玲等，2013）。表皮细胞在有丝分裂时，细胞数量增多，形态及位置均会发生变化，进行分泌作用以及表皮层的沉积。有研究表明，小剂量的蜕皮激素即可促使皮层溶离的发生，使得表皮细胞开始与表皮分离，但如果这一过程没有持续蜕皮激素的供给，那么表皮细胞会保持静止并再次黏附在表皮上，说明这一过程是可逆的（Wigglesworth，1955）。虽然蜕皮激素的作用效应是启动昆虫蜕皮，但在蜕皮过程中蜕皮激素并不持续发挥作用（Gilbert，2004）。

当表皮细胞有丝分裂结束后，由于细胞数量增加，其分泌功能会进一步加强。细胞表面皱缩，顶端特化出微绒毛，形成不规则的细胞表面，将分泌物排出细胞。此时蜕皮间隙中会充满蜕皮液，消化部分旧表皮，扩大蜕皮间隙位置（Reynolds and Samuels，1996）。蜕皮液中含有大量的几丁质酶和蛋白酶，可有效地降解旧表皮中的主要成分几丁质和蛋白质，几丁质酶是一类糖苷水解酶，可将几丁质微丝随机打断（Merzendorfer et al.，2003），蜕皮液中的蛋白酶多以酶原的形式分泌，被激活后消化旧表皮中的蛋白质。除此之外，蜕皮液中还含有一些酯酶，如羧酸酯酶（carboxylesterase）等（Katzenellenbogen and Kafatos，1970），参与表皮中脂质和激素等物质的代谢（Mai and Kramer，1983）。蜕皮液对旧表皮的消化作用可作用至内表皮最贴近表皮细胞的几层，最贴近表皮细胞的几层内表皮在蜕皮液的作用下会生成一层非常薄的蜕皮膜（未被消化的几层内表皮），可保护后期合成的新表皮免被蜕皮液中的酶所消化破坏。

除蜕皮激素外，保幼激素（juvenile hormone，JH）在蜕皮过程中也具有重要作用。保幼激素是由昆虫咽侧体产生的一类倍半萜烯甲基酯类激素，可持续地作用于昆虫羽化为成虫前的整个时期，主要抑制昆虫在幼虫时期的变态发育（Riddiford et al.，2010）。保幼激素在昆虫蜕皮期间还可以作用于昆虫的前胸腺，对前胸腺起到刺激或抑制的调控作用，前期可以抑制前胸腺对促前胸腺激素的敏感性，影响其分泌蜕皮激素的能力；而在后期，保幼激素可以刺激脂肪体产生一种可以促进前胸腺分泌蜕皮激素的蛋白因子，从而对昆虫蜕皮起到正向的促进作用。另外，有研究发现，在幼虫蜕皮期间，保幼激素可以抑制蜕皮甾酮诱导的转录因子 BR-C（broad complex）的表达（Bayer et al.，1996）。

1.3.2　新表皮沉积

昆虫表皮是由位于其下面的单层表皮细胞产生的，在皮层溶离之后，最先合成的是表皮质层（cuticulin layer），之后进行表皮层的沉积。位于昆虫表皮最外层的是上表皮，下面一层是原表皮（包含内表皮和外表皮），上表皮主要由蛋白质和脂质共价交联形成，而原表皮主要由几丁质和蛋白质交联组成。在一些昆虫中，上表皮和外表皮是在蜕皮前形成的，而内表皮则是在蜕皮后形成的；而在另外一些昆虫中，部分内表皮可能在蜕皮前就已沉积。新表皮成分是由表皮下的单层表皮细胞所分泌的，在昆虫新表皮沉积期间，表皮细胞代谢强度明显上升，细胞的合成（包括蛋白质和 RNA 的合成作用）、分泌和吸收功能都十分旺盛，细胞核出现双层核膜，常可以观察到多个核仁。蜕皮激素与表皮细胞的激素受体结合后，促进细胞核中蜕皮激素受体（ecdysteroid receptor，EcR）行使作用（Koelle et al.，1991），促使细胞内高度螺旋的 DNA 解旋，然后进行转录。在新表皮合成期间，表皮细胞表面会形成凸起，即微绒毛，微绒毛顶端有小而扁平且密度较高的区域，这个区域称为"斑块"（Locke and Huie，1979），斑块是新表皮主要成分合成的位置，在表皮纤维和表皮质层合成沉积以及排布定向中发挥作用。在皮层溶离时期，旧的斑块会消失，而新的斑块还未形成，因此，昆虫在每一次蜕皮期间都会有新的斑块形成。新表皮的合成包括表皮纤维的沉积以及主要成分的正确转运，然后发挥相互作用。在酶的作用下，合成的几丁质会被分泌至表皮细胞表面与表皮层中间的"装配区"进行装配，装配区是位于表皮细胞与原表皮之间的区域（Moussian，2010）；而表皮细胞合成的蛋白质，则会由囊泡运输至"装配区"，由蛋白质和几丁质共同装配并共价交联，最终在原表皮层沉积。当细胞分泌原表皮片层结构以及蜕皮间隙的蜕皮液时，短小的微绒毛有规律地排列。表皮质层是昆虫表皮最外面的致密层，在新表皮质层合成之前，细胞表面的微绒毛会变得细长（Locke，1966）。在上表皮形成期间，表皮细胞之间的界限明确，所以，此时新表皮的面积是单个细胞的总和。但是随着新表皮的沉积，表皮细胞膜会出现高度褶皱，有些表皮细胞还会重叠在一起，这是由于昆虫的旧表皮尚未蜕去，新表皮还没有空间得以伸展，而当旧表皮成功蜕去后，表皮细胞才得以伸展，排列成整齐的单层细胞。

原表皮是以片层结构进行沉积的，且这种片层结构的沉积是受昼夜节律调控的。有些昆虫每日形成多个片层，如小地老虎（*Agrotis ipsilon*），蜕皮后每日可沉积 4～6 个片层；在飞蝗中，每日只有一个片层形成，并且受昼夜节律调控，白天形成的几丁质纤维是单向的非片层表皮，而夜晚形成的几丁质纤维则是螺旋样呈片层状表皮（Sviben et al.，2020）。

1.3.3 旧表皮降解

在新表皮形成的大部分过程中，旧表皮保持完整，肌肉持续黏附在旧表皮上以保证昆虫的正常行动。在蜕皮过程的后期，特殊的蛋白酶会被分泌至蜕皮液中，以激活一些不具活性的几丁质酶和蛋白酶，进而使得这些酶可以进行消化作用。在这些酶的共同作用下，旧表皮中的主要成分被分解为氨基酸和 *N*-乙酰葡糖胺。

在旧表皮被逐渐消化后，上表皮由蛋白质和脂质共价交联形成，而外表皮中的蛋白质也会与脂质结合，因此上表皮和外表皮结构坚硬、性质较稳定，不会被蜕皮液降解。而当昆虫只剩下旧的上表皮、外表皮和蜕皮膜时，开始蜕去旧表皮和蜕皮膜。旧表皮的蜕去是一系列按顺序进行的动作，蜕皮前虫体的行为特点是进行一系列协调运动，以放松附着在旧表皮上的肌肉，临近蜕皮，旧表皮与肌肉的连接被切断，因此，虫体在这一阶段会有短暂的静止，而在蜕皮后期，肌腱（由肌细胞产生的微丝）与表皮重新连接，使得昆虫可以继续运动；经过这个阶段后，虫体才开始蜕皮，这通常是一系列从后向前的蠕动行为，使得昆虫旧表皮前端破裂，先从头部形成裂缝，以蜕去旧表皮。旧表皮先在蜕裂缝处打开，蜕裂缝是虫体旧表皮中缺乏外表皮的区域，这个部分除上表皮外其余部分都已被消化。昆虫通过调整血流量，增加头部的压力，从而使得蜕裂缝开裂，进而头部逐渐从旧表皮的裂缝中伸出，随后前肠内膜也被蜕去，腹部向前蠕动收缩，之后直肠的旧内膜也被蜕去（Chapman，2013）。随着收缩动作身体其余部分均向前蠕动，紧随头部，胸部也从旧表皮中蜕出，同时体内气管的旧膜也一并蜕去，至此，整个虫体蜕去了全部旧表皮，蜕去的旧表皮称为蜕。在蜕皮时，虫体处于十分脆弱的阶段，陆生昆虫需要防止自身体液流失，昆虫表皮上的一种腺体［威氏腺（Verson's gland）］分泌的防水层会沉积在表皮上（Hadley，1982），这层防水层起到保护蜕皮虫体抵御干燥环境的作用，有些昆虫还会分泌蜡质并顺着孔道运输至表皮上从而起到保护作用。

在昆虫蜕皮结束后，会有一个充气伸展的过程。由于之前增殖的表皮细胞皱缩在较小的旧表皮空间内，无法充分伸展，此时，昆虫气管中会充满空气，蜕皮后的虫体会大量吞咽空气，调整血淋巴压力，使新合成的表皮和表皮细胞迅速地充分扩张。当蜕皮后的虫体伸展至最终的大小后，表皮会开始硬化和黑化，其硬化程度取决于该部位表皮的结构与功能。但在很多昆虫的口器、具抓取功能的前肢等部位，表皮在蜕皮前就发生了硬化和黑化（Riddiford，2009）。

旧表皮的蜕去需要大量的蜕皮液，在新旧表皮间起到润滑作用，蜕皮液除了由表皮细胞分泌，还可能由蜕皮腺分泌。昆虫成功蜕皮后，聚集在新旧表皮间隙的蜕皮液会被重吸收回血淋巴中，蜕皮液中的成分可以被虫体循环利用，以继续沉积新的表皮，蜕皮液中的一些营养物质可以用于自身生长发育，同时蜕皮液被重吸收后还可以用于冲洗肠道或者囤积了废物的马氏管。此外，蜕皮液中除了含有可以分解旧表皮主要成分的相关酶类，还含有一些免疫相关蛋白，如昆虫多酚氧化酶（prophenoloxidase，PPO）激活通路相关蛋白、抑血细胞聚集素、载脂蛋白及溶菌酶等，这些蛋白都具有免疫活性，使得蜕皮液发挥抑菌功能，可以使刚蜕去旧表皮的虫体抵御外界有害病原物的入侵，对刚蜕去旧表皮较为脆弱的虫体起到保护作用（张洁，2015）（图 1-2）。

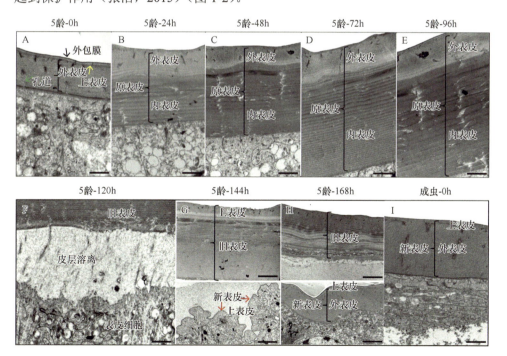

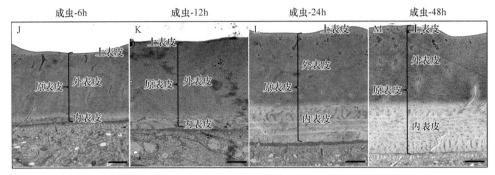

图 1-2　昆虫蜕皮过程电镜图（以飞蝗翅为例）［修改自 Zhao 等（2019a）］

A～E.飞蝗 5 龄若虫翅芽内表皮形成过程；F～H.飞蝗 5 龄若虫后期发生的皮层溶离，新表皮合成以及旧表皮降解过程；I～M.飞蝗成虫翅内表皮形成过程。0h 表示刚蜕皮

1.4　昆虫表皮的功能

昆虫的体壁起着类似高等动物皮肤和骨骼的双重作用。体壁作为外骨骼，具有支撑虫体、保护内脏并为肌肉提供着生点的作用。同时，体壁还可以防止昆虫体内水分蒸发，具有一定的保水性。此外，体壁的特殊结构和化学组分可以抵御微生物的侵染，其上的多种腺体和感觉器官使体壁成为昆虫信息交流的屏障，体壁还是昆虫的营养库，虫体处于饥饿状态时可以利用体壁内营养物质维持生命特征。

1.4.1　保水性和渗透性

昆虫表皮由上表皮和原表皮组成，原表皮由外表皮和内表皮组成，而在昆虫的表皮构成中，位于昆虫表皮最外层的上表皮结构最为复杂，功能最为重要，正是由于上表皮的存在，昆虫才得以在干燥的陆地环境中生存。上表皮具有保水性和不透水性。在上表皮的组成成分中，主要含有蛋白质和脂质，并不含几丁质，几丁质是原表皮的主要化学组分，而上表皮中脂类物质的存在是决定其在干燥高温等环境中能否生存的主要因素。在昆虫上表皮之外，覆盖有表皮质层、蜡层和护蜡层等，在蜡层中，含有大量长链碳氢化合物（主要是烷烃、烯烃、支链烷烃）、固醇和脂肪酸等，且蜡分子是单分子排列的，每个分子与表面呈 25° 倾斜，极性朝内，非极性朝外，分子排列紧密，水分子很难透过蜡层，具有极强的疏水性（Beament，1964），在研发杀虫剂时，可使用惰性粉摩擦破坏虫体蜡层结构，或采用有机溶剂处理从而扰乱蜡层分子的排列，使害虫虫体水分大量散失而死亡。护蜡层位于蜡层上方，其主要功能是保护蜡层，储存类脂，防止水分蒸发。综上，表皮脂质及表皮蜡层在维持表皮不透水性及降低表皮渗透性方面发挥重要作用。然而，表皮渗透性与温度密切相关，在适宜的温度下，渗透性很小，表皮失水率很低，但是在超过临界温度（critical temperature，CT）时，失水的速度就会迅速增加（Wigglesworth，1945）。一般来说，昆虫临界温度为 30～37℃ 或 50～60℃，相对潮湿环境中的昆虫临界温度较低，而相对干燥环境中的昆虫临界温度较高。例如，粉蝶幼虫的临界温度约为 37℃，而同种昆虫的蛹，在户外暴露数月后临界温度约为 58℃，表皮失水速度减慢；长红锥蝽的临界温度为 57℃，高于 57℃ 蒸腾速率增加，失水增多（Beament，1945）。

表皮脂质在降低水分渗透方面发挥重要作用，但其对化学杀虫剂来说影响较小，这是由于大多数杀虫剂属于亲脂性化合物，更容易渗透表皮蜡层。昆虫体壁具有直径为 0.1～0.15μm 的孔道结构，从表皮细胞开始，通过原表皮到达上表皮，所以杀虫剂可以沿着孔道快速进入表皮细胞从而与蛋白质结合，进一步增强其渗透虫体的能力。化学杀虫剂比水分子更容易穿透体壁，随着杀虫剂的大量使用，昆虫产生了抗药性。昆虫对杀虫剂的生理抗性主要有 3 种机制，即渗透抗性、代谢抗性和靶点不敏感。杀虫剂必须通过昆虫表皮才能到达靶点部位，所以表皮的渗透抗性是阻止杀虫剂进入虫体的第一道防线（Zhu et al.，2013a；Rosenfeld et al.，2016）。昆虫表皮渗透抗性的生理机制主要有两种，即表皮增厚和表皮组成的改变。在冈比亚按蚊（*Anopheles gambiae*）中，细胞色素单加氧酶 P450 CYP4G16 和 CYP4G17 在绛色细胞中过度表达合成额外的碳氢化合物，碳氢化合物在上表皮富集，导致虫体足部表皮增厚，使冈比亚按蚊对杀虫剂的抗性增加（Balabanidou et al.，2016）。此外，冈比亚按蚊通过表达具有几丁质结合基序的表皮蛋白，使原表皮几丁质层加厚，导致虫体对拟除虫菊酯和滴滴涕（dichlorodiphenyltrichloroethane，DDT；双对氯苯基三氯乙烷）表现出显著的耐受性。在淡色库蚊（*Culex pipiens pallens*）中，14 种表皮蛋白基因表达较高，使淡色库蚊对溴氰菊酯产生了抗药性（Fang et al.，2015）。昆虫除了通过表皮增厚来降低表皮渗透力，第二种渗透抗性机制为表皮组成的改变。研究发现，昆虫表皮具有两种特定类型的成分变化，分别由漆酶（laccase）和 ABC 转运蛋白（ATP-binding cassette transporter，ABC transporter）所介导。昆虫表皮鞣化即表皮硬化和色素沉着，漆酶是鞣化过程中重要的酚氧化酶类，其通过与醌类氧化偶联影响表皮蛋白多肽链交联（Riedel et al.，2011）。在赤拟谷盗中，TcCP30 通过漆酶 2（laccase 2）与两个富含组氨酸残基的 RR-2 表皮蛋白（TcCPR18 和 TcCPR27）交联，促进表皮的硬化（Mun et al.，2015）。在松墨天牛（*Monochamus alternatus*）中，沉默漆酶 2 会导致虫体表皮异常柔软且原表皮变薄（Niu et al.，2008）。除此之外，表皮中 ABC 转运蛋白的表达可促进表皮脂类向上表皮的运输，导致表皮碳氢化合物在上表皮中富集沉积，进而使表皮渗透性降低（Pignatelli et al.，2018）。

1.4.2　免疫防御功能

昆虫病原真菌可以通过与酶（如蛋白酶、几丁质酶和脂肪酶等）结合，使真菌在昆虫表皮萌发生长，生长的菌丝进而穿透表皮（Zheng et al.，2011；Xiao et al.，2012），进入血腔之中。在定植虫体阶段，病原真菌将产生多种次生代谢物来抑制昆虫的免疫系统（Vey et al.，2002）。在病原体侵染宿主的过程中，昆虫自身也对其进行积极的免疫防御。昆虫对病原体的免疫防御主要有3种类型，即表皮防御、体液防御和细胞防御。在这3种防御机制中，表皮防御是最重要的，是抵抗昆虫病原真菌的第一道屏障。随着昆虫龄期的增加，旧的体壁会对虫体生长产生限制，所以虫体需要进行周期性的蜕皮，而昆虫的蜕皮过程则是其防御外来病原真菌的一个重要手段。研究者在烟草天蛾（*Manduca sexta*）的蜕皮液中发现金龟子绿僵菌（*Metarhizium anisopliae*）Pr1蛋白酶抑制剂（Samuels and Reynolds，2000）；棉蚜（*Aphis gossypii*）在蜕皮期间也大大减缓了病原真菌对其的侵染速度（Kim and Roberts，2012）。昆虫上表皮中含有大量的脂质，脂质在表皮防御虫生真菌过程中扮演了重要角色。嗜卷书虱（*Liposcelis bostrychophila*）表皮中的脂肪酰胺对病原真菌黏附表皮具有明显的抑制作用，进而阻断病原真菌对嗜卷书虱的侵染（Lord and Howard，2004）；绿僵菌和球孢白僵菌（*Beauveria bassiana*）是最常见的真菌杀虫剂，昆虫已进化出一系列防御机制。稻绿蝽（*Nezara viridula*）表皮对绿僵菌的抑制作用主要是由于表皮脂类和醛类所发挥的功能（Sosa-Gomez et al.，1997）；而欧洲鳃金龟（*Melolontha melolontha*）表皮中的戊烷则会抑制白僵菌在其表皮上的萌发和生长（Roberto et al.，1997）。除了表皮脂类物质，表皮防御还依赖一系列的小分子毒素和肽类。红火蚁（*Solenopsis invicta*）表皮分泌的生物碱会抑制病原真菌在表皮上的孢子萌发和菌丝生长，土栖白蚁（subterranean termite）则通过产生抗菌肽（antibacterial peptide）来抵抗病原真菌（Hamilton et al.，2011）。昆虫不仅可以通过蜕皮过程合成脂质和抗菌肽等物质，防御昆虫病原真菌，昆虫体内的共生菌（symbiont）也在昆虫防御微生物病原体方面发挥重要作用。沃尔巴克氏体属（*Wolbachia*）是与果蝇共生的细菌，对多种侵染果蝇的病原体均表现出较强的抗性（Panteleev et al.，2007）；与南方杆长蝽（*Blissus insularis*）共生的伯克霍尔德氏菌（*Burkholderia cepacia*）通过产生抗菌化合物以帮助其抵御病原真菌（Boucias et al.，2012）。除此之外，昆虫表皮颜色与病原体抗性有关。例如，与非黑化大蜡螟（*Galleria mellonella*）相比，黑化大蜡螟表皮较厚，酚氧化酶（phenol oxidase）活性更高，对球孢白僵菌的表皮穿透和血淋巴入侵具有强烈的抑制作用（Dubovskiy et al.，2013）。酚氧化酶是黑色素合成途径的重要酶类，可以使昆虫表皮变黑变硬，从而成为昆虫病原真菌侵染的强大屏障。

1.4.3 生理代谢库

昆虫坚硬的外骨骼会对其生长产生限制，所以昆虫在发育过程中必须经历周期性蜕皮，首先旧表皮凋亡降解，之后表皮细胞吸收重组，分泌蛋白质、脂质和几丁质等到胞外基质中从而形成新的表皮。在昆虫蜕皮过程中，涉及一系列重要物质如脂类和糖类（如几丁质）的分解代谢与合成代谢，所以，昆虫体壁是一个复杂的代谢库。在脂质合成过程中，乙酰辅酶 A 羧化酶、脂肪酸合成酶和脂肪酸延伸酶等发挥了重要的作用。研究发现，将飞蝗乙酰辅酶 A 羧化酶、脂肪酸合成酶和脂肪酸延伸酶基因敲低会明显抑制表皮碳氢化合物、游离脂肪酸等脂质成分的合成，导致飞蝗表皮保水性下降，渗透性增加，水分过度流失而死亡（Yang et al.，2020；Zhao et al.，2020a）。而在表皮几丁质代谢方面，昆虫几丁质合成始于海藻糖，终止于 UDP-N-乙酰葡糖胺。几丁质合成通路涉及 8 种酶，其中最为重要的是几丁质合成酶（chitin synthetase，CHS），飞蝗 CHS1 参与飞蝗表皮几丁质的合成，其沉默会导致飞蝗表皮几丁质合成受阻（Zhang et al.，2010a）。在昆虫表皮几丁质降解方面，昆虫几丁质降解主要是几丁质酶发挥作用，虫体缺乏几丁质酶会严重影响表皮几丁质的降解，致使昆虫无法正常蜕皮而死亡（Zhu et al.，2008a）。昆虫每增加 1 龄都要经历一次蜕皮，蜕皮过程中脂质和几丁质都会周期性地降解和重新合成，主要由昆虫体内的脂代谢通路和几丁质代谢通路所调控。昆虫体壁作为一个生理代谢库，除上述代谢过程外，还可以为昆虫提供营养，使昆虫在缺乏食物来源的情况下也可以正常生存。

1.4.4 化学通讯功能

在生命系统的结构层次，即细胞、组织、器官、系统、个体、种群和群落等水平均存在广泛的交流，昆虫通过化学信息进行交流与识别，在群居昆虫中这种作用尤为重要。例如，群居昆虫蚂蚁通过触角识别同伴表皮上的非挥发性化学物质来寻找配偶和巢伴。昆虫化学信息交流的主要形式是信息素交流。信息素由昆虫外分泌腺分泌产生，有助于昆虫寻找配偶和同伴，对昆虫自身没有影响，这与激素不同，激素由内分泌腺分泌产生并作用于昆虫自身，对同一种群的其他成员没有影响。信息素可以分为释放信息素和引物信息素，释放信息素被接收之后可以立即引起昆虫的行为反应，而引物信息素则通过改变昆虫的内分泌和生殖系统来引发昆虫的行为反应。在其他分类系统中，信息素可分为简单亲脂的低分子量信息素和表皮碳氢化合物等大分子信息素，前者更容易在空气中长距离扩散，后者则适用于近距离接触或交流。在大分子信息素中，昆虫表皮碳氢化合物的研究最为广泛和深入，研究表明，大多数昆虫表皮均被碳氢化合物层覆盖，表皮碳氢化合物由位于腹部表皮的绛色细胞生物合成，主要由正构烷烃、单甲基烷烃、二甲基烷烃、三甲基烷烃、烯烃和甲基支链烯烃等组成，链长为 C25～C35，其生理功能主要有两种：首先碳氢化合物可以防止虫体干燥，作为昆虫的天然防水剂；其次，碳氢化合物可以作为物种间通讯信号，调节昆虫间的化学通讯。当表皮碳氢化合物作为化学通讯信号时，碳氢化合物与气味结合蛋白（odorant binding protein，OBP）结合，通过感受器淋巴管运输到气味受体神经元（olfactory receptor neuron，ORN）的膜上，最终经过大脑处理对该信号分子做出相应的行为反应（Ishida and Leal，2008；Zhang et al.，2015a）。蚂蚁种群的巢伴识别系统依赖表皮碳氢化合物，其在巢伴之间互相交换从而产生共同的群体气味，该过程不需要经过物理接触（Brandstaetter et al.，2008）。表皮碳氢化合物在寄生性昆虫中具有定位和识别配偶的作用；C23 与表皮碳氢化合物的比值可调节果蝇的求偶和交配，干扰其正常比值会影响配偶识别。此外，表皮碳氢化合物还可以编码有关群体成员、群体内任务和繁殖状态的信息（Pamminger et al.，2014）；可以传递关于群体中同伴的性别和亲属等信息。长期以来，人们认为群居昆虫比独居昆虫拥有更丰富的碳氢化合物谱，然而，研究发现，独居昆虫与群居昆虫一样都具有复杂的碳氢化合物谱，虽然存在一些例外。表皮碳氢化合物作为一种重要的昆虫信息素，其在发挥作用的过程中受到温度和大气二氧化碳等因素的影响。在温度较低时，正构烷烃（与氢相连的线性碳原子链）和单甲基烷烃（含有 1 个 CH_3 基团）通过范德瓦耳斯键的作用紧密堆积，从而形成晶体（Brooks et al.，2015），晶体的存在降低了昆虫表皮的渗透性，增强了昆虫表皮的保水性能，但是结晶会抑制碳氢化合物在环境中的扩散，不利于昆虫进行化学交流，这一现象体现了昆虫对碳氢化合物的权衡。大气二氧化碳会影响植物次生代谢物的产生，从而对植食性昆虫碳氢化合物的合成产生消极影响（Bidart-Bouzat and Imeh-Nathaniel，2008）。体壁作为昆虫与外界环境接触的保护性屏障，不仅可以帮助虫体隔绝外部环境、防止体内水分流失和外来病原体入侵，而且在昆虫的种内化学信息交流中扮演了重要角色。

1.5　小结与展望

昆虫体壁由基膜、表皮细胞和表皮组成。表皮是一种由表皮细胞分泌并跨膜转运至胞外的高度特化的胞外基质，可分为外包膜、上表皮和原表皮。昆虫表皮主要由几丁质、蛋白质和脂类物质组成，大多数表皮组成成分是由表皮细胞分泌的，但也有些成分是由其他细胞如绛色细胞分泌的。昆虫表皮的机械性能差异很大，这主要与参与其形成的表皮蛋白的组成和硬化程度不同有关。表皮的延展能力是有限的，为了满足虫体不断生长的需求，表皮必须在蜕皮过程中有规律地脱落。蜕皮过程涉及几丁质水解酶和蛋白水解酶等对旧表皮的部分降解，以及新表皮的生物合成，且由多种激素共同调节。蜕皮是节肢动物等类群特有的生物学现象，而人类和其他高等哺乳动物缺少这一生物学特性，因此，表皮作为害虫防治的安全靶标备受关注，干扰表皮形成或降解的生物学过程已被证明是害虫防治非常有效的策略。

第2章

昆虫表皮几丁质代谢

刘晓健[1]，李大琪[2]，于荣荣[3]

[1] 山西大学应用生物学研究所；[2] 山西农业大学植物保护学院；
[3] 太原师范学院生物科学与技术学院

几丁质是自然界中储存量仅次于纤维素的第二大天然多糖，在昆虫中，几丁质是表皮和中肠围食膜（peritrophic matrix，PM）等的重要结构组分，昆虫的生长发育和形态取决于几丁质结构的可塑性，在昆虫的生命过程中，需要不断地合成和降解几丁质，以保障虫体蜕皮的完成和围食膜的再生。

2.1 几丁质的结构

几丁质是由 N-乙酰葡糖胺（N-acetylglucosamine，GlcNAc）通过重复的 β-1,4-糖苷键聚合而成的直链大分子（Spindler et al.，1990），其分子结构式如图 2-1 所示。

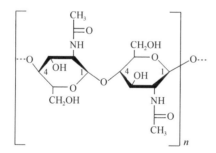

图 2-1 几丁质的分子结构式

X 射线衍射分析表明，几丁质有 3 种晶体形态：α 型几丁质、β 型几丁质和 γ 型几丁质。3 种晶体形态相互之间最主要的区别在于水合程度、单位晶格的大小和每单位晶格中几丁质链的数目。迄今为止，这 3 种晶体形态都已在昆虫几丁质中被发现。α 型几丁质的含量占大多数，所有的几丁质链均呈反向平行排列，由于含有大量的分子内和分子间氢键，因此这些几丁质链十分稳定，为刚性结构，是真菌细胞壁和节肢动物外骨骼的重要组成成分，也使得昆虫表皮具有重要的物理和化学特性，如高稳定性和高机械强度；β 型几丁质中所有的几丁质链均呈平行排列；γ 型几丁质中一组平行的两条链与一条单链交替排列，由于链间氢键数目少，其与水之间的氢键数目增多，几丁质结构较为柔软而富有弹性，γ 型几丁质在自然界中含量较少，主要存在于昆虫中肠围食膜等组织中（Merzendorfer，2006）。

几丁质是昆虫表皮的主要成分，几丁质的含量因昆虫种类甚至同一个体组织部位不同而异。在昆虫的不同发育阶段，几丁质的含量不断变化，Kramer 等（1995）报道，在烟草天蛾（*Manduca sexta*）的幼虫期、蛹期、成虫期表皮几丁质含量分别为 14%、25%、7%。在骨化前，新形成的蛹表皮的几丁质含量仅为 2%，然而在骨化后，其含量增加了 10 倍多（Kramer and Muthukrishnan，2005）。几丁质也是昆虫中肠围食膜的主要成分。围食膜是昆虫中肠细胞分泌的一层厚薄均匀的长管状薄膜，由平行排列的几丁质/蛋白质微纤丝（chitin-protein microfibril）组成，其中充满蛋白质和糖类，几丁质占 3%～13%，蛋白质占 20%～50%，大部分的糖与蛋白质结合形成糖蛋白或蛋白多糖，其厚度约为 0.5μm，有的种类可达 8～9μm（Wang and Granados，2001）。根据围食膜的形成方式可将其分为两类：一类由中肠细胞分泌形成多层重叠的管状膜，称为 I 型围食膜，见于鳞翅目幼虫和某些直翅目昆虫中；另一类由中肠前端特殊细胞分泌黏液，通过食道内褶与中肠之间环状裂缝挤压形成，呈连续的套筒管状，称为 II 型围食膜，见于双翅目、革翅目、等翅目及许多鳞翅目昆虫中（Terra，2001）。取食流体食物的昆虫除叶蝉、蚊类及鳞翅目成虫外，一般无围食膜。由于围食膜所处位置的特殊性，在昆虫中肠生理过程中发挥重要作用：一方面作为中肠的屏障，保护上皮细胞免受病原物的侵染和食物颗粒的损害；另一方面对中肠有区室化作用，可有效地分离已消化的营养成分，同时起到分子筛的作用（Hegedus et al.，2009）。围食膜连续不断地产生与排出，从而满足昆虫食物消化的需求，但其形成率经常发生变化，某些昆虫在饥饿或者蜕皮时停止围食膜的产生，当重新进食时，旧围食膜脱落被重吸收而再生（Shao et al.，2001）。

2.2 表皮几丁质合成

几丁质的合成是一个高度复杂的生理生化过程。Candy 和 Kilby 于 1962 年根据生化实验，首次提出了昆虫几丁质的生物合成通路，几丁质合成始于海藻糖（trehalose），终止于 UDP-*N*- 乙酰葡糖胺。Jaworski 等（1963）在南方黏虫（*Spodoptera eridania*）中证实了从 UDP-*N*-乙酰葡糖胺到几丁质的合成过程，昆虫以糖为供体形成几丁质。Cohen（2001）综合了前人的研究成果，提出了从海藻糖到几丁质的合成途径。该途径共有 8 个酶参与（图 2-2），包括海藻糖酶（trehalase）、己糖激酶（hexokinase）、葡萄糖-6-磷酸异构酶（glucose-6-phosphate isomerase）、谷

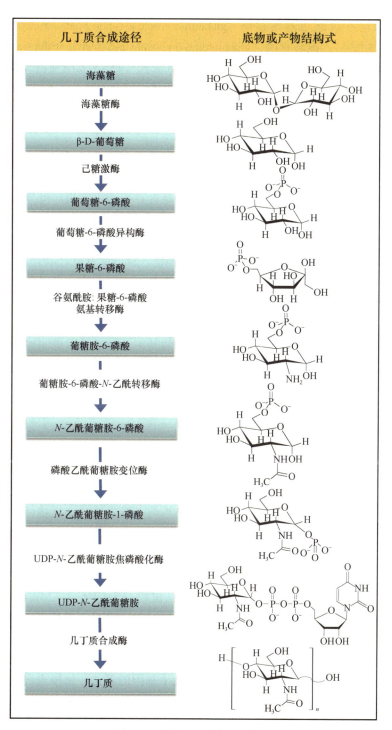

图 2-2　昆虫几丁质合成示意图

氨酰胺: 果糖-6-磷酸氨基转移酶 (glutamine: fructose-6-phosphate aminotransferase)、葡糖胺-6-磷酸-*N*-乙酰转移酶 (glucosamine-6-phosphate-*N*-acetyltransferase)、磷酸乙酰葡糖胺变位酶 (phosphoacetylglucosamine mutase)、UDP-*N*-乙酰葡糖胺焦磷酸化酶 (UDP-*N*-acetylglucosamine pyrophosphorylase) 和几丁质合成酶 (chitin synthetase)。

2.2.1 海藻糖酶

海藻糖是一种非还原性二糖,是自然界中重要的碳水化合物之一。海藻糖被称为昆虫的"血糖",是昆虫血淋巴中主要的糖类物质,海藻糖酶可将一分子海藻糖分解为两分子葡萄糖。昆虫海藻糖酶根据是否存在跨膜结构,可分为两类:可溶性海藻糖酶 (soluble trehalase,TreS 或 Tre1) 和膜结合型海藻糖酶 (membrane-bound trehalase,TreM 或 Tre2)。可溶性海藻糖酶分解细胞内的海藻糖;而膜结合型海藻糖酶分解胞外 (主要为食物中) 的海藻糖 (Shukla et al.,2015)。第一个可溶性海藻糖酶基因于 1992 年在黄粉虫 (*Tenebrio molitor*) 中克隆获得 (Takiguchi et al.,1992),直到 2005 年才在家蚕 (*Bombyx mori*) 中获得第一个膜结合型海藻糖酶基因 (Mitsumasu et al.,2005)。目前的研究表明,多数昆虫体内都存在一个膜结合型海藻糖酶基因和一个可溶性海藻糖酶基因。随着基因组测序技术的快速发展和昆虫分子生物学研究的开展,更多的昆虫海藻糖酶基因被发现,如在赤拟谷盗 (*Tribolium castaneum*) (Tang et al.,2017)、异色瓢虫 (*Harmonia axyridis*) (Shi et al.,2016a)、褐飞虱 (*Nilaparvata lugens*) (Zhao et al.,2016) 和飞蝗 (*Locusta migratoria*) (刘晓健等,2016) 中发现多个可溶性海藻糖酶基因。海藻糖酶基因具有两个"标签序列": PGGRFREFYYWDSY 和 QWDYPNAWPP。膜结合型海藻糖酶基因包含一个长为 20 个氨基酸的跨膜区域 (Tang et al.,2008)。

海藻糖为昆虫体内贮存能量的重要物质,因此海藻糖酶不仅在昆虫几丁质合成中发挥重要作用,还能够通过调节昆虫体内海藻糖的浓度,抵抗低温、干燥和农药等逆境胁迫。例如,在异色瓢虫中,当温度逐渐降低时,海藻糖酶的活性受到抑制,其中可溶性海藻糖酶 4 基因的 mRNA 表达显著下调 (Shi et al.,2016a)。在干燥条件下,嗜眠摇蚊 (*Polypedilum vanderplanki*) 通过降低海藻糖酶活性,使昆虫体内积累大量的海藻糖酶,以协助昆虫应对干燥环境 (Mitsumasu et al.,2010)。海藻糖酶也是几丁质合成通路中的第一个酶,在几丁质代谢过程中发挥着关键作用。Chen 等 (2010) 利用 RNA 干扰 (RNA interference,RNAi) 技术分别将甜菜夜蛾 (*Spodoptera exigua*) 可溶性和膜结合型海藻糖酶基因表达沉默后,发现可溶性海藻糖酶基因可抑制几丁质合成酶 1 基因的表达,调控表皮几丁质的合成表达;而膜结合型海藻糖酶基因影响几丁质合成酶 2 基因的表达,从而导致中肠几丁质的合成减少,最终引起昆虫死亡。张倩等 (2012) 采用饲喂法研究灰飞虱 (*Laodelphax striatellus*) 两类海藻糖酶基因的功能时发现,分别抑制可溶性和膜结合型海藻糖酶基因的表达后，灰飞虱的生长受到抑制，体重减轻，死亡率分别达 38.89% 和 27.72%。Zhao 等（2016）研究褐飞虱两个可溶性和一个膜结合型海藻糖酶基因的功能时发现，分别注射每个海藻糖酶基因的双链核糖核酸（double-stranded RNA，dsRNA）后，昆虫的死亡率达 14.16%~31.78%，且几丁质合成酶和几丁质酶等多个几丁质代谢通路的基因表达相应下调。在飞蝗中存在一个膜结合型、一个类膜结合型和两个可溶性海藻糖酶基因，这 4 个基因具有不同的组织和发育表达特性，分别在 5 龄若虫期注射 4 个海藻糖酶基因 dsRNA 后，与对照组相比，各基因表达量均显著降低，且不存在基因间的交叉干扰，几丁质合成关键基因 *LmUAP1* 和 *LmCHS1* 的表达也无显著变化，注射各个海藻糖酶基因 dsRNA 的 5 龄若虫均可成功蜕皮至成虫（刘晓健等，2016）。在赤拟谷盗中分别沉默 5 个海藻糖酶基因，均可导致昆虫蜕皮困难而死亡，相关几丁质代谢基因的表达也被显著抑制（Tang et al.，2017）。

海藻糖在昆虫机体能量代谢和几丁质合成过程中具有重要作用，通过阻断或抑制害虫体内海藻糖的水解，能够干扰其正常生理代谢，从而有效防控害虫为害，因此，以海藻糖酶为靶标的新型农药研发已成为研究热点。其基本作用机理是海藻糖酶活性位点上的氨基酸通过肽键紧密结合形成复合物，竞争性地抑制海藻糖酶的活性，从而发挥抗虫功效。研究已从微生物和植物中分离、化学合成及修饰开发出了多种海藻糖酶抑制剂，包括井冈霉素（validoxylamine）（Kameda et al.，1987）、trehazolin（Ando et al.，1995）、MDL25637、salbostatin 和 castanospermine 等（Asano，2003），具有良好的抑制海藻糖酶的效果。

2.2.2　谷氨酰胺:果糖-6-磷酸氨基转移酶

谷氨酰胺:果糖-6- 磷酸氨基转移酶（glutamine: fructose-6-phosphate amino-transferase，GFAT）可催化果糖-6- 磷酸与谷氨酰胺反应，生成葡糖胺-6- 磷酸（GlcN6P），是 UDP-*N*- 乙酰葡糖胺合成过程中的限速酶（Durand et al.，2008）。GFAT 属于谷氨酰胺依赖型氨基转移酶家族（L-glutamine-dependent aminotrans-ferase family），根据谷氨酰胺氨基产生的方式不同又可分为两类，即依赖 Glu-Lys-Cys 三联体的第一种类型（class Ⅰ）和只依赖 N 端 Cys 的第二种类型（class Ⅱ），GFAT 属于第二种类型（Mouilleron et al.，2011）。

智人（*Homo sapiens*）、小鼠（*Mus musculus*）和黑腹果蝇（*Drosophila melanogaster*）等生物体内有两个 GFAT 基因，分别命名为 *GFAT1*、*GFAT2*，这两个基因位于不同的染色体上（Mouilleron et al.，2011）。在埃及伊蚊（*Aedes aegypti*）、欧洲熊蜂（*Bombus terrestris*）、意大利蜜蜂（*Apis mellifera*）、赤拟谷盗、致倦库蚊（*Culex quinquefasciatus*）、丽蝇蛹集金小蜂（*Nasonia vitripennis*）、人体虱（*Pediculus humanus corporis*）、飞蝗等昆虫中发现仅有 1 个 GFAT 基因。

目前，关于 GFAT 的研究主要集中在某些微生物和高等哺乳动物中，在白色念珠菌（*Candida albicans*）（Raczynska et al., 2007）、酵母（*Saccharomyces cerevisiae*）（Peneff et al., 2001）及人类（Nakaishi et al., 2009）中已报道了 GFAT 的晶体结构。昆虫中关于 GFAT 的研究还很少，仅在埃及伊蚊和飞蝗中有所报道。埃及伊蚊 *AaGFAT* 的表达降低后，围食膜的结构被破坏，表明该基因与几丁质的合成密切相关，对昆虫的生长发育具有关键作用（Kato et al., 2002）。张建珍课题组已采用 RNA 干扰技术研究了该基因对飞蝗蜕皮发育的影响，结果表明，*LmGFAT* 在若虫蜕皮过程中发挥着重要作用，注射该基因的 dsRNA 后，表皮几丁质合成减少，飞蝗因蜕皮困难而死亡（张欢欢，2012）。

2.2.3　UDP-*N*-乙酰葡糖胺焦磷酸化酶

UDP-*N*-乙酰葡糖胺焦磷酸化酶（UDP-*N*-acetylglucosamine pyrophosphorylase, UAP）是生物体内一种普遍存在的酶，UAP 在细胞质中催化 UTP 和 *N*-乙酰葡糖胺-1-磷酸（GlcNAc-1-P）的反应，形成 UDP-*N*-乙酰葡糖胺（UDP-GlcNAc），该反应是可逆的，反应式为 UTP+GlcNAc-1-P⟷UDP-GlcNAc+Pi（Bulik et al., 2000）。产物 UDP-GlcNAc 参与多个生理反应，如参与蛋白质在细胞质的 *O*-连接和内质网–高尔基体介导的 *N*-连接的糖基化，同时也参与糖基磷脂酰肌醇（glycosylphosphatidylinositol, GPI）锚定，使蛋白质锚定在细胞膜上（Eisenhaber et al., 2003；Marschall et al., 1992），此外，UDP-GlcNAc 也是合成几丁质、肽聚糖、脂多糖和糖蛋白等的前体物质（Moussian, 2008）。

研究已在黑腹果蝇、冈比亚按蚊、致倦库蚊、埃及伊蚊、赤拟谷盗、豌豆蚜（*Acyrthosiphon pisum*）、甜菜夜蛾、家蚕、飞蝗和马铃薯甲虫（*Leptinotarsa decemlineata*）等昆虫中获得 *UAP* 基因，其中赤拟谷盗、飞蝗和马铃薯甲虫有两个 *UAP* 基因，其他昆虫只有一个 *UAP* 基因（Arakane et al., 2011；Liu et al., 2013a；Shi et al., 2016b）。

关于 UAP 的研究主要集中在微生物和某些高等哺乳动物中，昆虫中关于 UAP 的研究还很少。其中黑腹果蝇 *UAP* 基因（也被命名为 *mummy*、*cabrio* 或 *cystic*）有两个启动子，可产生两个可变剪切子，表达两个蛋白。较短剪切子利用第一个内含子作为其可选择的启动子，两个剪切子的差异主要是较长剪切子的N端多了37 个氨基酸。研究表明：果蝇 *UAP* 突变后导致各种缺陷，如气管发育、背部闭合、中枢神经系统和眼的发育。表皮和气管的发育缺陷是由于几丁质含量减少，而中枢神经系统和眼发育的缺陷可能是由于蛋白质的糖基化缺陷（Araujo et al., 2005；Schimmelpfeng et al., 2006）。赤拟谷盗有两个 *UAP* 基因（分别命名为 *TcUAP1*、*TcUAP2*），位于不同的染色体上，核苷酸和氨基酸的一致性达 60% 左右。*TcUAP1* 和 *TcUAP2* 对昆虫的生长发育都是必需的，任何一个基因的沉默均会导致昆虫死亡，但只有 *TcUAP1* 负责表皮和围食膜的几丁质合成（Arakane et al.，2011）。在飞蝗中也发现两个 *UAP* 基因，RNA 干扰研究表明，这两个基因的功能出现分化。*LmUAP1* 负责体壁几丁质的合成；注射各个基因的 dsRNA 后，体壁切片的组织学观察表明，与对照组相比，新表皮几丁质合成量显著减少，导致飞蝗因蜕皮困难而死亡；而注射 ds*LmUAP2* 后对飞蝗的生长发育没有影响（Liu et al.，2013a）。在马铃薯甲虫中，*UAP1* 和 *UAP2* 基因的功能也出现分化，沉默 *UAP1* 后导致体壁几丁质含量减少，昆虫因不能成功蜕皮而死亡；而沉默 *UAP2* 后破坏了围食膜的结构，虫体生长发育受阻（Shi et al.，2016b）。注射 ds*SeUAP* 后，甜菜夜蛾出现两种畸形现象：①虫体腹部的蛹壳已基本形成并已硬化，但不能形成头部蛹壳，化蛹时无法突破旧表皮；②虫体头部蛹壳形成正常，也能正常突破旧表皮，但蜕皮过程无法正常进行。*SeUAP* 基因的沉默对几丁质合成酶 1 基因的下调作用不明显，而对几丁质合成酶 2 基因的表达有明显下调作用。同样地，在橘小实蝇（*Bactrocera dorsalis*）中注射 *UAP* 基因的 dsRNA 后，导致化蛹失败（陈洁等，2014）。

2.2.4　几丁质合成酶

20 世纪 80～90 年代，几丁质合成酶（chitin synthetase，CHS）基因首先从酵母等多种真菌中获得分离（Machida and Saito，1993；Uchida et al.，1996），研究人员在真菌中开展了较为深入的研究，然而昆虫 CHS 的研究工作较少。昆虫几丁质合成酶的分子量为 160～180kDa，具有偏酸性的等电点。其氨基酸序列包括 3 个结构域：结构域 A，位于 N 端，有不同数目的跨膜螺旋，推测结构域 A 位于不同的膜位点上，面向胞外环境或胞质，不同昆虫间同源性较低。结构域 B，由 400 多个氨基酸组成，包括蛋白的催化中心，该结构域高度保守，含有两个特有序列 EDR 和 QRRRW，这两个序列存在于所有类型的几丁质合成酶中，所以被称为标签序列（signature sequence），该区域的某些保守氨基酸残基对酶的催化反应至关重要，因为其可能参与了底物接受质子的过程（Merzendorfer，2006）；另外，Zhang 和 Zhu（2006）描述了昆虫中另外 3 个高度保守的区域，即 CATMWHXT、QXFEY 和 WGTRE。结构域 C，位于 C 端，该区域不及催化域保守，含有可能起催化作用的两个氨基酸，位于结构域 C 5 个跨膜螺旋之后，在昆虫几丁质合成酶中是高度保守的（Merzendorfer，2006）。

2000 年，第一个昆虫几丁质合成酶基因 cDNA 全长序列从铜绿蝇（*Lucilia cuprina*）中被克隆得到（Tellam et al.，2000）。迄今为止，研究人员已在双翅目、鳞翅目、鞘翅目、膜翅目、半翅目、同翅目和直翅目等多种昆虫中获得几丁质合成酶基因，分析表明，绝大多数昆虫物种只存在两个几丁质合成酶基因。编码昆虫几丁质合成酶的两个基因在果蝇和按蚊中被定位在同一条染色体上，因此认为其可能通过一个共同的基因复制演化而来（Merzendorfer，2006）。然而，在褐飞虱、大豆蚜（*Aphis glycines*）、豌豆蚜和长红锥蝽（*Rhodnius prolixus*）等同翅目昆虫中，只有一个 *CHS* 基因被发现，这些昆虫中肠没有围食膜（Bansal et al.，2012；Wang et al.，2012a；Mansur et al.，2014）。半翅目昆虫是刺吸式口器昆虫，由于富含几丁质的围食膜协同进化被外周微绒毛膜（perimicrovillar membrane，PMM）取代（Alvarenga et al.，2016），所以就有可能不再需要 CHS2 合成围食膜几丁质。

在一个结构基因中，编码某一蛋白质的各个外显子并不连续排列，而是被长度不等的内含子分开。不同剪接方式可产生不同的 mRNA，如果来自同一基因的前体 mRNA 中某个内含子 5′ 端与另一个内含子的 3′ 端进行剪接，就删除了这两个内含子及其中间的全部外显子和内含子。这样，一个前体 mRNA 因剪接方式的不同可产生多种 mRNA，从而转译出多个不同的蛋白质，这样的剪接方式称为可变剪接（alternative splicing），参与可变剪接的外显子称为交替外显子（alternative exon）。可变剪接是调节基因表达和产生蛋白质多样性的重要机制。研究发现，昆虫 *CHS1* 存在可变剪接现象，而 *CHS2* 则不存在该现象。可变剪接序列仅在 59 个氨基酸上有差别，其余序列是完全相同的。目前，研究已经证明 *CHS1* 有可变剪接现象的物种包括：黑腹果蝇、烟草天蛾、小菜蛾（*Plutella xylostella*）、甜菜夜蛾、赤拟谷盗、冈比亚按蚊、橘小实蝇、马铃薯甲虫和灰飞虱等（Zhu et al.，2016）。杨青课题组在亚洲玉米螟（*Ostrinia furnacalis*）几丁质合成酶 1 基因中又发现了另一个可变剪接（OfCHSA-2a/OfCHSA-2b），不同发育阶段其表达水平呈现差异，沉默 *OfCHSA-2a* 导致幼虫的不完全蜕皮，而干扰 *OfCHSA-2b* 则使头部产生畸形（Qu and Yang，2011）。

目前，已在多个昆虫物种中开展了 *CHS* 基因功能的研究，结果均表明：*CHS1* 基因沉默可导致昆虫表皮几丁质合成减少，对昆虫幼虫蜕皮或化蛹过程起重要作用。例如，利用 RNA 干扰将 *TcCHS1* 基因的表达下调后，表皮几丁质的含量显著下降，可影响赤拟谷盗幼虫-幼虫、幼虫-蛹和蛹-成虫的蜕皮发育（Arakane et al.，2005a）。张建珍课题组发现飞蝗 *LmCHS1* 对 5 龄飞蝗若虫羽化为成虫起关键作用，并与处理 2 龄若虫的表型相似（仅在胸背板有开裂或新旧表皮已有部分分离，但虫体被旧表皮紧紧包裹而扭曲变形），对 5 龄若虫体壁进行组织学观察，发现注射 ds*LmCHS1* 组的飞蝗旧表皮层没有明显增厚，蜕皮发生时，仅有少量新表皮形成，因此推测注射 ds*LmCHS1* 组的飞蝗是由于新表皮的合成量减少而死亡（Zhang et al.，2010a；Liu et al.，2018）。*LmCHS2* 基因同样对飞蝗若虫和成虫期生长发育起重要作用，基因的表达沉默可导致飞蝗的高死亡率，其原因是中肠围食膜几丁质的合成减少，影响食物的消化吸收，从而使飞蝗因饥饿而死亡（Liu et al.，2012c）。这一发现也已在其他昆虫 *CHS2* 基因功能的研究中得到证实。例如，在对赤拟谷盗 *CHS2* 基因的研究中发现，注射 *TcCHS2* dsRNA 组的幼虫几乎没有围食膜生成，虫体因饥饿而显著缩短（Arakane et al.，2005b）。在埃及伊蚊和冈比亚按蚊中也发现，保持围食膜的完整性对于昆虫生存至关重要（Kato et al.，2006；Zhang et al.，2010b）。此外，在赤拟谷盗中发现 *TcCHS2* 对成虫和卵的发育也有显著影响，注射 ds*TcCHS2* 组的雌虫不能正常产卵（Arakane et al.，2008a）。

2.3 几丁质组装与沉积

2.3.1 表皮几丁质装配

1. 表皮几丁质组装

表皮具有多种生理学功能，由多层螺旋状排列的片层结构形成致密和富有弹性的结构。表皮细胞合成和分泌几丁质与蛋白，进而运输至几丁质组装区发挥功能（Tang et al.，2010）。在表皮组装过程中，20 个几丁质单体通过 β-1,4-糖苷键连接形成长度为 300nm 的几丁质纤维丝，随后，18～25 条几丁质纤维丝通过分子间氢键以反向平行的方式聚集并嵌于蛋白矩阵中，与蛋白交联形成直径为 50～300nm 的几丁质微纤维（Elorza et al.，1983；Vincent and Wegst，2004）。18 条几丁质微纤维以反向平行的方式形成水平的几丁质片层结构（Neville et al.，1976）。几丁质片层水平堆叠，以垂直于原表皮的基部为轴，上一片层以下一片层为基础，以恒定的角度进行旋转，形成规则的螺旋状排列的表皮结构，由于该结构由 Yves Bouligand 提出，故又称为"Bouligand 结构"（Bouligand，1965）。采用透射电镜对表皮纵切面进行超微结构观察，结果表明，昆虫表皮呈明暗相间的抛物线排列，且抛物线的形态由片层旋转的角度决定（Moussian，2010；Noh et al.，2017）。

2. 表皮几丁质沉积

表皮排列和组装由表皮细胞精确控制，具有时间和空间的精确性（图 2-3）。表皮细胞通过细丝状伪足传递信息，表皮足决定表皮的大小和形状（Locke，2001）。在表皮形成过程中，表皮细胞合成和分泌的外包膜（envelope）进入表皮细胞膜上方微绒毛顶端的几丁质组装区，氧化酶负责对外包膜进行固定，使其不被渗透，保护新形成的表皮不被消化酶降解，随后，表皮细胞分泌上表皮（epicuticle），并沉积于外包膜和微绒毛之间，醌类物质对其进行固定。待上表皮沉积完成后，表皮细胞微绒毛顶端分泌原表皮（procuticle），并将其固定于上表皮下方，进一步压缩成螺旋状排列的层状结构（Locke，2001；Moussian，2010）。

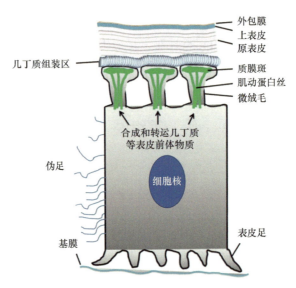

图 2-3　表皮几丁质沉积

根据 Locke（2001），Moussian（2010），Doucet 和 Retnakaran（2012）整理

3. 孔道几丁质组装

　　孔道（pore canal）起始于原表皮，跨越上表皮，将表皮细胞与外包膜连接起来（Locke，1961）。孔道外壁为圆形的几丁质纤维，孔道中央由蛋白基质与厚且垂直排列的几丁质纤维束组装形成饱满的孔道结构（Noh et al.，2014，2018a）。孔道随着几丁质片层结构旋转而旋转，孔道在内、外表皮中的组装形式不同，内表皮中组装成束，而外表皮中呈分开状态（Palmgren，1955）。此外，孔道在新、旧沉积的表皮中分布和数量不同，如内表皮第一层中20～30个孔道聚集成束，而内表皮最后一层仅含有2或3个孔道。对孔道横截面进行观察，发现当孔道穿过螺旋状几丁质片层结构时，孔道连续旋转，组装成月牙状结构，而在非层状结构中，孔道组装受阻，呈现直条状结构（Neville and Luke，1969）。因此，当几丁质片层结构组装发生紊乱时，孔道组装随之异常。

2.3.2　几丁质组装关键蛋白及功能

　　在几丁质组装过程中，表皮细胞分泌几丁质纤维丝和蛋白，进入位于表皮细胞和表皮之间的几丁质组装区。反向平行的几丁质纤维丝嵌于蛋白基质中，与几丁质组装关键蛋白相交联。研究表明，表皮组装关键蛋白包括几丁质脱乙酰酶（chitin deacetylase，CDA）、Knickkopf（Knk）、Retroactive（Rtv）、Obstructor A（Obst-A）、脱羧酶［天冬氨酸-1-脱羧酶（aspartate-1-decarboxylase，ADC）和3,4-二羟苯丙氨酸脱羧酶（3,4-dihydroxyphenylalanine decarboxylase，DDC）］、漆酶

（laccase）和表皮蛋白（cuticular protein，CP）（Arakane et al.，2009a；Chaudhari et al.，2011，2015；Petkau et al.，2012；Noh et al.，2015；Pesch et al.，2015；Yu et al.，2016a）。

1. 几丁质脱乙酰酶

几丁质脱乙酰酶（CDA）是碳水化合物酯酶 4 家族重要的几丁质修饰酶，可将几丁质脱去乙酰基形成壳聚糖（chitosan），进一步与蛋白相结合（Tsigos et al.，2000；Blair and Aalten，2004；Chapman，2013）。CDA 在多种昆虫，如果蝇、赤拟谷盗、褐飞虱、飞蝗、家蚕、云杉卷叶蛾（Choristoneura fumiferana）、黄野螟（Heortia vitessoides）和马铃薯甲虫中被鉴定（Luschnig et al.，2006；Wang et al.，2006，2019a；Arakane et al.，2009b；Quan et al.，2013；Xi et al.，2014；Yu et al.，2016a，2019a；Wu et al.，2019；Zhang et al.，2019a）。根据功能域不同，CDA 分为 5 类（Ⅰ～Ⅴ）（Dixit et al.，2008）。Ⅰ类 CDA（CDA1 和 CDA2）和 Ⅱ类 CDA（CDA3）均含有 3 个保守功能域，分别为几丁质结合域（chitin binding domain）、低密度脂蛋白受体 A（low-density lipoprotein receptor A）类结构域、催化域。Ⅲ类 CDA（CDA4）和Ⅳ类 CDA（CDA5）均含有 2 个保守功能域，分别为几丁质结合域、催化域。Ⅴ类 CDA（CDA6～CDA9）只含有催化域（Dixit et al.，2008）。Ⅰ类 CDA 负责气管、表皮、翅、前肠、后肠等外胚层来源的组织部位的结构维持和生长发育。在果蝇 DmCDA1（Serpentine，Serp）和 DmCDA2（Vermiform，Verm）突变体中，气管中几丁质有序组装受阻，气管过度延长，同时，胚胎表皮几丁质片层结构消失（Luschnig et al.，2006；Wang et al.，2006；Gangishetti et al.，2012）。采用 Gal4/UAS 沉默 DmCDA1 和 DmCDA2 后，果蝇翅表面纳米级凸起结构异常，对伊红的渗透区域加大，表明翅表皮的屏障功能减弱（Zhang et al.，2019b）。赤拟谷盗 TcCDA1 和 TcCDA2 沉默后，在不同硬度和厚度的表皮中，水平排列的几丁质片层和垂直的孔道结构均出现小而无序的几丁质纤维丝，导致其难以延伸成更长的几丁质纤维，从而使孔道坍塌，表皮片层结构紊乱（Noh et al.，2018a）。褐飞虱和云杉卷叶蛾 CDA1 与 CDA2 沉默后，虫体均难以蜕至下一龄期，最终出现死亡的表型（Quan et al.，2013；Xi et al.，2014）。飞蝗 LmCDA2 表达下降后，虫体蜕皮致死，超微结构显示表皮几丁质片层结构消失，螺旋状压缩的月牙形孔道变得松散而失去压缩状态，气管塌陷，体壁表皮、孔道和气管结构中的几丁质组装均受阻（Yu et al.，2016a），前肠和后肠的内膜片层结构中几丁质排列紊乱（Zhang et al.，2021）。

2. Knickkopf

Knickkopf（Knk）家族蛋白形成于表皮细胞，随后分泌至细胞外基质，结合几丁质纤维丝，负责几丁质片层结构的组装（Chaudhari et al.，2011）。Knk 家族蛋白包含 Knk、Knk2 和 Knk3（Chaudhari et al.，2014；Zhang et al.，2020a）。Knk 家族蛋白的功能域具有特异性。Knk 包含 N 端信号肽、两个串联的 DM13 功能域、多巴胺单加氧酶（dopamine monooxygenase）类似结构域（DOMON）和 C 端糖基磷脂酰肌醇（glycosylphosphatidylinositol，GPI）锚定位点（Moussian et al.，2006b；Chaudhari et al.，2011）。Knk2 不含 N 端信号肽和 GPI 锚定位点，但含有跨膜结构域。Knk3 具有多个剪切子，功能域具有特异性（Chaudhari et al.，2011）。在赤拟谷盗中，*TcKnk* 参与翅鞘、体壁、气管和浆膜表皮中几丁质的排列，而 *TcKnk2* 和 *TcKnk3-3'* 剪切子负责体壁齿状结构维持和气管中几丁质的组装（Chaudhari et al.，2011，2013，2015）。飞蝗 *LmKnk* 参与表皮和孔道中几丁质的排列与组装，而 *LmKnk2* 和 *LmKnk3* 不影响表皮几丁质的排列（Zhang et al.，2020a；Yu et al.，2022）。果蝇 *DmKnk* 参与胚胎表皮、气管和翅几丁质纤维丝组装及片层结构维持（Moussian et al.，2005a；Li et al.，2017）。

3. Retroactive

Retroactive（Rtv）是富含半胱氨酸的膜结合蛋白，与脊椎动物的蛇毒素类似蛋白的结构相似，含有 5 个 β 折叠和 3 个具有弹性的环状结构，环状结构中含有 2 个保守的芳香族氨基酸，保守氨基酸可作为几丁质结合位点，参与几丁质的排列和组装（Colombo et al.，2005；Hashimoto，2006）。在果蝇 *DmRtv* 突变体中，气管和表皮几丁质纤维组装均受阻，气管过度延长，胚胎表皮中几丁质片层结构消失（Moussian et al.，2005a，2006b）。在赤拟谷盗中，*TcRtv* 沉默后，翅鞘、体壁、气管和表皮齿状结构中几丁质片层结构均消失，同时，TcRtv 帮助 TcKnk 转运至原表皮中，参与表皮几丁质的排列（Chaudhari et al.，2013）。在飞蝗中，*LmRtv* 沉默后，表皮几丁质片层结构紊乱（于荣荣，2017）。

4. Obstructor A

Obstructor A（Obst-A）是参与细胞外基质组装的重要分泌蛋白，由表皮细胞分泌，集中于几丁质组装区，与多个几丁质结合蛋白相交联，共同参与几丁质的排列和组装（Behr and Hoch，2005）。研究表明，在果蝇胚胎中，Obst-A、Serp 和 Knk 相结合，共同维持气管的长度和直径（Petkau et al.，2012）。在幼虫表皮中，Obst-A 结合几丁质形成支架结构，随后，几丁质脱乙酰酶（Serp 和 Verm）和几丁质排列关键蛋白（Knk）结合在支架上，共同负责表皮几丁质的排列和组装（Pesch et al.，2015）。在果蝇幼虫 Obst-A 突变体的表皮和气管中，几丁质片层结构的维持和组装均受阻（Tiklová et al.，2013；Pesch et al.，2015）。

5. 脱羧酶（天冬氨酸-1-脱羧酶和 3,4-二羟苯丙氨酸脱羧酶）

天冬氨酸-1-脱羧酶（ADC）和 3,4-二羟苯丙氨酸脱羧酶（DDC）是参与表皮沉积与硬化的重要脱羧酶。ADC 将 L-天冬氨酸脱去—COOH 形成 β-丙氨酸，DDC 将多巴脱羧形成多巴胺，随后，β-丙氨酸和多巴胺结合形成儿茶酚类物质——N-β-丙氨酰多巴胺（N-β-alanyldopamine，NBAD），酚氧化酶（phenol oxidase，如漆酶）催化 N-β-丙氨酰多巴胺形成醌类物质，参与表皮的沉积（Hopkins et al.，1982；Kramer et al.，1984；Hopkins and Kramer，1992；Andersen，2007）。在赤拟谷盗中，TcADC 和 TcDDC 沉默后，出现蜕皮致死的表型。进一步采用动态力学检测基因沉默后表皮蛋白的交联作用，结果显示，沉默 TcADC 后，翅鞘表皮蛋白交联作用减弱（Arakane et al.，2009a）。

6. 漆酶

漆酶是一类多铜氧化酶，对表皮的硬化和鞣化发挥重要功能（Arakane et al.，2005b）。漆酶可将表皮中儿茶酚氧化成醌类物质，进而共价结合蛋白质单体，形成不溶于水的结构框架，促进几丁质和蛋白质的交联，形成致密排列的几丁质片层结构（Dittmer et al.，2004；Suderman et al.，2006）。在松墨天牛（Monochamus alternatus）中，MaLac2 沉默后，成虫表皮变薄，有序排列的几丁质片层结构紊乱（Niu et al.，2008）。

7. 表皮蛋白

表皮蛋白是一类与醌类物质交联的结构蛋白（Hopkins and Kramer，1992）。依据氨基酸保守基序不同，将表皮蛋白分为 12 个家族（Willis，2010）。在表皮蛋白中，保守的 Rebers & Riddiford（R&R）和 peritrophin-A 为几丁质结合域的重要基序，该基序可与几丁质和蛋白相结合，负责几丁质的排列和组装（Rebers and Riddiford，1988；Rebers and Willis，2001；Togawa et al.，2004）。研究表明，赤拟谷盗中的 CPR4、CPR18、CPR27、CPAP1、CPAP3 对于成虫硬质翅鞘几丁质片层的维持和孔道中几丁质纤维的组装发挥了关键作用。沉默上述表皮蛋白基因后，翅鞘表皮层状结构均变得松散和紊乱，同时孔道边界变得不规则，孔道中几丁质纤维丝呈现无序状态（Jasrapuria et al.，2012；Noh et al.，2014，2015）。

2.4　几丁质降解与再利用

在自然界中，具有降解几丁质活性的酶可分为两类，即几丁质酶（chitinase，Cht）和 β-N-乙酰己糖胺酶（β-N-acetylhexosaminidase）。两类酶的降解机制不同：

几丁质酶可随机水解几丁质多聚链内部的 β-1,4-糖苷键，而 β-*N*-乙酰己糖胺酶则从几丁质多聚链的非还原端开始，逐一降解 *N*-乙酰葡糖胺单体。在昆虫中，两者组成的二元降解酶系统负责外骨骼、气管和围食膜等组织的几丁质降解（Qu et al.，2014）。卵的孵化、幼虫蜕皮、成蛹、羽化、围食膜消化以及气管发育等生命活动均需两者的参与。由此可见，几丁质酶和 β-*N*-乙酰己糖胺酶将可能成为害虫防治的潜在分子靶标。

2.4.1 昆虫几丁质酶

作为第二大天然多聚物几丁质的主要降解酶，几丁质酶广泛存在于细菌、真菌、植物、节肢动物和脊椎动物等生物中。依据催化机制与蛋白质构象不同，几丁质酶可归属于不同的糖苷水解酶（glycoside hydrolase，GH）家族，包括 GH18、GH19、GH23 和 GH48（Adrangi et al.，2013）。昆虫几丁质酶绝大多数属于第 18 糖苷水解酶家族（GH18），并且结构和功能出现分化，形成了包含众多酶的巨大家族酶系。在基因组背景清晰的昆虫中，均可鉴定出十几个编码几丁质酶的基因。这些几丁质酶从基因大小到结构功能都存在差异。

1. 昆虫几丁质酶的分子特征

典型的昆虫几丁质酶包含以下结构：信号肽（signal peptide）、位于 N 端的几丁质水解酶活催化域（chitinase catalytic domain，CCD）、位于 C 端的几丁质结合域（chitin binding domain，CBD），以及两者之间富含丝氨酸/苏氨酸的连接区（serine/threonine-rich linker region，S/T-rich Linker）（Zhu et al.，2004）。信号肽可以协助几丁质酶分泌至细胞外，降解外骨骼和围食膜中的几丁质。几丁质水解酶活催化域可随机内切水解几丁质多聚链。几丁质结合域可辅助酶锚定于几丁质多聚链上，增强酶对不溶性底物的活性。

昆虫几丁质水解酶活催化域基本都属于糖苷水解酶家族 GH18，其空间结构为 8 个 β 折叠与 8 个 α 螺旋间次形成的 $(\beta/\alpha)_8$ 桶。该结构具有 4 个保守的特征序列：K(F/V)M(V/L/I)AVGGW、FDG(L/F)DLDWE(Y/F)P、M(S/T)YDL(R/H)G 及 GAM(T/V)WA(I/L)D，其中第 2 个保守特征序列中的谷氨酸残基（E）提供了几丁质酶水解活性（Zhu et al.，2004）。而蓼蓝齿胫叶甲（*Gastrophysa atrocyanea*）中属于糖苷水解酶家族 GH48 的几丁质水解酶活催化域的空间结构则为 $(\alpha/\alpha)_6$ 桶（Fujita et al.，2006）。

昆虫的几丁质结合域均属于碳水化合物结合模块 14 家族（carbohydrate-binding module 14，CBM14），其富含半胱氨酸（C）。CBM14 的氨基酸序列特点为具有 6 个保守的半胱氨酸（Arakane and Muthukrishnan，2010），序列特征可以简写为 $CX_{13\sim20}CX_5CX_{9\sim19}CX_{10\sim14}CX_{4\sim14}C$，X 可为任一氨基酸残基。

由于生物学功能的分化，昆虫几丁质酶可拥有多个几丁质水解酶活催化域、几丁质结合域以及富含丝氨酸/苏氨酸的连接区，也可出现缺失信号肽、几丁质结合域及富含丝氨酸/苏氨酸的连接区，但几丁质水解酶活催化域必不可少。

2. 昆虫几丁质酶的分类与结构

目前，对昆虫几丁质酶的分类通常是依据氨基酸序列特征而定。根据现有的序列聚类分析结果，昆虫几丁质酶可分为 11 组（group），并用罗马数字（Ⅰ～Ⅹ）及 h 进行标注（Tetreau et al., 2015a），每组几丁质酶都有约定俗成的固定命名。

Group Ⅰ 命名为 chitinase 5（简写为 Cht5），氨基酸序列长度通常在 500 个左右的氨基酸残基，包含一个几丁质水解酶活催化域和一个几丁质结合域，结构特征可以简化表示为 |-■-●，其中 | 表示一段信号肽，■ 表示一个几丁质水解酶活催化域，● 表示一个几丁质结合域，被认为是几丁质酶的典型结构特征。绝大多数昆虫只有一个 Cht5，目前只在双翅目埃及伊蚊、冈比亚按蚊及直翅目飞蝗中发现基因的扩张。其中埃及伊蚊和冈比亚按蚊均有 4 个，命名为 Cht5-2 至 Cht5-5，其均无几丁质结合域且已失去几丁质酶活性（Zhang et al., 2011a）；飞蝗中有一个，命名为 Cht5-2，同样缺失几丁质结合域，但其仍具有降解几丁质的活性（Li et al., 2015）。

Group Ⅱ 命名为 chitinase 10（简写为 Cht10），氨基酸序列长度一般为 2700 个氨基酸残基以上，包含多个几丁质水解酶活催化域和多个几丁质结合域。通常典型的结构特征包含 5 个几丁质水解酶活催化域和 5 个几丁质结合域，结构可以简化表示为 |-■$_A$-●$_1$-■$_B$-●$_2$-●$_3$-●$_4$-■$_C$-■$_D$-●$_5$-■$_E$。迄今为止，所有昆虫中均只发现一个 Cht10，且不同目的昆虫间 Cht10 结构具有显著差异。双翅目昆虫缺失了第一个几丁质酶活催化域和第一个几丁质结合域（|-■$_B$-●$_2$-●$_3$-●$_4$-■$_C$-■$_D$-●$_5$-■$_E$）（Zhang et al., 2011b）；鳞翅目昆虫在第二个几丁质酶活催化域后多了两个几丁质结合域（|-■$_A$-●$_1$-■$_B$-●-●-●$_2$-●$_3$-●$_4$-■$_C$-■$_D$-●$_5$-■$_E$）（Zhu et al., 2019）；直翅目昆虫则是在第一个几丁质酶活催化域后多了一个几丁质结合域（|-■$_A$-●-●$_1$-■$_B$-●$_2$-●$_3$-●$_4$-■$_C$-■$_D$-●$_5$-■$_E$）（李大琪，2016）。

Group Ⅲ 命名为 chitinase 7（简写为 Cht7），氨基酸序列长度一般为 1000 个左右的氨基酸残基，包含两个几丁质水解酶活催化域和一个几丁质结合域，结构特征可以简化表示为 |-■$_A$-■$_B$-●。目前所有昆虫中均只有一个 Cht7，且结构保守一致。

Group Ⅳ 的几丁质酶分类较为复杂，无明确归属的几丁质酶都划归该组。其氨基酸序列长度通常为 300～600 个氨基酸残基，结构特征为 |-■-● 或 |-■，并无统一的命名。该组比较常见的几丁质酶有 chitinase 4（Cht4）和 chitinase 8（Cht8），在不同昆虫中均可发现一个或两个同源基因。该组的几丁质酶绝大多数来源于赤

拟谷盗、埃及伊蚊和冈比亚按蚊的几丁质酶基因扩张（Zhang et al.，2011b）。对
Group Ⅳ尚需进行更为细致的分类研究。

Group Ⅴ为类几丁质酶（chitinase-like），又被称为成虫盘生长因子（imaginal
disc growth factor，IDGF）（Kawamura et al.，1999）。该组酶中催化位点保守的谷
氨酸（E）已被谷氨酰胺（Q）代替，从而失去几丁质酶活性，故称为类几丁质酶
（Kawamura et al.，1999）。该组氨基酸序列长度通常为300～500个氨基酸残基，
缺少几丁质结合域，结构特征可以简化表示为 |-■，不同昆虫中均可发现1～4个
IDGF。

Group Ⅵ命名为chitinase 6（简写为Cht6），结构特征为在N端信号肽后拥
有紧密相连的一个几丁质水解酶活催化域和一个几丁质结合域，之后为一段长度
为1000个以上氨基酸残基的无规则卷曲序列，有时在C端还有一个几丁质结合
域，可以表示为 |-■-●——●。该组基因长度均在2000个氨基酸残基以上，烟
草天蛾的Cht6甚至长达3208个氨基酸残基，是目前昆虫中已知最大的几丁质酶
（Tetreau et al.，2015a）。绝大多数昆虫中均只有一个Cht6，只在小菜蛾中发现两
个Cht6（Zhu et al.，2019）。

Group Ⅶ（命名为chitinase 2，Cht2）和Group Ⅷ（命名为chitinase 11，Cht11）
两组几丁质酶结构特征均为 |-■，长度也为300～500个氨基酸残基。由于氨基酸
序列特性，这两组几丁质酶基因可以明显分为两支，所以各自独立命名。两组几
丁质酶在昆虫中均基本存在，个别昆虫会缺失Cht11（Zhu et al.，2019）。

Group Ⅸ（命名为chitinase 1，Cht1）和Group Ⅹ（命名为chitinase 3，Cht3）
都属于类几丁质酶。其催化位点保守的谷氨酸（E）均被其他氨基酸代替，Group
Ⅹ（Cht3）中甚至都丢失了FDG(L/F)DLDWE(Y/F)P这一保守的特征序列（Tetreau
et al.，2015a）。Group Ⅸ（Cht1）的结构简单，仅由信号肽与几丁质水解酶活催
化域组成，简单表示为 |-■，长度一般不超过450个氨基酸残基。Group Ⅸ与
stabilin-1相互作用的类几丁质酶蛋白（stabilin-1 interacting chitinase-like protein，
SI-CLP）同源，SI-CLP在包括哺乳动物在内的几乎所有动物中均存在（Tetreau
et al.，2015a）。Group Ⅹ（Cht3）是巨大的类几丁质酶，具有一个几丁质水解酶
活催化域和3个几丁质结合域，长度通常超过2000个氨基酸残基。其结构特征
是N端信号肽后有一个几丁质水解酶活催化域和两个几丁质结合域，C端结尾
处还有一个几丁质结合域，两者之间由巨大的无规则卷曲序列连接，可以表示
为 |-■-●$_1$-●$_2$——●$_3$。该组几丁质酶的几丁质水解酶活催化域变化最大，与其他
组有显著区别，在昆虫中，两组几丁质酶都各自只有一个。

Group h（chitinase-h，Cht-h）目前只在鳞翅目昆虫中被发现，均只有一个，
长度约为550个氨基酸残基。与其他组相比较，其具有被称为PKD1（polycystic
kidney disease 1）的特殊结构域。该组的典型结构可以表示为 |-◎-■，◎表示

PKD1。研究发现该组几丁质酶在一些细菌中有同源基因，推断其来源可能是细菌与鳞翅目昆虫间的水平基因转移（Daimon et al.，2003）。

3. 昆虫几丁质酶的生物学功能

昆虫几丁质酶的主要功能为降解细胞外基质（如外骨骼、围食膜等）中的几丁质。由于家族酶基因，单个几丁质酶的生物学功能很难与同家族其他酶严格区分开。极个别酶的功能是通过大量蜕皮液的纯化分离或体外表达等实验研究得出的（Kramer et al.，1993；Fitches et al.，2004），而在生物体内的具体功能尚不明了。近年来，随着生物技术的发展，尤其是 RNA 干扰技术的出现，为揭示单一基因具体的生物学功能带来便利。2008 年，Zhu 等首先在赤拟谷盗中应用 RNA 干扰系统地研究了几丁质酶家族基因的生物学功能，之后其他研究人员在冈比亚按蚊、褐飞虱、飞蝗、小菜蛾中也陆续展开相关工作（Zhang et al.，2011b；Xi et al.，2015a；李大琪，2016；Zhu et al.，2019）。综合上述对昆虫各组织部位几丁质酶表达水平的研究成果，可以发现，Group Ⅰ、Group Ⅱ、Group Ⅲ、Group Ⅳ、Group Ⅴ及 Group h 已经出现组织分布和生物学功能的特化，但其余组几丁质酶的生物学功能还有待明确。

Group Ⅰ（Cht5）和 Group Ⅱ（Cht10）主要在昆虫体壁细胞中表达，负责外骨骼几丁质的降解，使虫体进行正常的蜕皮过程。其中 Cht10 是昆虫各个龄期分解表皮几丁质的主要因子。在目前已知的鞘翅目、鳞翅目、半翅目及直翅目等昆虫中，*Cht10* 被沉默后，处于各个发育龄期的虫体均无法完成蜕皮，难以进入下一个发育龄期而导致死亡，死亡率可高达 80% 以上（Zhu et al.，2008a，2019；Xi et al.，2015a；李大琪，2016）。由此可见，Group Ⅱ 基因可以作为害虫防治的潜在分子靶标。Cht5 则是在一些昆虫的某些发育龄期不可缺少的降解因子，如鞘翅目赤拟谷盗的蛹羽化、直翅目飞蝗 5 龄若虫蜕皮以及卵孵化都需要 Cht5 的参与（Zhu et al.，2008a；Li et al.，2015；Zhang et al.，2018a）。而鳞翅目小菜蛾中 Cht5 与 Cht10 的功能十分接近，都可影响幼虫蜕皮以及蛹的羽化（Zhu et al.，2019）。Group Ⅰ 也可以作为特异性的害虫防治靶标。

Group Ⅲ（Cht7）在多种昆虫的体壁组织中高表达，但生物学功能不尽相同：在赤拟谷盗中，*Cht7* 缺失可导致后翅折叠与伸展异常，并影响到鞘翅表面的平整度（Zhu et al.，2008a）；褐飞虱 *Cht7* 被沉默后，若虫蜕皮困难，致死率达 90% 以上（Xi et al.，2015a）；而小菜蛾中的 Cht7 影响到蛹的羽化，蛹皮与腹部粘连或翅卷曲，致残率约为 36%（Zhu et al.，2019）。Group Ⅲ 在其他昆虫中的生物学功能还有待详细研究。

Group Ⅳ 的几丁质酶主要在昆虫的肠道中表达，其中保守的 Cht8 主要在中肠高表达。欧洲玉米螟（*Ostrinia nubilalis*）饲喂 *OnCht8* 的 dsRNA 后，幼虫发育受到影响，体重下降60%左右。这可能是围食膜无法正常降解、影响营养物质吸收所致（Khajuria et al.，2010）。Group Ⅳ中其他酶的生物学功能尚需进一步研究。

Group Ⅴ是被称为成虫盘生长因子（IDGF）的类几丁质酶，其虽然丧失了降解几丁质的活性，但演化出了其他生物学功能。例如，赤拟谷盗IDGF在末龄幼虫的翅芽中高表达，并影响到蛹的变态发育，这可能与其作为生长因子的功能相关（Zhu et al.，2008a）。而在冈比亚按蚊中，两个IDGF的同源基因 *AgBR1* 和 *AgBR2* 显示了抗菌功能（Shi and Paskewitz，2004）。

Group h是鳞翅目昆虫特有的几丁质酶，其在不同组织部位均有表达。对亚洲玉米螟的蜕皮液进行蛋白质组学（proteomics）分析可以发现，Cht5、Cht10、Cht-h 及 β-*N*-乙酰己糖胺酶1（Hex1）大量积累，从而帮助几丁质降解（Qu et al.，2014）。Group h可成为鳞翅目害虫防治的特异性分子靶标。

2.4.2　β-*N*-乙酰己糖胺酶

β-*N*-乙酰己糖胺酶（β-*N*-acetylhexosaminidase，HEX，EC 3.2.1.52）是一类可以外切β-*N*-乙酰葡糖胺、β-*N*-乙酰半乳糖胺、β-*N*-乙酰果糖胺等β-*N*-乙酰己糖胺的水解酶，在原核和真核生物中均有发现（Slámová et al.，2010）。在生物体内，该酶大多数为β-*N*-乙酰葡糖胺糖苷酶（β-*N*-acetylglucosaminidase，NAG），主要分布于糖苷水解酶家族GH3、GH20和G84中（Slámová et al.，2010）。昆虫的NAG都属于糖苷水解酶家族GH20，并与几丁质酶组成二元酶系，负责几丁质的降解（Qu et al.，2014）。此外，昆虫还有一类具有内切活性的β-*N*-乙酰葡糖胺糖苷酶，称为endo-β-*N*-acetylglucosaminidase（ENGase），该酶归属于糖苷水解酶家族GH85（Rong et al.，2013）。

1. 昆虫 β-*N*-乙酰己糖胺酶的分类与分子特性

与几丁质酶类似，昆虫β-*N*-乙酰己糖胺酶也由多个基因编码。根据埃及伊蚊、冈比亚按蚊、家蚕、意大利蜜蜂、淡色库蚊（*Culex pipiens pallens*）、丽蝇蛹集金小蜂和赤拟谷盗等昆虫基因组数据库，每个物种均有多个β-*N*-乙酰己糖胺酶基因（Hogenkamp et al.，2008）。依据氨基酸序列系统发育分析结果，其可分为5组（group）：Group Ⅰ（NAG1）、Group Ⅱ（NAG2）、Group Ⅲ（FDL）、Group Ⅳ（HEX）及 Group Ⅴ（ENGase）。

Group Ⅰ（NAG1）即β-*N*-乙酰葡糖胺糖苷酶1，目前许多经过验证且具有典型功能的NAG都归于该组，如烟草天蛾MsNAG1、家蚕BmNAG1、亚洲玉米螟OfHex1、飞蝗LmNAG1和黄野螟HvNAG1等（Nagamatsu et al.，1995；Zen et al.，1996；Yang et al.，2008；Rong et al.，2013；Lyu et al.，2019）。Group Ⅱ（NAG2）同为β-*N*-乙酰葡糖胺糖苷酶，与 Group Ⅰ 聚类相近。该组中的黑腹果

蝇 DmHEXO2（即 DmNAG2）已被证实具有活性（Léonard et al.，2006）；烟草甲虫（*Lasioderma serricorne*）的 NAG2 也具有对几丁质的降解功能（Yang et al.，2019b）。Group Ⅲ（FDL）名称来源于黑腹果蝇同源酶 fused lobes protein（DmFDL），其参与 *N*-聚糖（*N*-glycan）的水解（Léonard et al.，2006）。Group Ⅳ（HEX）与哺乳动物中的 HEX 同源。Group Ⅴ 则为具有内切活性的 β-*N*-乙酰葡糖胺糖苷酶（ENGase）。

Group Ⅰ、Group Ⅱ 和 Group Ⅲ 都属于 NAG，其氨基酸序列相似度达 50% 以上，而与 Group Ⅳ 和 Group Ⅴ 的相似度都在 25% 以下。Group Ⅰ、Group Ⅱ 和 Group Ⅲ 都具有糖苷水解酶家族 GH20 保守域 “HxGGDEVxxxCW” 与保守的酶活性残基 “R”、“D”、“E”、“W”、“Y” 和 “D” 等（Hogenkamp et al.，2008）。Group Ⅰ 和 Group Ⅱ 具有信号肽，被认为是外泌型蛋白；而 Group Ⅲ 有跨膜结构，可能锚定于细胞膜上（Léonard et al.，2006）。目前，大多数昆虫 Group Ⅰ、Group Ⅱ 和 Group Ⅲ 中均只有一个，只在淡色库蚊中发现 3 个 NAG1 同源蛋白、褐飞虱中发现两个 NAG1 同源蛋白。Group Ⅳ 与 Group Ⅴ 在昆虫中报道甚少，尚需深入研究。

2. 昆虫 β-*N*-乙酰己糖胺酶的生物学功能

昆虫几丁质被几丁质酶降解为寡聚体后，主要由 NAG（Group Ⅰ、Group Ⅱ、Group Ⅲ）负责将其彻底降解为几丁质单体，用于生物体回收利用（Hogenkamp et al.，2008）。对烟草天蛾 Cht5 进行酶动力学实验时，发现过多的几丁质寡聚体抑制了酶的水解效率（Arakane et al.，2008a）。NAG 潜在的生物学功能之一可能是为了防止蜕皮液、血淋巴和肠道等组织中几丁质寡聚体的积累，以便几丁质酶保持高效的降解能力（Kramer and Muthukrishnan，2005）。

NAG（Group Ⅰ、Group Ⅱ、Group Ⅲ）的生物学功能首先在赤拟谷盗中被揭示（Hogenkamp et al.，2008）。利用 RNA 干扰技术，Hogenkamp 等（2008）对 *TcNAG1*、*TcNAG2*、*TcNAG3* 及 *TcFDL* 进行基因沉默。结果表明，*TcNAG1* 在赤拟谷盗整个生活史蜕皮过程中发挥重要功能，无论是幼虫-幼虫、幼虫-蛹还是蛹-成虫，其缺失后，均可致使虫体无法蜕去旧表皮，发育停滞，死亡率超过 80%。ds*TcNAG1* 与 ds*TcCht10* 的表型相似，这可能是由于 *TcNAG1* 缺失，导致几丁质寡聚体积累，进而影响到赤拟谷盗几丁质酶的活性。*TcNAG2* 的缺失致使蛹-成虫的羽化率大幅下降，致死率也达到了 80%；而在幼虫-幼虫和幼虫-蛹时期，*TcNAG2* RNA 干扰的死亡率仅为 15%～25%。*TcFDL* 在蛹-成虫期的发育中也有重要的生物学功能，其缺失也可导致虫体蜕皮困难，造成 80% 的死亡率。FDL 的主要功能为参与 *N*-聚糖的水解，并锚定于细胞膜上（Altmann et al.，1995；Tomiya et al.，2006）。*N*-聚糖水解与昆虫蜕皮之间的关系尚需进一步研究阐明。赤拟谷盗中还存在一个 TcNAG3，其未归入 Group Ⅰ、Group Ⅱ、Group Ⅲ 中的任何一组。RNA 干扰结果显示，ds*TcNAG3* 在虫体生活史中各个蜕皮阶段的致死率并不高，均为 10%～20%。实时荧光定量 PCR（RT-qPCR）显示其在肠道中高表达，这意味着其可能与肠道围食膜（PM）的降解相关。

结合 *TcNAG1* 在虫体各个部位均有较高的表达、*TcNAG2* 只在肠道中表达的研究结果，可以发现，TcNAG1 可能是虫体内几丁质寡聚体降解的主要酶。同样，在褐飞虱、黄野螟和飞蝗等昆虫中，当 *NAG1* 被 RNA 干扰沉默后，都出现了高致死率，表明 NAG1 在昆虫发育过程中具有重要的生物学功能（Rong et al.，2013；Xi et al.，2015b；Lyu et al.，2019）。在烟草甲虫中 NAG2 缺失的表型也与赤拟谷盗相似，进一步表明昆虫 NAG2 的功能较为保守（Yang et al.，2019b）。

Group Ⅳ（HEX）的生物学功能尚不明确。Group Ⅴ（ENGase）在褐飞虱中进行了 RNA 干扰沉默，结果表明其对发育无显著影响（Xi et al.，2015b），其生物学功能有待进一步研究。

2.5 几丁质代谢的调控机制

2.5.1 昆虫几丁质代谢的激素调控

昆虫生长发育是一个复杂的生物学过程，其最明显的特点是蜕皮和变态，变态发育由体内一系列激素所调控，直接控制昆虫蜕皮与变态的激素是蜕皮激素 [蜕皮酮（ecdysone）或 20-羟基蜕皮酮（20-hydroxyecdysone，20E）]和保幼激素（juvenile hormone，JH）。昆虫的蜕皮激素为多羟基化的类固醇，由幼虫和蛹的前胸腺或成虫的生殖腺所分泌，调控昆虫的变态和卵的发育，昆虫体内普遍存在 α-蜕皮激素和 β-蜕皮激素（Riddiford et al.，2003）。昆虫的保幼激素是由咽侧体分泌的倍半萜烯甲基酯类激素，蜕皮激素诱导昆虫的蜕皮和变态，保幼激素则阻止由蜕皮激素引起的变态，使幼虫蜕皮后仍维持幼虫的形态（Riddiford et al.，2010）。目前，对蜕皮激素的信号转导途径已有较多研究，这得益于蜕皮激素受体（ecdysteroid receptor，EcR）的发现。蜕皮激素通过与 EcR 和超气门蛋白（ultraspiracle protein，USP）的异源二聚体结合传递信号，两者均属于核受体超家族（nuclear receptor superfamily）成员，处于昆虫蜕皮、变态及繁殖等生命过程级联反应的启动位置（Henrich et al.，1990；Antoniewski et al.，1996）。20E 与 EcR 和 USP 复合物结合成为三聚体，启动一系列下游转录因子（E75、E74、BR-C、HR4、FTZ-F1 等）的表达（Christiaens et al.，2010）。

在果蝇中，编码 UAP 的 *mmy* 基因在表皮和唾液腺的表达可被 20E 诱导上调（Araújo et al.，2005；Schimmelpfeng et al.，2006；Tonning et al.，2006）。在飞蝗中，几丁质合成的关键基因 *LmUAP1* 是一个 20E 晚期应答基因，将 20E 注射入飞蝗体

腔后可诱导 *LmUAP1* 表达，而 *LmEcR* 干扰后可抑制 *LmUAP1* 的表达（Liu et al.，2018）。此外，通过干扰 *LmEcR* 和向飞蝗体腔注射 20E，结果表明，*LmCht5-1*、*LmCht5-2* 和 *LmCht10* 均受蜕皮激素调控（Li et al.，2015）。在云杉卷叶蛾中，*CfCHS1* 在幼虫各龄期蜕皮及化蛹过程中均呈现规律性的表达变化，将 20E 加入人工饲料中，饲喂 5 龄期的云杉卷叶蛾，发现蜕皮激素可在早期（小于 4h）抑制 *CfCHS1* 的表达（Ampasala et al.，2011）。在甜菜夜蛾中，干扰 *EcR* 基因后，昆虫因蜕皮困难而死亡，同时发现几丁质合成通路中的 5 个基因（*SeTre-1*、*SeG6PI*、*SeUAP*、*SeCHSA*、*SeCHSB*）的表达也相应下调，体内注射 20E 后可诱导这些基因的表达（Yao et al.，2010），上述研究均表明这些基因受 20E 调控，但在不同昆虫物种中出现相反的调控模式，反映出蜕皮激素的双重效应及调控的复杂性。

2.5.2　昆虫几丁质代谢的 microRNA 调控

微小核糖核酸（microRNA，miRNA）是一类长约 22bp 的内源性非编码核苷酸序列，在基因转录后水平的调控中起着重要作用，也是调节动物和植物基因表达的关键因子。随着对 miRNA 研究工作的逐步开展，丰富了人们对基因表达转录后调控的理解。miRNA 参与生物体内多种重要的生命活动，如细胞增殖、分化、凋亡、激素分泌、细胞程序性死亡、信号转导、生物体自身免疫稳态的维持以及器官发育等（Bartel，2009）。研究也揭示了 miRNA 在几丁质生物合成中的作用。例如，对家蚕全基因组分析显示，海藻糖酶是 miR-8 的一个靶点（Yu et al.，2008）。在褐飞虱中，miR-8-5p 和 miR-2a-3p 负调控膜结合型海藻糖酶（Tre2）和磷酸乙酰葡糖胺变位酶（phosphoacetylglucosamine mutase，PAGM）的基因（Chen et al.，2013）。在飞蝗中，miR-263 和 miR-71 分别通过调控飞蝗若虫体内 *LmCht10* 与 *LmCHS1* 的表达来控制飞蝗的正常蜕皮发育，注射 miR-71 和 miR-263 agomirs 可以抑制 *LmCHS1* 和 *LmCht10* 的表达，并导致蜕皮缺陷（Yang et al.，2016）。

2.6　小结与展望

昆虫几丁质生物合成、修饰、组装和降解是高度复杂的过程。近年来，随着基因组学、转录组学和蛋白质组学等的快速发展，RNA 干扰等先进的技术方法大大促进了该领域的研究。表皮几丁质代谢对于昆虫生长发育至关重要，然而目前仍有若干科学问题有待深入研究：几丁质合成酶如何在质膜上组装并穿过质膜进行转运，几丁质组装的具体分子机制是什么，几丁质酶在几丁质降解过程中作用部位和作用机制如何，控制不同类型几丁质（即 α 型、β 型、γ 型几丁质）的形成机理是什么。对昆虫表皮发育关键基因生物学功能的解析，对于研发害虫防治分子靶标不仅具有重要的理论意义，同时也具有重要的应用价值。

第3章

昆虫表皮蛋白

赵小明

山西大学应用生物学研究所

表皮是昆虫机体复杂的代谢库，其主要成分由几丁质和蛋白质构成。表皮的性能不仅受几丁质结构、硬化和水化程度的影响，而且受表皮基质中蛋白质精确组合的影响。为了更好地了解昆虫表皮发育和分子性能，本章将围绕表皮蛋白（cuticular protein，CP）的鉴定与分类、分子特性与表达模式、生物学功能及其与几丁质纤维丝之间的相互作用进行阐述。

3.1 表皮蛋白的鉴定与分类

表皮蛋白是节肢动物体壁的主要成分之一，在节肢动物表皮形成和发育过程中具有重要作用。表皮蛋白之间以及与几丁质的相互作用，对机体不同发育阶段及不同组织部位表皮的物理性质有着重要作用（Neville，1993）。近年来，随着昆虫基因组学和转录组学的发展，对众多昆虫物种的研究表明，昆虫基因组中存在大量编码表皮蛋白或类表皮蛋白的基因，如意大利蜜蜂（*Apis mellifera*）（蜜蜂基因组测序于2006年完成）、黑腹果蝇（*Drosophila melanogaster*）（Karouzou et al.，2007）、赤拟谷盗（*Tribolium castaneum*）（Dittmer et al.，2012）、冈比亚按蚊（*Anopheles gambiae*）（Cornman et al.，2008）、家蚕（*Bombyx mori*）（Futahashi et al.，2008a）、丽蝇蛹集金小蜂（*Nasonia vitripennis*）（Werren et al.，2010）和烟草天蛾（*Manduca sexta*）（Dittmer et al.，2015）等。在黑腹果蝇、冈比亚按蚊和烟草天蛾中已鉴定出200多个表皮蛋白基因，这些基因约占蛋白质编码基因的2%。根据每个表皮蛋白家族独特的氨基酸基序，将其划分为13个家族（Willis，2010；Ioannidou et al.，2014；Zhou et al.，2016），包括CPR家族、CPF家族、CPFL家族、CPT家族、CPG家族、CPAP家族、CPH家族、CPLC家族（包括CPLCA、CPLCG、CPLCW、CPLCP等亚家族）和apidermin（APD）家族等。

昆虫表皮蛋白基因有许多相似特征，其编码蛋白的命名差异较大，主要是由首次测定其序列的研究者命名，一般有如下几种命名方式：①根据表皮蛋白所在发育时期的第一个字母命名，如ACP指的是成虫表皮蛋白（adult cuticular protein），NCP/LCP 指的是若虫或幼虫表皮蛋白（nymph/larval cuticular protein）；②根据蛋白质的分子量或者蛋白质发现时的次序命名，如 LCP-14（larval cuticular protein 14，其中 14 是该蛋白质的分子量）、EDG-91（ecdysone dependant gene 91，其中 91 是该表皮蛋白被发现时的次序）；③根据表皮蛋白所在昆虫种和属以及组织的第一个字母命名，如 Bmwcp4（该表皮蛋白来自家蚕的翅原基，"Bmw"是 *Bombyx mori* wing disc 的缩写，"4"是发现时的次序）；④根据表皮蛋白所属家族和所在种属命名，如 LmCPR1（该表皮蛋白来自飞蝗，属于 CPR 家族，Lm 是 *Locusta migratoria* 的缩写）等。

3.1.1　CPR 家族

CPR 家族是最大的表皮蛋白家族，其成员包含 Rebers & Riddiford 基序（R&R Consensus）（Rebers and Riddiford，1988）。保守基序为 G-x(8)-G-x(6)-Yx-A-x-E-x-G-Y-x(7)-P-x(2)-P（x 表示氨基酸，括号内的数字为该处 x 的数目）。R&R 基序包括一个几丁质结合域 4（chitin binding domain 4，CBD4）（表 3-1），有助于协调几丁质和蛋白质基质之间的相互作用（Rebers and Willis，2001；Togawa et al.，2004，2007；Qin et al.，2009）。CPR 家族分布最广，数量众多，约占所有表皮蛋白的 70%，其成员在双翅目、鳞翅目、鞘翅目、膜翅目、半翅目和直翅目等昆虫中均被发现。研究表明，不同物种 CPR 家族表皮蛋白数量差异明显，如在家蚕、黑腹果蝇、烟草天蛾和褐飞虱中分别具有 148 个、101 个、207 个和 96 个 CPR，而在西方蜜蜂和飞蝗中仅分别有 28 个和 51 个 CPR（Karouzou et al.，2007；Soares et al.，2007；Futahashi et al.，2008a；Zhao et al.，2017；Pan et al.，2018）。

表 3-1　昆虫主要表皮蛋白家族及其序列特征（刘晓健等，2019）

家族	序列特征	参考文献
CPR 家族	含有 Rebers & Riddiford 基序，包括 RR-1、RR-2 和 RR-3 三个亚家族	Rebers and Riddiford，1988
CPF 家族	具有 42～44 个氨基酸残基的序列	Togawa et al.，2007
CPFL 家族	与 CPF 具有同源性，有一个保守的 C 端区域	Togawa et al.，2007
CPT 家族	含有 Tweedle 基序	Guan et al.，2006
CPG 家族	富含甘氨酸	Futahashi et al.，2008a
CPAP 家族	包括 CPAP1 和 CPAP3，含有 1 个或 3 个 CBD2 几丁质结合域	Jasrapuria et al.，2010，2012
CPH 家族	假设表皮蛋白	Pan et al.，2018
CPLC 家族	低复杂度表皮蛋白，包括 CPLCA、CPLCG、CPLCW 和 CPLCP	Willis，2010

CPR 家族表皮蛋白包含 RR-1、RR-2 和 RR-3 三个亚家族（图 3-1），其中

RR-1 和 RR-2 表皮蛋白可能与表皮的柔韧度相关，RR-1 一般存在于软表皮中，RR-2 则存在于硬表皮中（Andersen，1998；Willis，2010）；RR-3 中包括少数表皮蛋白，但其功能仍不明确（Andersen，2000；Willis，2010）。R&R 基序的 N 端富含亲水性氨基酸，其序列的保守性与表皮蛋白所处的表皮类型相关，在硬表皮中其相当保守，而在软表皮中其差异较大（Andersen，1999）。

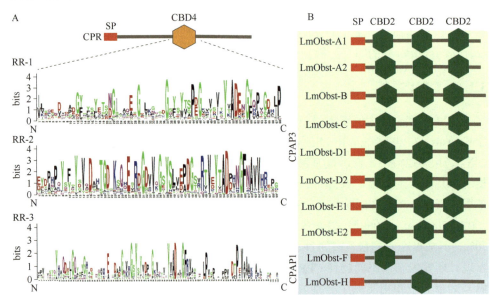

图 3-1　飞蝗 CPR 家族蛋白 R&R 基序和 CPAP 家族蛋白的结构

A. CPR 家族 R&R 基序；B. CPAP 家族蛋白结构

3.1.2　CPAP 家族

在昆虫中，表皮蛋白几丁质结合域除了 CPR 家族 CBD4，还存在另一种形式。该类型几丁质结合域含有 6 个半胱氨酸残基形成 3 个二硫键的一段保守序列（$CX_{11\sim12}CX_5CX_{9\sim14}CX_{12\sim16}CX_{6\sim8}C$），称为 peritrophin A domain（type 2 chitin binding domain，CBD2）（Elvin et al.，1996；Tellam et al.，1999）。含有该类型几丁质结合域的蛋白最初在昆虫围食膜中被鉴定，随后有学者在黑腹果蝇中证实编码含有 CBD2 结构域蛋白的基因在体壁中也有表达，而且发现该类蛋白具有特定长度间隔形成 3 个 CBD2 的特殊结构（Barry et al.，1999；Behr and Hoch，2005）。这类表皮蛋白在黑腹果蝇中被命名为 Obstructor（Obst）家族。第一个 Obstructor 蛋白是 Barry 等（1999）在黑腹果蝇突变体中发现的，被定名为 Gasp。随着黑腹果蝇基因组测序的完成，Behr 和 Hoch（2005）在黑腹果蝇基因组中共鉴定了 10 个 Obst 基因，分别命名为 Obst-A～Obst-J，其中 Obst-C 即为 Gasp。2012 年，Jasrapuria 等在赤拟谷盗基因组中鉴定了 17 个 Obst 家族基因，并且研究发现其中 8

个 Obst 基因编码的蛋白含有 3 个 CBD2,而其余基因编码的蛋白含有一个 CBD2,这些 CBD2 保守序列类似于围食膜蛋白 peritrophin A domain,故也将该类蛋白命名为 CPAP(cuticular proteins analogous to peritrophin)家族。基于 CBD2 结构域的数量,CPAP 可进一步分为具有一个 CBD2 结构域的 CPAP1 和具有 3 个 CBD2 结构域的 CPAP3 家族(Jasrapuria et al.,2010,2012)。本课题组根据飞蝗转录组和基因组共鉴定了 10 个 CPAP 家族基因,并基于黑腹果蝇和赤拟谷盗同源蛋白聚类分析,分别命名为 LmObst-A1、LmObst-A2、LmObst-B、LmObst-C、LmObst-D1、LmObst-D2、LmObst-E1、LmObst-E2、LmObst-H 和 LmObst-F(图 3-1)(王燕等,2015;Zhao et al.,2017)。

CPAP 家族蛋白是近年来发现与昆虫外骨骼及围食膜形成相关的一类蛋白。编码该家族蛋白的基因在昆虫基因组中成簇排列,如在黑腹果蝇中根据间隔 3 个 CBD2 的片段长度特征分为两个簇:第一簇是 Obst-A~Obst-E,第二簇是 Obst-F~Obst-J。在赤拟谷盗中,聚类结果显示与黑腹果蝇 Obst 家族第一簇显示出较高的同源性,对应基因分别命名为 TcObst-A~TcObst-E。本课题组在飞蝗中除了鉴定出与黑腹果蝇第一簇同源的表皮蛋白 LmObst-A~LmObst-E,还获得两个第二簇的 Obst 蛋白 LmObst-F、LmObst-H。黑腹果蝇和赤拟谷盗 Obst 表皮蛋白的进化分析发现 LmObsts 与这两种昆虫的 Obst 氨基酸序列相似度为 50% 以上。

3.1.3 CPF/CPFL 家族

CPF 家族蛋白首先由 Andersen 等(1997)在黄粉虫(*Tenebrio molitor*)和飞蝗中发现,其保守基序为一段 51 个氨基酸的残基,被命名为 CPF 家族。Togawa 等(2007)根据昆虫表皮蛋白序列,对 CPF 家族的基序进行了修订,发现 CPF 蛋白保守基序只含有 42~44 个氨基酸残基,且 C 端非常保守[保守基序 A-(LIV)-x-(SA)-(QS)-x-(SQ)-x-(IV)-(LV)-R-S-x-G-(N/G)-x(3)-V-S-x-Y-(ST)-K-(TA)-(VI)-D-(ST)-(PA)-(YF)-S-S-V-x-K-x-Dx-R-(IV)-(ST)-N-x-(GA)],通常是由芳香基氨基酸、小分子量氨基酸(G 或 A)和芳香基氨基酸 3 个氨基酸残基所组成,最常见的是 YGW 或 YAW。与 CPR 家族不同,CPF 家族不含几丁质结合域,不能与几丁质结合。目前,CPF 家族表皮蛋白在双翅目(如黑腹果蝇、冈比亚按蚊)、鞘翅目(如黄粉虫)、直翅目(如飞蝗)、鳞翅目(如家蚕)等昆虫中均被鉴定(Andersen et al.,1997;Togawa et al.,2007;Futahashi et al.,2008a)。其中,中华按蚊(*Anopheles sinensis*)、冈比亚按蚊、微小按蚊(*Anopheles minimus*)、埃及伊蚊(*Aedes aegypti*)、致倦库蚊(*Culex quinquefasciatus*)、黑腹果蝇的全基因组中分别有 4 个、4 个、4 个、3 个、3 个、3 个 CPF 家族基因(梁欣等,2014;刘柏琦等,2016)。

CPFL 家族蛋白是由 Togawa 等(2007)在鉴定 CPF 家族时发现的。该类蛋白与 CPF 家族蛋白具有很高的同源性,有相似的 C 端保守序列,但 CPFL 家族蛋白不具有 44 氨基酸保守序列（Futahashi et al.，2008a）。目前在冈比亚按蚊和家蚕中均鉴定出该家族蛋白（Togawa et al.，2007；Futahashi et al.，2008a）。在飞蝗中，本课题组结合转录组数据库共鉴定了 9 个 CPF/CPFL 家族蛋白序列，并对其特征进行了分析（Zhao et al.，2017）。

3.1.4 CPG 家族

Apple 和 Fristrom（1991）在黑腹果蝇中首先发现蛹期表皮蛋白 DmEDG91 富含短的甘氨酸序列。随后，Futahashi 等（2008a）将富含甘氨酸的表皮蛋白家族命名为 CPG（cuticular protein glycine-rich）家族。CPG 属于富含甘氨酸的蛋白质（glycine-rich protein），其特征是具有许多短的甘氨酸重复序列，如 GXGX、GGXG 或 GGGX。CPG 家族含有信号肽以及位于 N 端或 C 端的富含甘氨酸区域（Andersen et al.，1995）。此外，CPG 家族成员大多有保守的 AAPA/V 基序（Gilbert et al.，2005），但几乎没有 R&R 基序。已报道的 CPG 家族成员有 BmCPG（Futahashi et al.，2008a）、ACP-20（Bouhin et al.，1992）、DmEDG91（Apple and Fristrom，1991）、LdGRP（Zhang et al.，2008）、BmGRP（Zhong et al.，2006）和 BmCPG1（Suzuki et al.，2002）。CPG 家族主要存在于坚硬角质层中，与卵壳蛋白、中间纤维蛋白和细胞角蛋白等富含甘氨酸的结构蛋白相似，CPG 家族具有保护和支撑作用，其甘氨酸重复序列 GXGX、GGXG 或 GGGX 能形成柔软的卷曲结构，对表皮硬化期间的蛋白质交联十分重要（Mousavi and Hotta，2005）。

3.1.5 其他家族

CPT 家族蛋白首先在黑腹果蝇中被鉴定，该家族蛋白含有 Tweedle 基序。后来，Futahashi 等（2008a）将具有 Tweedle 基序的表皮蛋白命名为 CPT 家族。在果蝇基因组中，CPT 家族有 27 个成员，分布在表皮、前肠、翅原基和支气管等组织中，并且形成 3 个主要基因簇（Guan et al.，2006）。在家蚕中，Okamoto 等（2008）发现 4 个 CPT 家族成员（BmorCPT1～BmorCPT4），但它们不形成基因簇，主要分布在表皮和翅原基中。而在包括飞蝗在内的其他大多数昆虫中只有两个 CPT 家族蛋白（Zhao et al.，2017）。该类表皮蛋白含有 4 个保守基序并形成 β 折叠，多重 β 折叠形成桶状结构，可为芳香族氨基酸残基堆叠和结合几丁质提供界面（Hamodrakas et al.，2002；Guan et al.，2006）。

昆虫表皮蛋白 apidermin（APD）家族是 Willis（2010）根据意大利蜜蜂的 3 个表皮蛋白 APD1～APD3 而命名的一个新的昆虫结构性表皮蛋白家族。目前在膜翅目昆虫中已报道的 APD 家族成员蛋白有 10 个，包括意大利蜜蜂的 APD1～APD3、APD-like、APD-1-like、APD-3-like，中华蜜蜂（*Apis cerana*）的

APD-2 和丽蝇蛹集金小蜂的 APD1～APD3，该类表皮蛋白氨基酸序列中富含 Gly（20%～30%），其中序列中疏水氨基酸残基含量为 35%～41%（Willis，2010；孙亮先等，2012）。由于 APD 家族蛋白序列数量有限，目前国内外尚未揭示可定义该蛋白家族的特征序列，而且尚未能在膜翅目以外的其他昆虫中发现类似蛋白。

此外，随着大量昆虫基因组测序的完成，还有其他一些表皮蛋白家族被鉴定，如假设表皮蛋白家族（CPH 家族）和低复杂度表皮蛋白家族（CPLC 家族，包括 CPLCA、CPLCG、CPLCW、CPLCP 等亚家族）（Willis，2010）。其中，CPLCW 亚家族成员仅在蚊虫中存在（Cornman and Willis，2009）。

3.2 表皮蛋白特征与表达模式

3.2.1 昆虫表皮蛋白特征

昆虫的表皮主要由外包膜（envelope）、上表皮（epicuticle）和原表皮（procuticle）3 层组成，首先是被膜层（以前称为角质层）有时可被蜡质覆盖（Locke，1961；Wigglesworth，1972）；其次是缺乏几丁质而由硬化蛋白组成的上表皮层；最后是原表皮层，又分为外表皮（exocuticle）和内表皮（endocuticle）两层，是昆虫表皮的主要组成部分，存在大量几丁质和表皮蛋白。内表皮层是在表皮蜕皮后所沉积的，由平行于表皮细胞顶端质膜排列的、具有不同数量的几丁质蛋白层组成。外表皮层在昆虫蜕皮前沉积，相比蜕皮后的表皮层更厚、颜色更深，具有明显的层状结构（Moussian，2010）。表皮蛋白是节肢动物外骨骼的主要组成成分，在决定外骨骼的物理性质方面具有重要作用（Lomakin et al.，2011）。在昆虫中，由于表皮蛋白基因具有不同的表达特性，昆虫外骨骼的物理性质在昆虫不同发育阶段以及机体不同部位具有差异（Neville，1993）。据研究报道，表皮蛋白在昆虫蜕皮前后特异性沉积从而参与昆虫内外表皮的构建。目前，已从不同昆虫物种蜕皮前和蜕皮后的表皮中鉴定出众多表皮蛋白序列，如在黄粉虫蛹中鉴定出 5 个蜕皮后表皮蛋白（Baernholdt and Anderson，1998；Mathelin et al.，1998）和 9 个蜕皮前表皮蛋白（Andersen，1995；Haebel et al.，1995；Rondot et al.，1996；Andersen et al.，1997）。在飞蝗中，Nøhr 和 Andersen（1993）利用双向电泳技术开展研究，发现飞蝗内外表皮蛋白组成具有明显差异。随后，从成虫表皮中鉴定出两个蜕皮后表皮蛋白（Talbo et al.，1991；Jespersen et al.，1994）和 20 个蜕皮前表皮蛋白（Nøhr et al.，1992；Andersen，1995；Jensen et al.，1998）。研究分析发现，这些蛋白的氨基酸序列中富含缬氨酸（valine）、谷氨酰胺（glutamine）、丙氨酸（alanine）、脯氨酸（proline）和酪氨酸（tyrosine），属于亲水性蛋白。

CPR 家族表皮蛋白含有保守的 R&R 基序，保守的 R&R 基序 N 端富含亲水性氨基酸，其序列的保守性与表皮蛋白所处的表皮类型相关。在沙漠蝗（*Schistocerca gregaria*）中，研究者利用 MALDI-MS 质谱技术从成虫表皮中鉴定了 8 个 RR-1 亚家族的蜕皮后蛋白序列（内表皮蛋白），分别命名为 SgAbd-1、SgAbd-2、SgAbd-3、SgAbd-4、SgAbd-5、SgAbd-6、SgAbd-8、SgAbd-9（Jespersen et al., 1994；Andersen，1998）。此外，在沙漠蝗中，Andersen 和 Hourup（1987）发现成虫期腹部表皮蛋白存在雌雄差异，其差异主要存在于节间膜处。雌性蝗虫具有可高度延伸的节间膜，而雄性蝗虫虽然具有节间膜，但不具有雌性节间膜的高度延伸性。之后，进一步研究发现，SgAbd-1 和 SgAbd-6 这两个表皮蛋白具有雌雄差异，且在雌性中含量高于雄性（Andersen，1998）。RR-1 亚家族表皮蛋白保守区 C 端含有许多芳香基氨基酸，研究普遍认为该类型的 CPR 家族表皮蛋白归于柔软表皮层中（蜜蜂 AnelCPR14 除外）。Hamodrakas 等（2002）通过研究广义 R&R 保守基序的三维结构证实了芳香基氨基酸对结合几丁质发挥重要的作用。RR-2 亚家族表皮蛋白富含组氨酸，且其保守区内的赖氨酸位置非常保守，而组氨酸和赖氨酸可以作为硬化剂的反应点（Kerwin et al., 1999；Kramer et al., 2001），推测其与坚硬表皮层相关。有研究报道，表皮蛋白的组氨酸残基用于表皮的硬化（Schaefer et al., 1987；Hopkins et al., 2000；Andersen，2010），因此，定位于外表皮中的表皮蛋白含有高比例的组氨酸残基。相对而言，酸性氨基酸参与软表皮的形成，如节间膜或幼虫表皮层（Cox and Willis, 1987；Missios et al., 2000）。在赤拟谷盗鞘翅中，研究发现一个低复杂度表皮蛋白 TcCP30，可通过漆酶 2（laccase 2）与两个 RR-2 表皮蛋白（TcCPR18 和 TcCPR27）交联，但不与 RR-1 表皮蛋白（TcCPR4）交联，这种交联可能与 RR-2 表皮蛋白（TcCPR18 和 TcCPR27）富含组氨酸残基有关，在鞘翅形成过程中可促进表皮的硬化（Mun et al., 2015）。

1997 年，Jensen 等在死人头蟑螂（*Blaberus craniifer*）若虫中鉴定了 4 个蜕皮后表皮蛋白（BcNCP1、BcNCP2、BcNCP3、BcNCP4），该类表皮蛋白含有 2 个或 3 个重复基序，但不含几丁质结合域。在飞蝗中，本课题组利用飞蝗转录组数据库鉴定了一个 BcNCP1 同源蛋白基因，其编码的蛋白 N 端含有一个信号肽，不含几丁质结合域，但具有 3 个重复基序（CPN/GYPxC），而且该重复基序在不同物种的同源蛋白中具有高度保守性。研究发现该蛋白有 3 个带负电荷的酸性氨基酸（Asp+Glu），4 个带正电荷的碱性氨基酸（Arg+Lys），脂肪系数（体脂率）为 69.80%，不稳定指数为 66.89；亲/疏水性分析发现，亲水性系数为 0.226，属于亲水性蛋白（杨亚亭等，2018）。

此外，刘柏琦等（2016）对中华按蚊 4 个 CPF 家族表皮蛋白特性分析发现，该类表皮蛋白氨基酸序列中甘氨酸/半胱氨酸（glycine/cysteine）含量所占比例较高，达 60% 以上；通过氨基酸组成预测发现，4 个蛋白中均以丙氨酸所占比例最高，另外脯氨酸、缬氨酸等疏水氨基酸比较丰富，均为亲水性蛋白。

3.2.2　昆虫表皮蛋白表达模式

表皮蛋白基因在昆虫不同发育阶段或不同组织部位具有不同的表达模式，在昆虫表皮层中具有相应的生理功能。在家蚕中，不同发育阶段和不同组织部位的表皮蛋白基因表达模式明显不同，其中 23 个 RR-2 表皮蛋白基因在幼虫和蛹蜕皮期表达，而 RR-1 表皮蛋白基因在幼虫蜕皮期和蜕皮间期的表达占主导地位（Okamoto et al.，2008；Liang et al.，2010）。

如上所述，CPR 是最大的节肢动物表皮蛋白家族，具有 R&R 基序及几丁质结合特性。CPR 的 R&R 基序在昆虫和节肢动物表皮蛋白中高度保守，约含 70 个氨基酸序列。研究者从家蚕幼虫表皮中鉴定并纯化了 4 个主要的表皮蛋白（BmCP30、BmCP22、BmCP18 和 BmCP17），结合活性分析表明，保守的 R&R 基序在内外表皮的形成过程中起着几丁质结合域的作用（Togawa et al.，2004）。翅在昆虫迁飞、觅食、躲避敌害以及扩大生存空间等方面具有重要作用。目前，对昆虫翅表皮蛋白的研究中，以模式昆虫的研究较为深入，如日本学者从家蚕翅原基化蛹前 cDNA 库中随机选出 cDNA 进行序列测定，鉴定了 10 个表皮蛋白基因，命名为 *BmWCP*，这些基因均编码 CPR 家族表皮蛋白（Takeda et al.，2001）。韩国全南国立大学 Yasuyuki Arakane 课题组以赤拟谷盗为对象，研究鞘翅中高丰度的表皮蛋白功能（Arakane et al.，2012；Noh et al.，2014，2015；Mun et al.，2015）。在家蚕翅原基中，Shahin 等（2016）测定了 52 个表皮蛋白基因，发现了这些基因的表达峰段，RR-2 表皮蛋白基因在化蛹当天表达，而 RR-1 表皮蛋白基因在化蛹之前和之后表达，且 RR-1 表皮蛋白基因的表达持续时间长于 RR-2 表皮蛋白基因，表明 RR-1 和 RR-2 表皮蛋白基因在家蚕翅原基内外表皮构建中具有不同的功能。20 世纪 90 年代，Krogh 等（1995）研究了飞蝗翅表皮蛋白的主要结构等。这些研究为表皮蛋白在昆虫翅发育和表皮形成过程中的作用机制研究奠定了重要基础。

随后，进一步的研究表明，CPR 家族 RR-1、RR-2 等表皮蛋白可能参与外表皮的构建，而 RR-1 等表皮蛋白可能参与内表皮的形成（Shahin et al.，2016，2018）。通过免疫胶体金技术，Vannini 和 Willis（2017）对冈比亚按蚊 RR-1、RR-2 几种表皮蛋白进行了定位，发现 RR-1 蛋白定位于柔软节间膜的原表皮以及未硬化的软表皮中，而 RR-2 蛋白则存在于硬表皮中。在飞蝗中，本课题组鉴定到一个编码 RR-2 型表皮蛋白的基因 *LmACP7*，该基因在飞蝗翅组织中特异性高表达；不同发育时期的表达结果显示 *LmACP7* 在不同龄期若虫的翅芽中均表达，且均在龄期末期表达量最高，前期及中期表达量较低，在羽化成虫后第一天和第二天的表达量也较低，具有时期特异性，表明该基因是蜕皮前表皮蛋白基因，可能参与翅外表皮的形成。免疫组化结果发现，LmACP7 在若虫前期主要定位在细胞层，在蜕皮前转运到新形成的表皮层中（外表皮）；利用免疫胶体金技术精细定位发现，LmACP7 主要存在于成虫翅外表皮层中。同时，体外结合实验证实 LmACP7 能够与几丁质特异性结合（Zhao et al.，2019a）。

CPAP 家族表皮蛋白具有多个成员基因，黑腹果蝇第一簇中 *Obst-A*、*Obst-B* 和 *Obst-C* 在胚胎发育后期体壁或气管中高表达，该时期也是胚胎体壁及气管形成的重要阶段（Moussian et al.，2005b；Tonning et al.，2005）；*Obst-D*、*Obst-E* 主要在肠道中表达；第二簇 *Obst* 基因在胚胎发育时期表达量都很低，*Obst-J* 只在胚胎发育末期阶段的贲门中表达，而贲门是围食膜合成场所（Behr and Hoch，2005）。在赤拟谷盗中，除了 *TcObst-E*，其余所有 *TcObsts* 均在体壁、前肠和中肠中高表达，*TcObst-E* 在后肠中高表达（Jasrapuria et al.，2012）。在飞蝗中，*LmObst-A1*、*LmObst-A2*、*LmObst-B*、*LmObst-C*、*LmObst-D2* 在体壁或外胚层内陷形成的前肠和后肠中高表达，*LmObst-D1* 在体壁和前肠中高表达，而 *LmObst-E1* 和 *LmObst-E2* 在前肠、后肠中高特异性表达（王燕等，2015）。这些组织表达特异性表明飞蝗 Obst 家族基因可能参与体壁及前、后肠的形成，而与中肠围食膜的形成无关；赤拟谷盗 Obst 可能参与昆虫体壁及围食膜的形成；而黑腹果蝇 Obst 的表达暗示这些基因参与其体壁、气管及围食膜的形成。

3.3　表皮蛋白功能

3.3.1　CPR 家族蛋白的功能

表皮蛋白存在于表皮中的特定位置，对于维持表皮结构完整性具有重要意义。然而，表皮蛋白基因在表皮内的功能尚未得到深入阐释。在家蚕中，编码 RR-1 蛋白的 *BmCPR2* 基因缺失，导致表皮几丁质含量显著降低，降低了拉伸功能，使幼虫节间发育异常并产生折叠，是造成表皮硬化突变体的主要原因（Qiao et al.，2014）。在赤拟谷盗中，TcCPR27 和 TcCPR18 两个主要的 RR-2 结构蛋白对于保持赤拟谷盗鞘翅的刚性是必不可少的（Arakane et al.，2012）。RNA 干扰 *TcCPR27* 和 *TcCPR18* 可导致鞘翅表皮层状结构和孔道紊乱，以及鞘翅褶皱，表明 *TcCPR27* 和 *TcCPR18* 在维持鞘翅的结构完整性方面发挥重要作用（Arakane et al.，2012）。在褐飞虱中，Pan 等（2018）针对 15 个 CPR 基因进行 RNA 干扰，可导致高致死率，表明其在表皮结构维持和正常发育中发挥作用。此外，一些表皮蛋白具有独特的分布模式和结构功能，参与原表皮层几丁质片层结构的形成。例如，在缺失 *TcCPR27* 的赤拟谷盗成虫硬表皮中，TcCPR4（RR-1 表皮蛋白）在孔道中错误定位，使表皮蛋白分布在整个外表皮层，表明 TcCPR4 在决定孔道纤维和孔道表皮结构方面具有重要作用（Noh et al.，2015）。

　　飞蝗是渐变态发育的世界性作物害虫，因其具有功能强大的前、后翅，能够远距离、大规模迁移，导致大面积蝗灾的发生，致灾严重。因此，对飞蝗生长、发育及变态的研究有利于掌握飞蝗生长发育规律，从而为蝗灾防治提供基础资料。本课题组长期以飞蝗为研究对象，对飞蝗内外表皮蛋白基因在表皮形成中的功能开展了系统深入的研究。首先，利用课题组转录组数据库共鉴定出 81 个表皮蛋白基因，分为 5 个家族，其中含 51 个 CPR 家族表皮蛋白基因、2 个 Tweedle 基因、9 个 CPF/CPFL 家族基因、9 个 CPAP 家族以及 10 个不属于上述任何家族的表皮蛋白基因（Zhao et al.，2017）。在对 CPR 家族表皮蛋白基因功能研究中，发现 3 个含有几丁质结合域的翅表皮蛋白基因（*LmACP7*、*LmACP8* 和 *LmACP19*）。以翅表皮蛋白基因 *LmACP7* 为研究靶标，对该基因进行深入分析，发现其具有 3 个外显子和 2 个内含子，编码的表皮蛋白含有一个 RR-2 基序，属于 RR-2 亚家族成员；同源性分析显示该蛋白与欧洲玉米螟（*Ostrinia nubilalis*）ACP7 具有较高的同源性，可能在飞蝗翅发育过程中具有重要作用。利用飞蝗对 RNA 干扰的敏感性，在 4 龄若虫期对该基因进行沉默后发现，飞蝗蜕皮后翅芽发育异常，苏木精-伊红染色法（hematoxylin-eosin staining）染色发现细胞排列紊乱，但并不影响翅芽表皮结构的形成；在 5 龄若虫期对该基因进行沉默后发现，飞蝗蜕皮后成虫翅发育异常，皱缩畸形，蜕皮困难，最终导致死亡。对其翅进行超微结构观察发现，与对照组相比，该基因后翅细胞层、微绒毛以及细胞连接等被破坏，影响翅外表皮的形成，由于外表皮形成受阻，内表皮结构也受到影响。同时，研究发现缺失 *LmACP7* 后引起翅表皮细胞排列发生紊乱，细胞连接被破坏，从而引发线粒体途径介导的细胞凋亡（图 3-2）（Zhao et al.，2019a）。

　　本课题组研究发现 *LmACP7* 与另外两个翅表皮蛋白基因（*LmACP19* 和 *LmACP8*）成簇存在。翅表皮蛋白 LmACP19 的定位不同于 LmACP7，其主要定位在细胞层中，干扰 *LmACP19* 基因后引起翅发育畸形，同样也引起细胞凋亡，推测其在翅表皮细胞连接和维持稳定中发挥重要作用（Zhao et al.，2022）。另一个翅表皮蛋白基因 *LmACP8* 在翅中高表达，免疫组化结果显示 LmACP8 定位于翅原表皮且外表皮多于内表皮，干扰该基因后引起翅发育异常且翅表皮结构紊乱（Zhao et al.，2021）。基于这 3 个翅表皮蛋白存在位置和功能推测它们可能在飞蝗翅表皮形成和发育中发挥协同作用。

　　在对飞蝗内表皮形成机制研究中，本课题组根据沙漠蝗内表皮蛋白序列（SgAbd-1、SgAbd-2、SgAbd-3、SgAbd-4、SgAbd-5、SgAbd-6、SgAbd-8、SgAbd-9）和飞蝗基因组数据库，确定了飞蝗内表皮同源基因序列（LmAbd-1、LmAbd-2、LmAbd-3、LmAbd-4、LmAbd-5、LmAbd-6、LmAbd-8、LmAbd-9），并对其在飞蝗表皮形成中的功能进行研究。

　　LmAbd-2 含有一个信号肽和几丁质结合域 4（chitin binding domain 4，CBD4），

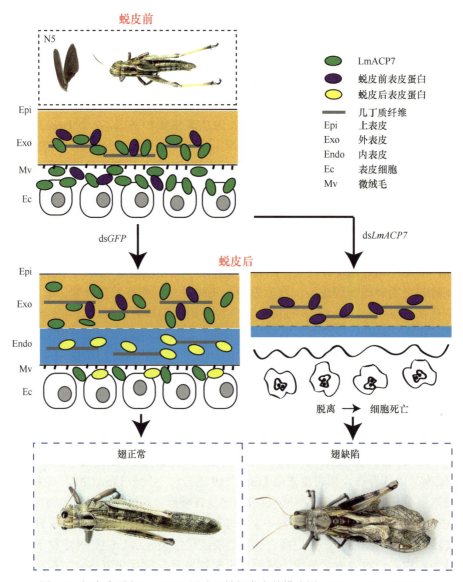

图 3-2　翅表皮蛋白 LmACP7 影响飞蝗翅发育的模式图（Zhao et al.，2019a）

N5 表示 5 龄若虫

在 N 端含有一个保守基序 PTPPPIP，其中第 2 位苏氨酸为糖基化位点，表明其可能是一种内表皮结构糖蛋白，属于 CPR 家族的 RR-1 亚类。序列比对分析发现，其在物种间具有较高的保守性，与沙漠蝗 SgAbd-2 具有 92.5% 的序列相似度。表达特性分析显示，LmAbd-2 在体壁中高表达，且在蜕皮后表达量高；沉默 LmAbd-2 后，未发现肉眼可见的表型，苏木精–伊红染色法染色和透射电镜结果表明，*LmAbd-2* 在飞蝗蜕皮过程中参与内表皮的形成（贾盼等，2019）。

LmAbd-5 基因编码蛋白含有一个信号肽和一个 CBD4，属于 CPR 家族的 RR-1 亚类表皮蛋白；BLAST 分析结果表明，Abd-5 在昆虫中高度保守，飞蝗与沙漠蝗 Abd-5 序列的相似度高达 81%；不同组织和不同发育时期的表达特性分析显示，*LmAbd-5* 在外胚层起源的组织（如前肠、后肠、气管和体壁）中高表达，在 4 龄和 5 龄早期高表达，其表达时期与内表皮形成时间一致；基于 RNA 干扰技术并结合透射电镜技术分析了该基因的生物学功能，研究发现沉默 *LmAbd-5* 后，与对照组相比，飞蝗成虫内表皮片层结构变得疏松，导致内表皮片层变厚，最终表现为整个内表皮加厚（赵小明等，2017）。

LmAbd-9 编码具有几丁质结合域 4 的糖蛋白，属于 CPR 家族的 RR-1 亚类表皮蛋白。LmAbd-9 具有两个潜在的 *O*-连接糖基化位点（S115 和 T137），可发生糖基化修饰；*LmAbd-9* 在飞蝗体壁中高表达，并在蜕皮过程中表现出周期性表达。注射 20-羟基蜕皮酮（20-hydroxyecdysone，20E）6h、12h 和 24h 后，*LmAbd-9* 的表达水平显著下调，而干扰 20E 受体基因 *LmEcR* 和 20E 信号通路下游转录因子基因 *LmHR39* 后，其表达水平均上调。在 5 龄第 2 天若虫体内注射 ds*LmAbd-9* 后，飞蝗可以蜕皮到成虫，且未发现肉眼可见的表型；然而，成虫表皮层变薄，内表皮片层数明显少于对照组。结果表明，*LmAbd-9* 参与了飞蝗内表皮结构的形成，且受 20E 信号负调控（Zhao et al.，2019b）。

3.3.2　CPAP 蛋白的功能

CPAP 蛋白是含有 CBD2 结构域的表皮蛋白家族，一般有 1 个或 3 个 CBD2 结构域，没有其他可识别的蛋白结构域，可分为 CPAP1 家族和 CPAP3 家族（Jasrapuria et al.，2010，2012）。在黑腹果蝇中，编码 CPAP3 蛋白的基因有 10 个，可进一步分为两组，每组 5 个基因。在赤拟谷盗中研究发现，7 个基因编码 8 个 CPAP3 表皮蛋白，通过 RNA 干扰对所有 CPAP 蛋白编码基因进行分析表明，CPAP3 家族蛋白基因具有不同的和非冗余的基本功能，在虫体发育和维持表皮结构的完整性方面具有重要作用，以维持表皮的物理性质（Jasrapuria et al.，2012）。在黑腹果蝇中，ObstA（TcCPAP3 家族的直系同源物）可形成基质支架以协调新沉积的细胞外基质（ECM）中蛋白质和酶的运输与定位（Petkau et al.，2012；Pesch et al.，2015）。CPAP3-C 基因的突变体可导致胚胎致死和表皮发育缺陷（Barry et al.，1999；Behr and Hoch，2005）。2018 年，Pan 等在褐飞虱中通过对 CPAP1 和 CPAP3 家族蛋白基因进行 RNA 干扰，可导致虫体死亡。

昆虫表皮包含大量的蛋白质，这些蛋白质根据表皮的类型和发育阶段在数量和成分上具有明显差异，幼虫表皮与成虫表皮、同一发育阶段软表皮与硬表皮的组成也存在差异（Dittmer et al.，2012；Zhou et al.，2016）。这些蛋白质与几丁质相互作用，维持其物理性质，如黏弹性和渗透性。CPAP 蛋白 CBD 结构域的特征是存在 6 个半胱氨酸残基，含有几丁质结合基序，具有连续半胱氨酸之间的特征间距。这些半胱氨酸很可能参与了二硫键的形成，并具有明确的三维结构。根据半胱氨酸之间的序列保守性，CPAP1 和 CPAP3 家族又分别细分为 16 个和 7 个亚群（Jasrapuria et al.，2010；Tetreau et al.，2015b）。每个亚群内 CBD 区域的序列保守率高，表明这些序列具有重要的生物学功能。CBD 对几丁质有很强的亲和力，包含这些结构域的蛋白质亲和力似乎随着 CBD 的数量增加而增加（Arakane et al.，2003）。这些亚群在节肢动物的进化过程中具有性质和功能上的特化。

Qu 等（2017）利用大肠杆菌表达纯化系统，对家蚕 6 个 CPAP3 蛋白的几丁质和壳聚糖结合特性进行了详细研究。所有这些蛋白都能与结晶性几丁质和胶体性几丁质结合，但其对部分脱乙酰化几丁质的亲和力不同。BmCPAP3-D1 对 70% 和 100% 脱乙酰壳聚糖的亲和力最高。该蛋白在蛹—成虫过渡期间上调，表明该蛋白在这个发育阶段具有必要的生理作用。在 CPAP1 家族中，CBD 结构域一般位于 N 端附近，而在其他家族中，CBD 结构域可能位于中间或 C 端附近。CPAP1 蛋白的全长序列变化很大，主要在表皮组织中表达，而在肠道中不表达。相比之下，CPAP3 蛋白的大小变异较小，除了两个短间隔区，其余 3 个 CBD 结构域几乎占据了其全部长度。CPAP3 蛋白都具有一个信号肽，属于细胞外蛋白，可与几丁质相互作用。CPAP 蛋白可能具有结构功能或酶学功能，其中 CBD 可用于锚定蛋白质在几丁质上。

CPAP1 和 CPAP3 的作用已经通过突变和/或 RNA 干扰方法在几种昆虫中进行了研究（Jasrapuria et al.，2012；Petkau et al.，2012；Pesch et al.，2015）。结果表明，这些蛋白质中至少有一些是昆虫生存、蜕皮、表皮完整性和保持繁殖力所必需的，具有独特的功能，不能被其他 CPAP 蛋白所取代。在 CPAP1 家族成员中，基于 RNA 干扰研究，只有 *TcCPAP1-C*、*TcCPAP1-H* 和 *TcCPAP1-J* 这 3 个基因在赤拟谷盗中被证明具有重要功能。有趣的是，这些 CPAP 蛋白是昆虫中 CBD 序列保守程度最高的亚群（68%～85%），其编码基因的转录物单独缺失会导致昆虫在预成虫阶段死亡、几丁质和/或鞘翅表皮层结构完整性丧失或胚胎发育停滞（Jasrapuria et al.，2012）。其他 CPAP1 蛋白的功能尚需详细研究。针对 *CPAP3* 基因已经在几个昆虫目中开展了深入研究。单个敲除赤拟谷盗的 *CPAP3* 基因会导致不同的形态效应，可见一系列异常表型，包括蜕皮缺陷、脂肪体消耗、卵巢发育不全、生殖力丧失、关节缺陷、粗糙鞘翅，最终导致虫体死亡（Jasrapuria et al.，2012）。然而，*TcCPAP3-A2* 和 *TcCPAP3-E* 例外，注射相应的双链核糖核酸（double-stranded RNA，dsRNA）后未产生任何可观察到的异常表型。在黑腹果蝇中，*CPAP3-A* 基因（称为 Obst-A）的纯合子突变体表现出生长减缓、蜕皮缺陷和伤口愈合缺陷（Petkau et al.，2012）。相应的蛋白定位在装配区，可能与

CDA1、CDA2 和 KNK 等同样定位在该区域，与其他蛋白共同参与几丁质的装配（Pesch et al.，2015；Noh et al.，2018a）。值得注意的是，这些蛋白中的任何一种数量减少，都会导致表皮纤毛层状组织的丧失，但其在几丁质重塑中的精确作用仍有待确定。

3.3.3 Tweedle 蛋白的功能

Tweedle 蛋白是 Guan 等（2006）在研究黑腹果蝇表皮形态发生机制时偶然发现的，其基序为 YVLX20-23KPEVyFiKY(R_K)t。在果蝇中，27 个 CPT 家族基因分别分布在表皮、前肠、翅原基和气管等组织中；定点突变该家族基因使得果蝇表皮出现各种突变性状，从而把体形调控与组成表皮的结构蛋白联系在一起（Guan et al.，2006）。果蝇 *TweedleD1* 的缺失，导致幼虫和蛹的体形明显变得粗短，表明该类表皮蛋白基因参与了昆虫体形的构建。CPT 家族蛋白能够直接与几丁质相互作用，形成 β 折叠股，通过两个 β 折叠股形成桶状结构，为堆积芳香族氨基酸残基和结合几丁质提供了界面（Hamodrakas et al.，2002）。在家蚕中，研究发现 4 个 CPT 家族成员主要分布在表皮和翅原基中，通过转基因技术过表达 *BmCPT1*（Tweedle 表皮蛋白），可出现 *BmRelish1* 的上调表达和诱导两种 *gloverin* 基因的表达，表明 BmCPT1 参与昆虫先天免疫（Liang et al.，2015）。

3.3.4 其他表皮蛋白的功能

在冈比亚按蚊中，Togawa 等（2007）鉴定出 4 个 CPF 基因和 1 个 CPFL 基因，它们在蛹或成虫蜕皮前表达，可能参与合成蛹和成虫表皮的外层。对于其他家族的表皮蛋白基因，其在表皮形成中的作用机制尚不清楚。

在家蚕 Bo 突变体中，Xiong 等（2017）鉴定出一个假设蛋白家族（CPH 家族）成员 *BmCPH24*，该基因编码一种低复杂度的表皮蛋白，在家蚕蜕皮后表皮中表达，RNA 干扰介导的敲低和 CRISPR/Cas9 基因编辑技术介导的 *BmCPH24* 敲除导致家蚕体形发育异常，超微结构的研究结果表明，*BmCPH24* 可能参与内表皮的形成。此外，研究发现该基因缺失的突变体表皮变薄，对紫外线和杀虫剂的抗性降低（Xiong et al.，2018）。

对于 CPLC 家族，Mun 等（2015）从赤拟谷盗中鉴定了具有低复杂性序列的表皮蛋白（TcCP30），RNA 干扰 *TcCP30* 的表达而不影响幼虫和蛹的生长发育；然而，大约 70% 的成虫在羽化期间无法蜕皮而死亡。此外，通过漆酶 2（laccase 2）的作用，TcCP30 与 TcCPR27、TcCPR18 发生交联（Mun et al.，2015）。Lu 等（2018）在褐飞虱中鉴定出编码新的未分组表皮蛋白基因 *NlCP21.92*，该基因在表皮中高水平表达。RNA 干扰该基因，导致昆虫发育异常或死亡，通过透射电镜观察分析，发现该基因参与内表皮的形成。

3.4 表皮蛋白基因表达调控机制

昆虫表皮蛋白基因的表达受到多种因素的调控，如外界环境因子（湿度、光周期和渗透压）、蜕皮激素［蜕皮酮（ecdysone）或 20-羟基蜕皮酮（20-hydroxyecdysone，20E）］和保幼激素（juvenile hormone，JH）、转录因子、内含子等，这些因素之间相互作用，使表皮蛋白基因表达形成一个多级调控系统（Charles，2010）。

3.4.1 环境对表皮蛋白基因的表达调控

表皮作为昆虫抵御外界环境的第一道防线，当昆虫受到干燥胁迫、渗透胁迫和季节性光周期等外界环境条件影响时，表皮蛋白基因的表达会做出相应反应。干燥、高渗透压、温度、光周期等环境胁迫会引起昆虫一系列相关基因的激活与沉默，从而增强昆虫对环境胁迫的耐受能力（Chen et al.，2006）。Zhang 等（2008）研究发现，马铃薯甲虫（*Leptinotarsa decemlineata*）经干燥处理，能够诱导富含甘氨酸表皮蛋白（glycine-rich cuticular protein，GRP）基因 *LdGRP1* 和 *LdGRP2* 的表达，而潮湿处理时 *LdGRP1* 和 *LdGRP2* 基因不表达，*LdGRP1* 和 *LdGRP2* 基因表达量的增加可以降低甲虫体内水分蒸发的速率。LdGRP 富含甘氨酸，属于 CPG 家族，是坚硬型表皮蛋白（Bouhin et al.，1992）。表皮内迅速增加的 LdGRP 能够加强表皮的致密度，以平衡甲虫体内外的渗透差，进而减少体内水分蒸发（Zhang et al.，2008）。

沙葱萤叶甲（*Galeruca daurica*）表皮蛋白基因 *GdAbd* 在 35℃高温胁迫时发生显著上调；-10℃、-5℃和 0℃低温胁迫后 25℃恢复 30min 可诱导 *GdAbd* 显著上调表达（单艳敏等，2019）。Dunning 等（2013）将一种新西兰竹节虫 *Micrarchus* nov. sp. 2 经 0℃低温胁迫 1h、20℃恢复 1h 后进行转录组测序（RNA-seq）分析，结果发现包括表皮蛋白基因 *Cpap3-d2* 在内的多个抗寒相关基因显著上调表达；随后，Dunning 等（2014）应用转录组测序进一步分析了两种竹节虫经-5℃低温胁迫 1h、21℃恢复 1h 后转录组的差异，发现大量表皮蛋白基因显著上调表达。上述结果表明昆虫在常温下恢复过程中，表皮蛋白大量合成以修复低温胁迫期间对表皮蛋白造成的损伤。然而，在一些昆虫受到低温胁迫时，表皮蛋白基因大量上调表达，如 Cui 等（2017）发现沙棘木蠹蛾（*Eogystia hippophaecolus*）幼虫经-5℃和 5℃处理 10h 后，大量表皮蛋白转录物上调表达；褐飞虱、白背飞虱（*Sogatella furcifera*）和灰飞虱（*Laodelphax striatellus*）等 3 种稻飞虱经 5℃低温处理 24h 后，大量表皮蛋白转录物上调表达（Huang et al.，2017）。

光周期对昆虫发育具有重要作用，被认为是诱导、维持和终止昆虫滞育的主要因素之一（Beck，1985）。Trionnaire 等（2007）在豌豆蚜（*Acyrthosiphon pisum*）头部鉴定到受光周期调控的 19 个表皮蛋白基因，这些基因的表达响应光周期的变化。

表皮蛋白对害虫表皮穿透抗性的形成发挥关键作用。研究者通过表达谱数据分析发现 9 个表皮蛋白基因（*C1~C9*）在储粮害虫锈赤扁谷盗（*Cryptolestes ferrugineus*）磷化氢抗性种群中的表达显著高于敏感种群；磷化氢胁迫后应激表达模式分析表明，磷化氢胁迫后 RR1 亚家族的 *C7* 和 *C8* 这 2 个基因表达量在敏感种群中均呈现先上升后下降的趋势；但 *C7* 基因在抗性种群中表达量呈下调趋势，*C8* 基因表达量在抗性种群中呈先上升后下降的趋势；经磷化氢胁迫后 RR2 亚家族的 *C1*、*C2*、*C4*、*C5*、*C9* 这 5 个基因表达量在敏感种群中的变化较为平缓，而在抗性种群中的变化幅度较大，其在抗性种群中均在磷化氢胁迫 1h 后达到峰值。此外，昆虫的抗药性也与昆虫表皮有关，研究发现杀虫剂能够降低昆虫表皮渗透能力（Ahmad et al.，2006），如杀虫剂谷硫磷能够显著诱导马铃薯甲虫富含甘氨酸表皮蛋白基因 *LdGRP1*、*LdGRP2*、*LdGRP3* 的表达，使该昆虫产生耐药性（Zhang et al.，2008）。在两个田间抗吡虫啉的马铃薯甲虫品系中，一些表皮蛋白基因的表达水平显著上调（Clements et al.，2016）。将上述基因作为分子靶标，抑制其正常表达，可为马铃薯甲虫等农业害虫的防治提供新思路。同样，尖音库蚊淡色亚种表皮蛋白 CPLCG5 参与形成坚硬的基质从而对拟除虫菊酯类杀虫剂产生抗性（Yun et al.，2018）。大量研究证实，CPF 家族基因 *CPF3* 的表达变化能够影响冈比亚按蚊的抗性水平；通过对 143 种结构性表皮蛋白进行分析发现，*CPLCG3* 和 *CPLCG4* 在冈比亚按蚊抗性品系、敏感品系之间存在表达差异，并随着蚊龄的增长表达逐渐增强（Cornman et al.，2008）。在棉铃虫中，甲氧虫酰肼处理虫体 24h 和 48h 后，*CP22* 和 *CP14* 基因的相对表达量显著上调，表明 *CP22* 和 *CP14* 基因响应甲氧虫酰肼胁迫，可作为防治棉铃虫的潜在靶标基因（张万娜等，2021）。

3.4.2　激素对表皮蛋白基因的表达调控

在昆虫生长发育和蜕皮过程中，表皮蛋白基因的表达受到蜕皮激素和保幼激素的调控，其中激素与转录因子的作用相关。核受体因子是一类进化上保守的配体依赖性核转录因子超家族，如 EcR、HR3、βFTZ-F1 等，在昆虫翅的发育和表皮代谢等方面具有重要作用。βFTZ-F1 是较早发现对表皮蛋白基因的表达具有调控作用的核受体因子，如在果蝇、烟草天蛾和家蚕中 βFTZ-F1 能够促进表皮蛋白基因的表达（Deng et al.，2011，2012；Ali et al.，2016）。昆虫在变态发育过程中，表皮在结构和化学组成上都经历剧烈变化，而表皮蛋白作为表皮的重要组成成分，其基因在变态过程中必然受到 20E 和 JH 的调控（Iconomidou et al.，1999）。

表皮蛋白基因的表达具有组织特异性和发育时期特异性，是研究激素调控机制的理想模型，已有学者在家蚕、烟草天蛾和冈比亚按蚊等昆虫 CPR 基因启动子区发现多个响应激素诱导的转录因子结合顺式作用元件，如 E74、E75 和 BR-C 等，推测这些 CPR 基因可能响应激素诱导调控。Togawa 等（2008）从冈比亚按蚊中鉴定到 156 个 CPR 家族，发现所有的 CPR 基因启动子区都有与 E74A、Eve、Hb、Zen 等转录因子结合的顺式作用元件，推测这些基因可能响应激素诱导调控。Ali 等（2015）发现转录因子 BRC-Z2 通过结合家蚕翅原基表皮蛋白 glycine-rich 13（CPG13）基因上游启动子区域的顺式元件，激活其转录表达，并响应 20E 的诱导。

在昆虫翅发育的激素调控研究中，Qu 等（2014）对家蚕幼虫到蛹期的翅原基进行了转录组分析，共发现存在 12 254 个转录物，其中很多表皮蛋白基因受 20E 上调表达，一些基因受 JH 下调表达，同时发现 17 个转录因子可能参与翅的发育。本课题组基于前期蜕皮激素诱导转录组结果，研究发现核受体因子 LmHR39 受蜕皮激素正调控，参与飞蝗蜕皮和翅发育，进一步研究发现 LmHR39-LmBTBD6 介导的蜕皮激素信号调控 *LmACP8* 的表达（Zhao et al.，2019c，2021）。

3.4.3 转录因子对表皮蛋白基因的表达调控

在昆虫表皮合成过程中，表皮蛋白基因的表达受到很多转录因子的调控。真核基因的表达是一个非常复杂而有序的过程，是一个反式作用因子与顺式作用元件之间相互作用的结果，而基因的表达在不同层次上都受到精确的调控，包括染色体构象、转录、转录后翻译和翻译后加工等水平的调控；转录调控发生在基因表达的早期阶段，是基因表达的主要调控方式。转录因子的改变对昆虫基因表达、形态多样化和发育机制等均具有重要影响（Arnosti，2003），转录因子可直接或间接地识别或结合在顺式作用元件的核心序列上，参与靶标基因的调控转录。

目前，转录因子对昆虫表皮蛋白基因的调控研究取得了一些进展。βFTZ-F1 是最早发现的调控昆虫表皮蛋白基因表达的转录因子之一，其对昆虫蜕皮发挥着关键作用。Murata 等（1996）首次发现 βFTZ-F1 正调控果蝇蛹前、中、后期表皮蛋白基因 *EDG84A* 和 *EDG74E* 的表达。此后又发现，βFTZ-F1 对烟草天蛾 *CP14.6*（Rebers et al.，1997）、家蚕 *ACP-6.7*（Shiomi et al.，2000）、*CPG1*（Suzuki et al.，2002）、*ACP-20*（Lemoine et al.，2004）、*GRP3*（Zhong et al.，2006）、*WCP2*（Nita et al.，2009）及 *WCP4*（Deng et al.，2011，2012）等表皮蛋白基因都有调控作用。Mello 等（2019）研究发现干扰 *FTZ-F1* 基因能显著抑制意大利蜜蜂 CP 基因的表达；Xu 等（2020）研究发现淡色库蚊（*Culex pipiens pallens*）转录因子 FTZ-F1 调控表皮蛋白基因 *CPLCG5* 的表达，进而增加其对拟除虫菊酯的抗性。脊椎动物转录因子 COUP-TF 和 HNF-4 能识别家蚕 *CP18*（Togawa et al.，2001）、烟

草天蛾 *CP14.6*（Rebers et al.，1997）等鳞翅目表皮蛋白基因的 5′ 端上游序列。果蝇转录因子 Svb（Shavenbaby）调控表皮蛋白基因 *dsc73* 在胚胎期的表达，并参与调控表皮形成（Andrew and Baker，2008）。

3.5　小结与展望

表皮蛋白是结构蛋白，其具有数量众多和结构多样性的特点，昆虫基因组中存在众多具有不同结构特征的表皮蛋白基因。表皮蛋白基因的表达具有组织和时期特异性，并且可形成基因簇，进行协同表达。表皮蛋白基因表达模式与功能的多样化贯穿于昆虫整个生命周期，在昆虫体形构建、免疫屏障和生长发育中发挥着重要作用。在表皮蛋白基因表达调控方面，受到外界环境（干燥、渗透压和光周期）、激素（蜕皮激素和保幼激素）、转录因子和内含子等因素的调控，同时，这些因素相互作用，对表皮蛋白基因的表达形成一个多级调控系统。此外，表皮蛋白基因也是蜕皮激素和保幼激素的调控靶点，但保幼激素和蜕皮激素对昆虫生长发育的相互作用机制尚有待深入研究。因此，表皮蛋白基因可以作为今后进一步研究这两种激素在分子水平调控与作用机制的典型代表。关于表皮蛋白基因功能，在后基因组时代，更多的研究将着重于表皮蛋白基因对昆虫生长、变态发育和环境适应能力的作用机制等方面。利用表皮蛋白基因的表达特异性和对昆虫生长发育的不可替代性，以表皮蛋白为靶标分子，提升现有杀虫剂的毒杀效果或开发新型杀虫剂，应用于害虫防控领域，具有广阔的发展前景。

第 4 章
昆虫表皮脂类物质

刘卫敏

山西大学应用生物学研究所

昆虫表皮脂类物质（cuticular lipid），又称表皮蜡质（cuticular wax），指昆虫不溶性上表皮中含有疏水性亚甲基（CH$_2$）基团的长链化合物，是由反应性差、熔点较高的长链化合物组成的复杂混合物。表皮脂类主要以蜡的形式存在于上表皮、外包膜、蜡质层和黏胶层中，表皮脂类物质有别于化学分类中公认的脂类物质。昆虫表皮脂类物质的主要功能是限制体表的水分蒸腾。昆虫表皮脂类物质参与物种间各种类型的化学交流，减少杀虫剂、化学品和毒素的渗透，还具有保护作用，使虫体免受微生物、寄生昆虫和捕食者的攻击。昆虫表皮脂类物质的研究主要包括表皮脂类物质的分布与组成、生物合成与转运及生物学功能。

4.1 表皮脂类物质的分布与组成

4.1.1 表皮脂类物质的分布

表皮脂类物质主要存在于蜡层、外包膜和上表皮中，在昆虫体壁保水性能和表皮结构维持方面发挥重要作用（Wigglesworth，1975b）。外包膜的主要成分是中性脂、蜡酯和蛋白质；上表皮主要由蛋白质、酚类物质和脂构成。表皮脂类物质主要以稳定脂类物质（stabilized lipid）和游离脂类物质（free lipid）两种形式存在。其中，部分脂类物质与壳硬蛋白（sclerotin）结合，被醌鞣化后其性质稳定，具有高度的抗降解能力，被称为稳定脂质［或表皮质（cuticulin）］。稳定脂类物质是一种脂蛋白复合体，Wigglesworth（1970）认为其脂质部分是一种羟基脂肪酸聚合物。稳定脂类物质存在于整个表皮层，沉积后通常硬化，是上表皮的主要成分，在硬化前渗透到蜕皮前表皮（外表皮），少量出现在内表皮片层之间。稳定脂类物质不溶于有机溶剂，只能通过破坏性氧化从表皮层中释放出来。

游离脂类物质主要定位于昆虫外包膜上方的蜡层中，由脂肪族极性和非极性化合物组成，是高度复杂的混合物。与稳定脂质不同，游离脂质可通过有机溶剂从表皮层中提取，通过气相色谱–质谱联用技术（gas chromatography-mass spectrometry，GC-MS）进行组分分析。蜡层中的游离脂质负责昆虫体内的水分平衡，抑制昆虫病原真菌的分生孢子萌发，主要功能是最大限度地减少虫体水分通过表皮层的流失。目前，关于昆虫表皮脂质的研究以体表游离脂质为主。在昆虫表皮中，它们以固态存在，但在高温下，可能会发生相变。虽然在低温下水分损失不大，但一旦脂质达到该相变温度，水分损失就会显著增加。在群居昆虫中，有许多表皮碳氢化合物（cuticular hydrocarbon）充当性信息素和种间识别的线索。昆虫表皮脂类物质在不同物种和不同发育时期差别很大，已有研究表明，果蝇的触角、翅、足和体表不同部位脂类物质的分布存在差异，表皮脂类物质的成分和区域化分布特点可影响昆虫对环境的适应能力（Wang et al.，2016）。有些昆虫除了分泌沉积在表皮中的脂类物质，还会分泌大量的蜡。例如，介壳虫利用它们产生的蜡，保护它们免受捕食者和干燥环境的影响；蜜蜂从腹部表皮腺分泌蜂蜡来建造蜂巢（Klowden，2013）。

4.1.2　表皮脂类物质的组成

昆虫表皮脂类物质是由非极性和极性化合物组成的复杂混合物，主要成分是碳氢化合物，其次是脂肪醇、蜡酯和游离脂肪酸，此外还有少量的酮类、醛类、乙酸酯和甾醇酯（图4-1）。昆虫表皮脂类物质的熔点范围较广，一般为50～60℃，有些高达100℃以上，可溶于四氯化碳和三氯甲烷，微溶于二甲苯和苯，不溶于乙醇、醚及丙酮。在较硬的表皮蜡质中，长链醇占优势；在较软的表

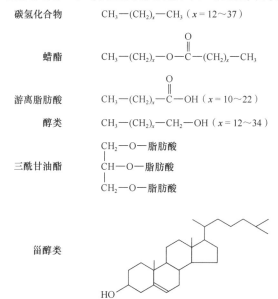

图 4-1　昆虫表皮主要脂类物质结构图（Chapman，2013）

关于蜡酯中 x 的范围，目前尚无充分的实验数据作出估算

皮蜡质和油脂内,碳氢化合物的比例较高(彩万志等,2011)。昆虫表皮脂类物质的组成是动态变化的,其组成不仅在物种间存在差异,而且在同物种的不同龄期和不同性别间也存在差异(Juárez and Fernández,2007)。

1. 碳氢化合物

昆虫表皮碳氢化合物是昆虫表皮脂类物质中最主要的组成成分,表皮碳氢化合物通常以直链碳氢化合物(正构烷烃)、不饱和碳氢化合物(烯烃)和甲基支链碳氢化合物(甲基支链烷烃)的复杂混合物形式出现(图4-2)。国内外研究报道表明,昆虫表皮碳氢化合物的组分和含量在物种间存在差异,即使在亲缘关系很

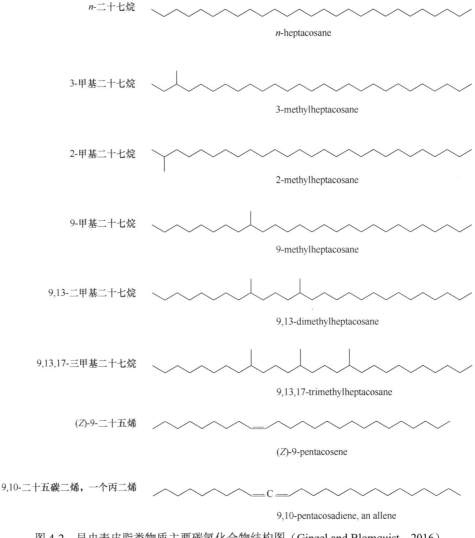

n-二十七烷   n-heptacosane

3-甲基二十七烷   3-methylheptacosane

2-甲基二十七烷   2-methylheptacosane

9-甲基二十七烷   9-methylheptacosane

9,13-二甲基二十七烷   9,13-dimethylheptacosane

9,13,17-三甲基二十七烷   9,13,17-trimethylheptacosane

(Z)-9-二十五烯   (Z)-9-pentacosene

9,10-二十五碳二烯,一个丙二烯   9,10-pentacosadiene, an allene

图4-2 昆虫表皮脂类物质主要碳氢化合物结构图(Ginzel and Blomquist,2016)

近的物种之间也有明显不同，因此，碳氢化合物可用于昆虫近源物种及种下类群的分类鉴定（Chapman，2013）。例如，黑腹果蝇（*Drosophila melanogaster*）成虫表皮中含量较丰富的中性脂为 7-二十三烯（雄性）或 7,11-二十七碳二烯（雌性）；少数物种表皮脂类物质中碳氢化合物的比例相对较低，如石蝇（*Pteronarcys californica*）（3%）和烟草天蛾（*Manduca sexta*）的滞育蛹（4%）。而在其他物种中，碳氢化合物的比例从石蝇成虫的 12% 到两种蟑螂（日本大蠊 *Periplaneta japonica* 和美洲大蠊 *Periplaneta americana*）的 80%～95%。

（1）正构烷烃

正构烷烃（n-alkane）中所有碳原子通过单键连接，碳链长度一般为 C21～C43，且大部分为奇数碳链。碳原子个数少于 20 个的烷烃通常作为信息素、防御化合物以及信息素和防御化合物的中间产物出现，但其挥发性使其不适合作为表皮成分发挥作用（Blomquist，2010）。大多数昆虫表皮碳氢化合物的混合物含有正构烷烃，但比例不同。例如，采采蝇（*Glossina morsitans morsitans*）的表皮中几乎不含正构烷烃；拟暗果蝇（*Drosophila pseudoobscura*）、黑果蝇（*Drosophila virilis*）中的正构烷烃分别只占表皮脂类物质的 2%、5% 以下。在其他物种中，碳氢化合物的混合物中正构烷烃的比例为 22%～98.3%。在沙漠拟步甲（*Lepidochora eberlanzi*）中，正构烷烃占碳氢化合物混合物的 85.6%，包括 n-C23（1.7%）、n-C24（0.7%）、n-C25（12.9%）、n-C26（1.6%）、n-C21（16.0%）、n-C28（0.9%）、n-C29（16.1%）、n-C30（1.5%）、n-C31（31.0%）、n-C32（0.7%）、n-C33（2.5%）。在一些鳞翅目昆虫中，幼虫和成虫表皮碳氢化合物的混合物中正构烷烃的比例也存在差异，如美核桃象（*Curculio caryae*）（成虫 0、幼虫 52.4%），黄粉虫（*Tenebrio molitor*）（成虫 58.0%、幼虫 96.0%），烟草甲虫（*Lasioderma serricorne*）（成虫约 16.9%、幼虫 83.5%）和暗褐毛皮蠹（*Attagenus megatoma*）（成虫 60.8%、幼虫 98.0%）（Lockey，1988）。

（2）甲基支链烷烃

甲基支链烷烃（methyl branched alkane）有一个或多个甲基（CH$_3$）附着在碳链中的一个或多个碳原子上，碳链长度为 C15～C50，通常以单甲基烷烃和二甲基烷烃的形式出现，而以三甲基烷烃形式出现的可能性较小，大多数昆虫表皮脂类物质含有甲基烷烃的异构混合物（Lockey，1988）。

单甲基烷烃分为末端分支和内部分支的单甲基烷烃。末端分支的单甲基烷烃通常在 2 位、3 位、4 位、5 位碳上有甲基。2-甲基烷烃在烷基链中既有奇数碳也有偶数碳，这取决于起始链发生在异亮氨酸还是缬氨酸的碳骨架上。而 3-甲基烷烃通常以奇数碳链为主。4-甲基烷烃检测到的频次较低，可能是由丙酰辅酶 A（而不是乙酰辅酶 A）起始链合成，然后插入丙酰基（作为甲基丙二酰辅酶 A 单元），最后一步是失去二氧化碳分子，因此，4-甲基烷烃在烷基链中的碳数大部分为偶数（Blomquist，2010）。末端分支的单甲基烷烃在同属不同种昆虫中存在差异。例如，在果蝇属中，黑腹果蝇和绿腹果蝇中仅含有 2-甲基烷烃，而拟暗果蝇同时含有 2-甲基烷烃和 3-甲基烷烃。在舌蝇属中，石蝇和奥斯汀舌蝇（*Glossina austeni*）只含有 2-甲基烷烃，而淡足舌蝇（*Glossina pallidipes*）雌虫同时含有 2-甲基烷烃和 3-甲基烷烃，虽然后者比例较低（Nelson et al.，2004）。内部分支的单甲基烷烃通常在烷基链中含有奇数碳，甲基支链在奇数碳上，这是由于在链延伸期间，甲基丙二酰辅酶 A 单元取代丙二酰辅酶 A 单元。大多数昆虫都具有内部分支的单甲基烷烃，其几乎总是以异构混合物的形式出现。例如，拟步甲具有一系列不连续的同源内支链单甲基烷烃，碳数为 25～38 个，由 60 种异构体组成。异构体形成一个连续系列，从甲基支链位于烷基链第四个碳的异构体到具有中心支链的异构体，如 14-甲基二十九烷异构体和 19-甲基三十八烷异构体。内部分支的单甲基烷烃的含量范围变化显著，从果蝇表皮碳氢化合物含量低至 0.3% 到前角隐翅虫（*Aleochara curtula*）雌虫中碳氢化合物含量高达 49.81%。

二甲基烷烃在碳氢化合物混合物中的出现频率低于单甲基烷烃，其主要成分通常是奇数碳上的甲基支链。一种常见的成分是由 3 个亚甲基分开的甲基，但甲基分支之间的亚甲基数量可以是 5 个、7 个、9 个、11 个或 13 个（Blomquist，2010）。在拟步甲成虫中，二甲基烷烃为 28～39 个碳系列的烷烃，其中主要成分的碳原子数为 33 个和 35 个。与单甲基烷烃相同，二甲基烷烃几乎总是以异构体混合物的形式出现。在等翅目（Isoptera）、膜翅目（Hymenoptera）、双翅目（Diptera）和鞘翅目（Coleoptera）昆虫中缺少二甲基烷烃（Lockey，1988）。

（3）烯烃

烯烃（alkene）通常以位置异构体的混合物出现，仅有不到一半的昆虫表皮脂类物质中含有烯烃。单烯烃的链长为 C15～C45，这类化合物通常具有信息素的功能。第一个被证明是信息素的表皮烯烃是 (Z)-9-三碳烯，它增加了雄性家蝇（*Musca domestica*）对雌性家蝇进行交配的次数（Darbro et al.，2005）。不同物种表皮烯烃占表皮脂类物质的比例不同，其范围从黑赤蜻（*Sympetrum danae*）成虫低至表皮脂类物质的 0.8% 到黄头云杉锯蝇（*Pikonema alaskensis*）雌虫高达 68%。二烯烃和三烯烃不太常见，当存在二烯烃和三烯烃时，其比例通常低于烯烃。例如，在拟暗果蝇中，烯烃（27.1%）较二烯烃（13.8%）或三烯烃（9.2%）更为丰富，而在美洲大蠊中，烯烃仅以微量形式存在，其中 6,9-二十七碳二烯占表皮脂类物质的大部分。

2. 游离脂肪酸

游离脂肪酸（free fatty acid）是昆虫表皮脂类物质常见的组成成分，其碳原子数通常为 10～36 个，也是具有长碳氢链的羧酸。昆虫表皮脂肪酸既有饱和脂肪酸也有不饱和脂肪酸，最常见的饱和脂肪酸为月桂酸（$C_{12:0}$）、肉豆蔻酸（$C_{14:0}$）、棕榈酸（$C_{16:0}$）和硬脂酸（$C_{18:0}$），不饱和脂肪酸为棕榈油酸（$C_{16:1}$）、油酸（$C_{18:1}$）和亚油酸（$C_{18:2}$）。脂肪酸在不同昆虫或同种昆虫不同发育时期的组成不同，其组成还会随外界温度的变化而变化，与昆虫的耐寒性密切相关（Zou et al.，2010）。游离脂肪酸的含量从烟草甲虫成虫占表皮脂类物质的 2.5% 到石蝇成虫的 49.0%。石蝇水生幼虫表皮脂类物质的脂肪酸比例（12%）低于成虫，而烟草甲虫的情况则相反，幼虫表皮脂类物质中含有 19% 的游离脂肪酸，成虫则只有 2.5%。墨西哥象甲（*Epilachna variestis*）中游离脂肪酸分别占成虫、蛹、幼虫表皮脂类物质的 1.4%、3.7%、5.5%。在骚扰锥蝽（*Triatoma infestans*）若虫和成虫中，其表皮脂类物质中的游离脂肪酸比例相似，平均为 8.3%；而在麻蝇（*Sarcophaga bullata*）成虫中，在羽化后 7 天内，游离脂肪酸的比例从占表皮脂类物质的 26% 增加到 47%。

3. 脂肪醇

脂肪醇（fatty alcohol）是具有长碳氢链的脂肪族醇，碳链长度一般为 C20～C32。只有不足半数的昆虫表皮脂类物质中含有游离醇，大多数游离醇是饱和的、非支链的伯醇（primary alcohol），主要为偶数碳。例如，在豌豆蚜（*Acyrthosiphon pisum*）中，表皮醇混合物由伯醇 C20（微量）、C22（0.3%）、C24（1.0%）、C26（18.4%）、C27（0.3%）、C28（69.1%）、C30（10.3%）、C32（0.6%）组成，普通竹节虫（*Diapheromera femorata*）与其相似，伯醇 C26 和 C28 是其表皮脂类物质的主要成分，C23 和 C24 为次要成分。在白菜籽象甲（*Ceutorhynchus assimilis*）中，奇偶碳数在 26～30 个的游离仲醇占表皮脂类物质的 2%，其中，二十九醇（C29，95%）和正二十六烷醇（C26，2%）是该系列中含量最高的。表皮脂类物质中游离醇的比例各不相同，游离醇分别占普通竹节虫和豌豆蚜成虫表皮脂类物质的 10% 和 9.4%。骚扰锥蝽雌雄成虫表皮脂类物质含有 38.5% 的游离醇，而若虫的表皮脂类物质仅含有 15.1% 的游离醇。在墨西哥豆瓢虫（*Epilachna varivestis*）中，游离醇分别占幼虫、蛹、成虫表皮脂类物质的 21.2%、25.4%、5.4%。当在 27℃ 条件下饲养时，该幼虫的表皮脂类物质含有 23.3% 的游离醇，而在 23℃ 条件下饲养的幼虫中，游离醇含量上升到 27.4%，表明温度与表皮游离酯比例的相关性。在昆虫中，脂肪醇是性信息素、碳氢化合物和体表蜡酯合成的重要前体物质（Hu et al.，2018；Li et al.，2016a），主要作为脂肪酸还原反应的产物。

4. 蜡酯

蜡酯（wax ester）是由超长链脂肪酸（very long chain fatty acid，VLCFA；碳原子数大于 18 个）与脂肪醇酯化形成的单酯，在纺织、医药、化妆品、食品等行业，以及航空航天、人工心脏、精密仪表、特种机械等高科技领域均有重要用途。蜡酯在生物界广泛存在，对生物的生命活动具有重要作用。在昆虫和植物中，体表的蜡酯可以防止水分蒸发，阻碍病原入侵。有些生物还特化出泌蜡的性状，如蜡蚧科的白蜡蚧（*Ericerus pela*）所分泌的白蜡约与虫体自身的重量相当，已经超出了虫体次生代谢物的概念，成为白蜡蚧身体不可缺少的一部分，对于白蜡蚧的生命活动具有重要意义（杨璞等，2012；Hu et al.，2018）。参与形成蜡酯的脂肪酸通常为 C18～C24 碳链长度的饱和脂肪酸，主要是 $C_{16:0}$、$C_{18:0}$、$C_{22:0}$ 和 $C_{24:0}$，脂肪醇的碳链长度通常为 C22～C32，主要是 24 个、26 个、28 个碳链长度的脂肪醇，两者以不同组合形成多样化的蜡酯。昆虫表皮脂类物质普遍含有蜡酯，如在白菜籽象甲成虫中蜡酯仅占表皮脂类物质的 3%，而在穴居沙漠蟑螂（*Arenivaga investigata*）若虫中占 74%。表皮蜡酯的比例不仅在物种之间有所差异，且在同一物种的不同龄期和雌雄成虫之间也有所不同。例如，墨西哥豆瓢虫不同龄期之间具有差异，其中蜡酯分别占幼虫、蛹、成虫表皮脂类物质的 24.4%、29.2%、3.9%；雌雄成虫之间的差异出现在竹节虫中，其中雌性表皮脂类物质所含蜡酯的比例远远高于雄性。在某些昆虫中，不饱和脂肪酸也参与蜡酯的形成，如蜻蜓（*Aeschna grandis*）中参与形成蜡酯的脂肪酸主要是 $C_{12:0}$、$C_{28:0}$ 和 $C_{16:1}$（十六碳烯酸），在黑赤蜻（*Sympetrum danae*）和血红赤蜻（*Sympetrum sanguineum*）中则主要是 $C_{18:1}$（十八烯酸）。由于蜡酯普遍存在于昆虫体内，对其生命活动具有重要的作用。

5. 其他物质

昆虫表皮脂类物质除了碳氢化合物、游离脂肪酸、脂肪醇和蜡酯，还包括甘油酯类、甾醇类、醛类和酮类等化合物。对甘油酯的化学分析通常需要将其水解为脂肪酸，因此对甘油酯的结构和含量研究较少。甾醇和甾酯是表皮脂类物质的微量组分，甾醇在麻蝇成虫中比例最高，占表皮脂类物质的 6%。在墨西哥象甲的幼虫、蛹、成虫中，甾醇分别占表皮脂类物质的 5.8%、5.0%、0.4%。胆固醇是分布最广、含量最丰富的甾醇，存在于骚扰锥蝇、铜绿蝇（*Lucilia cuprina*）的蛹壳中。在美洲大蠊、豌豆蚜和白菜籽象甲的表皮脂类物质中检测到醛类，而在烟草天蛾滞育蛹的表皮脂中发现了羟基醛。酮存在于白菜籽象甲和家蝇雌虫的表皮脂类物质中。白菜籽象甲的表皮酮形成碳数为 26～31 个的正烷酮，其中二十九烷酮（98%）含量最高。(*Z*)-14-三糖-10-酮是性信息素的一种成分，占雌性家蝇表皮脂类物质的 15%。

4.2　表皮脂类物质的生物合成

昆虫表皮脂类物质的形成是一个复杂的过程，由表皮细胞（epidermal cell）、脂肪体（fat body）和绛色细胞（oenocyte）参与合成，合成的原料一部分来自食物中的脂肪酸，表皮脂类物质前体在绛色细胞中合成后，经孔道（pore canal）和蜡道（wax canal）运输到表皮层。

4.2.1　表皮脂类物质的生物合成位点

昆虫表皮脂类物质的合成位点包括表皮细胞、脂肪体细胞和由表皮细胞分化而来的绛色细胞。昆虫绛色细胞源自外胚层，常聚集成细胞簇，位于气门附近的表皮细胞层下，并按体节分布排列（Wigglesworth，1970）；还有一部分游离在体腔中，与中间代谢有关。绛色细胞通常体积大，幼虫体内绛色细胞直径一般为 $60 \sim 100 \mu m$，但其大小随虫龄和虫态具有周期性变化，在新表皮沉积前体积达到最大。绛色细胞为多倍体细胞，含有大量的光面内质网和发育良好的质膜网状系统。绛色细胞的主要功能是周期性分泌与形成上表皮和卵子发育有关的物质。不同物种，其分布状况也不同，如黑腹果蝇的绛色细胞成簇分布在腹部两侧，按体节排列；意大利蜜蜂（*Apis mellifera*）的绛色细胞则成簇位于表皮细胞层下，与脂肪体紧密相连；黄粉虫的绛色细胞存在于脂肪体组织中，分布在气管组织周围（Makki et al.，2014）。

Wigglesworth 最早于 1933 年提出绛色细胞在脂类物质合成中的作用，随后，该观点得到了很多研究者的支持。在沙漠蝗（*Schistocerca gregaria*）脂类物质合成研究中发现，在含有绛色细胞的脂肪体中检测到带同位素标记的烷烃生成，而不含绛色细胞的脂肪体中则未检测到对应的产物，且生成的烷烃几乎都存在于从脂肪体中分离出来的绛色细胞内。绛色细胞的生理功能具有多样性，这与在绛色细胞中表达的基因相关。研究发现，绛色细胞参与昆虫脂类物质代谢，Martins 等（2011）在埃及伊蚊（*Aedes aegypti*）绛色细胞转录组中鉴定出 18 个转录物，可能参与脂类物质代谢，其中脂肪酸合成酶（fatty acid synthetase，FAS）表达量很高；Fan 等（2003）证明德国小蠊（*Blattella germanica*）的绛色细胞是碳氢化合物的主要合成部位；Gutierrez 等（2007）发现，细胞色素 P450 单加氧酶（cytochrome P450 monooxygenase，又称 cytochrome P450）基因 *CYP4G1* 在果蝇的绛色细胞中特异性表达，参与虫体的脂类代谢；Qiu 等（2012）进一步证实，果蝇表皮碳氢化合物合成过程的最后一步是由 CYP4G1 催化完成的。Gutierrez 等（2007）发现在昆虫正常取食阶段，绛色细胞参与生长发育和取食行为的调节；当昆虫处于饥饿状态时，绛色细胞可消耗储存于脂肪体中的脂类物质来供能。绛色细胞还参与外源物质的代谢解毒，研究发现，在冈比亚按蚊（*Anopheles gambiae*）中，沉默绛色细胞中 NADPH-细胞色素 P450 还原酶（NADPH-cytochrome P450 reductase）的表达，发现其对杀虫剂苄氯菊酯的敏感度提高。

4.2.2 表皮脂类物质的生物合成途径

自 20 世纪 70 年代以来，Blomquist（2010）已揭示出表皮脂类物质的独特代谢途径。对昆虫表皮脂类合成的研究主要集中在碳氢化合物合成方面，其次是蜡酯，而对脂肪醇的生物合成研究很少（图 4-3）。昆虫碳氢化合物的生物合成可分为 4 个步骤：①直链和甲基支链脂肪酸前体的形成；②脂肪酸延伸为长链脂酰辅酶 A；③长链脂酰辅酶 A 转化为醛；④脱羧基反应将醛转化为碳氢化合物和二氧化碳。

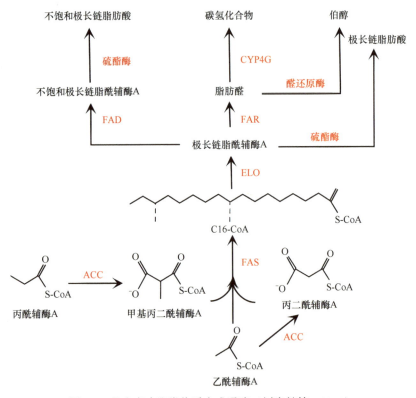

图 4-3　昆虫表皮脂类物质合成通路（刘晓健等，2019）

直链和甲基支链脂肪酸前体的合成原料与所需要的酶存在差异。根据昆虫食性的不同，经中肠和脂肪体消化吸收后，形成的短链氨基酸、葡萄糖或脂肪酸将转化为乙酸盐（两个碳单元的组成成分），以启动直链脂肪酸的生物合成，其合成途径有两个主要步骤：第一步是与辅酶 A 缩合，以提供乙酰辅酶 A 单元，然后通过乙酰辅酶 A 羧化酶（acetyl-CoA carboxylase，ACC）的多酶系统将其转化为丙二酰辅酶 A（malonyl-CoA）；第二步，乙酰辅酶 A 和丙二酰辅酶 A 通过胞质脂肪酸合成酶（FAS）的多酶系统合成长链脂肪酸前体。反应通常持续到 16 或 17 碳脂肪酸以最终产物释放出来，作为游离脂肪酸或并入酰基甘油中。在脂肪酸形成过程中，一个或多个丙二酰辅酶 A 单元可能被甲基丙二酰辅酶 A（methylmalonyl-CoA）取代，导致甲基支链脂肪酰前体的形成。缬氨酸、异亮氨酸和甲硫氨酸均可作为合成甲基丙二酰辅酶 A 的原料，微粒体 FAS 参与了这些反应（Majerowicz et al.，2017）。

内源性产生的脂肪酸作为微粒体延伸和/或去饱和反应的引物，在脂酰辅酶 A 合成酶的作用下作为脂酰辅酶 A 衍生物被激活。已有证据表明，昆虫通过脂肪酸合成碳氢化合物及其他表皮脂成分。极长链脂酰辅酶 A（very long chain fatty acyl-CoA，VLCFA）通过脂酰辅酶 A 延伸酶（elongase，ELO）而产生链的延伸。脂酰辅酶 A 延伸酶催化丙二酰辅酶 A 单元与脂肪酸辅酶 A 聚合，延伸酶家族基因通常具有组织和底物特异性。在每一次延伸反应中还依赖于后续 3 个步骤：3-酮酰辅酶 A 还原酶将羰基还原为羟基，3-羟酰辅酶 A 脱氢酶催化的脱水反应以及烯酰辅酶 A 还原酶对碳碳双键的还原作用。去饱和酶（desaturase，Desat）则在延伸反应中特异性引入双键以生成不饱和极长链脂肪酸。极长链脂肪酸前体在脂酰辅酶 A 还原酶（fatty acyl-CoA reductase，FAR）的作用下转化为醛中间体。已有研究表明，FAR 将脂酰辅酶 A 还原为对应的脂肪醇，其被下游 P450 酶氧化为脂肪醛。脂肪醛发生脱羰反应，在脱羰酶作用下转化为短一个碳原子的碳氢化合物，羰基以二氧化碳的形式释放。对飞蝗（Yu et al.，2016b）、冈比亚按蚊（Kefi et al.，2019）、黄粉虫（Wang et al.，2019b）、豌豆蚜（Chen et al.，2016）、白蜡蚧（Hu et al.，2018）、褐飞虱（Li et al.，2020）等昆虫的研究表明，表皮脂类物质合成关键基因的沉默会影响表皮脂（或蜡）的正常沉积，从而导致昆虫表皮发育受阻，虫体水分蒸发加快，防水性减弱，最终死亡。除了绛色细胞，在孔道壁中也检测到酯酶的活性，表明孔道可能有助于蜡的合成（Locke，1961）。

在动植物中蜡酯的合成存在一条保守途径，即以脂酰辅酶 A（结合酰基辅酶 A 的长链脂肪酸）为底物，在脂酰辅酶 A 还原酶（FAR）的作用下还原成脂肪醇，脂肪醇和脂酰辅酶 A 在蜡酯合酶（WS）的作用下生成蜡单酯，FAR 和 WS 是该途径的关键酶（孙涛，2017）。对脂肪醇生物合成的研究很少，但在烟草天蛾中发现，醛还原酶的作用是将长链醛转化为相应的偶数链伯醇，伯醇可与游离脂肪酸结合形成蜡酯。细胞分离研究表明，蜡生物合成的许多酶活性都位于微粒体内。

1. 乙酰辅酶 A 羧化酶

乙酰辅酶 A 羧化酶（ACC）在生物界广泛存在，是脂肪酸从头合成过程中的限速酶，催化乙酰辅酶 A 形成丙二酰辅酶 A，是一种高度保守的蛋白（Parvy et al.，2012）。ACC 已被用于治疗肥胖症和糖尿病的药物设计，以及除草剂配方，从而成为一些作物的目标基因；此外，ACC 也是脂质合成抑制剂类杀虫剂/杀螨剂的靶标。ACC 分为两大类：一类称为多亚基型 ACC，这类 ACC 由 4 个亚基组成，即生物素羧化酶（biotin carboxylase，BC）、生物素羧基载体蛋白（biotin carboxyl carrier protein，BCCP）及羧基转移酶（carboxyltransferase，CT）的两个亚基 α-CT 和 β-CT，统称为 ACC 全酶，但该酶很不稳定；另一类为多功能型 ACC，其 BC、BCCP 及 CT 功能域依次分布在同一条多肽链上，是分子量为 265 280kDa 的多结构域酶，大部分真核生物 ACC 属于此类（Xiang et al.，2021）。基因组数据表明，昆虫 ACC 为单基因编码的多结构域酶。ACC 催化乙酰辅酶 A 羧化形成丙二酰辅酶 A，通过两个单独的反应进行，分别由 BC 和 CT 催化，在 BC 催化的反应中，生物素辅因子 N1 原子被碳氢酸盐类羧化，该反应需要 ATP 参与，且 2 个 Mg^{2+} 被磷酸盐螯合；在 CT 催化的反应中，被羧化的生物素将羧基转移到受体底物乙酰辅酶 A 中，生成丙二酰辅酶 A；整个反应过程的生物素由 BCCP 运载（郑天祥等，2017；李丹婷，2019）。

ACC 在昆虫中的主要作用包括影响脂质积累、生殖能力以及表皮的正常功能等（郑天祥等，2017）。敲除黑腹果蝇脂肪体中的 ACC^{CG1198} 会导致三酰甘油（triacylglycerol，TAG）显著下降，糖原含量增加，但不会出现致死表型（Parvy et al.，2012）。三酰甘油和糖原代谢在维持体内平衡中起重要作用，并与多种疾病的产生相关。此外，干扰埃及伊蚊 ACC 后也有相似结果，其三酰甘油和磷脂（phospholipid，PL）水平显著下降。ACC 还会影响表皮功能，$ACC^{CG11198}$ 除了在黑腹果蝇脂肪体中高表达，在绛色细胞中也高表达。在果蝇绛色细胞中突变 $ACC^{CG11198}$，会使绛色细胞凋亡，并导致绛色细胞中至少一个超长链脂肪酸（VLCFA）合成通路被破坏，使气管系统将气孔腺分泌的脂滴转移到气孔口的过程阻断，不透水性丧失，果蝇死亡（Parvy et al.，2012）。

2. 脂肪酸合成酶

脂肪酸合成酶（FAS）是在脂肪酸合成反应中起关键作用的多功能复合酶，能够催化乙酰辅酶 A 与丙二酰辅酶 A 反应，生成脂酰辅酶 A（Chung and Carroll，2015）。在生物体中主要有两类 FAS：一类主要存在于动物和真菌中；另一类则主要在细菌及线粒体、叶绿体等细胞器中被发现（Finzel et al.，2015）。目前关于 FAS 的研究多集中于哺乳动物以及一些人类疾病中，如癌症和糖尿病等，这些研究将为治疗这些疾病提供一些潜在的分子靶标。昆虫 FAS 的研究主要集中在基因的时空表达模式及生物学功能方面，昆虫 FAS 通常存在两种类型，即胞质 FAS 和微粒体 FAS，一类存在于微粒体中的 FAS 参与昆虫甲基支链碳氢化合物的合成，而另一类存在于胞质中的 FAS 主要参与直链碳氢化合物的合成（Gu et al.，1997；Ginzel and Blomquist，2016）。黑腹果蝇基因组中包含 3 个已注释的 FAS 基因，其中两个在绛色细胞中表达，一个在脂肪体中表达，*FASN1*（*CG3523*）是在昆虫中发现的第一个 FAS 基因，其主要在果蝇脂肪体内表达，另外两个果蝇 FAS 基因分别是 *FASN2*（*CG3524*）和 *FASN3*（*CG17374*），均在果蝇绛色细胞中表达，当在绛色细胞中沉默其表达时会产生致死表型（Chung et al.，2014）。同时，当有效沉默 *FASN2* 的表达时，甲基支链碳氢化合物的产量显著降低，而甲基支链碳氢化合物对于保护昆虫体内水分流失具有重要作用。

在除果蝇以外的昆虫中，关于 FAS 的作用机制研究相对较少。除了参与碳氢化合物的合成，FAS 还对昆虫的生殖具有一定作用。例如，在 *FAS1* 缺陷的埃及伊蚊中，三酰甘油（TAG）和磷脂（PL）的产量明显降低，且雌性成虫的产卵量也明显降低（Alabaster et al.，2011）；此外，在褐飞虱中，当利用 RNA 干扰技术沉默 FAS 的表达后，脂肪体和卵巢中的脂肪酸水平降低，同时伴随着生殖能力的减弱（Li et al.，2016b）；在一种甲虫，即大猿叶虫（*Colaphellus bowringi*）中，当 *FAS1* 的表达水平降低时，能够阻碍其滞育的发生（Tan et al.，2017）；还有一些研究显示，当干扰 FAS 在昆虫表皮中的表达时，可显著影响表皮碳氢化合物的产量，进而影响昆虫表皮的渗透性和保水性。例如，在长红锥椿（*Rhodnius prolixus*）中的相关研究显示，*FASN3* 的表达影响表皮碳氢化合物前体物质的生成，进而影响其表皮的保水性能，当沉默 *FASN3* 的表达时，昆虫在蜕皮期间死亡（Moriconi et al.，2019）。同时，在德国小蠊中研究发现，*BgFas1* 对于碳氢化合物及表皮游离脂肪酸的合成十分必要，且这些物质对于其抵御外界干燥环境具有重要作用（Pei et al.，2019）。

3. 脂酰辅酶 A 延伸酶

脂酰辅酶 A 延伸酶（ELO）广泛存在于动物、植物和微生物等多种生物体内，主要负责调控脂肪酸碳链长度，在不同链长脂肪酸的功能及代谢方面发挥着十分重要的作用。ELO 是脂肪酸延伸反应第一步的限速缩合酶。目前已报道的 ELO 具有典型的结构特征：均含有 ELO 特征结构域 pfam PF（01151）以及一个高度保守的氧化还原活性中心组氨酸簇（HXXHH）；通常还有 3 个保守域（KXXEXXDT、HXXMYXYY、TXXQXXQ）；具有多个跨膜结构域以及典型的内质网滞留信号，为其作为定位于细胞内质网上的膜结合蛋白提供了理论依据。首先，ELO 催化脂肪酸辅酶 A 与丙二酰辅酶 A 缩合生成 β-酮脂酰辅酶 A（β-ketoacyl-CoA）；接着，酮脂酰辅酶 A 在 3-酮酰辅酶 A 还原酶（KAR）的作用下被还原为羟脂酰辅酶 A，该步骤需要 NADPH 的参与；然后，羟脂酰辅酶 A 在 3-羟酰辅酶 A 脱氢酶（HADD）催化下脱水生成烯脂酰辅酶 A；最后，烯酰辅酶 A 还原酶（TER）依赖 NADPH 将烯脂酰辅酶 A 还原成较脂肪酸反应底物多两个碳单位的新的脂肪酸（Guillou et al.，2010）。

通常认为昆虫脂肪酸延伸循环可以从 C14 开始，较短链的脂肪酸由 FAS 从头合成或自体外获得。脂肪酸以其活化形式脂酰辅酶 A 参与延伸循环，经过缩合、还原、脱水和再还原 4 个步骤，生成较长链的脂肪酸，每一步都需要不同的酶参与。在酿酒酵母（*Saccharomyces cerevisiae*）中，长链脂肪酸延伸酶（ELOVL）被首次鉴定，共发现了 3 个编码脂肪酸延伸酶的基因，并对其功能进行了较为清晰的研究，其可将 C14 催化生成不同长度的长链脂肪酸（Oh et al.，1997）。在哺乳动物中的研究表明，ELOVL 家族蛋白不仅可以控制脂肪酸碳链的长度，其中 ELOVL2 对雄性小鼠的精子成熟以及生殖能力也有影响（Ohno et al.，2010；Sassa et al.，2013）。另外，在哺乳动物中，研究发现 ELOVL 与饮食性肥胖症、糖尿病、营养不良及癌症等疾病都有关联。

在昆虫中，ELO 参与各种生命活动，包括交配、繁殖、信息素生物合成以及表皮形成等（Leonard et al.，2004）。不同昆虫中 ELO 的数量不同，果蝇中有 20 个 ELO，小菜蛾（*Plutella xylostella*）中有 19 个，赤拟谷盗中有 18 个，冈比亚按蚊中有 17 个，黑脉金斑蝶（*Danaus plexippus*）中有 15 个，意大利蜜蜂中有 14 个，家蚕中有 13 个，豌豆蚜中有 12 个。同一种昆虫中不同 ELO 的功能不同，ELO 通常具有组织特异性和底物偏好性。目前昆虫中关于脂肪酸延伸酶的研究主要集中在果蝇中，第一个昆虫 ELO 基因 *Eo68α* 在果蝇中被鉴定，研究表明，其在雄性果蝇生殖系统中特异性表达，所编码的蛋白可将 9-十四碳烯酸延长为 9-十六碳烯酸，定点突变 *Eo68α* 会导致雄性果蝇的性信息素含量下降（Chertemps et al.，2005）。随后，利用果蝇基因组数据库进行同源比对，相继鉴定了基因 *Elo68B*、*EloF*、*bond*、*st*、*noa*。*EloF* 为雌性果蝇特异表达基因，在长链碳氢化合物的生物合成和散发求偶信号中起着至关重要的作用，利用 RNA 干扰沉默 *EloF* 基因，会导致雌性果蝇 C29（主要是二烯烃）含量下降而 C25（主要是二烯烃）含量上升，同时对果蝇的交配行为造成影响，使得交配时长延长、交配尝试和交配次数减少。在褐飞虱中，已有 20 个 ELO 基因被鉴定，其具有不同的表达部位与表达图谱，行使不同的生物学功能，当沉默其中一些 NlELO 基因表达时，可导致致死表型，同时伴随虫体消瘦干瘪以及脂肪体中脂质的减少；另外，某些 NlELO 基因缺陷，导致虫体表皮光滑，且碳氢化合物合成总量降低，这些结果表明，长链碳氢化合物对于其附着在昆虫表皮是必需的。随着昆虫基因组学的发展，在家蚕、赤拟谷盗和冈比亚按蚊（Liu et al.，2013b）等昆虫中已有许多 ELO 基因被鉴定，但其作用机制尚不清楚。

4. 脂肪酸去饱和酶

脂肪酸去饱和酶（FAD）催化长链脂肪酸酰基链上的特定位点形成双键，进而从饱和脂肪酸变成不饱和脂肪酸，每一个双键的形成都需要一个氧分子和两个电子的参与，且 FAD 对脂肪酸碳链的碳原子数和去饱和双键形成的位置均具有严格的选择性，只在特定链长以及特定位置上发挥作用（Guillou et al., 2010）。

FAD 在昆虫中的研究较为广泛，大多数昆虫中发现的 FAD 都属于 FAD9 和 FAD11（Δ9 和 Δ11 脂肪酸脱氢酶）。对意大利蜜蜂转录组分析发现 6 个在表皮中高表达的 FAD 基因（Falcon et al., 2014）。家蚕中共有 14 个，其中 5 个具有 Δ11 特异性，2 个具有 Δ9 特异性（Chen et al., 2014a）。赤拟谷盗中有 15 个 FAD 基因，其中 8 个具有去饱和功能（Chen et al., 2014a）。果蝇中共有 9 个 FAD 基因，其中 3 个与表皮碳氢化合物合成相关，在脂肪酸延伸反应过程中，Desat1 和 Desat2 分别在酰基链的第七位或第五位上添加双键（Dallerac et al., 2000），Desat F 则参与添加第二个双键，主要负责果蝇雌虫二烯烃的生成（Chertemps et al., 2006）。*Desat1* 突变体果蝇体表的不饱和烃含量减少，同时影响果蝇的信号交流；DesatF 参与性信息素的合成，通过 RNA 干扰技术抑制其表达后，影响交配行为。*Desat2* 突变的雌雄果蝇中不饱和碳氢化合物含量下降，导致无法辨认性别，表明果蝇性信息素的产生和感知受到了影响。FAD 不仅在果蝇中与信息素多样性密切相关，在其他昆虫信息素多样性的形成中也发挥着极其重要的作用。在斜纹卷蛾（*Ctenopseustis obliquana*）、欧洲玉米螟（*Ostrinia nubilalis*）以及烟草天蛾中同样存在 FAD 调控昆虫信息素多样性及种间特异性的现象。昆虫 FAD 不仅参与调控信息素多样性，还参与调控其他功能。沉默飞蝗 *LmDesat1* 和 *LmDesat3* 的表达，分别导致飞蝗羽化成虫后翅型紊乱以及蜕皮前致死的表型（杨洋等，2021）。

5. 脂酰辅酶 A 还原酶

脂酰辅酶 A 还原酶（FAR）是动物、植物和微生物等生物体内参与脂肪醇合成的关键酶，在脂质合成中起着重要作用。氨基酸序列分析表明，动物和植物的 FAR 都含有一个 NADH 结合基序 T-G-X-T-G-F-L-(G/A)、一个 Rossmann 折叠区域和一个 NAD(P)(+) 结合结构域，在 C 端存在一个 Sterile 蛋白结构域（Doan et al., 2009）。同一生物具有多个 FAR 基因，其组织表达位点不同，底物偏好性也大不相同。例如，在拟南芥（*Arabidopsis thaliana*）中鉴定出 8 个 FAR 基因，其中 5 个 FAR 基因可将脂酰辅酶 A 还原为对应的脂肪醇，但只有 *FAR3* 基因（*cer4*）参与了角质层蜡的合成，对 $C_{24:0}$ 和 $C_{26:0}$ 的底物有偏好性，而 *FAR1*、*FAR4* 和 *FAR5* 基因可参与软木脂的形成，其最适底物分别是 $C_{22:0}$、$C_{20:0}$ 和 $C_{18:0}$ 脂酰辅酶 A（Domergue et al., 2010）。哺乳动物中只有两个 FAR 基因，小鼠中一个 FAR 基因参与包皮腺和眼睑腺体蜡酯及大脑醚酯的合成，该基因偏好选择 $C_{16:0}$、$C_{18:0}$、$C_{18:1}$ 和 $C_{18:2}$ 脂酰辅酶 A 作为底物，而小鼠的 *FAR2* 则对 $C_{16:0}$ 和 $C_{18:0}$ 的饱和脂酰辅酶 A 具有特异性。以上研究结果表明，即使是同一生物体内的 FAR，其生化特征也不尽相同。

与哺乳动物和植物相比，昆虫 FAR 基因的研究更为丰富。研究发现，脂肪醇是性信息素、蜡酯和表皮碳氢化合物的重要前体物质。家蚕 *BmFAR* 是第一个被报道的昆虫 FAR 基因，其为性腺所特有，主要参与性信息素的生物合成（Moto et al.，2003）。麻田豆秆野螟（*Ostrinia scapulalis*）中一种性腺特异的 FAR 基因（*OsFARXIII*）负责产生 (Z)-11-十四碳烯，随后将其转化生成乙酸盐或醛衍生物的性信息素（Antony et al.，2009）。FAR 基因在其他目的昆虫中也有研究。例如，意大利蜜蜂的 *FAR1* 可将多种脂肪酸还原为相应的醇，这些醇是性信息素、蜡酯或醚的前体物质（Teerawanichpan et al.，2010）。FAR 基因受到各种因素的影响而有不同的进化方向，导致各个物种之间的 FAR 存在着较大差异，由其所参与合成的性信息素也存在着较大的区别。

目前，多种昆虫的 FAR 基因已被注释，但大多数的基因还未开展详细的功能研究。其中参与蜡酯合成的 FAR 基因仅在少数几个物种中得到验证。例如，果蝇 FAR 基因（*DmWP*）的特征是防水，对气管充气是必不可少的（Jaspers et al.，2014）。DmWP 蛋白可将长链脂肪酸转化为其相应的脂肪醇，用作蜡合成的底物或最终覆盖气管的相关疏水性成分的底物。白蜡蚧 FAR 基因的 mRNA 在 5 个组织中被鉴定出来，但其蛋白仅在蜡腺和精巢中被发现，在昆虫细胞体外表达该基因后，发现其可将 26-0:(S) CoA 还原为相应的醇（Hu et al.，2018）。来自扶桑绵粉蚧（*Phenacoccus solenopsis*）的两个 FAR 编码基因（*PsFARII* 和 *PsFARII*）参与了脂肪酸代谢（Li et al.，2016a）。同时，在对褐飞虱 FAR 家族基因的研究中还发现两个与表皮碳氢化合物合成相关的 FAR（*NlFAR7* 和 *NlFAR9*），利用 RNA 干扰技术抑制这两个基因的表达，会使褐飞虱表皮蜡质减少，体表变得光滑，并且虫体会被自身分泌的蜜露粘连，无法正常在水面上跳跃爬行（Li et al.，2020）。

除信息素和表皮蜡酯方面的研究之外，在昆虫中还有一部分 FAR 可参与卵巢发育，与生殖功能息息相关。例如，在中黑盲蝽（*Adelphocoris suturalis*）中发现的 *AsFAR* 会影响雌虫的卵巢发育，将该基因表达下调后，发现其会影响雌性卵巢的发育以及产卵数目，将该基因转入棉花中，可有效控制黑盲蝽后代数量，达到降低虫害的效果（Luo et al.，2017a）。而在对褐飞虱 FAR 家族基因的研究中发现，*NlFAR1*、*NlFAR4*、*NlFAR5*、*NlFAR6*、*NlFAR8*、*NlFAR9*、*NlFAR11*、*NlFAR13* 的表达下调会影响卵巢发育以及产卵数量（Li et al.，2020）。同时，在褐飞虱中还发现 *NlFAR5*、*NlFAR6*、*NlFAR11*、*NlFAR15* 的表达降低，会使褐飞虱旧表皮无法蜕去而致虫体死亡（Li et al.，2020）。

6. 蜡酯合酶

蜡酯合酶（wax synthase，WS）是生物蜡酯合成过程中最后一步反应最为关键的酶，其可催化脂肪醇和脂酰辅酶 A 发生酯化反应，生成蜡单酯。WS 具有底物偏好性，但其最适底物与生成蜡酯的主要成分并不一致。某些 WS 是双功能酶，具有脂酰辅酶 A: 脂肪醇酰基转移酶和酰基辅酶 A: 二酰基甘油酰基转移酶的双重活性（Biester et al.，2012）。不同物种的 WS 生化特性差异较大，其基因序列也没有明显的一致性结构特征。蜡酯合酶属于酰基转移酶家族成员，该家族成员还包括催化生成二酰甘油的乙酰辅酶 A: 单酰基甘油酰基转移酶（acyl-CoA: monoacylglycerol acyltransferase，MGAT）、催化生成三酰甘油的乙酰辅酶 A: 二酰基甘油酰基转移酶（acyl-CoA: diacylglycerol acyltransferase，DGAT）以及催化生成胆固醇酯的乙酰辅酶 A: 胆固醇酰基转移酶（acyl-CoA: cholesterol acyltransferase，ACAT），但不同于 MGAT 和 ACAT，目前对 WS 的研究较少。

昆虫 WS 的研究仅在白蜡蚧中被报道，序列分析发现其不含其他动物 WS 存在的保守区域，系统进化表明，白蜡蚧 WS 与其他物种间分化明显（刘博文，2016），表明不同物种 WS 基因序列差异性较大。

7. 细胞色素 P450 单加氧酶 4G 亚家族

细胞色素 P450 单加氧酶（cytochrome P450 monooxygenase，又称 cytochrome P450）4G 亚家族（CYP4G）成员作为氧化脱羧酶，参与碳氢化合物合成的最后一步（Qiu et al.，2012）。CYP4G 是昆虫特有且高度保守的 CYP 之一，CYP4G 基因在每种昆虫中仅含 1～3 个。CYP4G 基因是昆虫纲中为数不多的直系同源基因，具有较高的序列保守性。在所有昆虫物种中最少存在一个家族成员（Feyereisen，2019）。CYP4G51、CYP4G11、CYP4G19 作为唯一的 CYP4G 成员，分别存在于豌豆蚜、意大利蜜蜂、德国小蠊中，参与表皮碳氢化合物的合成（Fan et al.，2003；Calla et al.，2018；Chen et al.，2019）。但在同一种昆虫中，CYP4G 在系统发育分析中却出现明显分化，如果蝇的 CYP4G1 和 CYP4G15、冈比亚按蚊的 CYP4G16 和 CYP4G17，表明 CYP4G 在同种生物中可能存在功能分化现象（Maibeche-Coisne et al.，2000；Qiu et al.，2012；Balabanidou et al.，2016）。在果蝇中，研究首次鉴定了 CYP4G1 作为氧化脱羧酶在绛色细胞中表达，催化长链醛转化为碳氢化合物（Qiu et al.，2012）；而果蝇 CYP4G15 主要在神经系统表达，但其功能尚待深入研究（Maibeche-Coisne et al.，2000）。在中欧山松大小蠹（*Dendroctonus ponderosae*）中，CYP4G55 和 CYP4G56 可以将长链、短链醇与醛催化成碳氢化合物（MacLean et al.，2018）。在黄粉虫和褐飞虱中，沉默 2 个 CYP4G 基因可导致碳氢化合物的含量降低，同时增加了它们对干燥环境和杀虫剂渗透的敏感性（Wang et al.，2019b，2019c）。在冈比亚按蚊中，与杀虫剂抗性相关的 CYP4G 基因在成虫绛色细胞中具有不同的亚细胞定位，即 CYP4G17 定位于整个细胞质中，而 CYP4G16 则定位于细胞膜上；进一步利用转基因果蝇表达冈比亚按蚊 CYP4G 基因，发现 2 个 CYP4G 酶对蚊虫不同表皮碳氢化合物的合成具有不同的贡献（Balabanidou et al.，2016；Kefi et al.，2019）。针对 CYP4G 在飞蝗和冈比亚按蚊中的功能也开展了一些研究，发现飞蝗 CYP4G102 在绛色细胞中特异性表达，RNA 干扰沉默该基因可使表皮碳氢化合物显著减少（＞80%），导致蝗虫 3 龄蜕皮后 1h 内 100% 死亡（相对湿度 50%），提高环境相对湿度至 90% 可显著降低其死亡率（Yu et al.，2016b）。飞蝗 CYP4G62 被 RNA 干扰抑制后只有相对较短链的表皮碳氢化合物含量降低（Wu et al.，2020）。此外，在其他昆虫中还有一些关于 CYP4G 的研究报道，大多集中在表达模式分析和功能推测。

4.3 表皮脂类物质转运

昆虫表皮脂类物质在绛色细胞中合成后，需要运输到上表皮进行沉积以发挥其作用。目前关于脂类物质转运的分子途经研究报道较少。有一种假说认为：脂类物质在绛色细胞中合成后，以脂滴形式存在，与载脂蛋白结合后，释放到血淋巴中，然后运输到表皮细胞表面，与表皮细胞表面的载脂蛋白受体结合，进入表皮细胞（Parra-Peralbo and Culi，2011）。脂类物质前体在表皮细胞内进行相应的修饰和加工，并通过转运蛋白运输到表皮，该转运过程可能是通过穿过原表皮并在上表皮内分支成许多细管的孔道和蜡道中完成，但是具体的转运机制还有待进一步研究（Moussian，2013）。Locke（1961）发现在孔道壁可检测到酯酶活性，推测孔道可能参与进一步的脂类物质修饰和传递。研究表明，ABC 转运蛋白参与表皮脂类物质的运输（Yu et al.，2017），将其沉默可导致表皮脂类物质转运受阻，昆虫保水性降低，最终导致昆虫死亡。其中，果蝇 ABC 转运蛋白 Osy 及表皮蛋白 Snsl 已被证实定位于果蝇的孔道中，推测其可能参与表皮脂类物质的转运和沉积（Zuber et al.，2018；Wang et al.，2020a）。

4.3.1 载脂蛋白

载脂蛋白（apolipophorin，apoLp）是一种载体蛋白，能结合脂类物质并调节脂质在动物体内组织间的运输。在哺乳动物中，主要的载脂蛋白（apo）通常分为 4 类，即 apoA、apoB、apoC、apoE。这些蛋白质是血浆的重要组成成分，在生产和消耗器官之间调节各种脂类物质的运输（Su and Peng，2020）。在昆虫中，昆虫脂质体由两种不可交换的载脂蛋白组成，即载脂蛋白 I [apolipophorin I（apoLp I），

～240kDa] 和载脂蛋白 II [apolipophorin II（apoLp II），～80kDa]，还可能含有一种可交换蛋白，即载脂蛋白 III [apolipophorin III（apoLp III），～18kDa]。apoLp I 和 apoLp II 是同一基因的产物，这两种蛋白是通过其共同前体蛋白的翻译后裂解产生的（Weers et al.，1993）。其共同的前体蛋白与 apoLp II 在 N 端排列，与 apoLp I 在 C 端排列（Bogerd et al.，2000），因此被称为 apoLp II/I。

apoLp II/I 是哺乳动物 apoB 的同源物，属于大型脂类物质转移蛋白（LLTP）的同一超家族（Van Der Horst and Rodenburg，2010），而 apoLp III 与哺乳动物 apoE 同源（Weers and Ryan，2006）。载脂蛋白 I 和 II（apoLp II/I）是昆虫体内的主要载脂蛋白，参与飞蝗表皮碳氢化合物的运输和表皮屏障的构建。载脂蛋白首先在烟草天蛾和飞蝗中进行研究，apoLp III 的 cDNA 序列首次从这两种昆虫中克隆出来（Cole et al.，1987；Kanost et al.，1988）。在飞蝗中研究了 apoLp III 和 apoLp II/I 的生化与分子特性（Van der Horst et al.，1991；Weers et al.，1993），涉及 apoLp III 的纯化、apoLp II/I 的起源及其免疫细胞化学定位。飞蝗 apoLp II/I 在其视网膜下层的色素胶质细胞中高表达（Bogerd et al.，2000），其定位于基膜，表明 apoLp II/I 在视黄酸和/或脂肪酸向昆虫视网膜的运输中起作用。在飞蝗长距离飞行期间，高密度脂蛋白（high density lipoprotein，HDL）中的 apoLp III 取代了 apoLp II/I，以招募更多的 DAG，HDL 转化为低密度脂蛋白（low density lipoprotein，LDL）颗粒（Horst and Rodenburg，2010）。此外，apoLp III 还参与了昆虫对微生物侵染的先天免疫反应（Zdybicka-Barabas and Cytryńska，2013）。与 apoLp III 相比，对 apoLp II/I 功能的研究较少。在舌蝇中，针对 *GmmapoLp II/I* 的 RNA 干扰导致舌蝇雌虫血淋巴脂质水平降低，卵母细胞发育延迟（Benoit et al.，2011）。在黑腹果蝇中，DmapoLp II/I 被证明是幼虫血淋巴中的主要脂质转运蛋白（Palm et al.，2012），其在脂肪体中表达，分泌到血淋巴并运送入肠道，在那里吸收脂质并将其输送到耗能组织。在飞蝗中，*LmapoLp II/I* 的沉默可导致表皮脂减少，表明其在表皮脂质转运中发挥作用（Zhao et al.，2020b）。

4.3.2 载脂蛋白受体

载脂蛋白受体（lipophorin receptor，LpR）是一类跨细胞膜的糖蛋白，能与相应的载脂蛋白结合，以内吞作用（endocytosis）介导细胞对载脂蛋白的摄取与代谢。第一条 LpR 序列于 1999 年由 Dantuma 等（1999）在飞蝗脂肪体中被克隆并测序。之后陆续在其他物种中被鉴定，如埃及伊蚊中存在两条 LpR 序列（LpRov 和 LpRfb），分别在卵巢和脂肪体中表达（Cheon et al.，2001；Seo et al.，2003）。家蚕存在 4 种不同形式的载脂蛋白受体（LpR1、LpR2、LpR3 和 LpR4），且这 4 种蛋白均来源于单个基因通过选择性剪接编码（Gopalapillai et al.，2006）。Van Hoof 等（2003）在飞蝗中发现载脂蛋白受体介导脂肪体细胞中高密度脂蛋白（HDL）的内吞作用，且 LpR 的表达受脂质体脂肪组织需求的调节。Lee 等（2003）在鳞翅目昆虫大蜡螟（*Galleria mellonella*）中鉴定了载脂蛋白受体 GmLpR，并证实 20-羟基蜕皮酮（20E）和胆固醇均能诱导 LpR 的表达。Parra-Peralbo 和 Culi（2011）在黑腹果蝇中鉴定了 LpR1 和 LpR2，并发现其能够介导卵母细胞和翅芽细胞中中性脂质的摄取。Lu 等（2018）对褐飞虱 LpR 进行 RNA 干扰，最终导致三酰甘油（TAG）含量降低、卵巢发育延迟和繁殖力降低。由此可见，LpR 在昆虫脂类物质的摄取中发挥着重要的作用。

4.3.3　孔道与 ABC 转运蛋白

1. 孔道

早在 1947 年，Wigglesworth 利用组织化学技术分析，发现脂质层在昆虫即将蜕皮时可沉积到体表，推测孔道可参与该转运过程。孔道是从表皮细胞穿过内外表皮的通道，直径为 0.1～0.15μm。较大的孔道通常是扁平和带状的，也可能是弯曲的或笔直的。孔道的大小和数目因虫种而异。有些昆虫孔道内有孔道纤维丝，在表皮细胞和内表皮之间起加固作用。关于孔道的形成尚不清楚。一些研究表明，孔道是表皮细胞在表皮层分泌过程中细胞质延伸的结果。Wigglesworth（1975b，1985）利用脂质特异性染料，在显微和超微结构水平证实长红锥蝽的孔道和蜡道中脂类物质的存在，推测孔道可能参与表皮脂类物质的转运。

孔道终止于上表皮的交界处，并不穿透上表皮，在上表皮中，只有蜡道，直径为 0.006～0.013μm。孔道将表皮细胞产生的脂类、黏胶以及一些其他化合物运输到上表皮，通过上表皮的蜡道向四周扩散，从而覆盖整个表皮。孔道对上表皮和外表皮的形成具有重要的作用。例如，孔道运送形成修补蜡层的脂类和鞣化所需要的物质；在表皮层形成之后，孔道中即充满硬化物质，作为表皮层的支柱。

2. ABC 转运蛋白

ATP 结合盒转运体（ATP-binding cassette transporter）简称 ABC 转运蛋白（ABC transporter），是一类超大膜转运蛋白家族，在大多数生物体中均发挥着重要作用。ABC 转运蛋白最早发现于细菌中，是细菌质膜上的一种运输 ATP 酶（transport ATPase），属于一个庞大多样的蛋白家族，每个家族成员都由两个跨膜结构域及两个胞质侧 ATP 结合域组成，故名 ABC 转运蛋白，其通过结合 ATP 发生二聚化，ATP 水解后解聚，通过构象改变将与之结合的底物转移至膜的另一侧。ABC 成员之间具有相似的物质转运功能和结构等共性，但随着基因的不断进化，成员之间又产生了分化，如结构、功能、器官分布与亚细胞定位等。ABC 转运蛋白存在于原核和真核生物中，可分为输入端（importer）和输出端（exporter）（Akiyama et al.，2001）。输入端通常可将氨基酸、糖和离子等营养物质输送到细胞质中；输出端则促进脂质、多糖、毒素和多肽等物质从细胞质中转移出去。ABC 转运蛋白有两个高度保守的核心功能域，即核苷酸结合域（nucleotide binding domain，NBD）和跨膜域（transmembrane domain，TMD）。对人类和植物的研究表明，ABC 转运蛋白在表皮角质形成细胞或植物角质层中建立脂质屏障方面起着关键作用。

迄今为止，在昆虫基因组中已发现了众多 ABC 转运蛋白基因。根据 NBD 序列相似性，ABC 转运蛋白超家族可分为 8 个亚家族（ABCA 至 ABCH）。ABCH 转运体亚家族首先在黑腹果蝇的基因组中被发现，黑腹果蝇 ABCH 基因 CG9990（*snustorr*，*snu*）的敲除，可导致虫体表面防水屏障被破坏，虫体干燥而死亡（Zuber et al.，2018）。ABCH1 基因（Px005111）的表达下调可导致小菜蛾幼虫和蛹的高死亡率，与果蝇 *snu* 同源的 ABCH 基因——赤拟谷盗 *TcABCH-9C* 和飞蝗 *LmABCH-9C* 是幼虫或若虫表面脂类转运所必需的，而这些脂类又可能是抗干燥所必需的（Broehan et al.，2013；Yu et al.，2016b）。RNA 干扰介导的 *TcABCH-9C* 基因敲除，会导致赤拟谷盗虫体干燥并出现 100% 死亡率（Broehan et al.，2013）。

4.4　表皮脂类物质的生物学功能

昆虫表皮脂类物质是表皮的重要组成成分，主要由碳氢化合物、脂肪酸、脂肪醇和蜡酯构成，是昆虫与外界环境间接触的最外层，其主要功能是减少水分蒸发、保护陆生昆虫免受干燥影响以及释放化学通讯信号等，在昆虫生命活动中发挥着极其重要的作用。

4.4.1　透水性和水屏障

昆虫处于适宜的温度范围时，其表皮内的蜡质层和油脂等可为虫体提供天然的水分保持系统。当环境温度高出某一阈值时，蜡质层开始瓦解，油脂融化（Gibbs，2002），这些变化导致昆虫表皮的水分渗透性增加，失水量急剧上升，这一温度阈值称为临界转变温度（critical transition temperature）。当环境温度高于临界转变温度时，昆虫摄入与丧失的水分平衡失调，虫体大量失水（Chown et al.，2011）。昆虫表皮脂类对虫体保水性具有重要作用，其含量的变化主要受温度的影响，昆虫不同物种和不同发育时期其表皮脂类含量具有很大差别。例如，石蝇从水栖稚虫发育到陆栖成虫，其脂类含量明显增加；烟草天蛾的滞育蛹较非滞育蛹具有更厚的脂质层，能在漫长的滞育期中保护蛹免受干燥伤害（Arrese et al.，1996）；阿帕奇蝉（*Diceroprocta apache*）若虫生活在地面下较低温度和较高湿度环境中，表皮含脂量较低，而成虫生活在接近 50℃ 的地面上，表皮则具有较高的含脂量，从而能更好地保护体内水分的蒸发；在麻蝇一生中，表皮脂类的含量变化极大，成虫体表的含脂量明显高于幼虫（Hens et al.，2004），这与保水作用有明显的相关性。

在水屏障方面，维持体内水分平衡是体表脂类物质最基础和最重要的生理功能。早在 1918 年 Dushan 就提出体表脂类物质可能作为昆虫抵抗潮湿环境的保护屏障，随后 Ramsay 首次报道了体表脂类物质的防水特性。昆虫体积较小，表面积比体积的比率较大，这就意味着昆虫表皮对保持体内水分平衡具有重要作用。昆虫体表脂类物质是减少体内水分散失和防止虫体浸湿的防护屏障，其水屏障作用主要取决于体表的疏水性物质，尤其是表皮碳氢化合物（Gibbs and Pomonist，1995；Blomquist，2010）。昆虫表皮的保水性和防水性与体表脂类物质的化学组成密切相关，利用有机溶剂或分子遗传手段破坏昆虫体表的疏水层，会导致昆虫对干燥条件极其敏感。例如，利用 RNA 干扰沉默 *CYP4G51* 基因，可导致豌豆蚜表皮碳氢化合物含量减少，提高了豌豆蚜在干燥条件下的死亡率（Chen et al.，2016）。

4.4.2　化学通讯作用

许多碳氢化合物在昆虫个体间的交流中起作用，包括性信息素等化合物。在群居昆虫中，表皮碳氢化合物的类型和混合物可以传递有关龄期、性别、等级、巢穴和亲缘关系信息。死亡的蜂群成员通过其碳氢化合物成分来识别，并向工蜂发出信号，将其从巢穴中移除。在非群居昆虫中，碳氢化合物也参与配偶的识别。例如，饱和碳氢化合物可触发雄性蟋蟀的交配行为，而不饱和碳氢化合物则可诱导回避（李丹婷，2019）。

昆虫体表脂质中某些组成成分通常作为重要的化学信使或信息素（Chung and Carroll，2015）。早在 1915 年，双翅目昆虫的信息素已被发现和描述，1964 年 Rogoff 报道了在家蝇中发现的第一个信息素，并于 1971 年分离并鉴定为 (Z)-9-二十三烯（Carlson et al.，1971），随后相继在鳞翅目、膜翅目、鞘翅目、蜚蠊目、直翅目及双翅目其他昆虫中被发现，某些表皮碳氢化合物、酯类和酮类化合物可作为信息素调控昆虫的化学通讯功能。一种有毒的萤火虫 *Ellychnia corrusca* 的雄虫会被一种北美地区的萤火虫 *Lucidota atra* 体表提取物吸引（South et al.，2008）。不同种的果蝇也由其各自特定的表皮碳氢化合物组成，使得雄性果蝇不会对不同种雌果蝇或同种雄果蝇发出求偶信号（Ferveur，2005；Billeter et al.，2009）。

4.4.3　抵抗农药和病原微生物

昆虫体表脂类物质可作为害虫防治的分子靶标，尽管目前使用的大多数接触性杀虫剂的致害机制是基于害虫蜕皮和几丁质合成，但昆虫体表脂类物质因其重要功能而成为化学农药穿透表皮的保护性屏障。体表脂类物质含量或组成成分的微小变化均有可能危及昆虫的生存能力（Juárez and Fernández, 2007）。研究人员在对骚扰锥蝽的研究中发现，使用有机溶剂去除昆虫体表脂类物质可显著提高昆虫对杀虫剂的敏感性，抑制体表脂类物质的合成会导致较高的死亡率、延长蜕皮时间以及卵孵化不正常。此后，他们还发现破坏昆虫脂肪酸合成酶系统或者改变脂肪酸延伸反应步骤，会对昆虫的生长发育造成严重的影响。另外还发现，某些抗药性昆虫具有更厚的表皮，通过表皮增厚以及沉积更多的体表脂类物质来抵御杀虫剂分子穿透体内，从而延缓或防止杀虫剂到达药物作用靶标（Balabanidou et al., 2016）。

4.5　小结与展望

综上所述，昆虫表皮脂类物质主要分布在昆虫上表皮及蜡层中，具有区域化分布的特点；昆虫表皮脂类物质是高度复杂的混合物，其中碳氢化合物含量占主导地位，其次是脂肪醇、蜡酯和游离脂肪酸，此外还有少量的酮类、醛类、乙酸酯和甾醇酯，其组成在物种间、同物种的不同龄期和不同性别间均存在差异；昆虫表皮脂类物质合成是一个复杂的过程，需要乙酰辅酶 A 羧化酶、脂肪酸合成酶、脂肪酸延伸酶等多种酶的催化，合成通路中关键基因的缺失会在昆虫生长发育过程中产生不同程度的影响；昆虫表皮脂类物质在抵抗外界干燥环境，作为种内和种间交流的化学信息素，以及免受微生物、寄生昆虫和捕食者的攻击方面发挥着重要作用。但与昆虫表皮蛋白和表皮几丁质的研究相比，还有以下几方面有待深入研究。

1）目前昆虫表皮脂类物质合成通路的研究主要集中探讨单个基因对昆虫生长发育的影响，鉴于碳氢化合物合成通路关键基因的缺失会导致昆虫表皮脂类物质减少、表皮通透性增加、虫体抗旱性降低而死亡等影响，可以研发以脂肪酸合成酶、脂肪酸延伸酶、脂肪酸去饱和酶和脂酰辅酶 A 还原酶等为分子靶标的新型杀虫剂，以达到对害虫进行生物防治的目的。

2）昆虫表皮脂类物质合成后，需要经过血淋巴、表皮细胞并穿透表皮层运输到昆虫体表发挥作用，利用 RNA 干扰技术已明确载脂蛋白、载脂蛋白受体参与表皮类物质从绛色细胞到表皮细胞的转运，但表皮脂类物质从表皮细胞到昆虫体表的修饰过程和转运机制尚不清楚，详细研究昆虫表皮脂类物质的转运机制，筛选获得转运过程中的关键基因，将为害虫生物防治提供新的靶标。

3）昆虫表皮脂类物质中的游离脂肪酸具有抑制微生物入侵的活性，研究其对微生物的作用机理，一方面可通过基因过表达增加该类物质合成，从而提高经济昆虫的产值；另一方面可通过基因抑制，减少该类物质的沉积，为害虫高效防治提供理论基础。

第5章

昆虫表皮体色与鞣化

王艳丽[1]，李慧咏[2]

[1] 山西大学应用生物学研究所；[2] 默沙东研发有限公司

5.1 表皮体色及色素组成

昆虫为地球上种类和数量最多的动物群体，分布广泛。昆虫的体色多种多样，体色的形态和变化在昆虫生长发育及繁衍后代中起着非常重要的作用。昆虫在各种环境中呈现的颜色信号对于识别配偶、种间竞争、拟态保护、警示捕食者和调节体温等行为至关重要（Burmeister et al.，2005；Cuthill et al.，2017）。

昆虫体色根据其构成的差别可以分为以下 3 类：①色素色（pigment color），也称为化学色（chemical color），是由昆虫体内所含的色素物质而呈现出来的颜色，这是昆虫中最常见的一种体色。这些色素颗粒可以选择性地吸收某些波长的光线而反射另一些波段的光线，被反射的光线可以作用于光感受器，在人的视觉中枢形成黑色、红色、橙色、黄色、绿色、蓝色等色彩。②结构色（structural color），也称为物理色（physical color），是指昆虫体表的各种纹路、鳞片、颗粒等结构经过光的反射、散射或衍射等作用于人眼后产生的颜色。③结合色（combination color），是由色素色和结构色共同构成的颜色（王荫长，2004）。

昆虫的体色大多是表皮中色素的反映，昆虫的色素色通常是由表皮下的组织、被膜及表皮中的色素物质产生的。当昆虫体表被光照射后，其体表的色素颗粒通过选择性吸收，消除部分入射波长，而其余未被吸收的散射或透射波长决定了观察到的虫体颜色（王荫长，2004）。如果所有波长反射相等，那么反射表面呈现白色；如果所有的光波都被吸收，则呈现黑色。C=C、C=O、C=N、N=N 双键的数量和排列以及特定的官能团对昆虫体色的产生也十分重要。昆虫能够通过发色蛋白合成大部分色素，但不能合成由饮食获得的黄酮类物质或类胡萝卜素（carotenoid）。有些昆虫的颜色信号是构成性显示的，只有在某些特殊情况（如求偶或者阻止鸟类的捕食）下才展现。而有些昆虫在昏暗或黑暗的条件下为了吸引配偶，或阻止捕食者或吸引猎物，会自己产生光，此外，一些昆虫还可以在必要时，通过特定的生理和形态机制来改变颜色（杨佳鹏，2021）。

5.1.1　表皮体色的多型性

同种昆虫体色变化存在差异，具有体色多型现象。多型现象普遍存在于"社会性"昆虫中，如膜翅目的蜜蜂、蚂蚁及等翅目的白蚁等；鳞翅目蝶类具有季节性多型；直翅目飞蝗具有型变多型性。此外，有的昆虫还具有翅多型现象（朱道弘和阳柏苏，2004；樊永胜和朱道弘，2009）。

表皮体色的多型性现象在昆虫遗传多样性和环境适应性等方面具有重要的意义，昆虫的体色多型大致可分为以下 3 种类型：①隐蔽色型，普遍存在于动物界，以昆虫最为常见，昆虫的体色常常与其栖息物如枯枝、绿叶和地衣等相似，如栖息在绿叶上的昆虫多为绿色（樊永胜和朱道弘，2009）；②绿色-褐色多型，即种群内呈现体色多态现象，若虫和成虫呈现绿色、褐色等几种体色，如斑翅草螽（*Conocephalus maculatus*）和长额负蝗（*Atractomorpha lata*）（Tanaka，2012）；③密度关联体色多型，种群内虫体体色受种群密度的影响，如飞蝗体色的改变与其种群密度相关。有些昆虫可同时存在以上 3 种类型，如飞蝗；而沙漠蝗（*Schistocerca gregaria*）可同时存在绿色-褐色多型和密度关联体色多型两种类型的体色多型（Pener and Yerushalmi，1998）。爱德华·波尔顿的经典著作《动物的颜色》提供了第一个关于昆虫神秘颜色进化的描述，特别研究了模拟树叶、树枝和树皮颜色的拟态飞蛾。波尔顿指出，这些昆虫的体色通常是多型的且发生在多种独特的模式变异中，他认为这有助于降低飞蛾被捕食者搜索的概率。

昆虫体色的变化是一种普遍存在且高度多样化的现象，这种体色的变化对暴露于疾病、环境变化、捕食和性信号条件下的虫体具有适应性意义。昆虫生存环境、种群密度以及昆虫自身遗传因素等都会影响昆虫表皮体色的形成与变化。

5.1.2　表皮色素组成

在昆虫中，色素是由表皮细胞通过包括色素合成在内的发育过程所产生的，昆虫通常在表皮细胞中合成色素颗粒或色素颗粒的前体。在某些情况下，色素存在于修饰过的表皮细胞中，如蝴蝶翅上的鳞片（Nijhout，1991）。角质层是决定昆虫幼虫身体形状和颜色模式的关键结构之一，幼虫颜色模式的多样性取决于角质层中色素的含量和分布，其受到底层表皮中表达的转录因子和色素生物合成途径基因的调控（Xiong et al.，2017）。

在昆虫中，关于黑腹果蝇（*Drosophila melanogaster*）的色素发育研究较多，参与黑腹果蝇色素沉着过程的基因称为"模式"和"效应"基因，模式基因通过直接或间接激活编码色素合成所需的酶和辅助因子效应基因的表达来调节色素的分布。效应基因编码色素产生的酶，决定了色素产生的性质和数量（Wittkopp and Beldade，2009）。

根据现有的文献资料统计，昆虫中共有 9 大类色素，均为天然色素。按照其来源可分为：①昆虫自身合成的色素，包括黑色素（melanin）、蝶呤（pterin）、眼色素（ommochrome）、胆色素（bile pigment）、凤蝶色素（papiliochrome）、蒽醌类色素（anthraquinone）和蚜色素（aphins）；②从植物中摄取的色素，有类胡萝卜素以及类黄酮（flavonoid）等。根据其在不同溶液中的溶解性，可分为水溶性和脂溶性色素。

黑色素富含于昆虫外表皮的鞣化蛋白中，黑色素包括真黑色素及儿茶酚的衍生物或聚合物。昆虫表皮的硬化（hardening）和黑化（melanization）通常与黑色素的形成同时发生，多元酚在昆虫的黑化过程中发挥着重要作用，在工业污染严重地区，鳞翅目昆虫体表出现黑化现象与真黑色素的大量积累密切相关（Liu et al.，2016；Barek et al.，2018）。

眼色素大量存在于昆虫的复眼和表皮中，眼色素包括眼黄素、眼紫红色素、眼色素 D 等。眼黄素存在于鳞翅目昆虫如舟蛾科（Notodontidae）、蛱蝶科（Nymphalidae）和直翅目昆虫飞蝗中，而眼紫红色素、眼色素 D 存在于蝶类的鳞片和其他器官中（Osanai-Futahashi et al.，2012）。

蝶呤类色素因最早发现于蝶类翅而得名，其衍生物是多种蝴蝶翅上的色素，包括黄蝶呤、白蝶呤、异黄蝶呤、红蝶呤、橘红蝶呤。蝶呤在昆虫体内与蛋白质载体形成色素小体，最常见的黄蝶呤是黄蝴蝶的色素（王荫长，2004）。

类胡萝卜素是自然界中广泛存在的萜类色素，是昆虫呈现黄色、橙色、红色等体色的基础。类胡萝卜素包括胡萝卜素、叶黄素、虾青素，类胡萝卜素可与蛋白质结合，形成的复合物可以与细胞膜相互作用，将色素运输到生物膜中发挥生理作用。由于类胡萝卜素的从头合成主要局限于植物、一些细菌和真菌中，所以大多数动物需从饮食中获得类胡萝卜素（Avalos et al.，2015；Reszczynska et al.，2015）。

除了以上几种色素，类黄酮也属于昆虫的色素之一，类黄酮包括黄酮和花色素苷，黄酮可使昆虫表皮呈现黄色到红色，花色素苷则使其呈现紫红色到蓝色，两者普遍分布在蝶类翅的表面（王荫长，2004）。

5.2　表皮色素合成途径

5.2.1　黑色素合成途径

"黑色素"一词常被用来描述生物界中发现的一种独特色素，具有多样化的外观、结构和功能。这个词来源于希腊语"melanos"，意思是黑色。黑色素是昆虫色素中最为常见的一种色素，尽管黑色素会表现出多种颜色，但通常以黑色、棕色、黄色、红色为主要颜色。根据来源的不同，可以分为动物、植物、真菌或细菌来源的黑色素；根据化学和物理特性的不同，又可分为真黑色素、嗜黑素、神经黑素等。虽然这些黑色素的来源或物理和化学性质不同，但其都具有一系列共同的特征，如抗强酸性，在大多数溶剂中不溶解，以及存在稳定的自由基等（Cordero and Casadevall，2020）。

在自然界中，黑色素在昆虫伪装、保护、收集和储存能量、调节体温以及参与免疫反应、昆虫伤口愈合等方面具有多种功能。作为色素，黑色素可以通过增强或减少视觉交流来影响昆虫天敌视觉的感知（Walton and Stevens，2018）。同时，黑化可以使昆虫对外界环境中的冷和热温度做出反应（Talloen et al.，2004）。一些昆虫以黑色素为基础进行自身的免疫防御（Sugumaran，2009）。在昆虫伤口部位通常可以发现有黑色素的沉积，因此研究发现，黑色素可以作为伤口愈合的交联剂（Ashida and Brey，1995）。黑色素还可以保护昆虫免受电离辐射，辐射能量被生物体表的黑色素所吸收，并以热量形式将其消散，以及清除或中和细胞内的电离分子（如活性氧）来抵御电离辐射（Hu et al.，2013）。

黑色素通常以色素颗粒的形式存在于昆虫的外表皮，色素颗粒的形成和分布与虫体体表颜色的变化有着直接的关系（Kayser，1976）。昆虫体表深色区主要由黑色素作用所形成，黑化的程度与黑色素的数量密切相关（Hiruma and Riddiford，1985）。烟草天蛾（*Manduca sexta*）幼虫在蜕皮过程中，表皮会合成并沉积含有黑色素的前体颗粒到新形成的角质层中，被相应的酶激活，随后致使幼虫表皮发生黑化（Hiruma and Riddiford，2009）。黑色素颗粒的形成与分布受黑色素代谢通路基因的调控，目前，对黑色素通路上关键基因及酶的研究相对比较清楚（Wittkopp and Beldade，2009）。本部分我们将对昆虫黑色素合成通路进行详细阐述，如图5-1所示，黑色素合成起始于表皮细胞中的酪氨酸（tyrosine）在酪氨酸羟化酶（tyrosine hydroxylase，TH）的作用下转化为多巴（dihydroxyphenylalanine，DOPA；二羟基苯丙氨酸），昆虫体内的多巴一部分在漆酶2（laccase 2，Lac2）及yellow、yellow-f、yellow-f2等蛋白的催化作用下产生多巴黑色素（DOPA-melanin）（Han et al.，2002；Wittkopp et al.，2002），而另一部分在多巴脱羧酶（DOPA decarboxylase，DDC）的作用下催化形成多巴胺（dopamine）。多巴胺又可经过多种途径转化为多巴胺黑色素（dopamine-melanin），首先，部分多巴胺可以被酚氧化酶（phenol oxidase）催化形成多巴胺黑色素（Wittkopp et al.，2002）；另外，多巴胺与另一底物β-丙氨酸（β-alanine）同时存在时，还可被 *N*-β-丙酰多巴胺合成酶（由 *ebony* 基因编码）催化生成 *N*-β-丙酰多巴胺（*N*-β-alanyldopamine，NBAD）。同时，*N*-β-丙酰多巴胺水解酶（由 *tan* 基因编码）的作用催化方向与 *N*-β-丙酰多巴胺合成酶相反，可以水解 NBAD，使昆虫体内多巴胺含量升高（True et al.，2005）。同样地，昆虫体内的多巴胺经过芳烷基胺

N-乙酰转移酶（arylalkylamine N-acetyltransferase，AANAT）催化后，可形成 N-乙酰多巴胺（N-acetyldopamine，NADA），NBAD、NADA 随后又可经过一系列反应形成 NBAD-色素、NADA-色素，分别参与到昆虫表皮棕褐色、无色的形成之中（Hovemann et al.，1998；Wittkopp et al.，2002）。所以，多巴、多巴胺、NBAD、NADA 都可以被称为色素前体，昆虫表皮呈现的黑色或黄色都与这条通路上的基因或酶相关，该通路上任何基因的改变都会影响到体表色素颗粒的形成，最终导致昆虫体表体色的改变。

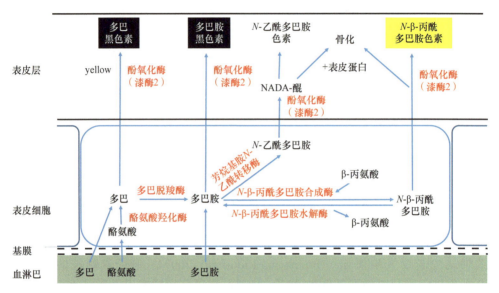

图 5-1　黑色素合成通路［修改自 Noh 等（2016）］

多巴脱羧酶（DDC）是在黑色素形成中起着关键作用的脱羧酶，Koch 等（1998）在研究东方虎凤蝶（*Papilio glaucus*）的体色时发现，雌性东方虎凤蝶翅可分为野生型（黄色和黑色条纹相结合）和黑化突变型（野生型中的黄色条纹被黑化），*DDC* 在野生型与突变型体色转变的过程中起着重要作用。东方虎凤蝶 *DDC* 基因的时空表达模式与其翅中黑色条纹紧密相关，白色区域中基本检测不到 *DDC* 基因的表达，据此认为，*DDC* 基因的丰度控制是黄/黑颜色形成的关键组成因素。同时，推测在昆虫幼虫蜕皮的过程中 *DDC* 基因的表达可能受到蜕皮激素的调控，20-羟基蜕皮酮（20-hydroxyecdysone，20E）能够诱导体表黑色区域 *DDC* 基因的表达。随后经 RNA 干扰研究发现，褐飞虱（*Nilaparvata lugens*）*NlDDC* 在其色素合成、翅斑形成中起着重要作用，体内施加 20E 后，可检测到 *NlDDC* 转录产物快速积累，同时发现虫体体色变深，表明 20E 可以通过调控 *DDC* 基因的表达来诱导昆虫体色的形成（Lu et al.，2019）。生长阻断肽（growth-blocking peptide，GBP）是鳞翅目昆虫的一种细胞因子，可以诱导 *DDC*、*TH* 等黑色素合成通路相关基因的表达，并且可以增强 DDC、TH 等酶在表皮细胞中的活性，使得表皮细胞中多巴胺浓度升高（Ninomiya et al.，2008），因此，有些研究者认为在昆虫表皮中，GBP 可以作为一种调节因子通过调节多巴胺的浓度来控制表皮黑色素的形成。在赤拟谷盗（*Tribolium castaneum*）蛹中注射 *TcDDC* 基因的双链核糖核酸（double-stranded RNA，dsRNA）后，蛹的体表会呈现出浅灰色底色并附有许多黑色斑点，这种颜色模式的形成主要是由于 *TcDDC* 基因被干扰后不能使多巴转化成多巴胺，在蛹的某些部位积累了过多的多巴并被氧化形成多巴真黑色素，堆积在体表形成黑色斑点（Arakane et al.，2009a）。同样，对烟草天蛾、黑腹果蝇和德国小蠊（*Blattella germanica*）的研究也表明，表皮内高浓度的多巴胺会导致高浓度黑色素的产生，最终导致虫体黑化（Hiruma and Riddiford，1984；Czapla et al.，1990；Hodgetts and O'Keefe，2006）。

天冬氨酸脱羧酶（aspartate decarboxylase，ADC）是黑色素合成通路中的另一个关键酶，ADC 可以使 L- 天冬氨酸（L-aspartic acid）去碳酸基，从而催化生成 β- 丙氨酸（β-alanine），β- 丙氨酸可以与多巴胺共同形成 NBAD，最后形成 NBAD- 黄色素。赤拟谷盗正常虫体呈现铁锈红色，而当干扰虫体 *TcADC* 基因后，由于体内缺乏 ADC，不能合成 β- 丙氨酸，使多巴胺不能与 β- 丙氨酸作用形成 NBAD，所以多巴胺不能得到有效利用，从而形成过量的多巴胺黑色素，使赤拟谷盗体表呈现黑色，但是反过来，额外向虫体内注射 β- 丙氨酸，会使黑色突变体恢复成原来的铁锈红色，据此，研究人员认为天冬氨酸脱羧酶参与了赤拟谷盗色素的沉积过程（Arakane et al.，2009a）。同样，家蚕（*Bombyx mori*）蛹由正常的琥珀色突变为黑色，也是由于其体内天冬氨酸脱羧酶含量降低后 β- 丙氨酸不能合成，使家蚕蛹中的多巴胺不能被正常消耗，导致多巴胺黑色素过多积累到表皮中（Dai et al.，2015）。天冬氨酸脱羧酶在黑色素通路中的作用在异色瓢虫（*Harmonia axyridis*）成虫（Zhang et al.，2020b）中也有相似的研究报道。

昆虫体内由于有 *ebony* 和 *tan* 基因的存在，使得多巴胺与 β- 丙氨酸结合生成 NBAD 的过程是可逆的（Wittkopp et al.，2002），这一动态平衡的过程对昆虫维持体色起着十分重要的作用。对柑橘凤蝶（*Papilio xuthus*）幼虫体色斑纹的研究发现，该斑纹颜色的变化与酪氨酸羟化酶（TH）、多巴脱羧酶（DDC）、*N*-β- 丙酰多巴胺合成酶（由 *ebony* 基因编码）的活性密切相关，这些酶分别是由 *pale*、*DDC*、*ebony* 基因编码合成的，检测发现，表皮细胞中如果只有 *TH* 和 *DDC* 表达而 *ebony* 基因不表达，幼虫将产生黑色色斑；但是如果表皮中 *TH*、*DDC*、*ebony* 3 个基因都表达，则幼虫产生红褐色斑纹，*ebony* 只在红褐色色斑的表皮部位表达，说明 *ebony* 基因存在时，其表达产物可以阻止多巴胺向黑色素颗粒转化（Futahashi and Fujiwara，2005）。采用 CRISPR/Cas9 基因编辑技术，将斜纹夜蛾（*Spodoptera litura*）中 *ebony* 基因敲除后，斜纹夜蛾蛹与成虫体色均明显变黑（Bi et al.，

2019）。在黑腹果蝇、家蚕等模式生物中也证明了 *ebony* 基因在其黑色素合成中起着关键作用（Wittkopp et al.，2002；Futahashi et al.，2008b）。

除了上述基因和酶可以影响昆虫体表黑色素的形成，有研究表明，其他一些辅助因子也可以参与黑色素通路的调节，如在柑橘凤蝶中，GTP 环化水解酶 I（GTP cyclohydrolase I，GTPCH I）可以作为一种辅因子参与其幼虫期黑色条纹的形成，研究表明，其幼虫体表黑色的分布与 *GTPCH I* 基因表达有关，在黑色区域，*GTPCH I* 基因的表达可以提高酪氨酸羟化酶的活性，从而影响黑色体色的形成（Futahashi and Fujiwara，2006）。随后，在赤拟谷盗、家蚕、果蝇等多种昆虫中都证明了 GTPCH I 可以影响其体表黑色素的形成（Chen et al.，2015a）。有研究表明，GTPCH I 主要能够以鸟苷三磷酸（guanosine triphosphate，GTP）为底物，催化形成具有活性的四氢生物蝶呤（tetrahydrobiopterin，BH4），而生成的 BH4 作为辅助因子，参与酪氨酸羟化酶（TH）、苯丙氨酸羟化酶（phenylalanine hydroxylase，PAH）、色氨酸羟化酶（tryptophan hydroxylase，TPH）等芳香族氨基酸羟化酶的生化反应，从而影响到昆虫黑色素通路的形成（Sawada et al.，2002）。

综上，在昆虫中表皮黑色素通路主要是由 *ebony*、*pale*、多巴胺、NBAD、NADA、氧化酶以及一些辅助因子（GTPCH I、BH4）等共同调节形成的，任何一种基因或酶的改变都会对黑色素通路的形成造成影响。

5.2.2 眼色素合成途径

眼色素是广泛分布于昆虫卵、复眼、翅、表皮的主要色素（Figon and Casas，2019），在生物体中呈现的颜色主要为 ommatin 形成的红色、黄色以及 ommin 形成的紫色（Figon et al.，2020）。研究人员利用果蝇以及其他昆虫复眼颜色突变体，对眼色素合成酶的编码基因进行了研究，发现合成眼色素的初始前体物质主要为色氨酸（tryptophan）（Reed et al.，2008；Figon and Casas，2019）。昆虫血淋巴中的色氨酸通过昆虫表皮基膜的选择透性被转运到表皮细胞中，在表皮细胞中由 *vermilion* 基因编码的色氨酸-2,3-双加氧酶（tryptophan-2,3-dioxygenase，TDO）催化，形成甲酰犬尿氨酸（formyl kynurenine，Formyl-Kynu）；随后，甲酰犬尿氨酸又在犬尿氨酸甲酰胺酶（kynurenine formamidase，KFase）的催化下形成犬尿氨酸（kynurenine，Kynu）；最后，在 *cinnabar* 基因编码的犬尿氨酸-3-羟化酶（kynurenine 3-hydroxylase，KMO）的作用下，形成 3-羟基犬尿氨酸（3-hydroxykynurenine，3-OH-Kynu）（Searles et al.，1990；Warren et al.，1996）。3-羟基犬尿氨酸在 *white* 和 *scarlet* 共同存在时，由细胞质转入色素颗粒中。进入色素颗粒的 3-羟基犬尿氨酸又可以分为两部分：首先，与色素颗粒内的半胱氨酸（cysteine）和甲硫氨酸（methionine）在由 *cardinal* 基因编码的血红素过氧化物酶（heme peroxidase）的作用下形成 ommin，呈现紫色；其次，3-羟基犬尿氨酸还可以单独被血红素过氧化物酶催化，形成 ommatin，根据氧化还原状态的不同，ommatin 又可以分为氧化状态下呈现黄色的眼黄素（xanthommatin）和还原状态下呈现红色的脱羧眼黄素（decarboxylated xanthommatin）（Futahashi et al.，2012；Zhang et al.，2017a）。眼色素合成通路如图 5-2 所示。

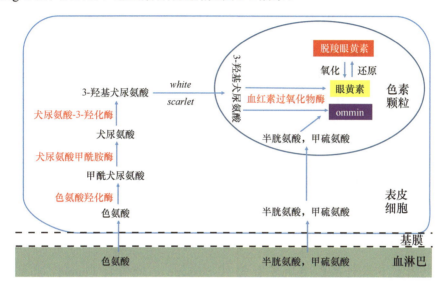

图 5-2　眼色素合成通路［根据 Reed 等（2008），Zhang 等（2017a）整理］

如上所述，在眼色素合成通路中，3-羟基犬尿氨酸在眼色素合成通路中是一种关键物质，是所有眼色素合成的前体物质，家蚕中发现的第一个白色突变就是因为缺乏犬尿氨酸-3-羟化酶，从而在体内不能形成 3-羟基犬尿氨酸这一关键物质（Quan et al.，2002）。并且，在同一种昆虫中眼色素根据其氧化还原状态的不同，可以使昆虫显示多种不同的体色，如蜻蜓目中的秋赤蜻（*Sympetrum frequens*）雄性体色在吸引雌性进行交配以及对领地的占有中起着十分重要的作用，未成熟的雄性虫体体色均为淡黄色，当雄性成熟后体色由淡黄色转变为鲜红色。通过高效液相色谱（high performance liquid chromatography，HPLC）实验测定两种不同体色蜻蜓的不同色素物质的含量，研究发现蜻蜓黄色和红色体色的转变主要是由眼色素氧化还原状态的不同所决定的，成熟的雄性蜻蜓中的眼色素为还原状态的脱羧眼黄素，而浅黄色蜻蜓眼色素为氧化状态的眼黄素（Futahashi et al.，2012）。同时，有研究还表明，家蚕蚕茧黄色和红色也与眼色素的氧化还原状态相关（Zhang et al.，2017a）。

5.2.3　蝶啶类色素合成途径

蝶啶类色素广泛分布于节肢动物的角质层中，主要表现为黄色、红色或白色等颜色（裘智勇等，2018）。目前，普遍认为鸟苷三磷酸（GTP）是合成蝶啶类色素的起始物质，鸟苷三磷酸依次经过 GTP 环化水解酶Ⅰ（GTPCHⅠ）（Yuasa et al.，2016）、6-丙酮酰基四氢生物蝶呤合成酶（6-pyruvoyl-tetrahydropterin synthetase，PTPS）和墨蝶呤还原酶（sepiapterin reductase，SPR）催化形成四氢生物蝶呤（BH4）（Fujii et al.，2013；Tong et al.，2018）。家蚕表皮和蝶类翅呈现红色、黄橙色等多种颜色主要是由于存在蝶啶类色素（Wijnen et al.，2007）。在家蚕中编码 GTP 环化水解酶Ⅰ的 *BmGTPCH*Ⅰ 基因在转录时有 16bp 缺失，从而导致该基因转录提前终止，使得 GTP 环化水解酶Ⅰ不能形成，最终使家蚕产生鹑斑突变体（Yuasa et al.，2016）。家蚕中蝶啶类色素通路中编码另外两个关键酶的基因 *BmPTPS*、*BmSPR* 分别与白化和柠檬体色的突变体有关，说明体色白化和柠檬蚕的表型是由 BH4 所引起的（Fujii et al.，2013；Tong et al.，2018）。BH4 是黑色素合成途径的必需辅助因子，家蚕中 BH4 的缺乏会影响黑色素物质的合成。在黑腹果蝇、柑橘凤蝶和欧洲蛱蝶（*Precis coenia*）中，BH4 已被证明与黑色素、眼色素形成紧密相关（Sawada et al.，2002；Futahashi and Fujiwara，2006）。

5.2.4 类胡萝卜素合成途径

类胡萝卜素包括 β-类胡萝卜素（β-carotene）、叶黄素（lutein）和虾青素（astaxanthin），具有吸收一定波长光线的能力，一般在 300～600nm 处有吸收峰，呈现出红色、橘黄色或者黄色，所以类胡萝卜素可以作为重要的天然着色剂。类胡萝卜素一般在植物中合成，通常大部分动物自身不能从头合成类胡萝卜素，而必须从食物中获得。近年来，研究人员发现一些刺吸式口器昆虫可以通过特殊机制，从头合成部分类胡萝卜素来满足自身的需要。例如，在长期进化过程中，豌豆蚜（*Acyrthosiphon pisum*）可以通过水平基因转移将真菌中合成类胡萝卜素的基因整合到自身基因组中，从而可以自身合成多种类胡萝卜素（Moran and Jarvik，2010）。鸟类、热带鱼、甲壳纲以及昆虫纲动物可通过食物获得类胡萝卜素，进而与类胡萝卜素结合蛋白（carotenoid-binding protein，CBP）结合，使色素物质呈现在体表，产生由黄色到红色的颜色变化，从而呈现出丰富的色彩（任永霞等，2005；Bhosale and Bernstein，2007）。Starnecker（1997）发现，叶黄素可通过主动运输，转运到蛹的表皮来调控孔雀蛱蝶（*Aglais io*）表皮颜色的变化。随后研究发现，家蚕因摄入叶黄素，其蚕茧呈现出黄色（Sakudoh et al.，2007）。古毒蛾（*Orgyia antiqua*）的黄色伪装毛簇中也富集了大量叶黄素（Sandre et al.，2007）。Yang 等（2019a）在对飞蝗的研究中发现，β-胡萝卜素可以与 β-CBP 相结合，将红色的 β-胡萝卜素运输到表皮细胞中，与黄色和蓝色色素结合，共同形成群居型飞蝗体表的黑色。

5.2.5　其他色素合成途径

昆虫体内除了常见的黑色素、眼色素及蝶呤类色素，还有许多其他类型的色素，如在鳞翅目昆虫翅中形成闪亮的绿色就与四吡咯色素和黄酮类色素有关，昆虫体表呈现绿色是由一种蓝色的胆色素和一种黄色的类胡萝卜素混合而成的，而这种蓝色的胆色素就是四吡咯 4 个吡咯环线性排列的产物（Saito，1998）。透目大蚕蛾（*Rhodinia fugax*）的 5 龄幼虫体背表面是浅黄绿色，腹表面是深绿色，两种颜色之间有较明显的分界线，光照强度的不同可以诱导幼虫体背表面颜色的改变，在强光照条件下呈现绿色，而在黑暗条件下则呈现出黄色，后续研究发现，两种颜色之间的转变受到蓝色胆色素蛋白（blue biliprotein，BP）的调控（Saito，2001）。在对柑橘凤蝶、金凤蝶（*Papilio machaon*）等幼虫的研究中也证实蓝色胆色素与绿色体色的形成密切相关（Shirataki et al.，2010）。黄酮类色素和类胡萝卜素一样，昆虫自身不能合成，只能依靠取食植物中的黄酮类物质，被昆虫吸收消化后形成奶油色或黄色色素。家蚕黄绿茧的形成主要与黄酮类色素有关（Tamura et al.，2002）。

还有一些色素只存在于特定的昆虫类群中，如蒽醌类色素只存在于介壳虫总科中，呈现红色或黄色。蚜色素只存在于蚜虫科中，呈现绿色、红色、棕色或黑色，是二聚萘醌类。凤蝶色素是鳞翅目凤蝶科所特有的色素（孙明霞等，2020）。

自然界中不同昆虫呈现出色彩斑斓的体色，其背后的形成机制是一个非常复杂的过程，一种昆虫体色的形成可能受到多条色素通路和外部环境等各种因素的影响。昆虫体壁中色素的种类、含量、色素之间的相互比例及排列形式等许多内在和外在因素，共同决定着昆虫体色。

5.3　表　皮　鞣　化

5.3.1　鞣化作用与骨化作用

昆虫表皮鞣化（tanning）又称为醌鞣化（quinone tanning），是指表皮中蛋白质通过与醌类物质交联形成不溶性物质，使得表皮硬化或暗化的过程。这一概念最初是 Pryor 于 1940 年在对东方蜚蠊（*Blatta orientalis*）卵鞘的研究中提出的，他发现刚产下的卵无色且柔软，酚氧化酶将雌虫黏液腺分泌的 3,4-二羟基苯甲酸氧化为邻醌，邻醌再与卵鞘蛋白发生氨基反应，从而使卵鞘硬化和黑化。随后，将鞣化这一理论引申到昆虫的蜕皮发育中，这一理论在后续的研究中得到广泛的验证（王荫长，2004）。鞣化是昆虫体壁硬化和暗化的过程，所以表皮鞣化途径与黑色素合成通路有部分重叠。鞣化作用的核心成分为表皮细胞中酪氨酸经逐级催化反应后形成的多巴胺（Qiao et al.，2016），如图 5-1 所示，多巴胺一部分在芳烷基胺 N-乙酰转移酶（AANAT）的催化作用下，形成 N-乙酰多巴胺（NADA），另一部分在 β-丙氨酸存在时被 NBAD 合成酶催化，生成 N-β-丙酰多巴胺；昆虫的蜕皮反应一旦启动，鞣化反应就会随之启动，NADA 和 NBAD 就会从表皮细胞中被输送到表皮质层中，然后被酚氧化酶中的漆酶 2 氧化成相应的醌类物质（Noh et al.，2016）；醌类物质与表皮中的蛋白质氨基酸侧链通过共价键发生交联反应，形成鞣化蛋白，从而使昆虫体壁表皮逐渐变硬和着色（Mun et al.，2015）。

多巴胺是昆虫鞣化反应中不可缺少的前体物质，由于生物体内多巴胺的合成和降解是一个复杂的生物学过程，因此昆虫体内许多基因或酶都参与了表皮鞣化这一生物学过程。例如，早在 1996 年，Wright 就发现黑腹果蝇中敲除 DDC 基因后会直接影响果蝇幼虫的变态发育、体壁形成、骨化以及黑化反应；后续又陆续发现，沉默中华按蚊（Anopheles sinensis）的 TH 基因后，中华按蚊表皮鞣化受到严重破坏，表皮厚度也显著低于对照，最终导致蛹不能正常羽化为成虫，生长发育严重受阻，注射中华按蚊 TH 基因的 dsRNA（dsAsTH）还导致中华按蚊黑化反应被显著抑制，黑色素含量低于对照（Qiao et al.，2016）；通过 RNA 干扰实验将冈比亚按蚊（Anopheles gambiae）和骚扰阿蚊（Armigeres subalbatus）的 DDC 基因沉默后，其黑色素合成均显著减少（Huang et al.，2005；Paskewitz and Andreev，2008）。最近在对橘小实蝇（Bactrocera dorsalis）的研究中也发现，BdTH 和 BdDDC 作为酪氨酸代谢通路前两步反应的关键酶，催化生成蛹壳鞣化反应中的关键物质多巴胺；BdEbony、BdADC 和 BdTan 基因表达的酶又可以相互配合调控 NBAD 合成；NBAD 在酚氧化酶的催化下形成 NBAD-醌，最终与表皮蛋白（cuticular protein）相互交联完成蛹壳的鞣化（Chen et al.，2022）。

由多巴胺形成的 NADA 和 NBAD 需要在酚氧化酶 Lac2 的作用下形成相应的醌类物质，最终参与昆虫表皮的鞣化反应，因此在鞣化反应发生时，Lac2 也是一个关键基因，已有相关研究证明了 Lac2 的重要性。例如，在褐飞虱若虫中将 Lac2 基因特异性沉默后，导致其蜕皮发育至成虫时虫体变软且无色，大量虫体在 24h 后死亡（Ye et al.，2015）。

骨化作用（sclerotization）不同于鞣化作用，主要是蛋白质与鞣化剂碳原子结合的位置不同，导致最终形成的交联物质结构的差异。骨化以 NADA 作为鞣化剂时，通常不会被氧化成 NADA-醌，而是直接以还原状态呈现，NADA 的支链可以被活化，产生中间体。这个中间体中邻近芳香环的碳原子，即 β-碳原子可以与表皮蛋白相连接，因此这种骨化又称为 β-骨化作用。在骨化作用中由于所参与的醌类物质较少，所以所产生的表皮颜色较浅，这一点也不同于醌鞣化所产生的深色表皮。但也有人认为，表皮中醌鞣化和骨化作用是同时发生的，不发生醌鞣化时，骨化作用也不能发生。两者的氧化产物可能同时存在于表皮中，所以表皮中可能存在着不同类型的交联物和多聚体的混合物来共同维持昆虫体壁的坚硬结构（王荫长，2004）。

5.3.2　鞣化激素及其受体的分子结构及功能

表皮鞣化伴随着蜕皮的发生，该过程受到多种激素的协同调控，其中鞣化激素（bursicon）是调控表皮黑化和硬化所必需的。鞣化激素最初是 Fraenkel 和 Hsiao 于 1962 年在对红头丽蝇（*Calliphora erythrocephala*）中使用结扎实验发现的：红头丽蝇刚羽化时在颈部结扎，身体会保持白色和柔软，随后从发育正常的红头丽蝇体内抽取血淋巴，注射入颈部结扎的红头丽蝇体内，红头丽蝇的表皮又会迅速重新鞣化。因此，Fraenkel 等认为鞣化激素是一种神经肽类物质，可调节表皮的硬化和黑化。

鞣化激素虽然很早被发现，但是由于当时条件和技术有限，在鞣化激素被发现后的 40 多年间其研究都没有大的进展，随着高通量测序（high-throughput sequencing）技术的发展与黑腹果蝇基因组全序列的破译，研究发现鞣化激素是由两个胱氨酸结合蛋白 bursicon-α 和 bursicon-β 构成的（Mendive et al.，2005）。以前对鞣化激素的研究主要集中在黑腹果蝇、赤拟谷盗和烟草天蛾等模式昆虫中，近年来在禾谷缢管蚜（*Rhopalosiphum padi*）、灰飞虱（*Laodelphax striatellus*）、褐飞虱、桃蚜（*Myzus persicae*）等物种中编码鞣化激素的基因已被克隆和研究（弓慧琼等，2018）。bursicon-α 和 bursicon-β 属于脊椎动物的信号蛋白，其氨基酸序列中均含有 11 个半胱氨酸残基，在不同节肢动物中，这 11 个半胱氨酸残基高度保守。对一条鞣化激素单体序列的半胱氨酸从 N 端到 C 端进行排序，分别可以命名为 C1~C11。其中，C6 被认为是二聚体形成的关键，C5 则可以加强这种连接，C8 突变成 Y 会导致鞣化激素活性降低。该基因在昆虫卵、幼虫和蛹中均能表达，暗示着其在不同种类昆虫中可能都具有重要且相似的功能（Vitt et al.，2001；弓慧琼等，2018）。随后对其功能的研究发现，在昆虫中鞣化激素不仅能引起新表皮的硬化与黑化反应，还可以调控翅的伸展与重建，甚至在雌性生殖尤其是卵巢发育过程中卵黄蛋白原合成方面也发挥着重要作用（张贺贺等，2018）。

Baker 和 Truman（2002）在果蝇中发现 *rk*（*rickets*）基因可以编码 G 蛋白偶联受体（G protein-coupled receptor，GPCR）的亚家族成员 DLGR2，将 *rk* 突变后，其表皮不能正常鞣化，翅也不能正常伸展。但是对 *rk* 突变体果蝇注射含有鞣化激素的混合液时鞣化反应不能进行，只有注射鞣化激素的二级信使 cAMP 时，果蝇才会正常鞣化。后续研究人员进一步证明，鞣化激素 bursicon-α 和 bursicon-β 需以异源二聚体的形式存在于体内，DLGR2 才会被激活，只有鞣化激素的异源二聚体才能使得结扎的果蝇正常鞣化（Luo et al.，2005），这也就证明了果蝇体内 DLGR2 是鞣化激素异源二聚体的受体。

鞣化激素及其受体可能通过多种途径影响昆虫表皮的鞣化反应，在黑腹果蝇中鞣化激素主要通过调控酪氨酸的磷酸化反应来影响鞣化过程的发生（Davis et al.，2007）。在飞蝗中，鞣化激素可以促使NADA从上皮细胞分泌到表皮，从而参与鞣化反应。在赤拟谷盗中，鞣化激素受体基因 Tcrk 可通过调节 TcLac2 基因的表达来影响其表皮硬化和黑化（弓慧琼等，2018）。鞣化激素及其受体除了可以参与昆虫的鞣化反应，还可以调控昆虫翅的发育，如在赤拟谷盗蛹期注射鞣化激素基因的dsRNA，蜕皮后成虫鞘翅发生褶皱且后翅不正常折叠（Arakane et al.，2008b）。当对果蝇体内的 bursicon-α 和 rk 基因点突变后，发现果蝇不仅表皮不能鞣化，还表现出翅皱缩（Dewey et al.，2004）。

5.4 表皮体色转变的调控机制

表皮体色转变多发生在体色多型性的昆虫中，体色转变对于昆虫自身适应环境变化、抵抗疾病和躲避天敌等都具有重要的意义（龚建福等，2022）。由于体色转变在昆虫的生长发育中具有十分重要的生物学意义，因此相关研究受到国内外昆虫学家的广泛关注，多位学者从不同角度开展了昆虫体色转变调控机制的研究，发现诱导昆虫体色转变的因素众多，途径复杂。

5.4.1 环境因素对昆虫体色转变的影响

昆虫体色的改变受到多种环境因素变化的调控，如温度、湿度、光照、密度及食物等。桃蚜存在绿色型和红色型，研究发现，桃蚜体色的改变与季节性温度变化有关，冷冻刺激（5℃，4～8天）可使绿色桃蚜转变为红色型。长额负蝗的成虫有绿色和褐色两种体色，属于典型的绿色-褐色多型。Tanaka（2012）发现，温度对其体色具有显著的影响，温度越高，褐色个体出现的频率也越高，并且发现雌性棕色蝗虫的变异发生频率高于雄性蝗虫，即雌性体色变化的阈值温度可能低于雄性。昆虫的颜色可以对快速变化的气候做出反应，这种变化主要也受温度变化的影响。研究表明，深色昆虫的体温变化比浅色昆虫快，而深色更有利于热量的吸收，所以深色昆虫常出现在高纬度、高海拔的寒冷地区。由于昆虫是变温动物，虫体可以通过改变体表颜色来调节体温，从而适应环境的变化（龚建福等，2022）。

除温度以外，湿度在体色转变中也是一个重要的影响因素。一般昆虫生存环境湿度较大则更容易产生绿色个体，如飞蝗最初孵化的若虫为褐色，如将其置于高湿度条件下饲养，则体色可以从褐色转变为绿色（Pener and Yerushalmi，1998）。但是在鞘翅目昆虫甲虫中，随着湿度的不同，虫体会呈现多种不同的色彩，如长载大兜虫（*Dynastes hercules*）体表的颜色可随着周围环境湿度的增加而由绿色变为黑色（Kim et al.，2010）。鞘翅目昆虫体色的变化主要是由于其体表有刚毛、蜡层、沟缝等结构，使光波发生散射、衍射或干涉而产生不同的颜色。由于体表湿度不同，光波照射在其体表后折射率以及衍射、干涉系数发生改变，使得体表颜色也会随之发生相应的改变（王荫长，2004）。

蚜虫、蝗虫、蚱蜢、鳞翅目幼虫和蜘蛛等动物体色的快速变化受到种群密度的影响，因此，种群密度也是导致许多昆虫体色变化的重要因素之一。典型代表为直翅目飞蝗，其体色变化与其密度的变化密切相关，群居型飞蝗在高密度时体色为黑色配以橘黄色底色，这种黑黄搭配形成的体色成群聚集在一起迁飞时，对其天敌有警戒的作用；而在低密度时，飞蝗常表现为无黑色斑块的绿色、褐色和赤褐色等几种颜色，有助于低密度蝗虫的伪装，从而躲避天敌的捕食（Yang et al.，2019a）。豌豆蚜在拥挤条件下以低质量的植物为食时，一些个体的颜色由红色变为淡黄色（Tabadkani et al.，2013）。鳞翅目昆虫中还广泛存在密度依赖性黑化现象，如斜纹夜蛾、东方黏虫（*Mythimna separata*）、甘蓝夜蛾（*Mamestra brassicae*）等，饲养密度越大，其幼虫体色黑化越重（龚建福等，2022）。这些研究都说明种群密度是影响昆虫体色变化的重要因素。

除此之外，昆虫体色的转变还会受到寄主及取食食物的影响，如因寄主不同，桃蚜可以分为"烟草型"和"非烟草型"，烟草型体色为红色，而非烟草型体色大多为绿色（何应琴等，2017）。斜纹夜蛾幼虫的体色多型与其取食的食物有一定的关联，食物中的叶绿素含量会影响斜纹夜蛾幼虫的体色分化（彭云鹏等，2015）。植物是许多昆虫最重要的栖息场所和取食对象，昆虫体色随着取食植物的不同做出相应的改变，这是在长期进化过程中，植食性昆虫通过对寄主植物的拟态来躲避天敌的一种策略。

5.4.2　遗传因素对昆虫体色的影响

早期的一些学者通过杂交实验，证明体色多型性受遗传因素控制，如在桃蚜的红色和绿色品系中进行杂交实验，发现体色由一对等位基因控制，符合孟德尔遗传定律，且红色为显性性状（Caillaud and Losey，2010）。熊延坤等（2002）通过杂交、自交、回交等经典的遗传学实验对大蜡螟（*Galleria mellonella*）幼虫的体色进行遗传分析发现，其体色遗传为常染色体遗传，具体表现为：深黄色基因（*AA*）相对于灰黑色基因（*BB*）和灰色基因（*CC*）为显性，基因型为 *AB* 和 *AC* 个体的表现型均为深黄色。罗梅浩等（1999）将烟青虫（*Heliothis assulta*）幼虫体色变化归纳为 7 种基本类型，通过不同体色的烟青虫相互交配，证明其幼虫的体色可能是一种多基因控制的性状。姚世鸿（2005）对野外绿色和褐色两种体色的云斑车蝗（*Gastrimargus marmoratus*）虫体进行染色体核型分析，发现其绿色和褐色个体在染色体上存在差异，绿色个体中大染色体有 2 条，而褐色个体有 4 条，据此认为，不同的染色体核型是云斑车蝗两种体色变异的主要原因。

5.4.3 分子调控机制对昆虫体色的影响

昆虫通常在其表皮细胞中合成色素或色素前体，某些情况下色素存在于经过修饰的表皮细胞内（如蝴蝶翅上的鳞片），但通常这些色素分子通过鞣化过程，被融合在体表坚硬的外骨骼中。通过对昆虫体色文献的大量调研，可以将色素的形成过程分为两个阶段：①色素的生化合成，②色素在表皮中的定位。所参与的这类基因分别被称为"效应基因"和"模式基因"。效应基因主要编码色素生物合成所需的酶和辅助因子，而模式基因则通过直接或间接激活效应基因的表达来调控色素的分布（Wittkopp and Beldade，2009）。因此，色素合成代谢通路中的效应基因及其上游的模式基因共同调控了昆虫体色的形成及体色多型性的产生。

如上所述，不同的色素合成通路可以产生不同类型的色素，每条色素合成通路都有相对应的效应基因参与调控。例如，在黑色素合成通路中，*yellow*、*tan*、*ebony* 等基因都会影响黑色素的形成，在黑腹果蝇中，产生黑色素所必需的 *yellow* 基因和抑制黑色素形成的 *ebony* 基因的表达模式与水平，共同决定了黑腹果蝇黑化的模式和强度（Wittkopp et al.，2002）。*cinnabar*、*vermillion* 及 *white* 为主要的效应基因，参与昆虫眼色素通路中色素颗粒的形成。通过对果蝇体色的研究发现，转录因子基因 *bab*（*bric-a-brac*）、*Abd-B*（*abdominal-B*）、*Dsx*（*doublesex*）、*Dll*（*distal-less*）和 *En*（*engrailed*）作为调节基因，与效应基因相互作用，共同影响果蝇的色素沉着，从而控制果蝇翅斑及腹部黑色条纹的形成（龚建福等，2022）。研究还发现，转录因子基因 *spalt*、*Dll* 分别可以正向、负向调控蝶类翅早期眼状斑的生成（Zhang and Reed，2016）。

大多数昆虫的色素沉着除了受到多种基因的调控，还受到体内各种激素的调控，由于蝗虫两型的体色转变十分明显，因此，在飞蝗和沙漠蝗中内分泌器官控制体色转变机理研究得最早，也最为深入。将飞蝗散居型若虫分泌保幼激素（juvenile hormone，JH）的主要内分泌器官咽侧体移植到群居型若虫体内，或者注射保幼激素及其类似物后，也能诱导群居型黑色个体转化为绿色；同时，若将散居型绿色个体的咽侧体移除或者使用早熟素Ⅲ处理后，可导致虫体绿色消退，研究还发现，散居型虫体内保幼激素的含量明显高于群居型虫体（Pener and Yerushalmi，1998）。在鳞翅目昆虫中，保幼激素也参与了不同环境条件下体色转变的调控。例如，柑橘凤蝶 1～4 龄幼虫体色为黑白条纹相间的模拟色（以其天敌鸟类的排泄物为模拟对象），当发育到 5 龄幼虫时，虫体变为绿色的隐蔽色。当在 5 龄幼虫初期（蜕皮后 0～20h）涂抹保幼激素类似物（juvenile hormone analogue，JHA）时，幼虫发育到 5 龄时虫体仍保持黑白相间的模拟色。对其保幼激素含量进行测定，结果显示 4～5 龄发育期间，保幼激素含量持续较低，认为低浓度的保幼激素可以促使隐蔽色的形成，当时尚不能对保幼激素调控其幼虫体色做出明确的解释（Futahashi and Fujiwara，2008）。研究者进一步解释了保幼激素引起柑橘凤蝶幼虫体色转变的机理，其幼虫体表图案决定基因（*clawless*、*abdominal-A* 和 *abdominal-B*）受到保幼激素的调控，高滴度的保幼激素可以诱导相关基因的表达，形成柑橘凤蝶幼虫模仿形式（Jin et al.，2019）。

除保幼激素外，还有一种由昆虫脑神经分泌细胞产生，经由血淋巴存储于心侧体的多肽类神经激素，即黑化诱导素（corazonin）也参与了昆虫体色转变的调控。Girardie 等（1964）在飞蝗中将脑神经分泌细胞破坏，导致若虫体色淡化，说明在飞蝗的脑和心侧体中存在诱导其体色黑化的"黑化诱导因子"（dark color-inducing factor），但由于当时技术条件有限，并不能明确黑化诱导因子的具体结构。Tawfik 等（1999）才将存在于飞蝗心侧体的"黑化诱导因子"提取纯化，进行氨基酸测序，证实飞蝗的"黑化诱导因子"为 11 个氨基酸组成的肽类物质，被命名为 [His^7]-corazonin（DCIN）。进一步的研究发现，保幼激素和 DCIN 的分泌量及分泌时期共同调控了飞蝗体色多型性的转变（龚建福等，2022）。

5.5　小结与展望

体色是昆虫最明显也是最重要的表型之一，在昆虫中体色的产生和变化是昆虫对环境变化的一种适应方式，体色变化不仅增加了昆虫表型的多态性，还有利于昆虫更好地适应环境。昆虫体色可以作为一个很好的研究模型，探讨昆虫多态性、适应机制及生物进化等科学问题。体色改变是动物适应自然环境的常用手段之一，主要通过色素细胞的重组和色素的扩散等途径来实现，可以起到保护自身和选择配偶等作用。例如，黑化后的鳞翅目昆虫体表能迅速吸收和散发热量，以调节体温从而快速适应环境温度变化；暗色昆虫相较于明亮体色的昆虫更容易隐蔽，从而躲避天敌的捕食；黑化的昆虫具有更强的免疫能力，使得其拥有更强的生命力。植物是昆虫最主要的取食对象及重要的栖息场所，因此，模拟植物的颜色无论对于植食性昆虫躲避天敌还是肉食性昆虫猎取食物都具有重要的意义。

昆虫体表着色是非常复杂的过程，由多种内在的基因、激素及外在的环境条件共同作用，通过调节色素颗粒在表皮中的比例及分布，从而控制昆虫体色的形成。随着分子生物学、基因组学、代谢组学等理论和技术的飞速发展，结合发育生物学和生态学等学科开展深入研究，将会进一步揭示昆虫体色的分子调控机制。

第6章
昆虫卵内表皮发育

张婷婷，张　敏

山西大学应用生物学研究所

6.1　昆虫卵内表皮发育特征及结构

昆虫卵内表皮分为胚外的浆膜表皮（serosal cuticle，SC）和依次生成的三层胚胎表皮，即第一层胚胎表皮（first embryonic cuticle，EC1）、第二层胚胎表皮（second embryonic cuticle，EC2）、第三层胚胎表皮（third embryonic cuticle，EC3），不同进化类型昆虫中浆膜表皮、胚胎表皮具有独特的结构和发育特征。

6.1.1　浆膜表皮

绝大多数昆虫在其胚胎合胞体发育的后期，由分化的细胞形成了胚外的浆膜细胞。这层细胞由卵孔端逐渐扩散直至将胚胎包裹，随后向外分泌浆膜表皮。浆膜表皮作为细胞外基质，能防止昆虫卵内水分过度流失，也可直接影响胚胎对干旱环境的耐受能力，因此浆膜及其分泌的浆膜表皮是昆虫适应陆地环境的重要因素之一（Jacobs et al.，2013）。浆膜及其分泌的浆膜表皮是昆虫在演化过程中逐渐产生的保护性结构，不同演化地位的昆虫具有不同的发育特征和结构差异（图6-1）。本章将以古老的衣鱼目、弹尾目，不完全变态的直翅目，完全变态的鳞翅目、鞘翅目、双翅目介绍浆膜表皮的结构和形成特征。

6.1.1.1　不同昆虫中浆膜表皮的发育特征

1. 衣鱼目

在衣鱼目（Zygentoma）中，衣鱼（*Lepisma saccharina*）的浆膜是由单层细胞形成的薄膜，每个细胞中均包含小而扁平的细胞核。在衣鱼卵裂的最初阶段，胚胎处于卵表面的原始位置。随后胚胎逐渐沉入卵黄，腹面凹陷，胚胎的边缘相互靠近。产卵后4天左右，胚胎边缘的浆膜细胞开始折叠形成浆膜表皮褶皱，"转旋"开始，这些褶皱完全由浆膜细胞形成，因此被称为"浆膜褶皱"（Masumoto and Machida，2006）。所有浆膜细胞在转旋时，开始向外分泌几丁质并最终形成厚

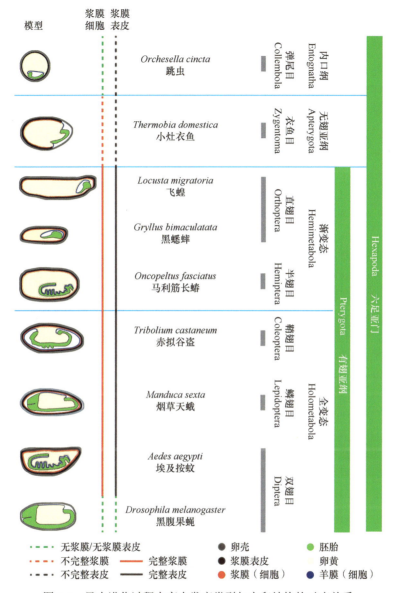

图 6-1　昆虫进化过程中变态发育类型与虫卵结构的对应关系

根据 Jacobs 等（2015），参考文献（钦俊德等，1956；Rinterknecht，1993；Lamer et al.，2001；Masumoto and Machida，2006；Rezende et al.，2008，2016；Panfilio and Roth，2010；Vargas et al.，2014，2019；Chaudhari et al.，2015；Farnesi et al.，2015；Hilbrant et al.，2016；柳伟伟等，2018）整理总结

度约为 **5μm** 的浆膜表皮。在此期间，胚胎与胚胎下浆膜细胞的进一步折叠同步进行，直到两处折叠相遇，并融合形成"浆膜腔"。随着胚胎的发育，浆膜直接接触胚胎的边缘，羊膜细胞开始在胚胎和两侧浆膜之间积累，使得胚胎膜褶皱从浆膜

褶皱转变为羊浆膜褶皱，此时的浆膜腔也被称为"羊浆膜腔"。

2. 弹尾目

在弹尾目（Collembola）中，跳虫（*Orchesella cincta*）卵形成胚盘表皮，使跳虫卵具备环境适应性和较强的生存能力，最终成功孵化。

跳虫卵中的这层保护结构并不像大多数昆虫那样，浆膜表皮可将虫卵完全包裹，而仅占整卵的 3/4，且与浆膜表皮的结构也有很大差异（图 6-1），胚层几丁质层在跳虫抵抗干燥环境中的作用类似于其他昆虫卵中浆膜表皮所承担的功能。跳虫产卵 3.3 天后，可形成胚带及其表皮。在胚层几丁质层逐渐形成后，胚胎其他结构也逐步形成，如胚带形成并分割、四肢和身体发育及胚胎背部闭合等。

3. 直翅目

直翅目（Orthoptera）昆虫的浆膜表皮是其卵壳下的一层几丁质表皮。飞蝗（*Locusta migratoria*）的浆膜和浆膜表皮均能够完整地包裹其胚胎和卵黄，但其浆膜向外分泌的浆膜表皮并不像其他昆虫那样质地均匀，且其层状结构也不清晰（钦俊德，1958）。飞蝗产卵后约 4h，浆膜细胞在卵孔端形成，随着卵的发育逐渐包裹胚胎。当胚胎被浆膜细胞全部包裹之后，开始形成浆膜表皮。浆膜表皮在胚胎发育的第 2 天开始形成，第 5 天达到最厚，随即浆膜表皮开始压缩，第 6 天时其电子密度达到最高。

4. 鳞翅目

鳞翅目（Lepidoptera）昆虫的胚带发育模式较为独特。其胚带原基沿着羊膜褶从胚盘上脱落，逐渐靠近胚盘上方，构成浆膜。浆膜细胞富含多种细胞器。在胚胎发育过程中，其浆膜的功能呈现多样性，包括卵黄物质的消化、具有保护功能的浆膜表皮和浆膜的合成以及排泄。

在烟草天蛾（*Manduca sexta*）中，成虫排卵 12h 后，虫卵形成浆膜。随后浆膜细胞开始分泌几丁质，并形成包含上表皮和层状内表皮的浆膜表皮（Lamer et al.，2001）。在其产卵 22h 后，浆膜表皮已经形成，厚度为 2.1～2.4mm，由 7～9 个几丁质片层结构组成。浆膜表皮形成的早期是浆膜细胞微绒毛分泌的一层细小颗粒，这些颗粒随后交织成海绵状的纤维层，最后形成坚韧、有弹性且具有片层结构的表皮层。产卵 44h 后，浆膜细胞核变大且不规则，浆膜细胞开始降解并与浆膜表皮分离。

5. 鞘翅目

浆膜的起源促进了鞘翅目（Coleoptera）昆虫在陆地上的繁殖，类似于羊膜促进了脊椎动物在陆地上的生存。鞘翅目昆虫浆膜细胞分泌的浆膜表皮不仅在其胚胎背部闭合中起作用，而且能够保护其胚胎抵御干燥环境。赤拟谷盗（*Tribolium castaneum*）的浆膜可以分泌抗菌肽（antibacterial peptide）和活性氧，为其胚胎提供全方位的先天免疫（Jacobs et al.，2014a）。在赤拟谷盗胚胎发育早期，即产卵后 8～12h，其浆膜细胞层由半包裹胚胎的状态过渡到将其完全包裹的状态。第 12h，其浆膜细胞在胚胎两极相遇，形成浆膜窗口闭合（Handel et al.，2000）。赤拟谷盗的浆膜表皮也是由其浆膜细胞分泌而形成的类似于成虫表皮的几丁质层状结构。

6. 双翅目

双翅目（Diptera）蚊虫卵的浆膜表皮形成后，卵壳黑化（melanization）程度和浆膜表皮几丁质的含量都与卵在水外的生存能力直接相关（Farnesi et al.，2017）。埃及伊蚊（*Aedes aegypti*）、冈比亚按蚊（*Anopheles gambiae*）和致倦库蚊（*Culex quinquefasciatus*）卵的浆膜表皮可以减弱虫卵因脱水而发生的萎缩，并维持其在干燥环境中的存活力。

6.1.1.2　浆膜表皮结构

浆膜表皮广泛存在于大部分有翅昆虫中，目前对这层表皮结构的详细描述仅见于石蛃目、革翅目、直翅目、鞘翅目和鳞翅目等少数类群中，且浆膜表皮的结构因昆虫类群的不同而有所差异。浆膜表皮大致可分为复合片层结构型、非片层结构型和片层结构型 3 类。

1. 复合片层结构型

Machida 和 Ando（1998）等研究发现，石蛃目（Archaeognatha）的浆膜表皮有 3 层。第一层厚度为 2～4μm 且面向卵壳沉积而成，卵壳颜色由最初的浅棕色逐渐加深。该层表面呈现多边形结构，每个多边形的中心都有凸起。在其顶端表面还沉积着一层称为涂层的透明薄层。紧接着是厚度为 4～8μm 的低电子密度均质层，之后是厚 5～10μm 的第三层，该层是类似于其他昆虫浆膜表皮的片层结构。

2. 非片层结构型

在革翅目昆虫普通蠼螋（*Forficula auricularia*）（Chauvin et al.，1991）、直翅目昆虫家蟋蟀（*Acheta domesticus*）、异黑蝗（*Melanoplus differentialis*）（Slifer，1937）和飞蝗的浆膜表皮中并未观察到清晰的片层结构（本课题组）。异黑蝗和飞蝗浆膜表皮内表皮的几丁质排布为非均质的补丁状，此类浆膜表皮结构被称为非片层结构型。

3.片层结构型

在已报道的大多数有翅昆虫中，浆膜表皮由厚度约为 1μm 的上表皮以及厚度为 1.6～22μm 的内表皮共同形成。其中一部分昆虫浆膜表皮的内表皮由层状片层结构组成，且不同物种的厚度具有差异。鳞翅目昆虫烟草天蛾浆膜表皮约 2μm，其原表皮由 7～9 个片层结构形成（Lamer et al.，2001）。鞘翅目昆虫赤拟谷盗的浆膜表皮厚约 1.6μm，内表皮含有 14 个左右的片层结构（Jacobs et al.，2013）。而另一种鞘翅目昆虫胡萝卜象甲（*Listronotus oregonensis*）的浆膜表皮厚达 0～13μm，内表皮的片层结构约有 90 层（Jacobs et al.，2014a）。

6.1.2 胚胎表皮

6.1.2.1 昆虫中胚胎表皮的发育特征

1.衣鱼目小灶衣鱼

衣鱼目小灶衣鱼（*Thermobia domestica*）的第一层胚胎表皮在其产卵后 3 天的胚胎中开始沉积，部分表皮细胞形成尖端有质膜斑块的短微绒毛，其表面布满电子致密物质。产卵后 3.5 天，胚胎开始凹陷时，微绒毛重新出现并开始沉积纤维物质，纤维物质随后形成松散的网状结构，产卵后 7 天这层表皮开始降解。

第二层胚胎表皮的上表皮沉积开始于产卵后的 8.5～9 天。在第 9 天的一些卵中可以观察到几丁质形成的补丁状结构，该发育阶段的卵在扫描电镜下可见其背部闭合已完成（Klag，1978；Konopová and Zrzavý，2005）。

2.蜉蝣目黄河花蜉

蜉蝣目（Ephemeroptera）黄河花蜉（*Potamanthus luteus*）在产卵后第 9 天其胚胎被一层类似于质膜厚度的 EC1 覆盖。其 EC2 于 10.5 天左右开始沉积，此时的胚胎仍被分离的 EC1 覆盖。沉积结束后，EC2 由外包膜、上表皮和原表皮组成，原表皮由紧密排列的几丁质组成。胚胎发育到第 12 天时，背部闭合完成。EC2 的降解发生在第 13 天，随后表皮细胞开始分泌 1 龄幼虫的表皮（EC3）。此时，胚胎已发育完全，幼虫准备孵化。第 14 天，即孵化前数小时，EC3 的内、外上表皮形成，且第一层原表皮沉积（Konopová and Zrzavý，2005）。

3.蜻蜓目黄腿赤蜻

蜻蜓目（Odonata）普赤蜻（*Sympetrum vulgatum*）胚胎中存在典型的昆虫胚胎表皮 EC1、EC2、EC3。EC1 只包含外包膜。EC2 有 3 层，分别是外包膜、上表皮、原表皮，上表皮的厚度变化明显。在某些部位，原表皮为层状排布，其中分布有孔道。EC3 是具有 3 个表皮层的典型幼虫表皮，且原表皮呈现层状结构。随着发育，EC2 在孵化时脱落（Konopová and Zrzavý，2005；Appel et al.，2015）。

4. 襀翅目襀翅虫

襀翅目（Plecoptera）襀翅虫（*Perla burmeisteriana*）的虫卵在发育至 14～16 天时，开始沉积一层电子致密物质，即为 EC1 的前体。在接下来的几天里，EC1 变得连续且形成典型的外包膜。在从 EC1 开始分泌到下一层表皮形成的整个阶段中微绒毛数量众多且分布均匀。胚胎发育到第 26 天时，微绒毛变得更长。此时 EC2 的外包膜已经形成，且较 EC1 增厚。随后上表皮和一层电子透光性更强的原表皮开始沉积。EC3 的沉积大约从第 32 天开始，最终形成包含 3 层结构的表皮。其原表皮内有时含有大量的孔道。尽管原表皮中的片层结构并非清晰可辨，但还是能够隐约看到疑似层状的结构。此外，该物种胚胎的 EC1 如何分离降解尚不清楚，但其 EC2 直到孵化时才蜕去。随后，1 龄幼虫被 EC3 覆盖（Konopová and Zrzavý，2005）。

5. 脉翅目草蛉

脉翅目（Neuroptera）草蛉（*Chrysopa perla*）虫卵的 EC1 形成于产卵后 20h 左右，质膜光滑，微绒毛较少。随后，微绒毛数量增加，但并未覆盖整个表皮，这些微绒毛分布稀疏，常在细胞边界出现。形成的 EC1 仅由外包膜组成。EC2 约在产卵后 60h 分泌，此时背部闭合已在腹部尖端区开始。EC2 由外包膜、上表皮和没有排布成片层结构的原表皮组成。原表皮由多层几丁质片层结构组成，其中分布有孔道。产卵后 84h 左右，EC2 开始降解时，EC3 开始分泌，此时背部闭合已经完成，胚胎形态成熟。EC3 为典型的昆虫表皮组织，并分布有许多孔道。虫卵孵化时，EC2 剥离（Louvet，1974；Heming，1979；Konopová and Zrzavý，2005）。

6. 直翅目飞蝗和沙漠蝗

在飞蝗和沙漠蝗的胚胎发育过程中，EC1 大概于产卵后第 5 天开始沉积，于第 6 天的 12h 完成沉积，随后开始逐步降解。通过透射电镜以及染色分析观察，EC1 是一层不含几丁质的微纤维结构，仅由外包膜组成。EC2 于第 8 天开始沉积。形成的 EC2 由上表皮和原表皮组成，其中原表皮由多层几丁质片层结构组成，附肢部分的表皮结构更厚一点，且随胚胎发育表皮不断加厚。从第 12 天开始，EC2 发生降解，这一过程包括上表皮和原表皮的分离、皮层溶离、原表皮的降解。到第 12 天的 12h 左右，EC2 持续降解的同时，EC3 开始分泌形成。EC3 是典型的 1 龄若虫表皮结构，包含 3 层结构（Altner and Ameismeier，1986；Konopová and Zrzavý，2005）。

7. 竹节虫目竹节虫 *Medauroidea extradentata* 和幽灵竹节虫，螳螂目螳螂，蜚蠊目德国小蠊

外翅类昆虫胚胎 EC2 和 EC3 结构存在差异。其中，竹节虫目（Phasmatodea）、蜚蠊目（Blattodea）在 1 龄幼虫前出现的表皮是真正的 EC2。螳螂目（Mantodea）螳螂（*Hierodula* sp.）胚胎的前胸很短，会在 EC2 蜕皮后伸长至原先的 4 倍左右。在德国小蠊（*Blattella germanica*）、幽灵竹节虫（*Extatosoma tiaratum*）、沙漠蝗（*Schistocerca gregaria*）和螳螂（*Hierodula* sp.）中，EC2 的大部分表面存在微小的纹路。这种情况在螳螂目昆虫胚胎中尤为突出。德国小蠊胚胎的 EC2 表面大部分是光滑的。此外，不同目的胚胎眼角膜的发育水平不同，在德国小蠊的胚胎中，复眼上方的表皮没有角膜分化的迹象；螳螂目螳螂（*Hierodula* sp.）、竹节虫 *Medauroidea extradentata*（异名 *Baculum extradentatum*）和幽灵竹节虫的角膜已经有一部分能够看到其轮廓，而沙漠蝗的角膜是显著可见的。

当胚胎表皮发育到 1 龄幼虫表皮（EC3）时，所有昆虫的角膜都分化良好。感受器在 EC3 沉积过程中首先分化（Sbrenna，1974；Konopová and Zrzavý，2005）。

8. 鞘翅目弯角瓢虫

透射电镜观察鞘翅目（Coleoptera）弯角瓢虫（*Semiadalia undecimnotata*）发育到产卵后 30h 的胚胎，发现其表皮细胞表面有非常短的微绒毛，这些电子致密物质是 EC1 的前体正在扩散。沉积结束后，EC1 仅由这层薄的外包膜构成。EC2 的外包膜在产卵后 58～60h 开始沉积。66h 后，表皮细胞开始分泌起源于微绒毛尖端的松散排列的几丁质纤维细丝。EC2 表皮沉积持续到产卵后 68～70h 后开始降解。EC2 中几丁质纤维网络的厚度在不同区域是不同的。EC3 的沉积开始于 EC2 降解的阶段。虫卵孵化前 78h，EC3 沉积为典型的幼虫表皮，孔道穿过原表皮（Konopová and Zrzavý，2005）。

9. 鳞翅目烟草天蛾

采用透射电镜研究鳞翅目（Lepidoptera）烟草天蛾胚胎表皮，发现其 EC1 在产卵后 24h 开始沉积。EC1 完全形成后仅为一层薄薄的外包膜。EC2 在产卵后 42h 左右开始沉积。背部闭合接近完成，到产卵后 50h 时，EC2 沉积结束，主要由外包膜和下面的一些蛋白质物质组成。表皮沉积初期的微绒毛已经消失，背部闭合已完成。1 龄幼虫表皮 EC3 的沉积大约在产卵后 60h 开始。EC1 的残留物质覆盖了胚胎的外部形态。EC3 的内部超微结构类似于广义昆虫表皮的结构（Dow et al.，1988；Ziese and Dorn，2003；Konopová and Zrzavý，2005）。

10. 长翅目蝎蛉

在胚胎发生过程中，与其他内翅类昆虫相似，长翅目（Mecoptera）蝎蛉属昆虫 *Panorpa germanica* 分泌 3 种连续的表皮，其中 EC2 略少。在产卵后 65h 的胚胎中，连续的外包膜层将表皮细胞排在一条线上。这层表皮可能类似于 EC1。EC2 在胚胎发育到 90h 左右开始沉积，出现长的微绒毛，这些分泌成分最终形成外包膜。随后第一个前体释放，微绒毛变短。6h 后，这层表皮仍不连续。在 EC2 沉积期间，胚胎完成其背部闭合。EC2 在胚胎发育至 110h 溶离，蜕皮液形成的小液滴分散在 EC2 下面的空间内。此时只有 EC2 的外包膜清晰可见，上表皮也有存在的迹象，但没有原表皮。这个时期的 EC3 主要由厚薄不一的外包膜形成，随后上表皮和层状原表皮开始沉积，成为 1 龄幼虫的表皮（Ziese and Dorn，2003；Konopová and Zrzavý，2005）。

6.1.2.2　胚胎表皮结构

1. 第一层胚胎表皮（EC1）的结构特点

昆虫 EC1 的首要特点是它的简单性。小灶衣鱼胚胎的表皮层可能是一种原始状态，由表皮微绒毛尖端的质膜斑块沉积的外表皮和下层松散的纤维网络组成（Konopová and Zrzavý，2005）。有翅昆虫胚胎的 EC1 只包括外表皮，在马德拉蜚蠊（*Leucophaea maderae*）（Rinterknecht and Matz，1983）胚胎中，外表皮下有纤维状或絮状物质的沉积，但是不能肯定地说这种物质真的是一些表皮蛋白（cuticular protein）。家蝇等有翅昆虫胚胎 EC1 的外表面光滑，在其沉积过程中微绒毛很短或仅在质膜表面有稀疏分布的丝状成分存在。

在烟草天蛾和银鱼（silverfish）的胚胎中，EC1 的沉积开始于大致相同的阶段，即在附肢发育的早期——"带有附肢分节的胚带"阶段，而在直翅目胚胎中，EC1 沉积的初始阶段发生在"胚带伸长之后"（Konopová and Zrzavý，2005）。然而，EC1 表皮形成的真正开始时期是未知的，这些表皮的沉积可能与上述银鱼和烟草天蛾胚胎的发育阶段相吻合。EC1 的沉积开始于胚带伸长期间的附肢发育，偶尔也会稍早或稍晚，但可能永远不会在胚胎发育完成后开始。因此，它总是发生在背部闭合完成之前。

由于其起源于表皮微绒毛的顶端，EC1 的纤维网络似乎与原表皮相对应（Locke，2001），因此纤维本身可能代表几丁质微纤维。虽然 EC1 的化学成分还有待进一步研究，但应将其视为真正的表皮层。

2. 第二层胚胎表皮（EC2）的结构特点

预若虫表皮结构复杂，除去可以观察到的卵齿结构外，其表面结构以多种方式进行修饰，并且呈现一定程度的调控性，但与若虫表皮的情形完全不同。在蜻蜓、飞蝗和竹节虫的胚胎中，存在大量微绒毛，可能在其蜕皮或者破土而出以及脱离卵鞘时起重要作用。预若虫表皮一般没有感受器，感受器一般在作为 1 龄若虫表皮的 EC3 形成时才产生（Konopová and Zrzavý，2005）。预若虫表皮的沉积一般发生在昆虫胚胎背部闭合阶段。在蟋蟀、飞蝗（Lagueux et al.，1979）中，预若虫表皮在胚胎背部闭合时开始形成，而在另外一些昆虫如鞘翅目芫菁科 *Lytta viridana* 和脉翅目草蛉科草蛉中要稍微早一些，在胚胎未闭合时即开始形成。由此推断，EC2 最早在其胚胎头部和胸部附件连接痕迹仍然很短或者背部闭合一半时开始形成。飞蝗作为直翅目渐变态的代表。其胚胎内形成 EC1 表皮、预若虫表皮 EC2 和若虫新表皮 EC3。预若虫表皮 EC2 通常至孵化时一直存在，然后进行蜕皮。在飞蝗中，预若虫表皮形成于浆膜与羊膜完成闭合时，并在孵化蜕皮时蜕去。钦俊德先生将其描述为"白表皮"，但是并未对该表皮的成分、形成过程、降解过程及影响因素进行研究。

3. 第三层胚胎表皮（EC3）的结构特点

EC3 为有翅目 1 龄幼虫的表皮层，即所有原幼虫表皮层的昆虫。EC3 的超微结构也类似于蠹虫和蝇类的 1 龄幼虫表皮（EC2）。在一些研究文献中，昆虫的 EC2 而不是 EC3 被报道成为 1 龄幼虫的表皮。Konopová 和 Zrzavý（2005）认为溪岸蠼螋（*Labidura riparia*）的 EC2 不是真正的幼虫表皮层。在其他几种昆虫的胚胎中，EC2 的沉积与原表皮层大致相同，其松散的纤维状表皮与原表皮层的相似程度大于幼虫表皮层的相似程度。最后，当胚胎还在卵中时，它的 EC2 也同样被分解。因此，如果这真的是幼虫的表皮，那么第一个幼虫龄期（以脱落为界限，而不是以蜕皮为界限）将在孵化前结束。对溪岸蠼螋的 EC2 表面形态没有详细的描述，其表皮被解释为幼虫表皮的唯一原因是它在新孵化昆虫体内停留的时间较长。

6.1.3 卵内表皮在昆虫适应环境中的作用

6.1.3.1 维持卵的发育和抵抗干燥胁迫

昆虫卵内表皮，即浆膜表皮的形成与保持卵内水平衡密切相关，浆膜表皮的完整性保障虫卵对水分的正常渗透性。在一些原始昆虫中，浆膜在胚胎下方未完全闭合。例如，生活在潮湿环境中的无翅亚纲昆虫跳虫仅有类浆膜表皮结构——胚盘表皮（Vargas et al.，2021）；广泛分布于多种陆生环境中的低等有翅昆虫，如飞蝗的浆膜表皮片层结构松散且呈补丁状；而在水中产卵的完全变态昆虫伊蚊和在极端干燥环境下存活的赤拟谷盗的浆膜表皮则具有与昆虫若虫表皮相似的紧密片层结构（Jacobs et al.，2013；Vargas et al.，2014）。因此推测，不同昆虫卵壳中浆膜表皮几丁质片层结构排布的差异可能与其生态适应性相关。

昆虫对产卵环境的选择是长期进化的结果，有利于虫卵孵化后能够正常生长发育。跳虫分布广泛，从潮湿的土壤和树顶到极端的栖息地，如沙漠和极地地区。跳虫卵由仅占整卵 3/4 的胚盘表皮覆盖。蝇类的卵通常产在腐烂的蔬果、植物或动物组织及潮湿的土壤中，有些果蝇还可将卵产在仙人掌的坏死组织中（Jacobs et al.，2013），这些蝇类胚胎外膜减少为单一的背侧羊浆膜。蚊虫在水生环境中产卵（Rezende et al.，2008），在早期胚胎发生过程中，水可自由通过透明的卵壳，此时的卵壳由外胚层和内胚层组成。在胚胎中期，胚外浆膜细胞分泌浆膜表皮，位于内膜正下方，构成最里面的卵壳层。浆膜表皮的形成减少了水的渗透性，防止虫卵因干燥而收缩，保障虫卵的正常发育。研究表明，昆虫卵的吸湿期与其浆膜表皮形成时间具有相关性，且随物种类群的不同而具有差异，可分为早期吸湿和晚期吸湿的虫卵。

早期吸湿的虫卵：有些昆虫将卵产在潮湿的环境后，虫卵在浆膜包裹胚胎之前就开始吸水。例如，鞘翅目昆虫魔鬼隐翅虫（*Ocypus olens*）的卵在产卵后不久就开始吸收水分，浆膜表皮形成后，虫卵停止吸收水分（Lincoln，1961）。双翅目蚊虫产卵后，虫卵开始迅速吸收水分（Kliewer，1961）。如果在此期间将虫卵转移到干燥条件下，则卵将在几分钟内干瘪并死亡（Heming，1996；Goltsev et al.，2009）。但如果在其浆膜表皮形成后再转移到干燥条件下，则蚊虫卵不再吸收水分，且其自身的水分流失敏感性也显著降低（Kliewer，1961）。由此可见，在干燥条件下，浆膜表皮能够降低虫卵水分的流失（Lincoln，1961）。

晚期吸湿的虫卵：有些昆虫将卵产在潮湿的环境中，但在胚胎发育早期并不吸收水分。例如，在蟋蟀和蝗虫中，虫卵浆膜完全包裹胚胎之后才开始吸收水分，同时，卵的长度、宽度、体积和重量也开始增加（Mcfarlane and Kennard，1960；Hinton，1977）。如果在这个阶段将卵转移到干燥条件下，其失水率则会显著增加，待浆膜表皮完全形成并硬化后，虫卵的吸湿期结束，失水率下降。鳞翅目长角蛾科昆虫 *Nemophora albiantennella* 的卵也在浆膜形成时开始吸水，并在浆膜表皮完全形成后结束吸水（Kobayashi et al.，2013）。浆膜表皮的形成增加了昆虫卵抵御干燥的能力。前期研究多是通过将虫卵置于 40℃ 以上条件下观察虫卵的变化，验证浆膜表皮蜡层的保护作用，或将虫卵长时间放置于极端干燥的条件下（如 5% 的相对湿度）观察虫卵的变化，研究虫卵抵御干燥的能力。结果发现，长红锥蝽（*Rhodnius prolixus*）的浆膜表皮形成蜡层以后，其虫卵的干燥临界温度从 42.5℃ 上升到 68℃（Souza-Ferreira et al.，2014）。研究发现直翅目飞蝗不同发育时期的卵对干燥的耐受能力各不相同，推测发育中期蝗卵失水速度显著降低是由于该时期形成的浆膜表皮能够有效防止失水，进而提高了蝗卵对干燥环境的耐受力（钦俊德，1958；钦俊德等，1959）。Goltsev 等（2009）发现蚊虫浆膜表皮的形成与卵在干燥条件下的生存能力密切相关，不同物种的蚊虫卵在水外的生存能力存在差异，其中，埃及伊蚊的卵可以在干燥条件下存活几个月（Farnesi et al.，2012）。通过对几种蚊虫浆膜表皮几丁质含量的测定，发现在干燥条件下，蚊卵浆膜表皮中几丁质含量越高，其卵的存活率越高（Farnesi et al.，2015）。

6.1.3.2 抗感染

大多数土壤微生物不仅可通过分解食物对虫卵发育间接构成威胁，还可通过直接侵染的方式影响虫卵的胚胎发育，降低虫卵的存活率和孵化率，对后代的生存构成严重威胁（Boos et al.，2014）。昆虫卵可受到病原体的威胁（Klostermeyer，1942）。例如，沙雷氏菌被发现存在于欧洲玉米螟（*Ostrinia nubilalis*）成虫中（Bell，1969；Lynch et al.，1976），并可在实验室条件下感染其虫卵（Sikorowski et al.，2001）。沙雷氏菌感染可导致红斑葬甲（*Nicrophorus vespilloides*）虫卵的存活率降低（Jacobs et al.，2014b）。雌性地中海实蝇（*Ceratitis capitata*）用抗菌分泌物覆盖虫卵，以保护虫卵不受霉菌侵染（Marchini et al.，1997）。在没有雌性保护物的情况下，欧洲蠼螋（European earwig）虫卵死于真菌感染（Boos et al.，2014）。在环纹小肥螋（*Euborellia annulipes*）中，未受到成虫保护的卵更容易感染霉菌（Klostermeyer，1942；Miller and Zink，2012）。

昆虫在陆地上成功繁殖的关键因素是成虫产卵量、卵孵化率和幼虫成活率等，其中卵的生存环境对其孵化率具有明显影响。研究发现，某些微生物对昆虫卵有促进生长发育的作用。例如，白星花金龟的卵壳携带着母体遗传共生菌（symbiont），这些共生菌对成虫产卵行为和虫体生长发育具有促进作用（吴娱等，2019）。此外，微生物可降低昆虫卵的存活率和孵化率，研究发现，与动物尸体相关的细菌可显著降低黑负葬甲卵的存活率，没有接触土传细菌的虫卵显示出更高的存活率，而在细菌溶液中浸泡的虫卵与未处理的虫卵相比，具有更低的存活率（Jacobs et al.，2014b）。

昆虫卵对抗细菌和真菌与胚胎浆膜表皮有关，浆膜表皮的形成又与几丁质脱乙酰酶（chitin deacetylase，CDA）相关。几丁质脱乙酰酶包括 CDA1 和 CDA2，其含有几丁质脱乙酰酶结构域和低密度脂蛋白结构域，上述结构对昆虫角质层结构分化至关重要。本课题组通过干扰 *LmCDA1* 和 *LmCDA2* 的表达，研究了飞蝗的真菌感染效率，发现 2 龄若虫注射 *LmCDA1* 和 *LmCDA2* 转录物的 dsRNA 后，飞蝗对绿僵菌侵染的抗性较对照组低。此外，处理后的虫体对有机磷杀虫剂的渗透性增加，而表皮碳氢化合物（cuticular hydrocarbon）含量则不受 *LmCDA1* 和 *LmCDA2* 基因表达减少的影响。

6.2　卵内表皮形成的关键基因及其调控

6.2.1　卵内表皮代谢的关键基因

昆虫卵内表皮分为胚外的浆膜表皮和依次生成的 3 层胚胎表皮，即第一层胚胎表皮、第二层胚胎表皮和第三层胚胎表皮。在卵发育过程中，具有不同的表皮形成和降解的代谢过程。通过光镜和电镜的观察可以发现，昆虫卵内表皮具有层状结构，富含几丁质和蛋白质等物质，但是不同层的表皮在层状结构和几丁质组成中具有明显差异。因此，表皮代谢关键基因在卵内表皮代谢过程中的功能研究将有助于解析卵内表皮结构和功能差异。

表皮形成过程中涉及多个表皮几丁质代谢、脂类合成和硬化相关基因的表达。在冈比亚按蚊和致倦库蚊胚胎发育研究中，通过分离早期发育虫卵的浆膜和胚胎组织，利用比较转录组测序技术，鉴定得到 359 个浆膜形成特异性基因（Goltsev et al.，2009）。通过原位杂交技术，发现表皮几丁质合成酶 1（chitin synthetase 1，CHS1）基因在按蚊浆膜形成时高表达，提示其控制浆膜表皮几丁质的形成。采用 RNA 干扰技术进一步在赤拟谷盗中确证了表皮代谢相关基因对浆膜表皮形成的影响。*CHS1* 的缺失使得赤拟谷盗虫卵浆膜表皮有组织的板片状结构变为稀松丝状（Jacobs et al.，2013）。通过对 EC1 形成过程的基因表达谱分析发现，几丁质合成酶基因 *CHS1* 在飞蝗 EC1 形成时有一定量的表达，但沉默 *CHS1* 后，并未观察到 EC1 结构的变化，初步提示 *CHS1* 并不是 EC1 形成过程中的必需基因。EC2 的形成受到几丁质合成酶的调控。完全变态昆虫黑腹果蝇（*Drosophila melanogaster*）的几丁质合成酶 *kkv* 纯合突变体表现出胚胎期致死的表型，并且胚胎表皮无法正常形成（Ostrowski et al.，2002）。不完全变态昆虫飞蝗的几丁质合成酶基因 *LmCHS1* 在 EC1 形成时高表达，且同时分布于表皮细胞和表层，提示其参与预若虫表皮形成过程。通过 RNA 干扰技术，取第 7 天的飞蝗胚胎进行显微注射，ds*LmCHS1* 组的胚胎表现为发育迟缓、胚胎畸形。HE 染色发现，注射过 ds*LmCHS1* 的胚胎的 EC2 表皮缺失，未能完全形成，推测 *LmCHS1* 基因在飞蝗胚胎预若虫表皮代谢发育中具有重要的作用。为进一步确定 LmCHS1 的功能，通过透射电镜技术对飞蝗胚胎表皮超微结构进行观察。ds*LmCHS1* 组的飞蝗胚胎中 EC2 的原表皮形成受阻，其几丁质片层结构消失，推测 ds*LmCHS1* 通过抑制表皮细胞中的表达，进而阻碍 EC2 中几丁质的合成。综上所述，几丁质合成酶基因在完全变态昆虫和不完全变态昆虫的 EC2 形成中均具有重要作用。第三层胚胎表皮是典型的 1 龄若虫表皮，同若虫的表皮结构相似，对 *LmCHS1* 在 EC3 的表达水平和功能研究发现，其参与第三层胚胎表皮的形成。

进一步研究发现，几丁质降解关键基因（*LmCht5-1*、*LmCht5-2*、*LmCht10*）在 EC1 降解时并无表达高峰；同时，RNA 干扰上述几丁质降解基因后，并未观察到 EC1 结构的变化，初步提示在 EC1 降解过程中，上述基因可能是非必需基因。同时 EC2 的降解受到几丁质酶家族基因的调控。以不完全变态昆虫飞蝗为例，表达谱分析发现几丁质酶 *LmCht5-1*、*LmCht5-2*、*LmCht10* 在预若虫表皮降解的阶段具有较高的表达水平（柳伟伟，2018；董卿，2019）。免疫组化分析显示 LmCht5-1、LmCht5-2、LmCht10 均在表皮细胞中表达，然后分泌至表皮层中。利用 RNA 干扰技术沉默 EC2 降解过程中的几丁质酶基因，发现 *LmCht5-1* 沉默后 EC2 蜕皮较对照组延迟，且 EC2 降解缓慢；原表皮几丁质层降解受阻，这可能是引起其在孵化时蜕皮困难致死的原因。沉默 *LmCht5-2* 后能够致死 85% 的飞蝗卵，导致 EC2 降解困难，其原因为抑制了预若虫表皮中上表皮/原表皮分离和原表皮降解。沉默 *LmCht10* 同样导致预若虫蜕皮受阻，导致超过 90% 的飞蝗孵化死亡，其原因为抑制了预若虫原表皮的降解。综上所述，几丁质降解相关基因在 EC2 降解中均具有重要作用。

研究发现参与调控几丁质沉积的几丁质结合蛋白 Serp（serpentine）、几丁质排布蛋白 Vrem（vermiform）、Knk（knickopf）蛋白也在按蚊浆膜形成中表达，提示这些基因参与表皮排布过程。*Knk* 和 *Rtv*（*retroactive*）的缺失导致浆膜表皮有组织的板片状结构变为稀松丝状的表型（Jacobs et al.，2013；Chaudhari et al.，2015）。表皮蜡层的超长链脂肪酸延伸蛋白 4（elongation of very long chain fatty acid protein 4，ELOVL4）在浆膜表皮形成中高表达，提示其可能参与表皮蜡质合成（Vargas et al.，2021）。与表皮黑化、硬化相关的多巴脱羧酶和酪氨酸羟化酶基因 *Ddc*（*dopa-decarboxylase*）也在该过程中高表达，提示其参与浆膜表皮形成中多巴胺的表皮色素沉着和硬化过程。此外，通过 RNA 干扰沉默转录因子基因 *zen1*（*zerknüllt 1*）（Van der Zee et al.，2005），可以产生无浆膜表皮的虫卵。

目前，仅在按蚊浆膜表皮形成过程中，经转录组分析发现多个与几丁质水解相关的蛋白，但其表达模式和功能尚有待深入研究（Goltsev et al.，2009）。

进一步推测飞蝗若虫表皮形成的相关基因可能均参与对 EC3 的调控，但具体机制和功能有待进一步研究。

6.2.2 卵内表皮形成的激素调控

在昆虫的生长发育中，20-羟基蜕皮酮（20E）和保幼激素（JH）（Truman and Riddiford，1999）控制虫体的变态发育。前者诱导蜕皮过程中产生新的表皮，而后者调节蜕皮中保持幼虫形态的特征。

在昆虫的胚胎发育过程中，同样受到 20E 和 JH 的调控。JH 在昆虫胚胎发育的胚盘后期具有表达高峰，但其对胚胎发育的调控功能还未被详细阐明。20E 在昆虫胚胎发育过程中有 4 次表达高峰，对应昆虫卵内表皮的 4 次发育过程，推测 20E 为昆虫卵内表皮发育的重要调控激素。以飞蝗为例，其卵在 33℃培养条件下孵化历期为 9 天，在 30℃培养条件下孵化历期为 14 天。Lagueux 等（1979）绘制了 33℃条件下 4 次卵内表皮形成和降解过程与 20E 滴度的动态变化图，揭示了 20E 滴度的波动与表皮沉积的周期相关联（图 6-2）。

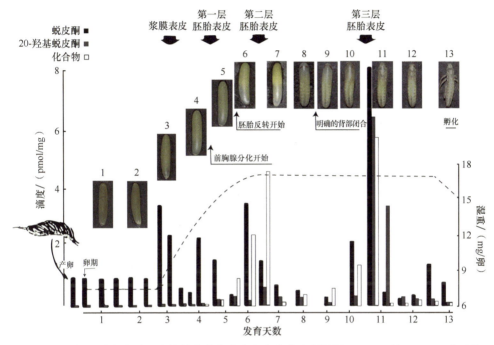

图 6-2　飞蝗胚胎发育过程中的蜕皮激素滴度和表皮发生［根据 Lagueux 等（1979）修改］

1. 蜕皮激素第一个滴度峰值对应浆膜表皮沉积过程

电镜观察显示，在卵后发育的第 48h，浆膜细胞层有组织地紧密排列于卵壳之下，没有表皮合成的迹象，此时蜕皮激素的含量达到最大值（约每浆膜 3pmol/mg）。卵后发育 54h 时，在浆膜细胞面向卵壳一侧可以看到一层薄的表皮，此时卵壳已与浆膜完全分离。紧接着，浆膜表皮的沉积与浆膜细胞表面接触。在这一阶段，蜕皮激素的含量仍然很高。表皮在随后的几小时内迅速增厚，72h 后，浆膜表皮形成一层厚的屏障，包围着胚胎和卵黄。在 54～72h，浆膜中蜕皮激素含量急剧下降。上述结果表明，浆膜中蜕皮激素浓度的峰值与该层细胞开始表皮沉积之间存在相关性。

2. 蜕皮激素第二个滴度峰值对应第一层胚胎表皮（EC1）的沉积过程

飞蝗的第一层胚胎表皮为外胚层在囊胚运动前分泌的一层薄表皮。表皮由两个电子致密层组成，由一个电子透明空间隔开。第一层胚胎表皮的沉积伴随着卵的第二个蜕皮激素峰值，并且该表皮在囊胚运动结束之前一直黏附在表皮细胞上（图 6-2）。

3. 蜕皮激素第三个滴度峰值对应第二层胚胎表皮（EC2）的沉积过程

当胚胎背部闭合完成时（约 120h 和 130h），表皮细胞分泌第二层胚胎表皮（EC2）。该层表皮沉积开始于第三个蜕皮激素峰值出现几小时后（图 6-2）。该表皮层由两个电子致密层组成，由电子透明空间分隔；在此阶段，第一层胚胎表皮与表皮细胞层分离，并在胚胎周围形成一个多折叠膜。在该阶段之后的 24h 内（直至 144h），EC2 继续沉积。EC2 的沉积伴随着卵的第三个蜕皮激素峰值。EC2大约在第 8 天末，卵中第四次蜕皮激素滴度增加时被水解。

4. 蜕皮激素第三个滴度峰值对应第三层胚胎表皮（EC3）的沉积和 EC2的降解

第三层胚胎表皮（EC3）的沉积在第 9 天时开始出现。该表皮沉积发生在第四个蜕皮激素峰值期间。表皮细胞首先分泌一层与 EC2 相似的外表皮，最终沉积为一层上表皮和一层原表皮。第 10 天继续产生原表皮，EC3 在孵化后充当幼虫表皮，其可在 1 龄幼虫期间被分解。EC2 依然可见，其在第四个蜕皮激素峰值期间开始降解，最终与卵壳一并在孵化时脱落。

综上所述，昆虫的卵内表皮形成过程与蜕皮激素的滴度变化一一对应，提示其形成过程受到 20E 的严格调控。但蜕皮激素调控卵内表皮形成的基因和通路，都有待进一步的研究。

6.2.3 卵内表皮形成的转录调控

卵内表皮的形成除了受到 20E 的调控，还受到转录因子的调控。依据 20E 通过核受体调控若虫表皮发育的信息（Zhao et al.，2019b），可以推测卵内表皮的形成可能同样受到 20E 下游转录因子 EcR、USP、激素接受子 3（HR3）、E75、BR-C（broad complex）、E93、bFTZ-F1 和 E74 等的调控，具体调控方式还有待进一步研究。

在卵内表皮的转录调控中，研究较为深入的是调控胚外浆膜和浆膜表皮的转录因子 Zen（zerknüllt），其是动物体沿体轴调控生物形体的同源异型基因（*homeotic genes*，*Hox*）家族成员（Carroll，1995），是 *Hox3* 的同源基因，具有调控胚外膜发育的功能。

1. *zen* 基因的结构

zen 起源于有翅昆虫，是 *Hox* 家族中直接调控胚外组织形成的基因，属于极早期形态发生调控因子（Falciani et al.，1996）。Hox3 和 Zen 具有同源结构域（G/I/S/A/T/N-K-R-A/M/E/S-R-T-A/N-Y/F-T/C-S/T/N/Q），但昆虫中 Zen 缺少六肽基序（I/L/M-Y/F-P/A/D-W-M-K/X），且序列变短（Panfilio and Akam，2007），无法与 Hox 家族其他蛋白互作，失去体节分化调节功能（Deutsch，2010），形成了独特的胚胎膜调节功能。与辅因子 Extradenticle（脊椎动物中的 PBX）结合的六肽是 Hox 蛋白的一个典型基序，位于同源结构域的 N 端。弹尾目跳虫 *FcHox3* 中不存在典型的六肽基序。在无翅亚纲昆虫衣鱼中 *TdHox3* 是 *Hox3* 的直系同源物，故其具有六肽基序（图 6-3）。

图 6-3　Zen 蛋白结构特征

根据 Panfilio 和 Akam（2007）绘制，增加了飞蝗 *Lmzen*、蟋蟀 *Gbzen*、豌豆蚜 *Apzen*、烟草天蛾 *Mazen*
（字母+zen 表示某物种的 *zen* 基因，字母 *Lm*、*Gb* 等为某物种拉丁名缩写）

2. Zen 的表达特征

在昆虫中，Zen 失去了 Hox3 的体节分化调控功能，除果蝇外，Zen 多特异性地表达于胚外膜（Deutsch，2010），参与胚外膜的形成（Van der Zee et al.，2005；Rafiqi et al.，2008）、胚外膜形态变化（Van der Zee et al.，2005；Panfilio et al.，2006）和浆膜表皮形成（Jacobs et al.，2013；Gurska et al.，2019）。*zen* 基因的起源、表达和功能变化与胚外膜形成和演化存在对应关系。

（1）无翅昆虫 *zen* 的表达

在无翅亚纲昆虫衣鱼中，*TdHox3/zen* 具有 Hox3 同源结构域和六肽基序，但其蛋白较小，兼具 Hox3 和 Zen 的特征（Panfilio and Akam，2007）（图 6-3），表达模式类似于高等动物中的 Hox3，在不同胚胎发育时期表达于体节，在半包裹的胚胎外浆膜中有微弱表达（Hughes et al.，2004）。

（2）不完全变态昆虫 *zen* 的表达

剑桥大学 Michael Akam 课题组发现沙漠蝗中 Sgzen 蛋白有 3 个表达阶段：首先，为合胞体分裂阶段，*Sgzen* 在所有胚胎外细胞表达，并迅速到达胚胎外表面；

其次，表达于整个浆膜中，并通过在颈细胞处表达，界定浆膜和羊膜边界；最后，表达于与浆膜分离之后的羊膜中（Dearden et al.，2000），但对 *Sgzen* 的功能尚未见进一步的研究报道。课题组在对飞蝗的研究中发现其仅有 1 个 *Lmzen*，在获得飞蝗中 *Lmzen* 序列后，利用胚胎 RNA 干扰技术处理飞蝗新生卵，发现浆膜表皮形成受阻，且浆膜细胞形成部分受阻。

Panfilio 在对半翅目马利筋长蝽的研究中发现，*Ofzen* 早期表达于浆膜细胞中，并延伸至整个浆膜中表达，而未在羊膜中表达，利用 RNA 干扰沉默 *Ofzen* 基因，发现浆膜形态在胚体转旋发生之前正常，但胚体转旋受阻，表明 *Ofzen* 可能参与浆膜后期的胚体转旋过程。

（3）完全变态昆虫 *zen* 的表达

在鞘翅目赤拟谷盗中，科隆大学 Siegfried Roth 课题组发现其存在 2 个 *zen* 基因，即 *Tczen-1* 和 *Tczen-2*，利用赤拟谷盗浆膜特异性 GFP 转基因品系和实时图像（live imaging）技术发现，*Tczen-1* 和 *Tczen-2* 在发育前期的浆膜细胞中表达；胚胎发育后期 *Tczen-1* 的表达则仅局限于浆膜，而 *Tczen-2* 在羊膜晚期出现了新的表达域（Van der Zee et al.，2005）。将 *Tczen-1* RNA 干扰后，浆膜丧失，但不影响胚胎正常发育；而将 *Tczen-2* RNA 干扰后，羊膜与浆膜分离，影响胚胎的背部闭合（Van der Zee et al.，2005）。进一步研究发现，干扰 *Tczen-1* 后也影响浆膜表皮形成（Jacobs et al.，2013；Gurska et al.，2019）。由此可知，赤拟谷盗的 *Tczen* 可能发生了基因扩张，并出现了功能分化，即 *Tczen-1* 影响早期浆膜和浆膜表皮形成，但可获得部分补偿；而 *Tczen-2* 则影响背部闭合。

在双翅目昆虫中，*zen* 出现了新的同源基因 *bicoid*，且 *zen* 表达位置也出现变化；同时，羊浆膜和表皮的形态也发生显著变化。在低等双翅目毛蠓（*Clogmia albipunctata*）和麻虻（*Haematopota pluvialis*）中，*zen* 在母体和胚胎中均表达。在环裂亚目（Cyclorrhapha）的低等蝇类隐迹异蚤蝇（*Megaselia abdita*）中出现了 *zen* 的同源基因 *bicoid*，取代了其在母体中的表达活性。*Mazen* 在胚层细胞分化时期于浆膜细胞中表达，并持续至形成完整浆膜（Stauber et al.，2002）；参与浆膜细胞与相邻组织细胞的分离及浆膜的扩张，但不影响羊膜形成和胚胎发育（Rafiqi et al.，2008）。而果蝇羊浆膜融合，不产生浆膜表皮，其具有 1 个 *bicoid* 和 2 个复制的 *zen*，均在胚胎发育早期于背部高表达，并在生殖带延伸的晚期表达下调（Stauber et al.，2002），在果蝇发育早期由于缺乏 *Dmzen*，胚胎死亡或头部发育缺陷（Rafiqi et al.，2008），而在 *zen* 过表达品系中，由于羊浆膜扩张，影响生殖带回缩和背部闭合等过程，导致胚胎发育异常（Rafiqi et al.，2008）。尽管高等双翅目发生羊浆膜融合以及 *zen* 复制事件，但 *zen* 的主要功能仍是参与胚胎外膜的形成，尤其在早期羊浆膜形成时，但已不生成浆膜表皮。

综上所述，尽管 Zen 的数量、表达和功能随着有翅昆虫和胚外膜结构的起源与进化发生变化，但 Zen 的主要功能仍然是调控胚外膜形成、形态变化和浆膜表皮的形成。然而，在直翅目飞蝗中，1 个 *Lmzen* 可能同时承担调控胚外膜和浆膜表皮形成的作用（图 6-4）。

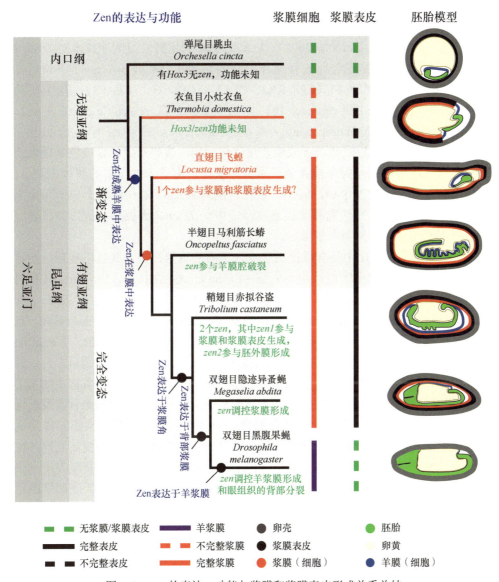

图 6-4　Zen 的表达、功能与浆膜和浆膜表皮形成关系总结

根据 Deutsch（2010），参考文献（钦俊德等，1956；Rinterknecht，1993；Lamer et al.，2001；Masumoto and Machida，2006；Rezende et al.，2008，2016；Panfilio and Roth，2010；Vargas et al.，2014，2019；Chaudhari et al.，2015；Farnesi et al.，2015；Hilbrant et al.，2016）绘制

3. zen 调控浆膜和浆膜表皮形成的分子机制

果蝇作为重要的模式生物，但其胚外膜结构为羊浆膜，且不形成浆膜表皮，因而在一定程度上限制了 zen 对昆虫浆膜和浆膜表皮形成及调控作用的研究。在另一模式生物赤拟谷盗中，早期研究发现 Tczen-1 影响浆膜形成，但不影响胚胎的进一步发育（Van der Zee et al.，2005）。Van der Zee 利用转录组测序技术对 Tczen-1 RNA 干扰后的赤拟谷盗全卵进行测序，检测到 280 个基因在 Tczen-1 下调后高表达，包括表皮结构蛋白（CPR-RR2、CPAP1、CPLCG 和 CPAP3）、几丁质酶（chitinase 6、chitinase7 和 chitinase 10）和几丁质脱乙酰酶（chitin deacetylase 1、chitin deacetylase 2、chitin deacetylase 4 和 chitin deacetylase 5）（Jacobs et al.，2015）。但由于该转录组的取样时段处于浆膜表皮降解时期，浆膜形成早期调控基因以及参与浆膜表皮形成的基因未能在该转录组中获得。由于赤拟谷盗的卵体积较小，转录组测序样品选取整个卵，因此，该转录组为 Tczen-1 缺失后整个卵所呈现出的差异基因，并非只在浆膜和浆膜表皮形成中受 Tczen-1 调控的基因，但已表明 Tczen-1 基因可能参与浆膜表皮形成。

几丁质合成酶 CHS1 是合成昆虫表皮几丁质的重要酶类，其被干扰后，通常导致表皮几丁质合成受阻而结构不完整（Zhang et al.，2010a）。Van der Zee 在研究胚胎表皮与干燥条件的关系时发现，利用 RNA 干扰技术分别沉默 Tczen-1 和 TcCHS1 后，获得相似的表型，经透射电镜观察发现浆膜表皮均无法正常形成，且卵的抗干旱能力明显下降（Jacobs et al.，2013；Chaudhari et al.，2015）。Panfilio 随后在赤拟谷盗胚胎发育早期进行转录组测序分析，发现 Tczen-1 下调后，几丁质合成酶 CHS1 基因的表达下降（Gurska et al.，2019）。因此推断赤拟谷盗中的 1 个 zen 基因可能通过调控 CHS1 的表达而影响浆膜表皮的形成。本课题组首次发现飞蝗仅有 1 个 zen 基因，利用 RNA 干扰技术干扰 Lmzen 后，浆膜和浆膜表皮形成不同程度地受阻。利用实时荧光定量反转录 PCR（qRT-PCR）技术检测发现，在飞蝗浆膜表皮形成前沉默 Lmzen 基因，LmCHS1 的表达受到抑制，浆膜表皮形成受阻。因此可以确定飞蝗的 Lmzen 同时调控浆膜和浆膜表皮的形成。飞蝗胚胎早期沉默 LmCHS1，可观察到浆膜表皮未形成，且浆膜表皮中几丁质片层形成受阻。因此，推测飞蝗中 Lmzen 基因通过调控 LmCHS1 的表达，影响浆膜表皮的形成，但其作用机制和相关调控信号急需深入研究。

6.3　卵内表皮的起源与进化

6.3.1　节肢动物的系统发育

昆虫类群的系统进化关系与昆虫胚外表皮的起源与进化特征相关。为了展现昆虫胚外膜的起源关系，首先对整个节肢动物门的系统发育进行简要介绍。

节肢动物门（Arthropoda）是一个单起源的分支，由 4 个姐妹群构成，包括螯足亚门（Chelicerata）、多足亚门（Myriapoda）、甲壳亚门（Crustacea）和六足亚门（Hexapoda）。然而，也有一些观点认为甲壳亚门动物是六足亚门动物的姐妹群，两者共同组成了四足动物的分支。多足亚门是四足动物亚纲的姐妹群，由于其具有下颌骨而被命名为下颌骨群，螯蟹类是下颌骨类群的姐妹群（Regier et al.，2010；Giribet and Edgecombe，2012；Misof et al.，2014）。六足亚门由弹尾目、原尾目、双尾目组成的内颚纲昆虫和单起源昆虫组成（Budd and Telford，2009；Regier et al.，2010；Giribet and Edgecombe，2012；Misof et al.，2014）。在昆虫中，长翅目是双翅目的姐妹群而无翅昆虫的衣鱼目被认为是所有有翅昆虫的姐妹群（Rezende et al.，2016）。

通过全基因组蛋白序列的系统进化分析，对整个动物界的系统进化关系进行了深入研究，发现节肢动物门的外群为三步虫门，而在节肢动物门中，螯足亚门和多足亚门聚为一支，甲壳亚门和六足亚门聚为一支，两者互为姐妹群（Zhang et al.，2019c）。Zhang 等（2019c）通过对动物界系统发育关系的传统分类方法和现代分子进化的计算方法进行对比后，认为两者所得到的节肢动物门系统进化关系大体相同，因此可采用传统分类方法及其进化树对节肢动物亲缘关系进行描述（图 6-5）。

昆虫纲可分为无翅亚纲（Apterygota）和有翅亚纲（Pterygota）。其中，无翅亚纲包括石蛃目（Microcoryphia）和衣鱼目（Zygentoma）；有翅亚纲包括蜉蝣目（Ephemeroptera）、蜻蜓目（Odonata）、襀翅目（Plecoptera）、蜚蠊目（Blattaria）、螳螂目（Mantodea）、蛩蠊目（Grylloblattodea）、螳螂目（Mantophasmatodea）、竹节虫目（Phasmatodea）、纺足目（Embioptera）、直翅目（Orthoptera）、革翅目（Dermaptera）、缺翅目（Zoraptera）、虱目（Anoplura）、啮虫目（Psocoptera）、缨翅目（Thysanoptera）、半翅目（Hemiptera）、脉翅目（Neuroptera）、广翅目（Megaloptera）、蛇蛉目（Raphidioptera）、鞘翅目（Coleoptera）、双翅目（Diptera）、蚤目（Siphonaptera）、捻翅目（Strepsiptera）、长翅目（Mecoptera）、毛翅目（Trichoptera）、鳞翅目（Lepidoptera）和膜翅目（Hymenoptera）。根据昆虫变态类型进行分类，无变态昆虫为石蛃目和衣鱼目，渐变态昆虫包括直翅目、

螳螂目、等翅目、螳螂目、半翅目、同翅目等，而完全变态昆虫包括鳞翅目、双翅目、鞘翅目、膜翅目等。

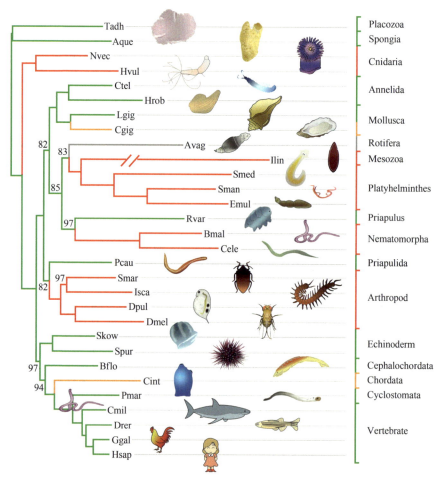

图 6-5　利用全基因组同源蛋白序列构建的动物界系统进化树［修改自 Zhang 等（2019c）］

Placozoa：扁盘动物门；Spongia：海绵动物门；Cnidaria：刺胞动物门；Annelida：环节动物门；Mollusca：软体动物门；Rotifera：轮虫动物门；Mesozoa：中生动物门；Platyhelminthes：扁形动物门；Priapulus：鳃曳虫门；Nematomorpha：线形动物门；Priapulida：三部虫门；Arthropod：节肢动物门；Echinoderm：棘皮动物门；Cephalochordata：头索动物亚门；Chordata：脊椎动物门；Cyclostomata：圆口纲；Vertebrate：脊椎动物门

6.3.2　昆虫胚外表皮发育与进化

在节肢动物门螯足亚门、多足亚门、甲壳亚门、六足亚门动物中，存在胚盘表皮，英文名称为 blastodermal cuticle、blastodermic cuticle 或 blasterm cuticle。Rezende 等（2016）研究指出，衣鱼和跳虫的胚盘表皮由特定的胚盘组织分泌形成，但是大部分昆虫的胚外或胚盘表皮是由分化后的胚盘形成的，这种分化后的胚盘称为胚外组织（Machida，2005）。根据文献报道可以发现，在螯足亚门、多足亚门和甲壳亚门动物中，胚盘表皮的描述很少。由于缺乏统一的分类和命名标准，在甲壳亚门动物中定义胚外结构相对困难（Anderson，1974；Machida et al.，2002）。

6.3.2.1　节肢动物中非昆虫类群形成了胚盘表皮

在螯蟹类群中，蟹形鲎虫（limulus）首次被报道具有胚盘表皮。在多足亚门中，也有关于胚盘表皮的描述。胚盘表皮是具有较薄的结构和高强度抵抗外力的组织，通常认为是阻碍外源物质进入卵内的重要结构（Anderson，1974）。多足虫（*Hanseniella agilis*）的胚盘表皮具有防水作用，而少足虫（*Pauropus silvaticus*）的胚盘表皮是薄且无表面装饰的膜状结构（Tigens，1947）。多足类的胚盘表皮能够抵抗漂白粉类物质的高温处理，因而推测其含有大量的几丁质。此外，在唇足类蜈蚣中也发现了胚盘表皮的存在（Knoll，1974；Machida and Ando，1998），同时，在甲壳类的一些物种中也有胚盘表皮的相关描述（Machida et al.，2002）。

在内口纲动物（弹尾目、原尾目和双尾目）中，对弹尾目的胚盘表皮研究最为全面。早在 20 世纪 70 年代，Anderson（1974）就发现弹尾目中多个物种存在胚盘表皮。而在一些物种中，会出现第二层，甚至第三层和第四层胚盘表皮。在大多数物种中，胚盘表皮形成后绒毛膜层（chorion）会破裂。在巨型跳虫（*Tetrodontophora bielanensis*）中，第一层胚盘表皮结构较薄，表面光滑；第二层胚盘表皮褶皱和卷曲。在所有胚盘表皮形成后，绒毛膜层破裂，卵黄膜成为卵壳组织的最外层结构。在弹尾目昆虫鳞跳虫（*Tomocerus ishibashii*）中，第一层胚盘表皮结构复杂，在卵的背面有 4 根倒刺，卵表面含有纽扣状、锥体状和刚毛状凸起，可将光滑的绒毛膜层刺破。随后，在该虫卵内部又形成了结构更光滑、质地更薄的第二层表皮结构（Uemiya and Ando，1987）。关于原尾目中胚盘表皮的描述很少，仅在天目山巴蚖（*Baculentulus densus*）中有相关报道，其胚盘分化后，由胚盘组织分泌胚盘表皮（Fukui and Machida，2006）。在双尾目中，胚盘表皮存在多样化，Tiegs（2021）报道了双尾虫（*Campodea fragilis*）能够分泌胚盘表皮，但并未描述其形成过程。而 Ikeda 和 Machida（2002）详细报道了韦氏鳞叭（*Lepidocampa weberi*）的胚胎表皮形成过程，经超微结构观察，其电子密度与其他物种的胚盘表皮具有差异，与昆虫浆膜表皮的结构相似，因此推测该原尾目昆虫产生的是类浆膜表皮。

综上所述，昆虫纲姐妹群多足纲、螯足纲和唇足纲中均有胚盘表皮的描述，它们形成胚盘表皮以保护胚胎正常发育。在昆虫纲内颌动物中，多数弹尾目物种和少数原尾目物种均形成了胚盘表皮；而在双尾目昆虫中，形成了胚盘表皮和类浆膜表皮结构的分化，因此，可以推测在双尾目昆虫中出现了胚盘表皮和胚外浆膜表皮的分化。而浆膜表皮是在哪些昆虫类群中形成的？双尾目中的类浆膜表皮是否为一种胚外浆膜表皮？浆膜表皮在有翅昆虫中如何形成及其进化历程如何？这些都是值得深入思考和探讨的重要科学问题。

6.3.2.2 胚外浆膜表皮的出现和形成

非昆虫纲节肢动物类群具有胚盘表皮，内口纲昆虫中出现了胚盘表皮和类浆膜表皮的分化，而在有翅昆虫中产生了真正的胚外浆膜表皮（Vargas et al.，2019）。其产生的原因可能是胚层细胞失去了分泌表皮的能力，为了保护胚胎的发育，虫卵分化出了包裹胚胎的浆膜细胞层并由其行使分泌表皮的功能（Vargas et al.，2014）。因此，这层浆膜细胞层被命名为浆膜，它所分泌的胚胎外表皮被称为浆膜表皮。

目前，在昆虫纲有翅亚纲中存在浆膜表皮的类群有石蛃目（Machida et al.，1994）、衣鱼目（Masumoto and Machida，2006）、蜉蝣目（Tojo and Machida，1997）、缺翅目（Mashimo et al.，2014）、革翅目（Chauvin et al.，1991）、襀翅目（Miller，1939）、直翅目（Slifer，1937）、恐蠊目（Uchifune and Machida，2005）、纺足目（Uchifune and Machida，2005）、竹节虫目（Jintsu et al.，2010）、缨翅目（Heming，1979）、半翅目（Miura et al.，2003）、啮虫目（Hinton，1977）、鞘翅目（Lincoln，1961）、鳞翅目（Chauvin and Barbier，1979）和双翅目（Beckel，1958）。

昆虫胚盘发生分化后，胚胎下沉到卵黄中，因此新出现的浆膜完全包裹了胚胎，然后再向外分泌浆膜表皮。在古腹足目（原始腹足目）中，浆膜未在胚胎下方完成融合，仅产生了一些表皮层状结构。除衣鱼目外，其他有翅亚纲昆虫中均形成了能够包裹胚胎的连续层状结构——浆膜（Machida，2005）。在衣鱼目银鱼中观察到的有趣现象是，68% 的胚胎中具有连续的表皮结构，而 32% 的胚胎中浆膜未在胚胎下闭合而仅在闭合处形成表皮状结构。由此推测，衣鱼目中可能发生了胚盘表皮与浆膜表皮的分化（Masumoto and Machida，2006）。

尽管大部分有翅昆虫中有浆膜表皮形成的报道，但有些昆虫在进化中又丢失了浆膜表皮这一结构。例如，黑腹果蝇没有浆膜和羊膜的分化，仅有一个特化的羊浆膜结构，这层结构不分泌羊浆膜表皮（Panfilio，2008）。这一结构是在高等环裂殖目（裂殖目）中进化出来的（Schmidt-Ott，2000；Rafiqi et al.，2008）。另一个例外是半翅目中的马利筋长蝽，其具有完整的浆膜和羊膜结构，却并不分泌浆膜表皮（Dorn，1976）。此外，豌豆蚜（*Acyrthosiphon pisum*）在进行有性繁殖时所产生的卵形成浆膜及浆膜表皮，而孤雌生殖的胚胎仅有较少的浆膜，没有浆膜表皮（Miura et al.，2003）。

6.3.2.3　浆膜和浆膜表皮的起源与进化

浆膜是昆虫卵胚外膜的重要组成部分，由浆膜细胞沿着卵内膜扩张而形成；浆膜形成后，向卵壳方向分泌浆膜表皮，保护卵抵御干燥环境和病菌侵害等。

浆膜细胞由囊胚层细胞分化而来。在囊胚时期，部分囊胚层细胞开始扩大，分化形成胚带，发育成为胚胎；另外一部分囊胚层细胞则分化到胚外，呈现多核状态，从卵孔端沿着卵内膜迅速包裹卵，形成一层体积较大的浆膜细胞，也称为浆膜（Panfilio et al.，2013）。赤拟谷盗的浆膜细胞在囊胚层细胞分化时，细胞从分裂状态转化为核内复制而不分裂（Panfilio et al.，2000；Benton et al.，2013），形成多核体细胞（Panfilio et al.，2013）。在沙漠蝗（Dearden et al.，2000）、飞蝗（钦俊德等，1954）、马利筋长蝽（Panfilio et al.，2006）、埃及伊蚊（Rezende et al.，2008）和烟草天蛾（Lamer et al.，2001）中均具有相似的浆膜形成过程。浆膜形成后，在胚胎中存在一段时间，即向外分泌浆膜表皮（Panfilio et al.，2013）（图6-6）。

图6-6　不同昆虫的浆膜表皮结构（Lamer et al.，2001；Jacobs et al.，2015）

A.烟草天蛾浆膜表皮，厚度为2.1～2.4mm，由7～9个几丁质片层结构组成；B.赤拟谷盗浆膜表皮具有清晰的层状结构；C.飞蝗浆膜表皮是稀疏的补丁状结构。各小图左侧黑框标示浆膜表皮厚度

浆膜表皮具有典型的昆虫表皮结构，包含上表皮和原表皮。除果蝇外，在多数昆虫中发现了浆膜表皮结构（Rezende et al.，2016），如石蛃目（Machida et al.，1990）、衣鱼目（Gillott，2005）、渐变态昆虫（Slifer，1937；Miller，1939；Jintsu et al.，2010）和完全变态昆虫（Lincoln，1961；Chauvin and Barbier，1979）中均有关于浆膜表皮结构的描述，尽管部分昆虫（飞蝗等）原表皮层状结构不甚规则，但浆膜表皮的原表皮层均含有丰富的几丁质。浆膜和浆膜表皮共同组成了虫体的胚外保护结构，与有翅昆虫的起源和环境适应相关（Jacobs et al.，2013）。

在有翅昆虫中出现了能够完整包裹胚胎的浆膜和浆膜表皮，其有利于昆虫卵对环境的适应性，是维持物种多样性的因素之一（Grimaldi and Engel，2005）。

在低等无翅亚纲衣鱼中，浆膜包裹 3/4 的胚胎，分泌不完整的浆膜表皮，其卵多产于落叶层等湿度较高的环境中（Gillott，2005）。为了适应更为严酷的陆生环境，有翅昆虫中出现了完整的浆膜和浆膜表皮结构，包括渐变态类直翅目飞蝗（Rinterknecht，1993）、半翅目豌豆蚜（Panfilio and Roth，2010）、完全变态类鞘翅目赤拟谷盗（Chaudhari et al.，2015；Hilbrant et al.，2016）、鳞翅目烟草天蛾（Lamer et al.，2001）等（Rezende et al.，2008；Vargas et al.，2014）。这些昆虫卵分布广泛，生态环境多样，具有较强的环境适应能力（Gillott，2005；Vargas et al.，2014）。双翅目胚外膜结构发生明显变化，其中果蝇进化为羊膜和浆膜融合的羊浆膜结构，不分泌浆膜表皮，卵通常被产在腐败的植物或动植物组织等潮湿环境中（Rafiqi et al.，2008）。在赤拟谷盗中分别干扰 *Tczen1* 抑制浆膜形成和干扰 *TcCHS1* 抑制浆膜表皮形成之后，胚胎对干燥环境的适应能力显著下降（Jacobs et al.，2013）。埃及伊蚊的浆膜表皮也对卵适应干燥环境起着重要作用（Farnesi et al.，2015）。上述研究表明，昆虫浆膜和浆膜表皮的形成提高了卵对干燥（Lagueux et al.，1979）环境的适应能力。

6.3.3 胚胎表皮发育与昆虫起源进化

在解释昆虫完全变态进化的众多假设中，存在两个假说（Berlese et al.，1913；Jeschikov et al.，1941）。一种认为内翅类幼虫是通过"去胚胎化"产生的，与外翅类昆虫的胚胎期相对应。Konopová 和 Zrzavý（2005）通过对不同目昆虫表皮进行观察，表明至少在胚胎表皮发育方面，不完全变态昆虫和完全变态昆虫之间没有显著差异。除了具有相同数量的胚胎表皮，内翅类昆虫中草蛉（脉翅目）的 EC1、EC2、EC3 与外翅类昆虫的 EC1、EC2、EC3 非常相似，因此没有证据表明它们发生去胚胎化。结合 Poyarkoff（1914 年）和 Hinton（1948 年）最初提出的关于完全变态昆虫的幼虫与不完全变态昆虫的幼虫（若虫）同源的假设。Konopová 和 Zrzavý 也支持外翅类昆虫和内翅类昆虫在相同的发育水平下孵化。

然而，后续的部分研究发现果蝇谱系中存在预若虫表皮减少的趋势，但这种情况并没有被证实。因为至少在一些内翅类昆虫中，预若虫表皮的减少并没有那么严重（对极少数物种的胚胎进行了检查）。例如，由毛翅目昆虫"胚胎"表皮上存在的卵齿所得出的结论（Kobayashi and Ando，1988，1990）可能与其他昆虫的预若虫表皮情况相对应。这意味着这个表皮与外表皮相比，必须（至少在某些身体区域）由更多的物质组成。如前所述，如果果蝇中的 EC1 真的对应于其他昆虫的 EC1，并且如果果蝇内的 EC2 真的存在减少的趋势，那么最有可能的假设是，环裂果蝇中的 EC2 只是丢失了（即表皮细胞停止分泌 EC2），而不是转化为幼虫表皮。

另一种观点认为在昆虫进化的早期阶段，发生了一个相反的过程，即早期幼虫的胚胎化，无翅目昆虫的 1 龄幼虫变成了有翅亚纲昆虫的预若虫。不同昆虫胚胎发育过程中分泌的固定数量的表皮表明，胚胎表皮发生肯定是保守的。有趣的是，Truman 和 Riddiford（1999，2002）同样声称，大多数外翅类昆虫（如飞蝗）的"预若虫"对应于无翅目的 1 龄幼虫，尽管他们并没有通过其他无翅目和外翅类昆虫胚胎发育的任何细节来支持这一观点，"预若虫"（无翅目昆虫和外翅类昆虫的预若虫）对应于蛛形纲昆虫、木虱和多足类昆虫的"孵化阶段"。然而，这种说法只是基于一些粗略的观察，不能将昆虫同龄性的理论推广到其他节肢动物中。此外。蜉蝣和石蝇的 1 龄幼虫实际上是自由生活的"预若虫"，因此，这一观点没有得到蜉蝣目、襀翅目和其他有翅亚纲代表性昆虫胚胎表皮发育细节的支持。

因此，关于卵内表皮与昆虫进化之间的关系尚未得到一致结论，仍需要进一步观察、研究和探讨。

6.4　小结与展望

卵内胚胎发育是昆虫早期发育的重要阶段，昆虫在对复杂多变的自然环境长期适应性进化过程中，逐渐形成了卵外浆膜表皮和卵内 3 次表皮更替的保护结构，不同昆虫类群卵期发育具有特定的形态结构特征和生理生化机制，有助于昆虫卵应对干燥失水、微生物侵染和杀虫剂渗透等恶劣生存条件。

围绕昆虫卵表皮形成调控和环境适应的分子机制展开系统研究，有利于厘清昆虫早期发育的环境适应机制，有利于开发早期害虫防治的分子靶标，进一步研发新型害虫防治方法，不仅可丰富昆虫胚胎发育生物学基础研究内容，还可为害虫可持续控制提供新的思路和手段，具有重要的理论和实践意义。

第7章

以昆虫表皮代谢为靶标的化学防治策略

董　玮[1]，刘晓健[1]，赵艺妍[2]

[1] 山西大学应用生物学研究所；[2] 山西白求恩医院

化学杀虫剂由于具有快速、高效和操作简便等特点，长期以来是害虫防治的主要手段，但由于长期大量施用，已引发了一系列环境和生态问题，包括污染环境、害虫产生抗药性和对非靶标生物的负面影响等。由于传统的化学防治存在诸多弊端，减少化学农药的使用已成为我国农业植物保护领域的重要政策，因此，设计开发高效、低毒、低残留和低污染的新型杀虫剂已成为重要的研究课题。

表皮（cuticle）是昆虫的保护性屏障，能够有效抵抗杀虫剂和病原微生物的入侵。昆虫在个体发育过程中旧表皮不断蜕去，新表皮随即形成，蜕皮是昆虫等节肢动物特有的生物学现象，而人类和其他高等哺乳动物则缺少这一生物学特性。因此，表皮作为害虫防治的安全靶标备受关注。近年来，围绕昆虫表皮结构已开展了一系列深入研究，试图开发以表皮代谢为靶标的杀虫剂，以实现害虫的绿色防控。

7.1 杀虫剂与表皮渗透性

利用化学农药防治作物病虫等有害生物的方法称为化学防治法。19 世纪以来，随着化学学科的快速发展，大量的化学物质被发现并用作杀虫剂。直至今日，化学杀虫剂在农业和卫生害虫防治方面仍发挥重要作用，其优点是杀虫谱广、见效快、使用方便、不受地域及季节限制且适用于大面积机械化喷施等。化学杀虫剂的种类很多，目前使用的很多杀虫剂都具有一定的脂溶性，能够穿透表皮进入昆虫体内从而起到杀虫的作用。不同的杀虫剂穿透昆虫表皮的能力不仅与杀虫剂的脂溶性有关，也与杀虫剂不同剂型所使用的助剂有关。为便于读者区别靶向表皮几丁质合成的化学杀虫剂，本节简单介绍几类常规杀虫剂。虽然这些杀虫剂不直接作用于昆虫表皮合成和代谢，但由于表皮是杀虫剂通过接触进入昆虫体内的第一道防线，杀虫剂对昆虫触杀毒性的大小很大程度上取决于它们穿透表皮的能力。

7.1.1 化学杀虫剂的类型

根据化学成分的不同，化学杀虫剂主要分为有机氯类（organochlorine）、有机磷类（organophosphate）、氨基甲酸酯类（carbamate）、拟除虫菊酯类（pyrethroid）及新烟碱类（neonicotinoid）等。

1. 有机氯类杀虫剂

有机氯类杀虫剂是以碳氢化合物为基本架构，并有氯原子连接在碳原子上，用于防治植物病虫害的有机化合物。滴滴涕（dichlorodiphenyltrichloroethane，双对氯苯基三氯乙烷）、虫必死（hexachlorocyclohexane，六氯环己烷）、阿特灵（aldrin，氯甲桥萘）、地特灵（dieldrin，氧桥氯甲桥萘）、安特灵（endrin，异狄氏剂）、安杀番（endosulfan，硫丹）、氯丹（chlordane）、飞布达（heptachlor，七氯）、毒杀芬（toxaphene）和灭蚁乐（mirex，全氯五环癸烷）等均属于有机氯类杀虫剂。此类杀虫剂生产成本低廉，具有优良的杀虫效果，但其结构稳定，不易降解，因此可通过食物链进入人类和其他高等动物体内，并在肝、肾和心脏等器官组织中蓄积，同时此类杀虫剂的有些种类会增加一些癌症的发病风险，威胁人类健康和环境生态安全（Jones and de Voogt，1999；张静静等，2015）。我国已于1983 年在农业生产上禁用有机氯类杀虫剂。

2. 有机磷类杀虫剂

有机磷类杀虫剂是指具有杀虫活性的含磷有机化合物，在世界范围内广泛用于防治植物病虫害。常用的有机磷类杀虫剂是敌百虫（dipterex）、乐果（dimethoate）、对硫磷（parathion）、辛硫磷（phoxim）、丙溴磷（profenofos）、久效磷（monocrotophos）、马拉硫磷（malathion）、水胺硫磷（isocarbophos）和毒死蜱（chlorpyrifos）等。其作用机制是抑制乙酰胆碱酯酶（acetylcholinesterase）的活性，使害虫体内乙酰胆碱（acetylcholine）不能及时分解，在神经突触（synapse）处大量积累，从而干扰神经的正常传导，导致昆虫死亡。此类杀虫剂具有品种繁多、对害虫毒力强、药效高、易分解、低残留和在人畜体内不积累等优点，是应用时间长、使用范围广泛的杀虫剂（贺红武和刘钊杰，2001；张静静等，2015）。

3. 氨基甲酸酯类杀虫剂

氨基甲酸酯类杀虫剂为氨基甲酸的衍生物。常用的品种有叶蝉散（isoprocarb）、害扑威（CPMC）、异索威（isolan）、残杀威（propoxur）、涕灭威（aldicarb）、灭多威（methomyl）、仲丁威（fenobucarb）、西维因（carbaryl）、地麦威（dimetan）、克百威（carbofuran）、抗蚜威（pirimicarb）、棉果威（tranid）和丙

硫克百威（benfuracarb）等。其作用机制与有机磷类杀虫剂相似，可抑制虫体内乙酰胆碱酯酶，扰乱正常的神经传导，引起生理生化功能失调，使害虫中毒死亡（吴文君，1982）。不同的是，有机磷类杀虫剂对胆碱酯酶的抑制是不可逆的，而氨基甲酸酯类杀虫剂对胆碱酯酶的抑制是可逆的。大多数氨基甲酸酯类杀虫剂毒性较有机磷类低，一般无特殊气味，具有原料易得、合成简单、选择性强、速效性好、持效期短、对人畜低毒、易降解、低残留等特点，因此被广泛应用于多种农作物的害虫防治。

4. 拟除虫菊酯类杀虫剂

拟除虫菊酯类杀虫剂是人类利用化学手段模拟天然除虫菊素的化学结构，仿生合成的一类化学农药，是 20 世纪 70 年代迅速普及推广的新型杀虫剂。其作用机制是延迟钠离子通道（sodium channel）的关闭使其连续产生动作电位（action potential）而扰乱昆虫神经系统的正常运作，导致害虫死亡（吴霞，2002）。拟除虫菊酯类杀虫剂具有高效、广谱、低毒、易分解、低残留等特点。由于其杀虫毒力较有机氯、有机磷及氨基甲酸酯类等杀虫剂高 10～100 倍，因此，其用量小、使用浓度低、对人畜较为安全。但其对鱼、虾、蟹、贝类等水生生物毒性较大，对某些益虫也具有毒性（胡文静等，2007；张静静等，2015）。目前，市场上有 70 多种拟除虫菊酯类杀虫剂产品，主要包括醚菊酯（etofenprox）、甲氰菊酯（fenpropathrin）、苄氯菊酯（permethrin）、溴氰菊酯（deltamethrin）、氯氰菊酯（cypermethrin）、右旋丙烯除虫菊（allethrin）、顺式氯氰菊酯（alphacypermethrin）、氯氟氰菊酯（cyhalothrin）、杀灭菊酯（fenvalerate）等，在农业害虫防治方面发挥了重要作用。

5. 新烟碱类杀虫剂

新烟碱类杀虫剂曾经是化学杀虫剂研究开发的一大热点，根据杂环可分为氯代吡啶、氯代噻唑及其他杂环衍生物三大类。其中氯代吡啶类包括吡虫啉（imidacloprid）、烯啶虫胺（nitenpyram）、噻虫啉（thiacloprid）和啶虫脒（acetamiprid）。氯代噻唑类则用氯代噻唑基团取代了吡啶基团，包括噻虫嗪（thiamethoxam）和噻虫胺（clothianidin）等。其他杂环衍生物类的代表，如呋虫胺（dinotefuran），其结构特征由四氢呋喃基团代替了吡啶基团。新烟碱类杀虫剂作用于昆虫神经系统位于神经后突触（postsynapse）的烟碱类乙酰胆碱受体（nicotinic acetylcholine receptor）并连续激动其受体导致昆虫神经系统极度兴奋，最后昆虫呼吸衰竭而死亡。此类杀虫剂广谱性好、水溶性强、选择性高，已成为取代有机磷类、氨基甲酸酯类、有机氯类等高毒高残留杀虫剂的优势药剂之一（陈一萍等，2023）。

7.1.2　化学杀虫剂渗透表皮的分子机制

目前，化学杀虫剂进入虫体主要有3条途径（孙雅雯和郑彬，2015）：一是从体表直接进入，即触杀作用，杀虫剂直接喷洒在害虫体表或害虫接触到喷洒过杀虫剂的植物后，经体壁摄入；二是从消化道吸入，即内吸作用或胃毒作用，昆虫取食喷洒过杀虫剂的植物后，经口器摄入；三是经气门进入，即熏蒸作用，昆虫将挥发性药剂吸入气管后进入血液循环。研究表明，杀虫剂进入虫体的主要方式为透皮吸收（赵善欢，1993）。而表皮作为昆虫的外骨骼（exoskeleton），结构成分复杂多样，杀虫剂穿透表皮需经过上表皮（epicuticle，富含脂质）及原表皮（procuticle，富含几丁质和蛋白质）才能到达体内发挥毒杀作用（图7-1）。下文将按照杀虫剂穿透表皮的顺序，分析杀虫剂渗透表皮的分子机制。

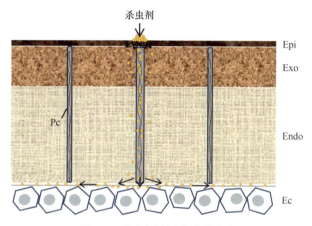

图7-1　杀虫剂渗透表皮的方式

Epi：上表皮（epicuticle）；Exo：外表皮（exocuticle）；Endo：内表皮（endocuticle）；
Ec：表皮细胞（epidermal cell）；Pc：孔道（pore canal）

1. 上表皮

上表皮是昆虫表皮的最外层，主要分为黏胶层、蜡层、表皮质层和多元酚层。昆虫上表皮的主要成分为碳氢化合物，此外还有蜡酯、游离脂肪酸、脂肪醇及醛类等（Girotti et al.，2012；Cerkowniak et al.，2013）。碳氢化合物由表皮下的绛色细胞（oenocyte）合成，其成分复杂多样，包括正构烷烃、甲基支链烷烃以及不饱和碳氢化合物（Balabanidou et al.，2018）。上表皮具有很强的亲脂性，易溶于水的杀虫剂不能溶于表皮的蜡层，因此，很难穿透表皮，如杀虫脒，此类杀虫剂的触杀作用很弱。相反，脂溶性越强的杀虫剂，其穿透性越强，研发的多种增效剂就是通过溶解表皮蜡质层来增强杀虫剂的穿透能力，从而提高杀虫效果（张娣，2015）。除此之外，表皮脂类物质也参与了昆虫对杀虫剂的抗性。Balabanidou

等（2016，2019）发现，冈比亚按蚊（*Anopheles gambiae*）抗性品系与敏感性品系相比，其表皮的碳氢化合物总量较高，且参与表皮碳氢化合物合成的细胞色素 P450 单加氧酶（cytochrome P450 monooxygenase，又称 cytochrome P450）基因 *CYP4G16* 和 *CYP4G17* 的表达均较高。飞蝗（*Locusta migratoria*）表皮脂类物质含量的减少也是导致飞蝗对杀虫剂敏感性增强的主要因素（Yang et al.，2020；Zhao et al.，2020b）。因此，表皮脂类物质在杀虫剂穿透过程中发挥了重要作用。

2. 原表皮

原表皮是体壁的主要组成部分，可分为外表皮和内表皮。原表皮是表皮蛋白（cuticular protein，CP）和几丁质（chitin）的复合体。大部分表皮蛋白和几丁质以共价键方式结合，形成稳定的表皮结构，维持机体的正常生理活动。表皮蛋白种类繁多，具有保护和防卫功能，能够抵挡病菌和杀虫剂等外源物质的入侵。Sun 等（2017）在淡色库蚊（*Culex pipiens pallens*）拟除虫菊酯抗性品系中鉴定出 2 个表皮蛋白（CPR 家族）基因（*CpCPR63* 和 *CpCPR47*），其转录水平显著高于敏感品系，表明表皮蛋白与蚊虫抗药性密切相关。此外，几丁质在抵抗杀虫剂入侵方面也发挥着重要作用。例如，橘小实蝇（*Bactrocera dorsali*）氯氰菊酯抗性品系内表皮的几丁质片层数明显高于敏感品系，且几丁质层状结构更为致密（Lin et al.，2012）。Zhang 等（2020a）发现飞蝗 *Knickkopf* 家族表皮蛋白基因 *LmKnk3-5′* 的沉默可显著降低几丁质含量，导致飞蝗对 3 种不同类别杀虫剂的敏感性增加。冈比亚按蚊通过增加表皮蛋白和几丁质的含量，使表皮增厚，从而抵抗杀虫剂的入侵（Balabanidou et al.，2019）。孔道是贯穿整个表皮层的通道，不仅能够运输疏水性物质到达上表皮，同时，其对杀虫剂的穿透也起到一定的促进作用，被上表皮的蜡层吸收的药剂可以通过孔道渗入体内（孙雅雯和郑彬，2015）。Gerolt（1969，1983）认为，杀虫剂在穿过原表皮后，一般不会再穿过表皮细胞层，而是通过扩散作用以及表皮细胞顶膜的流动性进行侧向运动，从而进入气管系统，最后由微气管到达作用部位神经系统，发挥毒杀作用（赵善欢和陈文奎，1986）。

研究表明，昆虫表皮不同部位对杀虫剂的穿透性不同，这可能与虫体各部位的骨化程度和生理功能有关，还与神经系统和血淋巴等组织的联结状况相关，其中触角和足是杀虫剂最易于穿透的部位。同一种杀虫剂对不同害虫物种，或不同杀虫剂对同一种害虫表皮的穿透性不同，这与杀虫剂性质、虫体表皮结构和特性均有相关性（张立力等，1988）。在正常情况下，杀虫剂能够迅速穿透害虫表皮，但对抗性品系来说，杀虫剂穿透表皮的能力明显下降。近年来，已研究和开发了多种增效剂用于提高杀虫效力，包括增效酯（propylisome）、增效特（bucarpolate）、增效散（sesamex）、增效砜（sulfoxide）、增效醚（piperonyl butoxide）、增效醛（piprotal）、增效环（piperonyl cyclonene）等（王肖娟和谢慧琴，2007）。华中农业大学研制的农乐增效剂，通过增强农药喷雾液对昆虫表皮的黏附、展布及穿透能力，使药物毒性得以充分发挥，显著提高了农药的防效（陈耀华，1993）。此外，朱国念和魏方林（2002）发现毒死蜱与阿维菌素复配后，其表皮穿透率均高于单剂，提高了毒死蜱和阿维菌素的杀虫效力。农药增效剂的使用可提高杀虫效果，减少杀虫剂的用量，降低成本、节省人力，同时还减少了环境污染，造福人类（王肖娟和谢慧琴，2007）。

7.2　靶向表皮几丁质合成和调节的化学杀虫剂

目前，害虫防治的指导思想已从"杀死害虫"转变为"调控害虫"，所采用的手段也从"广谱性"转变为"选择性"。因此设计开发低污染、不易产生抗性的高活性新型杀虫剂已成为重要的研究课题。

7.2.1　苯甲酰基脲类化合物

昆虫生长调节剂（insect growth regulator，IGR）作用于昆虫生长发育的关键阶段，干扰昆虫正常生长发育而致其死亡。此类杀虫剂具有较高的环境安全性，对多数非靶标生物无害，使用浓度低和降解速度快等优点。昆虫生长调节剂的种类很多，其中，苯甲酰基脲类（benzoylphenyl ureas，BPU）几丁质合成抑制剂是重要的昆虫生长调节剂，此类生长调节剂是 20 世纪 70 年代末研发推广的高效几丁质合成抑制剂。由荷兰 Philips-Duphar 公司在研究除草剂敌草腈时，将其与另一除草剂敌草隆结合，期望得到具有良好除草活性的苯甲酰基脲类化合物（Dul9111）。但经生物测定结果显示，该化合物不具有除草活性，却有一定的杀虫活性，且与常规的杀虫剂作用不同，即害虫幼虫在受药后不立即死亡，而是在蜕皮时死亡（Van Daalen et al.，1972），从此，苯甲酰基脲类杀虫剂逐渐成为创新型杀虫剂。

1. 苯甲酰基脲类杀虫剂的结构修饰及类型

苯甲酰基脲类化合物的基本骨架可以分为三部分：苯甲酰基部分、脲桥部分和苯基部分。为了进一步拓宽苯甲酰基脲类化合物的活性谱，增强该类化合物的生物活性，构效关系研究主要着眼于与原子相连接的苯环的修饰以及脲桥部分的变化（图 7-2）。

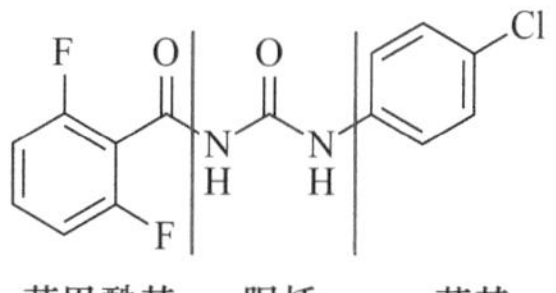

图 7-2　苯甲酰基脲类化合物的基本骨架（以除虫脲为例）

迄今为止，已经商品化的苯甲酰基脲类药剂品种包括：除虫脲（diflubenzuron，又称灭幼脲 1 号），灭幼脲（chlorbenzuron，灭幼脲 3 号、苏脲 1 号），氟虫脲（flufenoxuron），氟啶脲（chlorfluazuron，定虫隆、定虫脲等），氟铃脲（hexaflumuron，又名伏虫灵和盖虫散等）和杀铃脲（triflumuron，也叫杀虫脲、杀虫隆、氟幼脲等）等 15 种（Merzendorfer，2013；Sun et al.，2015）。在我国使用的有灭幼脲 3 号、灭幼脲 1 号、杀虫脲、氟苯脲、氟啶脲等，已投入生产的有灭幼脲 3 号、灭幼脲 1 号、杀虫脲、氟螨脲、氟铃脲、噻嗪酮等，已商品化的有灭幼脲 1 号、氟虫脲、氟铃脲、氟啶脲和氟苯脲 5 个品种（表 7-1）。

表 7-1 我国苯甲酰基脲类杀虫剂的主要品种

结构式	英文通用名或商品名	中文通用名	主要参考文献
	diflubenzuron	除虫脲	Tilak et al.，2010；Bansal et al.，2012；Kavallieratos et al.，2012；Macken et al.，2015；Lau et al.，2018；Meloni et al.，2018
	chlorbenzuron	灭幼脲	Evans and Iqbal，2015；Zhang et al.，2016
	flufenoxuron	氟虫脲	Sadeghi et al.，2009；Habibpour，2010；Guo et al.，2012；Tirello et al.，2012；Sánchez-Ramos et al.，2013；Brites-Neto et al.，2017
	chlorfluazuron	氟啶脲	Evans and Iqbal，2015；Zhang et al.，2016
	hexaflumuron	氟铃脲	Evans and Iqbal，2015；Mirhagh-parast et al.，2015
	triflumuron	杀铃脲	Lowden et al.，2007；Kavallieratos et al.，2012；Jacups et al.，2014；Henriques et al.，2016；Khan et al.，2016；Vivan et al.，2017；Gutierrez-Moreno et al.，2019

结构式	英文通用名或商品名	中文通用名	主要参考文献
	teflubenzuron	氟苯脲	Abo-Elghar et al., 2004a; Stara et al., 2010; Erler et al., 2011; Macken et al., 2015; Dunn et al., 2016; Vivan et al., 2017; Stacke et al., 2019

2. 苯甲酰基脲类杀虫剂的特点

苯甲酰基脲类杀虫剂在害虫综合治理中发挥着重要作用，其具有以下特点。

致毒方式独特。苯甲酰基脲类杀虫剂对害虫的主要作用方式是胃毒，并具有一定的触杀作用，对各龄期幼虫均有良好的致死作用，一般在喷药后 4～5 天，害虫因蜕皮困难，导致大量死亡。

作用范围广。苯甲酰基脲类杀虫剂不仅对蚊、蝇等卫生害虫具有防治作用，而且对鳞翅目、鞘翅目和同翅目等农业害虫也具有明显的防治作用，如菜粉蝶（*Pieris rapae*）、甜菜夜蛾（*Spodoptera exigua*）、斜纹夜蛾（*Spodoptera litura*）和草地螟（*Loxostege sticticalis*）。此外，该类杀虫剂对螨类等家畜害虫也具有良好的防治效果（Merzendorfer，2013）。

毒性小、残留少。由于高等动物体内不存在几丁质，所以苯甲酰基脲类杀虫剂对人、畜和家禽的危害性很小，且由于其在土壤和水中可快速分解，因此，在农产品中不会存在药物残留。例如，对棉田进行 6 次施药，用量为 50g/亩，最后在棉籽内检测出的药物残留量仅为 0.01～0.05mg/kg（贾建洪等，2005）。

3. 苯甲酰基脲类杀虫剂的防治对象

苯甲酰基脲类杀虫剂对鳞翅目、直翅目、双翅目和鞘翅目等害虫均有效，尤其是对鳞翅目有特效，目前主要应用于小菜蛾（*Plutella xylostella*）、东方黏虫（*Mythimna separata*）及甜菜夜蛾等害虫的防治，部分产品（如卡死克）亦具有杀螨功能。雷仲仁等（2002）研究发现 95% 除虫脲对蝗蝻具有明显的触杀作用，90% 的 3 龄蝗蝻在施药后 5～7 天死亡，而 4 龄蝗蝻则在施药后 6～10 天死亡。

国内外大量研究表明，苯甲酰基脲类杀虫剂还具有较高的杀卵作用。例如，陈霈和弓惠芬（1989）用灭幼脲直接处理害虫卵，杀卵效果显著。此外，研究发现苯甲酰基脲类杀虫剂（氟啶脲、除虫脲、氟铃脲和虱螨脲）不仅可以直接杀死亚洲玉米螟（*Ostrinia furnacalis*）幼虫，而且在用各药剂导致 30% 死亡率的浓度（LC_{30}）处理亚洲玉米螟幼虫后，还能延长虫体的发育历期，降低蛹重、化蛹率、羽化率和产卵量，从而显著抑制亚洲玉米螟幼虫的生长发育和成虫的繁殖（游灵等，2012）。

国内外学者对于苯甲酰基脲类杀虫剂对成虫的不育作用开展研究，但观点不一。Wright 等（1976）指出，灭幼脲主要对家蝇（*Musca domestica*）雌虫具有不育作用，但对雄虫也有一定影响。Mitlin 等（1977）认为，灭幼脲主要影响雌虫的卵巢结构，并可抑制雄虫精巢生长，使精巢发生幼体化现象，精原细胞区部分受到破坏。但 Moore 等（1975）认为，灭幼脲主要作用于雌虫的生殖腺，使得雌虫的卵巢管内的原卵区被破坏。用灭幼脲对棉铃象甲（*Anthonomus grandis*）处理 3 周后，雌虫可以恢复生殖，而雌虫所产卵的发育将持续受到抑制。Kim 等（1992）认为，灭幼脲直接作用于卵巢或产卵器官并导致其形态发生变化，导致成虫羽化到产卵之间的时间延长，产卵量减少，卵巢发育受到影响。苗建才等（1994）通过电子显微镜对鞘翅目害虫杨干隐喙象（*Cryptorhynchus lapathi*）生殖系统进行解剖观察，发现灭幼脲可损害成虫的生殖系统，导致精巢发育不完全，精子发生卷曲并失去活力；还可改变雌虫核酸代谢，致使卵巢内无法生成成熟卵，从而导致雌虫产卵量下降，且雌虫所产的卵均不能孵化。

4. 苯甲酰基脲类杀虫剂的作用机制

自 20 世纪 70 年代以来，已有研究学者从生化水平开展了苯甲酰基脲类几丁质合成抑制剂的毒理学研究工作。Mulder 和 Gijswijk（1973）首次报道，灭幼脲 PH6038 干扰菜粉蝶表皮几丁质的正常沉积；之后，Post 和 Vincent（1973）研究表明，敌灭灵 Du19111（除虫脲）可抑制菜粉蝶表皮几丁质的合成，但不抑制表皮蛋白的合成。Hunter 和 Vincent（1974）发现灭幼脲对飞蝗也有类似的影响。王贵强等（1996）给飞蝗饲喂氟虫脲后，其体壁几丁质合成明显被抑制，前胸背板中的几丁质合成抑制率达 60%～80%。Ker（1997）用偏光显微镜观察经灭幼脲处理的荒地蚱蜢（*Acrida oxycephala*）表皮，分析了表皮中氨基酸和葡糖胺的含量，表明灭幼脲及其类似物不影响表皮蛋白，仅影响几丁质。张建珍课题组发现除虫脲对中华稻蝗（*Oxya chinensis*）有较强的毒性效应（曾慧花等，2008），经除虫脲处理后中华稻蝗取食量显著下降；同时也发现定虫隆对飞蝗有较强的作用效果，采用浸渍法处理飞蝗后，虫体因蜕皮困难而死亡（李峰等，2012）。生化水平的研究结果表明：苯甲酰基脲类杀虫剂可特异性地干扰昆虫表皮几丁质的合成及正常沉积，使昆虫因蜕皮受阻而死亡。

近年来关于该类杀虫剂的作用机制已有不少研究报道，主要围绕几丁质合成或沉积受阻这个环节，UDP-*N*-乙酰葡糖胺（UDP-*N*-acetylglucosamine）加入几丁质合成酶（chitin synthetase，CHS）后可以合成几丁质。Post 和 Vincent（1974）发现 Du19111（除虫脲）抑制葡萄糖合成几丁质的过程，导致 UDP-*N*-乙酰葡糖胺的积累。由于加入 BPU 后 UDP-*N*-乙酰葡糖胺出现沉积，由此推断苯甲酰基脲类杀虫剂可能影响几丁质合成酶的功能，其后还有不少证据支持这一观点。然而 Deul（1978）以 Du19111 和灭幼脲处理菜粉蝶，发现无论在处理活体还是离体情况下，其表皮几丁质合成酶的活性均无变化。苯甲酰基脲类的作用机制还包括抑制几丁质酶和酚氧化酶（phenol oxidase）的活性，几丁质酶主要降解几丁质，而酚氧化酶则参与昆虫几丁质的骨化和免疫等生理过程（Ishaaya and Casida，1974）。此外，有学者发现，除虫脲可抑制丝氨酸蛋白酶的活性，从而影响几丁质合成酶原的活化（Leighton et al.，1981；Cunningham，1986）。也有文献资料证明，苯甲酰基脲类杀虫剂影响昆虫体内激素的平衡，刺激保幼激素和抑制蜕皮激素释放（Yu and Terriere，1975；Wuttig et al.，1991），抑制 DNA、RNA 及蛋白质合成（DeLoach et al.，1981；Soltani et al.，1984），抑制糖酶及微粒体氧化酶的活性（Van Eck，1979；Griffith et al.，2000）以及影响生殖和子代发育等（Ledirac et al.，2000）。

随着分子生物学的发展，在分子水平上对苯甲酰基脲类杀虫剂的作用机制研究也取得了一些进展。Zhang 和 Zhu（2006）发现，几丁质合成抑制剂除虫脲影响冈比亚按蚊几丁质的含量及几丁质合成酶 mRNA 的表达，在国际上首次从分子水平报道了除虫脲对几丁质合成酶基因表达的影响。之后，日本学者以鳞翅目昆虫小菜蛾为研究对象，发现氟啶脲对几丁质合成酶基因表达没有影响（Ashfaq et al.，2007）。张建珍课题组前期的研究工作发现：氟虫脲可显著提高 1 龄、2 龄和 3 龄飞蝗及 2 龄中华稻蝗几丁质合成酶 1 的 mRNA 表达（刘晓健等，2010）。Abo-Elghar 等（2004b）指出除虫脲的结构与磺酰脲类（sulfonylureas）极其相似，可以竞争性地与磺酰脲受体作用，从而干扰几丁质的形成。然而，Meyer 等（2013）提出几丁质的合成不需要磺酰脲受体的参与。在黑腹果蝇（*Drosophila melanogaster*）的磺酰脲受体缺失突变体中，表皮几丁质含量没有变化，表皮结构正常。Merzendorfer 等（2012）以赤拟谷盗（*Tribolium castaneum*）为研究对象，利用基因芯片技术分析除虫脲处理后的差异表达基因，结果表明，几丁质代谢途径上的基因并没有受到影响，而表皮蛋白基因的表达差异较显著。此外，除虫脲也显著影响解毒酶系，如细胞色素 P450 和谷胱甘肽 *S*-转移酶（glutathione *S*-transferase）基因的表达。双向电泳的分析结果表明，除虫脲处理赤拟谷盗后，UDP-*N*-乙酰葡糖胺焦磷酸化酶（UDP-*N*-acetylglucosamine pyrophosphorylase）和谷胱甘肽 *S*-转移酶的变化最为显著（Merzendorfer et al.，2012）。但解毒酶基因表达的变化与除虫脲杀虫剂的作用机制一般来说没有直接的关系。

5. 苯甲酰基脲类杀虫剂的抗性

昆虫对苯甲酰基脲类杀虫剂的抗药性是近年来杀虫剂毒理学研究领域的热点之一。Douris 等（2016）在小菜蛾苯甲酰基脲类杀虫剂抗性种群中发现了几丁质

合成酶基因 *CHS1* 突变。之后，研究人员使用 CRISPR/Cas9 基因编辑技术，结合同源定向修复对果蝇 *CHS1* 进行了 I1056M 突变，结果发现纯合子果蝇携带 I1056M 突变体，对苯甲酰基脲类杀虫剂、exolate 和噻嗪酮（buprofezin）具有高度抗性。上述实验结果证明这些化合物具有相同的作用机制。Zhang 等（2012）在具有 59.9 倍抗苯甲酰基脲类的灰飞虱（*Laodelphax striatellus*）种群中发现了一个 22.78 倍过表达的细胞色素 P450 基因（*LsCYP6CW1*）。随后，通过 RNA 干扰方法证实，*LsCYP6CW1* 介导了 3 个灰飞虱田间种群噻嗪酮和吡蚜酮（pymetrozine）的交互抗性（Zhang et al.，2017b）。

最新的一项长达 25 年的监测项目揭示了褐飞虱（*Nilaparvata lugens*）对噻嗪酮产生抗性的现象在中国广泛存在，该抗性的产生与 *CHS1* 基因的一个 G932C 突变有关，使用 CRISPR/Cas9 基因编辑技术，对果蝇 *CHS1* 进行了 G932C 突变，发现 G932C 突变体对噻嗪酮和灭蝇胺（cyromazine，一种蜕皮干扰剂）具有高度抗性（Zeng et al.，2023）。这一发现提示，灭蝇胺可能也作用于几丁质合成酶而发挥杀虫作用。

7.2.2 其他靶向几丁质合成的化学杀虫剂

1. 噻二嗪类

该类杀虫剂研发最成功的品种是噻嗪酮（buprofezin；商品名：扑虱灵、优乐得、稻虱净），其具有触杀和胃毒作用，可抑制几丁质合成和干扰虫体新陈代谢，致使害虫死于蜕皮期，并且使成虫产卵减少并阻止卵的孵化。采用 1000 倍液、2000 倍液和 3000 倍液防治柑橘黑刺粉虱（*Aleurocanthus spiniferus*），用药 7 天后，防效分别达 97.12%、97.8% 和 93.8%；1500～2000 倍液防治温室白粉虱（*Trialeurodes vaporariorum*）、柑橘粉虱（*Dialeurodes citri*）、矢尖蚧（*Unaspis yanonensis*）若虫及茶小绿叶蝉（*Empoasca pirisuga*）等效果明显，且持效期较长（徐南昌和郎国良，1995；吴钜文，2000）。

2. 三嗪（嘧啶）胺类

该类杀虫剂目前已商品化生产的有灭蝇胺（cyromazine），由瑞士汽巴嘉基公司研发，其对双翅目幼虫有特殊杀虫活性，导致蝇蛆和蛹畸形，成虫不能正常羽化。10% 悬浮剂 1500 倍液用于防治蔬菜和花卉潜叶蝇；2% 颗粒剂 2kg/亩处理土壤，持效期可达 80 天，该杀虫剂还可防治为害食用菌的蚊类幼虫和畜牧业蝇蛆等（吴钜文，2000）。

7.2.3　靶向几丁质调节的化学杀虫剂

1. 保幼激素类似物

保幼激素（juvenile hormone，JH）是由昆虫咽侧体分泌的一类倍半萜类化合物，可有效调控昆虫生长、变态、滞育、寿命及生殖等多种功能。目前，保幼激素不仅可以从昆虫体内分离提取，还可以通过化学合成途径人工合成保幼激素类似物（juvenile hormone analog，JHA）（Jindra et al.，2013）。与保幼激素相比，保幼激素类似物具有更高的活性并且生产成本更加低廉，因此在害虫防治过程中，保幼激素类似物具有更为明显的优势。保幼激素类似物杀虫剂按其结构和来源可分为以下 3 种。

（1）保幼激素结构类似物

保幼激素结构类似物有烯虫酯、烯虫炔酯和烯虫乙酯等。在 20 世纪 70 年代中期，美国 Zoecon 和 Wellmark 公司首次成功研发了生物安全型杀虫剂——保幼激素类似物烯虫酯。由于烯虫酯可以高效控制多种有害昆虫，且对人和其他非靶标生物高度安全，所以烯虫酯在控制蚊、蝇幼虫方面具有优势，高效且作用持续，尤其对防治白纹伊蚊（*Aedes albopictus*）和埃及伊蚊（*Aedes aegypti*）效果显著，同时对库蚊属、黄蚊属和按蚊属也很有效（Jindra et al.，2013）。之后在储粮害虫防治方面也被证明有效，在仓储玉米中施用 5mg/kg 烯虫酯，可有效抑制谷蠹（*Rhizopertha dominica*）的羽化（Arthur，2004；沈兆鹏，2005）。穆小丽等（2013）发现在烟叶仓储害虫的防治中，烯虫酯可以较好地控制烟草甲虫（*Lasioderma serricorne*）和烟草粉螟（*Ephestia elutella*）的为害。

（2）保幼激素活性类似物

保幼激素活性类似物有吡丙醚、双氧威、哒幼酮等。

吡丙醚（pyriproxyfen），又名蚊蝇醚，属于苯醚类化合物，可抑制幼虫发育。在我国登记的灭幼宝（sumilarv），可用于防治蚊、蝇和蜚蠊等卫生害虫，其中对德国小蠊（*Blattela germanica*）有特效。据报道，吡丙醚对同翅目、缨翅目、双翅目和鳞翅目害虫均具有高效，且用量少、持效期长、对作物与环境安全（Maoz et al.，2017）。

双氧威（fenoxycarb），又名苯氧威，属于氨基甲酸酯类杀虫剂，但其具有保幼激素类似物的活性，能抑制害虫发育、幼虫蜕皮和成虫羽化。可有效防治果树上的木虱、蚜和多种鳞翅目害虫，还可用于防治仓储害虫和卫生害虫（Dhadialla et al.，1998）。

哒幼酮（NC2170）属于哒嗪酮类化合物。此类杀虫剂可抑制害虫胚胎发生过程，抑制昆虫的发育和变态，尤其对叶蝉螋和飞虱具有高选择性，还可用于防治水稻主要害虫黑尾叶蝉（*Nephotettix cincticeps*）和褐飞虱（*Nilaparvata lugens*）（赵善欢，2000）。

（3）具保幼激素活性的植物源化合物

这类化合物与几丁质合成抑制剂及蜕皮酮（ecdysone）相比较，其保持活性的生理期更短。因此，必须选择最佳施药时期以获得最佳杀虫效果。

2. 蜕皮激素类似物

蜕皮激素是由昆虫前胸腺分泌的一种内源激素，在昆虫的蜕皮和变态发育过程中起着重要的调节作用。1967 年，Milton 首先提出了将蜕皮激素用作杀虫剂的设想。但天然蜕皮激素极性基团多，结构复杂，难以通过害虫表皮进入体内，在实际应用上存在很大困难。因此，人们一直致力于发现和合成结构不同但同样具有蜕皮激素活性的蜕皮激素类似物（molting hormone analog，MHA）。1988 年，美国 Rohm-Hass 公司开发出第一个与天然蜕皮激素结构不同却同样具有蜕皮激素活性的双酰肼类化合物 RH-5849 Wing（抑食肼）（Wing et al.，1988），国产商品名为虫死净。该公司通过对双酰肼结构的进一步修饰改造，又先后成功研发了一系列双酰肼类蜕皮激素类似物，如 RH-5992（虫酰肼）、RH-2485（甲氧虫酰肼）和 RH-0345（氯虫酰肼）。蜕皮激素类似物具有触杀和胃毒作用，也可通过植物根系内吸杀虫。此外，其还可干扰昆虫内分泌系统，使昆虫因不能完全蜕皮或提前蜕皮而死亡；对害虫天敌或非靶标生物无毒或低毒，有明显的选择性；对某些已经产生杀虫剂抗性的害虫有效。

蜕皮激素的作用靶标是蜕皮激素受体（ecdysteroid receptor，EcR）和超气门蛋白（ultraspiracle protein，USP）。EcR 自 N 端起由 A/B 域［转录激活域（trans-activation domain）］、C 域［DNA 结合域（DNA-binding domain，DBD）］、D 域［铰链域（hinge region）］、E 域［配体结合域（ligand binding domain，LBD）］和 F 域五部分组成，各部分都具有特殊的结构和功能。2003 年，Billas 等报道了黑腹果蝇和烟芽夜蛾（*Heliothis virescens*）EcR 的 E 域晶体结构，这是首次报道的 EcR/USP 与小分子配体形成的复合物晶体结构。E 域由 12 个 α 螺旋反向排列形成类似"三明治"的 3 层结构，中间为一个疏水的袋状空间，称为配体结合域。EcR 的配体结合域具有较强的柔韧性，可以根据配体的不同改变配体结合域的空腔大小。2009 年，基于蜕皮激素受体复合物晶体结构，拜耳公司成功开发了一系列结构与传统双酰肼类化合物不同的新型蜕皮激素类似物，如 BYI09181、BYI6830、BYI08346、BYI06934 和 BYI08738（Graham and Michael，2009）。对蜕皮激素受体复合物晶体结构的解析，为基于受体结构合理设计新型蜕皮激素类似物提供了依据，也为从分子水平研究害虫对蜕皮激素类似物产生抗药性等问题提供了参考。

7.3　靶向表皮几丁质降解的化学杀虫剂

几丁质结构是昆虫特有的重要生理结构，在昆虫发育过程中发挥重要作用。昆虫几丁质降解主要依赖几丁质酶（chitinase，Cht）和 β-*N*-乙酰葡糖胺糖苷酶（β-*N*-acetylglucosaminidase，NAG）的二元酶系统。干扰几丁质降解会引起昆虫发育缺陷、蜕皮异常和死亡，靶向几丁质降解的抑制剂可为高效安全的杀虫剂研发提供新的思路和方法。

7.3.1　几丁质酶

几丁质酶广泛存在于细菌、真菌、植物、昆虫等生物体中，由于几丁质酶可以特异性地水解几丁质，其在植物和微生物的免疫、防御、营养获取、食物消化以及动物蜕皮过程中均发挥作用。几丁质酶属于糖基水解酶（GH）家族，基于序列的同源性、结构的相似性和生化特性，几丁质酶可以分为 GH18 家族和 GH19 家族（Fukamizo，2000）。其中 GH18 家族几丁质酶的结构特征高度保守，由几丁质催化域和富含半胱氨酸的糖结合域组成。几丁质的催化域和结合域由一个铰链连接，催化域位于 N 端，结合域位于 C 端。催化域具有三磷酸异构酶（TIM）折叠结构，由高度保守的 β8α8 桶式结构构成，包括 8 条 β 链和 8 条 α 螺旋。β 链位于催化域的中心，α 螺旋构成其外表面，β 链则被 α 螺旋包围（Henrissat，1991；Stam et al.，2005）。几丁质催化域具有 4 个保守的特征序列，Motif KXX(V/L/I)A(V/L)GGW 位于 β3 链上，FDG(L/F)DLDWE(Y/F)P 位于 β4 链，另外两个保守序列，即 MXYDL(R/H)G 和 GAM(T/V)WA(I/L)DMDD 分别位于 β6 和 β8 链（Arakane and Muthukrishnan，2010）。

昆虫几丁质酶（Cht）属于 GH18 家族，分为 11 个 Cht 组（Group Ⅰ～Group Ⅹ，Group h）（Tetreau et al.，2015a）。已有的研究发现，抑制特定的 Cht 基因表达，可以干扰昆虫几丁质代谢，有望作为害虫防治的新靶标。在赤拟谷盗和褐飞虱中干扰 Group Ⅰ 几丁质酶的表达，影响蛹到成虫的蜕皮。在甜菜夜蛾和飞蝗中干扰 Group Ⅰ 几丁质酶的表达，幼虫的蜕皮受阻（Zhu et al.，2008b；Zhang et al.，2012a；Li et al.，2015；Xi et al.，2015a）。不同的几丁质酶具有独特的结构特征，虽然昆虫中已有多种几丁质酶被报道，但目前仅有 6 种几丁质酶具有结构信息，分别是亚洲玉米螟的 OfChtⅠ、OfChtⅡ、OfChtⅢ、OfChtⅣ和 OfChi-h，以及黑腹果蝇的 DmIDGF2（属于 ChtⅤ）。对亚洲玉米螟几丁质酶的晶体结构进行分析，发现其具有深而长的底物结合凹陷，这个结合位点高度保守，由几个芳香族氨基酸和底物糖的残基相互作用连接排列而成。芳香族氨基酸残基的存在有助于底物的结合，发挥其与底物结合关键的疏水作用，同时也是基于结构进行选择性抑制剂筛选的重要靶点（van Aalten et al.，2000；Boot et al.，2001；Fusetti et al.，2002；Olland et al.，2009；Fadel et al.，2015）。对芳香族氨基酸进行突变，可影响几丁质酶与底物的结合亲和力，同时对长底物的催化活性也产生影响（Chen et al.，2014b）。

鉴于几丁质酶在昆虫发育过程中的重要作用，其可作为害虫防治的潜在作用靶标（Leger et al.，1986；da Silva et al.，2005）。昆虫病原真菌分泌的几丁质酶可以进入昆虫体内降解表皮层，从而应用于害虫防治（Hartl et al.，2012）。植物几丁质酶，尤其是那些被真菌感染或被食草动物攻击时诱导表达的几丁质酶，有望应用于抗虫植物的筛选与培育（Grover，2012）。不同来源的几丁质酶基因已用于烟草、番茄、玉米和其他作物的抗虫转基因植株研究。第一个被报道的几丁质酶转基因植物是烟草，Wang 等于 1996 年在烟草植株中表达了烟草天蛾（*Manduca sexta*）几丁质酶（GH18），烟芽夜蛾幼虫取食后，其生长发育被抑制（Wang et al.，1996；Ding et al.，1998）。在玉米中表达海灰翅夜蛾（*Spodoptera littoralis*）的几丁质酶，玉米螟取食转基因玉米后的致死率高达 50%（Osman et al.，2015）。这些研究表明，昆虫几丁质酶在植物中表达时具有杀虫作用。目前，关于其他组昆虫几丁质酶在转基因植物中的作用尚未见报道。

此外，几丁质酶基因在植物中可以与其他杀虫基因叠加而共同发挥作用。例如，将烟草天蛾中的几丁质酶基因与东亚钳蝎（*Buthus martensii*）中蝎毒素基因在甘蓝型油菜中共表达，对小菜蛾具有很高的抗虫性（Wang et al.，2005）。几丁质酶基因也可与其他植物基因进行叠加表达，可使转基因植株同时具有抗病性和抗虫性。在烟草中共表达几丁质酶和拟青霉，可以防治甜菜夜蛾和斜纹夜蛾，同时也可抵抗叶斑病和软腐病（Chen et al.，2014c）。将几丁质酶、细菌毒素和细胞膜受体 Xa21 同时在水稻植株中表达，可以抗三化螟（*Scirpophaga incertulas*）取食，同时也可抵抗细菌和真菌感染（Datta et al.，2002）。

7.3.2　几丁质酶抑制剂

几丁质酶动态调控几丁质的结构，在昆虫发育中起着至关重要的作用。几丁质酶抑制剂通过干扰几丁质代谢，影响昆虫的正常生理发育，从而实现杀虫的目的。目前，已鉴定出多种几丁质酶抑制剂并对其特性开展了研究（Andersen et al.，2005）。几丁质酶抑制剂主要来源于微生物和海绵动物，主要包括链霉菌（*Streptomyces* sp.）中提取的阿洛菌素（allosamidin）（Sakuda et al.，1987a），海绵 *Stylotella aurantium* 中分离的生物碱 styloguanidines（Kato et al.，1995），假单胞菌（*Pseudomonas* sp.）中分离的环二肽 CI-4［cyclo(L-Arg-D-Pro)］（Izumida et al.，1996），海绵 *Aplysinella rhax* 中分离的酪氨酸衍生物 psammaplin A（Tabudravu et al.，

2002），以及真菌中提取的环五肽（cyclopentapeptide）、阿尔加定（argadin）和精氨芬（argifin）（Arai et al.，2000a，2000b；Omura et al.，2000）。phlegmacin B1 是最近从 *Talaromyces* sp. 中分离出来的几丁质酶抑制剂（Chen et al.，2017）。此外，植物源化合物也是几丁质酶抑制剂的重要来源，如甲基黄嘌呤衍生物、茶碱、咖啡因和己酮可可碱均具有几丁质酶抑制作用（Rao et al.，2005）和抗真菌活性（Tsirilakis et al.，2012）。从植物中提取的小檗碱及其衍生物也有抑制昆虫几丁质酶的作用（Duan et al.，2018）。

1. 阿洛菌素及其衍生物

阿洛菌素及其衍生物是目前发现最有效的几丁质酶抑制剂，阿洛菌素是由 *N*-2-乙酰基-2-D-2-氨基阿洛糖和氨基环戊醇衍生物构成的拟三糖化合物，最早从链霉菌的菌丝中分离获得，对昆虫几丁质酶有较强的抑制作用。生物活体实验结果显示，阿洛菌素可通过抑制蜕皮过程，对鳞翅目幼虫具有杀虫活性（Sakuda et al.，1986，1987b；Blattner et al.，1994）。

2. 生物碱类和酪氨酸衍生物

从海绵 *Stylotella aurantium* 和 *Psammaplysilla purpurea* 中分别分离获得生物碱类和酪氨酸衍生物。Kato 等（1995）的研究表明，2.5μg/mL 的生物碱类对细菌 *Schwanella* sp. 的几丁质酶有明显的抑制作用。酪氨酸衍生物是一种温和的几丁质酶抑制剂，对芽孢杆菌（*Bacillus* sp.）几丁质酶的抑制中浓度（IC_{50}）为 68μmol/L（Tabudravu et al.，2002）。此外，酪氨酸衍生物还具有抗菌活性。

3. 环二肽 CI-4

环二肽 CI-4 是从假单胞菌（*Pseudomonas* sp.）中提取获得的，其抑制速率常数 K_i 为 0.65mmol/L，IC_{50} 为 1.2mmol/L。研究报道，环二肽抑制黏质沙雷氏菌（*Serratia marcescens*）的细胞分离，可能是通过抑制其几丁质酶活性造成的（Izumida et al.，1996）。

4. phlegmacin B1

最近鉴定出的微生物次生代谢物 phlegmacin B1 对亚洲玉米螟几丁质酶 OfChi-h 和 OfCht I 均表现出抑制活性，K_i 值分别为 5.5μmol/L 和 79.3μmol/L。phlegmacin B1 通过疏水作用与 OfChi-h 的底物结合裂缝中的 −3～+1 亚位点结合。phlegmacin B1 的 O2 和 O9 原子与 Trp160 和催化残基 Glu308 分别形成氢键。活体注射和饲喂实验发现，phlegmacin B1 通过干扰蜕皮对亚洲玉米螟幼虫具有杀虫活性，表明其在防治害虫方面具有潜在的应用价值（Chen et al.，2017）。

5. 小檗碱

Duan 等（2018）报道植物源化合物小檗碱可以抑制广谱糖基水解酶，如 OfChtⅠ，小檗碱通过抑制亚洲玉米螟幼虫的生长发育而表现出杀虫活性。小檗碱通过形成 π-π 堆积相互作用在 OfChtⅠ 的底物结合裂缝中与 Trp107 结合。小檗碱类似物，如沙利芬定和巴马汀也可以抑制 OfChtⅠ 的活性，进而干扰亚洲玉米螟幼虫的生长发育，达到杀虫的目的。

6. 底物类似物

GH18 家族几丁质酶的底物辅助催化机理如下：底物参与共价噁唑离子中间体的形成，−1 位置的底物糖弯曲形成船型构象，使 C2-乙酰氨基能够进行催化反应。因此，底物类似物葡糖胺（glucosamine，GlcN）（Muthukrishnan et al.，2019）能抑制昆虫几丁质酶的活性，抑制程度与底物类似物的糖链长度有关（Chen et al.，2014d，2014e；Liu et al.，2017）。通过对酶-抑制剂复合物 OfChtⅠ/(GlcN)$_5$ 和 OfChi-h/(GlcN)$_7$ 结构分析显示，抑制剂与酶-底物的结合方式相同，与底物裂缝结合（图 7-3）。研究发现，对稻纵卷叶螟（*Cnaphalocrocis medinalis*）幼虫注射 (GlcN) 复合物可导致其蜕皮困难而死亡。对家蝇注射底物类似物 TMG-(GlcNAc)$_4$（Zhu et al.，2008b）可影响其幼虫的变态发育。

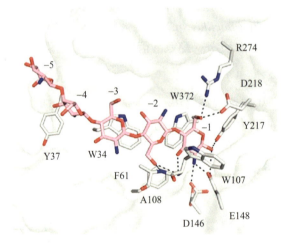

图 7-3　OfCh Ⅰ 和 (GlcN) 结构复合物立体结构（Chen and Yang，2020）

灰色线表示碳键，数字编号表示底物结合裂缝的子位点，粉红色表示抑制剂原子，虚线表示氢键

最近报道的几丁质酶抑制剂显示出新型杀虫剂的开发应用前景。天然产物仍然是几丁质酶抑制剂的重要来源，为几丁质酶抑制剂的筛选和开发提供多样性化合物。由于几丁质酶参与了某些病原体的入侵和致病过程，具有生物降解特性的

微生物和植物衍生代谢物是几丁质酶抑制剂筛选的潜在来源，如 phlegmacin B1、小檗碱等。

7.3.3 其他靶向几丁质降解的化学杀虫剂

昆虫几丁质在几丁质酶的作用下，切割生成 N-乙酰葡糖胺寡聚物（N-acetyl-glucosamine oligomer），N-乙酰葡糖胺寡聚物进一步被 β-N-乙酰葡糖胺糖苷酶（β-N-acetylglucosaminidase，NAG）水解形成 N-乙酰葡糖胺（N-acetylglucosamine，GlcNAc）。β-N-乙酰葡糖胺糖苷酶属于糖苷水解酶 20（GH20）家族，是一种几丁质降解酶，能够从非还原端将几丁质寡糖进一步水解，在昆虫生命活动中发挥重要的生理功能。根据对昆虫 NAG 的生理功能和系统发育研究，NAG 可分为 4 类（Hogenkamp et al.，2008）。已有的研究发现，在赤拟谷盗、飞蝗和亚洲玉米螟中，干扰 NAG1 的表达可导致昆虫蜕皮受阻进而死亡（Hogenkamp et al.，2008；Liu et al.，2012a；Rong et al.，2013），表明 NAG1 在昆虫蜕皮过程中发挥重要作用。刘凤翊和杨青（2013）报道，亚洲玉米螟的 NAG2 OfHex2 具有较宽的底物谱，可以水解以 β-1,3-糖苷键连接的底物 Gb4，干扰亚洲玉米螟 OfHex2 的表达可导致幼虫化蛹异常。除了上述两类 NAG，对第 3 类和第 4 类 NAG3 的研究较少，对其参与的生理过程尚不明确。

GH20 具有高度特异性和结构多样性，其底物结合活性区附近的微小变化均可影响酶与抑制剂的结合亲和性。尽管已经解析了多个 GH20 晶体结构，但设计有应用前景的 GH20 抑制化合物仍然具有挑战性。迄今为止，还没有 GH20 抑制剂应用于医疗或农业领域的研究报道。在昆虫中，现已获得亚洲玉米螟 GH20-NAG 的晶体结构 OfHex1。通过配体建模构建 OfHex1 的三维模型发现，OfHex1 活性位点的大小和形状与人的 β-N-乙酰己糖胺酶不同，其参与底物结合的"+1"位点存在一个特殊的三明治结构，致使其对几丁质寡糖具有高度的选择性和水解活性（Liu et al.，2011）。

目前已经获得的 GH20 的抑制剂主要包括 N-乙酰-葡糖胺基噻唑啉（NAG-thiazoline，NGT）（Knapp et al.，1996）、DNGNAc 和其他亚胺环醇（Liang et al.，2006；Ho et al.，2010）、PUGNAc（Horsch et al.，1991）、Nagstatin（Aoyama et al.，1992）、TMG-chitotriomycin（Usuki et al.，2008；Yang et al.，2011）、Pochonicine（Usuki et al.，2009；Zhu et al.，2013b）、萘酰亚胺（Guo et al.，2013；Chen et al.，2014a）和乙胺嘧啶（Maegawa et al.，2007）。

1. N-乙酰-葡糖胺基噻唑啉及其衍生物

N-乙酰-葡糖胺基噻唑啉（NGT）及其衍生物是目前公认的 β-N-乙酰葡糖胺糖苷酶（NAG）的抑制剂。NGT 是基于底物协助机制设计的反应中间体类似物，采用与 NAG（Abbott et al., 2009; Tian et al., 2015）相同的底物辅助机制，NGT 的衍生物对其他类型的糖基水解酶也有抑制作用。研究发现，NGT 对亚洲玉米螟 β-乙酰葡糖胺糖苷酶 Ofhex1 抑制速率常数为 79μmol/L，表明其对昆虫 NAG 的抑制作用较弱。通过对 OfHex1 与 NGT 配合物的共晶结构分析，发现 OfHex1 中存在一个大的活性口袋，可能是 NGT 抑制活性较弱的原因。在 NGT 的噻唑啉环上，设计合成较大的取代基替换甲基，合成 NGT 的衍生物 thiamet-G，可以有效抑制 GH84 O-GlcNAcase（Macauley et al., 2005; Yuzwa et al., 2008）。此外，通过延伸 NGT C3 或 C4 羟基上的糖链，合成的 NGT 衍生物壳三糖噻唑啉（Macdonald et al., 2010）、Gal-β1,3-GlcNAc-thiazoline（Hattie et al., 2012; Ito et al., 2013）和 Man9GlcNAc-thiazoline（Li et al., 2008; Yin et al., 2009），可作为 GH18 几丁质酶、GH20 lacto-N-biosidase 和 GH85 endo-β-N-acetylglucosaminidase 的有效抑制剂。

2. 阿洛菌素

通过对抑制剂的分子对接和分子建模分析，对底物和抑制剂的绑定模式进行了研究。研究发现阿洛菌素可选择性抑制亚洲玉米螟的 OfHex1，对人的 β-N-乙酰己糖胺酶安全，这项研究结果表明，OfHex1 可能具有物种特异性。此外，阿洛菌素具有多靶点特性，可以抑制不同家族的酶，既可以结合几丁质酶和 OfHex1 的 -1/+1 糖结合位点，也可以结合几丁质酶的 -2/-3 糖结合位点。因此，阿洛菌素及其衍生物可以被开发为新型杀虫剂，同时抑制两种几丁质降解酶，为新型绿色农药的设计提供了新的思路和方法（Wang et al., 2012b）。

几丁质代谢途径作为绿色杀虫靶标已受到越来越多的重视，成为新型杀虫剂的重要研发方向。β-N-乙酰己糖胺酶是迄今为止研究最彻底，机理最明确的几丁质降解酶。目前，关于 β-N-乙酰己糖胺酶的研究主要集中在医学和药学方面，针对以农业害虫为靶标的抑制剂研究尚处于起步阶段，有待深入研究和探索。

7.4 小结与展望

昆虫表皮几丁质片层结构主要由几丁质和蛋白质组成。几丁质的独特结构及其生物合成途径，可作为害虫防治的潜在作用靶标。科学家围绕昆虫几丁质结构开展研究，制定害虫防治策略，以破坏害虫几丁质结构为目标，开发新型杀虫剂。与传统的化学杀虫剂相比，以表皮代谢为靶标的杀虫剂具有环境安全性高、对非靶标生物无害、使用浓度低和降解速度快等优点。

靶向几丁质合成的杀虫剂主要以苯甲酰基脲类为代表，是重要的几丁质合成抑制剂。该类杀虫剂可特异性地干扰昆虫表皮几丁质的合成及正常沉积，使昆虫蜕皮受阻而死亡，自 20 世纪 70 年代末发展以来，已成为创新杀虫剂最活跃的研究领域之一，目前已有多种商品化的杀虫剂问世，在害虫综合治理中发挥着重要作用。

针对以农业害虫为靶标的几丁质降解抑制剂的研究目前仍处于起步阶段，现已获得的几丁质酶抑制剂和 β-N-乙酰己糖胺酶小分子抑制剂均具有较为理想的杀虫活性，表明研发该类抑制剂作为新型杀虫剂具有极大的发展空间，是新型结构农药研发的重要方向，但仍有如下问题应引起重视。首先是提高抑制剂的选择性，重点考虑降低对非靶标生物的风险，包括高等动物和蜜蜂等益虫。不同物种几丁质酶的晶体结构存在差异，完善害虫类群几丁质酶的结构信息对于提高抑制剂的特异性至关重要。其次是提升药效和降低脱靶效应。通过结合人工智能（AI）技术和分子计算方法可提高人工合成杀虫剂化合物的成药性，有望生产全新构架化合物的新型杀虫剂，用于害虫的有效防治。

第8章

以昆虫表皮代谢为靶标的真菌防治策略

韩鹏飞，刘卫敏

山西大学应用生物学研究所

8.1　昆虫病原真菌概述

能侵染昆虫并使其发生疾病的真菌称为昆虫病原真菌，是昆虫病原生物中的最大类群。病原真菌是最早用于对害虫进行生物防治的真菌类群，早在 1834 年，昆虫学家就发现白僵菌能使家蚕发生白僵病，这标志着人们对昆虫疾病的认识，也奠定了昆虫病理学的基础（蒲蛰龙，1985）。近 40 年来，世界上利用病原真菌防治各类农林害虫取得了大量成功经验。

8.1.1　昆虫病原真菌的主要类群及应用

据不完全统计，世界上记载的病原真菌约 100 属 800 多种。在我国已报道的达 405 种，其中虫草属 80 种，寄生昆虫的真菌 215 种，寄生线虫的真菌 10 种，已报道的新种达 24 种。自 20 世纪以来，我国开发利用的昆虫病原真菌约 20 种，其中，使用最广的是绿僵菌和白僵菌。昆虫病原真菌的主要类群分别属于半知菌、接合菌、鞭毛菌和子囊菌 4 个亚门。作为杀虫剂的种类主要有绿僵菌属（*Metarhizium*）、布氏白僵菌属（*Beauveria*）、玫烟色棒束孢（*Isaria fumosorosea*）、蜡蚧轮枝菌（*Lecanicillium lecantii*）、汤氏被毛孢（*Trichoderma townsoni*）、座壳孢属（*Aschersonia*）和镰刀菌属（*Fusarium*）等（Shah and Pell, 2003）。目前，我国拥有世界上最大的虫生真菌研究队伍，其次为美国、英国和巴西等不同国家的研究团队，研究方向主要集中于虫生真菌分子生物学、致病机理、害虫生物防治以及育种工程等方面。

1. 昆虫病原半知菌

昆虫病原半知菌因在其生活史中仅发现了无性阶段，而尚未发现有性阶段而得名。此类真菌的营养体为发达的有隔菌丝，可以形成子座和菌核等结构；也可以形成分生孢子梗，以芽殖、断裂及裂殖的方式产生分生孢子，分生孢子的形态有单胞、双胞、多胞、线状、螺旋状、星状等多种类型。在昆虫病原真菌的 100

多个真菌属中，约有 50 个属于半知菌。

（1）白僵菌

在昆虫僵病中，以球孢白僵菌（*Beauveria bassiana*）所引起的最为常见。白僵菌是研发历史较早、普及面积大、应用范围最广的一种昆虫病原真菌，属于半知菌类，在整个虫生真菌中约占 21%，其寄主种类达 15 目 149 科 521 属 707 种，还可寄生于 13 种螨类。白僵菌是使用最多、最具成效的昆虫病原真菌，是一种广谱性的真菌杀虫剂，在美国多用于防治森林害虫，苏联用于防治马铃薯象甲；英国、法国和巴西等国家也在生产应用；在我国用于防治暴发性害虫玉米螟、大豆食心虫和松毛虫，均取得了显著的防治效果，近年来，每年防治面积达 60 多万 hm^2 以上。白僵菌不仅在田间残效期长，而且在越冬期仍有 36%～55% 害虫的幼虫和蛹被寄生，从而导致来年不能羽化，连年使用可大大降低虫口密度，这是其他化学农药所不能比拟的。在我国，福建省对白僵菌的研究和利用起步较早，1958 年，福建省林业科学研究所首先在自然界中发现了松毛虫白僵菌病。1961 年，晋江专署林业局（现晋江市林业和园林绿化局）森林病虫害防治站首次利用人工培养的白僵菌防治松毛虫获得成功，分别于 1970 年和 1977 年创办南安白僵菌厂和惠安赤湖林场白僵菌厂。为提高白僵菌制剂的质量和杀虫效果，20 世纪 70 年代福建省农业科学研究所先后选育出激光 4 号、激光 36 号、激光 40 号、激光 64 号和激光 78 号等优良菌株，并于 1975～1976 年在福建和广东推广应用，防治面积达 6 万多公顷，杀虫效果达 80%～90%。1979 年，南安白僵菌厂对白僵菌生产工艺进行技术革新，以部分蔗渣代替麦麸生产白僵菌，使其粉剂孢子含量达 200 亿个/g。同年，福建省推广应用白僵菌制剂防治松毛虫和木毒蛾，面积达 18 万 hm^2，防治效果达 70%～80%。1986 年，姚道伙等成功研制出机械化生产白僵菌粉剂新工艺，粉剂孢子含量高达 1500 亿～2500 亿个/g，萌发率达 88%，防治效果达 85%～96%，防治费用可降低约 12%。

（2）绿僵菌

绿僵菌（*Metarhizium anisopliae*）是最早用于防治农业害虫的昆虫病原真菌，属于半知菌类，能寄生 8 目 30 科 200 多种昆虫，可诱发昆虫产生绿僵病。尤其是对鞘翅目昆虫具有显著的适应性，常见的寄主有金龟甲、象甲、金针虫。此外，鳞翅目幼虫，半翅目蝽象和蚜虫等也是常见寄主。自从 1879 年俄国 Metchnikoff 首先应用绿僵菌防治奥地利金龟子以来，绿僵菌就成为害虫微生物防治的主角。由于早期人们对绿僵菌防治效果不稳定而感到失望，对绿僵菌的研究仅限于分类学、培养特性、感染机制及影响因素等方面。近 30 年来，随着巴西和澳大利亚使用金龟子绿僵菌防治甘蔗和牧草害虫取得较大进展，以及非洲采用黄绿绿僵菌防治蝗虫的实验初步成功，对绿僵菌的研究进入高潮。目前，中国已有成熟的绿僵菌杀虫剂工业化生产，产品产孢量为 50 亿个/g，萌发率为 91%。用含孢量 2 亿/mL

绿僵菌粉防治杨树天牛，防效可达 70% 以上。中国农业科学院采用绿僵菌防治飞蝗，室内处理后第 10 天，死亡率达 100%，并于 1995 年进行了田间试验，取得了较好效果，初步证明，应用绿僵菌防治飞蝗具有很好的前景（刘艳梅等，2009）。此外，我国对金龟子绿僵菌的研究也逐步深入，现已知该菌可寄生于 200 多种昆虫上。绿僵菌对白蚁、蚊幼虫、青杨天牛和甘蔗螟虫等均有很好的防治效果。潘蓉英等（1995）的研究表明，绿僵菌防治橄榄星室木虱（*Pseudophacopteron canarium*）具有毒力强、致病历程短等特点。上述研究工作为应用绿僵菌防治害虫提供了理论依据和实践方法。

（3）玫烟色棒束孢

玫烟色棒束孢是一种重要的昆虫病原真菌，在生物防治中发挥着积极的重要作用。在分类学上，玫烟色棒束孢曾被移入拟青霉属，称为玫烟色拟青霉（*Paecilomyces fumosoroseus*），之后移入棒束孢属。可寄生于半翅目、鞘翅目、鳞翅目、双翅目和膜翅目昆虫上，是蔬菜、果树和茶树害虫的重要致病真菌之一，尤其对半翅目蚜虫、粉虱等刺吸式口器害虫，鳞翅目文山松毛虫（*Dendrolimus punctatus wenshanensis*）、云南松毛虫（*Dendrolimus latipennis*）、云纹绿尺蛾（*Comibaena pictipennis*）以及茶园害虫茶小绿叶蝉（*Empoasca pirisuga*）和茶橙瘿螨（*Acaplrylla theae*）等具有很强的致病力。玫烟色棒束孢也是一种常见的土壤真菌，其分布广、易培养且对人及环境无害，是一种安全的生物农药。由于直接分离筛选到的野生菌株防效不稳定，毒力易退化，所以实际应用受到限制。自 20 世纪 90 年代以来，有关玫烟色棒束孢分离鉴定、表型特征、遗传变异、致病性及应用等方面的相关研究显著增加，一些国家已将其开发成商品杀虫剂，如荷兰生产的 PFR97 菌剂、Biobest 防蚜制剂、墨西哥的 Paesin 防粉虱制剂和委内瑞拉的 Bemisin 制剂等。目前，国内玫烟色棒束孢研究工作已取得不少进展，但尚未实现大规模的开发和应用。

2. 昆虫病原接合菌

此类真菌的菌丝体无隔，无性繁殖后在菌丝顶端有多核原生质密集，膨大形成孢子囊；孢子囊可在营养菌丝顶端或分生孢子梗上形成，孢子梗分枝或不分枝。孢子囊成熟后破裂，孢子随风散布，在适宜条件下再萌发长成菌丝。菌丝发达，多分枝，无横隔，多核。有性生殖由相同或不同的菌丝所产生的两个同形等大或同形不等大的配子囊，经过接合后形成球形或双锥形的接合孢子。接合菌虫霉目虫霉科真菌大约有 150 种，其中绝大多数可寄生 32 科 120 多种昆虫，对寄主幼虫、蛹、成虫等各个虫态均可进行感染，是蝗虫、蚜虫、蛾类、蝇类、蚧类及螨类的主要寄生菌。虫霉科中的虫霉属、疫霉属、逸孢霉属和虫疫霉属等真菌都可造成蚜虫较高的死亡率。

3. 昆虫病原鞭毛菌

此类真菌通过无性生殖产生具鞭毛的游动孢子。营养体为比较原始的单细胞，不形成菌丝或菌丝不发达，较高级种类形成无横隔、多核的分枝菌丝。经无性生殖在菌丝顶端产生孢子囊，或整个细胞发育为原孢子囊堆，再产生游动孢子。有性生殖中的低等种类以游动配子结合，产生合子，发育成休眠孢子囊，大多数以异形配子囊结合产生卵孢子。大多数种类水生，少数陆生。昆虫病原鞭毛菌主要隶属于链壶菌属和雕蚀菌属，目前雕蚀菌属中已发现40多种，均为水生昆虫的专性寄生菌，寄主以蚊科幼虫为主，此外，还可侵染双翅目的摇蚊科、蚋科、虻科以及半翅目的泳蝽等昆虫。链壶菌属可以寄生剑水蚤和多种蚊幼虫，对库蚊、按蚊和伊蚊幼虫有较高的毒性。

4. 昆虫病原子囊菌

此类真菌均为高等真菌，其营养体除极少数低等类型为单细胞（如酵母菌）外，均为由有隔菌丝构成的菌丝体。细胞壁由几丁质构成。有性生殖过程中形成子囊，在子囊中产生具有一定数目（多为8个，有的为4个、16个或其他数目）的子囊孢子。无性生殖发达，产生不同类型的分生孢子从而进行繁殖。水生或陆生。腐生在多种基物上或寄生在多种动植物上，也有许多子囊菌可与藻类共生形成地衣。子囊菌门虫草属分布于全世界，已发现的有350多种，通常可侵染鳞翅目、鞘翅目、等翅目、半翅目、直翅目、膜翅目和双翅目昆虫，有的种还可以寄生于蜘蛛和其他丝状菌的菌核及子实体中。

8.1.2　昆虫病原真菌的致病机理

昆虫病原真菌可以从昆虫完整体壁侵入，也可以通过昆虫气门、肠道及伤口等侵入。致病过程一般分为以下几个阶段：①真菌孢子黏附在寄主体表并识别寄主；②真菌孢子在适宜的条件下开始萌发，长出芽管，接受外界信号的刺激，形成一定的侵染结构，如附着胞和侵染钉等，穿透寄主体壁，进入寄主血淋巴；③在寄主血淋巴中以虫菌体的形式对抗或逃避寄主的免疫反应，实现在寄主体内定植；④昆虫病原真菌消耗寄主的营养，干扰寄主的正常生理代谢并分泌一系列毒素，其生长、繁殖破坏了寄主昆虫的组织结构，最终导致寄主昆虫死亡；⑤寄主死亡后，昆虫病原真菌在寄主体内开始营腐生生长，利用寄主降解的组织，在寄主体表、体内产生大量真菌孢子。整个侵染致病过程涉及昆虫病原真菌对寄主的识别、机械穿透、干扰寄主的生理代谢、消耗寄主的营养、分泌毒素及破坏寄主的组织结构等，多因子作用导致昆虫寄主的死亡（Clarkson and Chamley，1996）。在病原真菌侵入寄主的过程中，涉及多种酶（几丁质酶、蛋白酶、酯酶等）的分泌，以及形成特殊的侵染结构（附着胞、侵染钉、穿透板、穿透菌丝等），还必须克服寄主昆虫体表微环境的影响，如短链脂肪酸的抑制作用等，并获得外界营养（碳、氮、能源），进入昆虫体内还要克服寄主的免疫反应（Ana Paula et al.，2000）。

昆虫病原真菌从孢子萌发开始到侵染菌体重新在虫体上产生孢子的过程，一般包括以下 10 个阶段：①孢子附着于寄主表皮，②孢子萌发，③穿透表皮，④菌丝在血腔内生长，⑤毒素产生，⑥寄主死亡，⑦菌丝侵入寄主的所有器官，⑧菌丝穿出表皮，⑨产生孢子，⑩菌体的扩散。只要完成了前 4 个阶段，就实现了对寄主的入侵和感染；当病原真菌的菌丝在昆虫体内大量增殖时，就可导致寄主昆虫的死亡。

8.2　昆虫病原真菌与表皮的相互作用

8.2.1　昆虫病原真菌对表皮的黏附、识别和降解机制

1. 对寄主的黏附与识别

昆虫病原真菌的侵染孢子主动弹射或随水流和气流被动转运，附着在寄主的表皮上。真菌孢子对寄主的黏附与识别可能与昆虫体表结构和成分、真菌孢子表面结构和成分有密切关系。早在 1988 年，Boucias 等就从金龟子绿僵菌和球孢白僵菌孢子中分离到与孢子附着有关的糖蛋白类。真菌的孢子厚而有疣，这可能与对昆虫体表结构的最初识别有关（Butt et al.，1995）。另外，昆虫的体表最外面是一层蜡质，主要由碳氢化合物和脂肪酸组成，疏水性很强。而真菌孢子表面也有一层排列整齐的强疏水层，可以通过疏水作用附着到寄主昆虫表面。Fang 和 Bidochka（2006）从金龟子绿僵菌中分离出一个疏水蛋白基因 ssgA，但在真菌孢子附着阶段，该基因并没有特异性表达，表明该疏水蛋白是在孢子形成过程中分泌到孢子表面的，而不是因附着或寄主识别而诱导产生的特异蛋白。Wang 和 St Leger（2007）对金龟子绿僵菌孢子的黏着蛋白 MAD1 和 MAD2 进行了研究，实验证明黏着蛋白 MAD1 是经诱导产生的，在增加附着力的同时，激发 Septin 等细胞周期调控基因的表达，为多功能蛋白，可影响孢子萌发和菌丝发育。MAD1 的缺失可推迟孢子萌发和入侵昆虫后血腔中芽生孢子的形成，降低真菌毒力。而 MAD2 与孢子黏附在植物表面有关，缺失后妨碍对植物的黏附，不影响对寄主昆虫的识别和真菌的致病力。这表明由于昆虫和植物有不同的表面结构和成分，真菌对昆虫和植物具有特异的识别机制。

2. 侵染结构的形成

现已发现多种昆虫病原真菌的侵染结构，如白僵菌、绿僵菌、稻瘟病菌等。

昆虫病原真菌一般从昆虫表皮侵入，侵染结构包括附着胞、穿透钉、穿透板和穿透菌丝等。侵染结构的形成过程涉及许多方面，如基因在不同条件下的特异性表达、细胞分化、真菌细胞间的相互关系及真菌与寄主的互作等。一般认为，侵染结构的形成过程及作用机制是：真菌孢子附着寄主表皮后，在适宜的条件下萌发，形成芽管，芽管顶端外涌，形成特殊的附着胞结构，其内含大量的高尔基体、线粒体、核糖体和内质网，代谢旺盛，能大量合成和分泌水解酶类。附着胞形态多样（樊美珍和黄勃，1999）。有的还可以重新长出芽管，形成新的附着胞（St Leger et al.，1989）。一段时间后，附着胞上会形成侵染钉、穿透钉或穿透菌丝等结构，菌丝扩展也可以形成穿透板，真菌可由此处进入寄主体内。但并不是所有真菌都可产生附着胞，有的绿僵菌虽然不产生附着胞，但也可侵入寄主表皮。此外，真菌附着胞的形成与 pH 和营养条件等也有较为密切的关系。附着胞分泌降解寄主体壁的胞外酶，如几丁质酶、蛋白酶、酯酶和脂肪酶等，一方面降解疏松体壁；另一方面为真菌菌丝的生长提供可利用的小分子营养物质。

附着胞具有强大的附着功能，其分泌的黏液主要成分为 N-乙酰半乳糖和糖蛋白，可使菌体牢固地黏附在寄主或基质表面。黏液作为胞外酶的溶液，可保护酶的稳定性。此外，附着胞内可以产生强大的膨压，为真菌穿透寄主体壁提供动力。Wang 和 St Leger（2007）从绿僵菌中克隆了与哺乳动物脂滴包被蛋白结构和功能相似的脂滴表面特异性蛋白基因 MPL1，MPL1 的缺失使菌丝体变细，脂滴减少，细胞溶质减少，附着胞膨压明显降低，对昆虫体壁的入侵能力显著下降，致病能力降低，表明 MPL1 是一个重要的真菌毒力因子。MPL1 蛋白通过疏水区锚定于脂滴表面。脂滴被运送到附着胞，降解生成大量的甘油，进而形成了巨大的膨压，推动穿透钉穿透已被酶解疏松的寄主体壁。MPL1 同时也参与了附着胞发育，形成细胞横隔，从而增加了附着胞的膨压。此外，附着胞还可以在寄主体表寻找入侵位点，附着胞的形成涉及由外到内的信号转导途径。广为接受的 Ca^{2+} 梯度假说最初由 St Leger 和 Charnley（1991）提出，他们认为芽管顶端有 Ca^{2+} 梯度，可使细胞壁前体定向运输到芽管顶端后胞吐，主导了芽管的极性生长，同时也维持了菌内细胞骨架的稳定。诱导信号通过破坏 Ca^{2+} 梯度起作用，Ca^{2+} 的重新分布，使新合成的细胞壁前体在细胞表面随机胞吐，细胞内膨压塑造了初生细胞壁，最终形成附着胞。研究表明，基质硬度、表面疏水性、表面拓扑结构和营养条件等都会影响附着胞的形成（Drauzio et al.，2004）。

St Leger 和 Wang（2006）还分离出一株绿僵菌，可在高蔗糖培养基上形成附着胞，对 C/N 值有一定影响。但绿僵菌也能在光滑坚硬的玻璃上形成附着胞。李文华等（2004）的研究表明，硬脂酸、蜡质单体或微量脂类可能是附着胞形成的诱导因子。Staples 和 Macko（1980）认为，芽管细胞壁接收诱导信号，即通过细胞骨架、阴离子通道、跨膜糖蛋白或整合蛋白起作用，其作用机制与动植物的信号转导相似。现在认为，跨膜糖蛋白通过结构或构象的改变来识别和传导信号。信号在胞内传递依赖第二信使，如 Ca^{2+}、cAMP 和 CaM 等，信号由细胞质传入细胞核，指导 DNA 的合成、基因表达和细胞分裂，最终产生附着胞结构。此外，St Leger 等（1990）认为，通过诱导改变膜电位，继而启动附着胞分化，可能是因 Ca^{2+} 梯度变化所致；增加 Ca^{2+} 浓度，附着胞分化率提高，继续增加至 100mmol/L 则抑制分化；绿僵菌质膜的 G 蛋白家族成员可调节 G 蛋白控制的腺苷环化酶活性。cAMP 的水平随附着胞形成而明显升高，表明 cAMP 在附着胞产生过程中具有重要作用。此外，Harvey 和 Staples（1984）认为，cAMP 启动核分裂和附着胞分化，低 cAMP 浓度促进附着胞分化，高 cAMP 浓度则抑制附着胞分化。Fang 等（2009）研究认为，绿僵菌催化亚基的缺失推迟了附着胞的形成，且形成的附着胞膨压下降，毒力降低。昆虫病原真菌附着胞形成的信号转导途径尚有待深入研究。

3. 寄主体壁的穿透

在真菌穿透寄主体壁的过程中，会分泌很多酶类，由于这些酶的复合作用，寄主体壁局部溶解，在附着胞膨压推进下，穿透钉穿透昆虫体壁，真菌进入寄主体腔（Charnley，1984）。其中，蛋白酶活力是影响真菌侵染力的重要因素。目前已经鉴定出诸多真菌水解酶，主要有如下几类。

（1）蛋白酶

蛋白质是昆虫体壁的重要组分，因此，分泌性蛋白酶（protease）对昆虫病原真菌的毒力有重要影响（St Leger and Charnley，1991），其可降解寄主体壁，激活酚氧化酶系。昆虫病原真菌侵染寄主时产生的蛋白酶可分为外切和内切蛋白酶两大类。内切蛋白酶主要有金属蛋白酶、胰凝乳蛋白酶、类枯草杆菌蛋白酶及胶原蛋白酶（St Leger and Hajek，1994）；外切蛋白酶主要有羧肽酶及氨肽酶。不同的病原真菌所产生的蛋白酶在种类和数量上有所不同。绿僵菌的内切蛋白酶包括 Pr1、Pr2 和 Pr3 等三类。类枯草杆菌蛋白酶 Pr1 是一组同工酶，等电点 10.3，为碱性蛋白酶，其上一些功能位点与昆虫体壁蛋白谷氨酸或天冬氨酸的羧基残基结合，将昆虫蛋白断裂为小多肽；此外，Pr1 与附着胞有一定关系，与菌株毒力关系密切；超表达 *Pr1* 基因，可提高绿僵菌菌株毒力，缩短了致死时间，减少了食物消耗。但 Wang 等（2002）的研究发现，*Pr1* 基因缺失的绿僵菌突变株仍能侵染寄主昆虫。胰凝乳蛋白酶 Pr2 也是一组同工酶，等电点 4.42，为酸性蛋白酶，水解球蛋白表面的精氨酸或赖氨酸残基（St Leger et al.，1996）。有研究表明，Pr2 可能参与催化某些特定蛋白的水解失活过程以及对细胞周期的控制（Samantha et al.，2007）。Pr3 是金属蛋白酶，也是酸性蛋白酶，能水解其他蛋白酶的产物，其作用机制尚不清楚。

（2）几丁质酶

几丁质酶（chitinase）较蛋白酶表达时期晚，是由蛋白质降解寄主体壁后暴露出的几丁质诱导产生的，受几丁质降解产物 N-乙酰葡糖胺（N-acetylglucosamine）的诱导抑制作用（Smith and Grula，1983）。研究还表明，某些氨基酸或其聚合物也能诱导几丁质酶的分泌。昆虫病原真菌产生的几丁质酶大致可分为外切和内切几丁质酶两类。目前在球孢白僵菌中已鉴定出 2 个几丁质酶 Bbchit1 与 Bbchit2，在金龟子绿僵菌中鉴定出 5 个几丁质酶，分别为 CHIA、CHI11、CHI2、CHI3 和 CHI42（Bogo et al.，1998）。Hassan 等（1983）揭示了绿僵菌几丁质酶是绿僵菌重要的毒力因子。在金龟子绿僵菌中超表达几丁质酶不能提高菌株的杀虫速度，但在白僵菌中超表达几丁质酶可显著提高菌株的毒力，产生这种不同结果的原因可能在于两种基因产物的空间结构不同（Fang et al.，2005）。

（3）酯酶

真菌酯酶（esterase）与其毒力之间有着密切的关系，酯酶可以降解昆虫表皮的蜡质层，因此认为，酯酶在昆虫病原真菌入侵中有重要作用，通过在培养基中添加昆虫表皮提取物，验证了酯酶的产生，且产生情况与毒力具有一定的相关性，所以认为酯酶是真菌的毒力因子（Gupta et al.，1991）。

St Leger 和 Charnley（1991）认为，酯酶活性可能与 Pr1 有关，同样在侵入寄主表皮中发挥重要作用。真菌昆虫体壁降解酶的分泌具有先后次序。例如，在培养基中添加蝗虫虫体粉末，接种绿僵菌后，首先分泌蛋白酶和酯酶，其次是β-N-乙酰葡糖胺糖苷酶（β-N-acetylglucosaminidase），3～5 天后几丁质酶和酯酶含量升高。此外，几丁质酶与蛋白酶可以互作，研究表明，Pr1 和几丁质酶在绿僵菌中具有互作关系，两种酶的活性差异体现在昆虫体壁降解 N-乙酰葡糖胺的产量不同。

4. 体内定植

昆虫病原真菌侵入寄主后，以酵母状虫菌体的形式进行生长繁殖，可降低宿主昆虫的免疫反应。研究认为，Mcl1 在金龟子绿僵菌侵入昆虫血淋巴 20min 后可特异性表达。通过免疫荧光技术研究表明，绿僵菌虫菌体表面由 Mcl1 基因编码、14 个氨基酸组成的带负电的亲水氨基端结构域所包裹；Mcl1 基因缺失突变体可被血细胞迅速吞噬，对烟草天蛾的毒力大幅降低，因此，Mcl1 是昆虫病原真菌的毒力基因（Wang et al.，2006）。昆虫血淋巴是一个高渗透压环境，研究表明，绿僵菌为了适应寄主高渗透压的血淋巴，可表达感受器蛋白 MOS1，其为跨膜蛋白，具有酵母感受器蛋白 SHO1C 端的 SH3 区。对 MOS1 的基因进行 RNA 干扰后，绿僵菌对渗透压、活性氧以及干扰细胞壁形成的化合物敏感性显著增加，生长发育受到明显影响，毒力显著降低，表明 MOS1 的基因是绿僵菌的毒力基因（Wang et al.，2008）。昆虫病原真菌在寄主体内繁殖，必须利用寄主的营养，这会造成寄主昆虫衰竭死亡。昆虫中海藻糖（trehalose）是其主要的糖源，占血淋巴的 80%～90%，海藻糖对昆虫有重要的生理作用。Xia 等（2002）的研究表明，绿僵菌侵入寄主血淋巴后，分泌海藻糖酶（trehalase）和酸性磷酸酶（acid phosphatase），降解海藻糖和有机磷等，产生小分子葡萄糖和游离磷酸，为绿僵菌的生长繁殖提供营养，进而导致寄主昆虫取食减少、活动变缓，最后衰竭死亡。随着病原真菌在寄主体内生长，会产生次生代谢物，大多是真菌毒素——绿僵菌素（李建庆等，2003）。研究表明，绿僵菌素能抑制美洲大蠊和沙漠蝗血淋巴的酚氧化酶活性（Huxham and Lackie，1986），干扰寄主昆虫的免疫系统。此外，研究还发现绿僵菌素与真菌毒力显著相关，Alain 等（2002）研究认为，绿僵菌素家族中杀虫活性最高的是绿僵菌素 E，在低剂量下可以显著抑制昆虫的免疫系统，降低昆虫细胞免疫反应，从而保护虫体内的病原真菌。Sree 和 Padmaja（2008）研究发现，绿僵菌素的粗提物可使寄主昆虫产生氧化压力，引起体内抗氧化酶［过氧化物酶（peroxidase）、超氧化物歧化酶（superoxide dismutase）和过氧化氢酶（catalase）］的活性增加，并认为昆虫通过平衡体内氧自由基的水平可防止绿僵菌素致病。有些病原真菌虽然不能产生真菌毒素，但仍然对寄主昆虫具有高毒力。寄主死后，虫菌体发育成菌丝，可利用寄主的营养和水分。当环境湿度较高时，菌丝长出寄主表皮，重新产生大量分生孢子，开始新的侵染循环。

8.2.2 表皮对昆虫病原真菌的早期免疫感知

昆虫是世界上分布范围最广的生物，具有高度的适应能力和有效的防御机制，昆虫没有类似哺乳动物的 B 淋巴细胞系统和 T 淋巴细胞系统，因而不具有高等动物高度专一的获得性免疫系统（acquired immune system）。但是，昆虫却能够对微生物侵染做出快速有效的免疫应答，表明昆虫具有对非特异因子产生免疫应答的高效的先天免疫系统，主要包括体液免疫和细胞免疫。一旦有病原微生物侵染，昆虫可快速反应并产生多种杀菌成分，如抗菌肽（antibacterial peptide）、补体类蛋白质（complement protein）和血细胞等（Hoffmann et al.，2003；Lemaitre，2004）。昆虫的杀菌反应不具备高度的抗原靶标特异性，但仍可以识别不同的病原微生物，做出相应的免疫应答（Leulier et al.，2003）。此外，昆虫的杀菌反应与哺乳动物的先天免疫存在着进化保守性（Hultmark et al.，2003；Takeda et al.，2003）。多种自我防卫机制构成了昆虫的先天免疫反应（innate immune response），包括抗菌肽、活性氧（reactive oxygen species）杀死细菌、血细胞吞噬微生物和黑色素（melanin）黑化（melanization）杀死微生物等（Hoffmann et al.，2003；Lemaitre，2004）。体液免疫所产生的抗菌肽在昆虫先天免疫防御系统中起着重要的作用。抗菌肽是一类普遍存在的防御性蛋白质，具有分子量小、理化性能稳定和广谱抗菌等特点，在昆虫受到外界刺激或创伤时，可在体内特定组织快速合成，分泌到血淋巴中从而对入侵的病原微生物进行免疫。

昆虫的体液免疫在昆虫防御中起重要作用。体液免疫一般是指由昆虫血细胞和脂肪体中的抵御物质以及外来信号诱导产生的防御物质参与对外源物的清除，主要包括溶菌酶、凝集素、抗菌蛋白、抗病毒效应因子、蛋白酶抑制剂、活性氧或氮中间体。此外，昆虫的体液免疫能在外界物质的诱导下，快速产生多种防御物质并表现出应对外界刺激的非特异性免疫应答。例如，在不同诱导源（生物或非生物因子）的诱导下，宿主都能被诱导产生相同的防御物质。也有研究表明，在注射病原菌和蛋白酶等不同的诱导物时，昆虫都能产生相似的体液免疫防御物质。在昆虫体液免疫中研究最多和最为透彻的是抗菌肽，其主要在脂肪体以及生殖腺中合成，此外，在昆虫唾液腺、血细胞等部位也有少量合成（Kimbrell，1991）。昆虫接受外界免疫应答合成抗菌肽，主要是通过模式识别受体（pattern recognition receptor，PRR）识别入侵微生物细胞壁上保守的病原体相关分子模式（pathogen-associated molecular pattern，PAMP），进一步激活 Toll 或 Imd 信号转导通路，通过 NF-κB 样转录因子调控抗菌肽基因的表达（Doyle and O'Neill，2006）。真菌和革兰氏阳性细菌侵染主要激活 Toll 途径，而革兰氏阴性细菌侵染主要激活 Imd 途径。这两种途径的信号成分在很大程度上是相互独立的，但是这两种途径所控制表达的抗菌肽基因既有不同又有交叉。

作为跨膜受体，Toll 最早被认为是识别果蝇胚胎背腹部发育的主要成分（Wu et al.，1997）。采用革兰氏阳性细菌的肽聚糖刺激 Toll 途径时，细胞外的肽聚糖识别蛋白 SA（peptidoglycan recognition protein-SA，PGRP-SA）可被调节（Michel et al.，2001）。果蝇体内共有 12 个基因与其结合亚型编码各种肽聚糖识别蛋白（Werner et al.，2000）。肽聚糖识别蛋白分为短型（SA、SB、SC、SD）和长型（LA、LB、LC、LD、LE 等），采用不同的革兰氏阳性细菌刺激 Toll 途径，可产生短型 PGRP-SD 蛋白（Bischoff and Vignal，2004）。由于果蝇 PGRP-SA 和 PGRP-SD 双突变体比单突变体有更强的免疫缺失，这个结果表明，PGRP-SA 和 PGRP-SD 在先天免疫反应中具有协同作用。推测可能是来自不同的革兰氏阳性细菌肽聚糖结构的轻微差异导致 PGRP-SA 或 PGRP-SD 的结合。另一个模式识别蛋白被命名为革兰氏阴性细菌结合蛋白-1（GNBP-1），该蛋白可对革兰氏阳性细菌进行逆向识别（Gobert et al.，2003）。PGRP-SA 和 GNBP-1 可同时高效表达，但不会单独激活 Toll 信号通路。这些结果证明，革兰氏阳性细菌结合分子可被宿主多种蛋白识别，然后这些蛋白可以联合激活 Toll 途径。真菌对 Toll 途径的刺激并不取决于 PGRP-SA、PGRP-SD 或 GNBP-1，而是取决于丝氨酸蛋白酶、色氨酸蛋白酶、蛋白酶抑制剂和坏死因子（Ligoxygakis et al.，2002）。值得注意的是在胚胎发育过程中，有许多区别于免疫反应的级联丝氨酸蛋白酶也可激活 Toll 途径。革兰氏阳性细菌和真菌刺激都能导致 Spätzle 的加工，最近研究证明，截断的 Spätzle 可以与 Toll 结合，并且刺激 Toll 途径，证明 Spätzle 可能是 Toll 的配体（Hu and Leger，2004）。

Toll 的活化导致 MyD88、Tube 和 Pelle 这 3 种细胞质蛋白的增多，从而形成细胞膜下的信号综合体。局部性的 Pelle 浓度的增加可能导致转磷酸作用并刺激 Pelle 激酶活化（Shen and Manley，2002）。有活性的 Pelle 作为核抗体，作用于细胞质的 Dorsal-Cactus 和 Dif-Cactus 综合体。Dif 和 Dorsal 是 NF-κB 同族体，通常在细胞质内被 IκB 相关联抑制剂 Cactus 所抑制。Cactus 信号诱导降低后，Dif 和 Dorsal 移位到细胞核并激活抗菌肽基因的表达。Imd 是一个与肿瘤坏死因子受体（TNFR）非同源且相互作用的蛋白受体接头蛋白（Georgel and Hansen，2001）。Imd 途径在抵抗革兰氏阴性细菌侵染时调控着许多抗菌肽基因的表达（Brennan and Anderson，2004）。PGRP-LE 过量表达同 PGRP-LC 过量表达一样都能激活 Imd 途径，因为这两个突变体具有一个更活跃的免疫反应，即 PGRP-LC 和 PGRP-LE 功能联合体。这与前面描述的 Toll 途径中的 PGRP-SA、PGRP-SD 和 GNBP-1 功能联合体相类似。这些分子在识别过程中可能会形成各种综合体，就像 PGRP-LC 形成各种异构体一样（Kaneko et al.，2004）。综合体的形成会使昆虫对各种微生物识别和反应特异性增强。革兰氏阴性细菌的脂多糖长期以来一直被用作哺乳动物和果蝇先天免疫反应研究的刺激物。尽管脂多糖与哺乳动物的 TLR4 综合受体结合，但是它对果蝇 Imd 途径的刺激不依赖 Toll 途径，这也证明脂多糖并不是刺激 Imd 途径的活性成分（Leulier et al.，2003）。脂多糖可能单独活化先天免疫反应的其他途径，如黑化作用等。Imd 的很多下游信号组分已经被正向和反向遗传学鉴定出来，转化生长因子-β-激活激酶 1（transforming growth factor β-activated kinase 1，TAK1）可以活化果蝇 IKK 综合体（inhibitory kappa B kinase complex）（Silverman et al.，2003）。果蝇 IKK 综合体调控着特异部位的蛋白酶，并激活果蝇体内 NF-κB-关联蛋白 Relish（Stoven et al.，2003），由此可见果蝇 IKK 综合体只作用于 Imd 途径的 Relish 而不作用于 Toll 途径的 Dif-Dorsal。Fas 死亡结构域相关蛋白（FADD）同族体、半胱天冬蛋白酶同族体 Dredd 对果蝇体内的抗菌反应进行调控（Leulier et al.，2000）。这两类蛋白对 Imd 下游和 Relish 上游起作用，但是却不通过 TAK1 和 IKK，形成了一个独立的 Imd 途径分支。

果蝇胚胎细胞系（Schneider S2 细胞系）RNA 干扰遗传筛选为 Imd 途径综合体的深入研究提供了新的视角，近期鉴定到了很多 Imd 途径的正向和反向调控因子，这些新组分被命名为 Sickie 和 Dnr-1。结果表明 Sickie 正向调节 Dredd 并诱导活化 Relish，而 Dnr-1 起反向调节作用。实验证明在 S2 细胞中 Dnr-1 可以抑制 caspase Dredd（Foley and O'Farrell，2004）。此外，这些新组分如何与泛素蛋白酶体途径组成一个总体来反向调节 Imd-Relish 途径还需要进一步的研究。有研究表明，半翅目 c-JNK 氨基端激酶（c-Jun N-terminal kinase，JNK）MAP 激酶（mitogen activited protein kinase）级联作用于 TAK1 下游（Boutros et al.，2002）。因此，JNK 是 Imd 途径的另外一个分支。但是，JNK 并不是活化抗菌肽基因所必需的，它活化的是另外一类免疫诱导基因，如 *lightin*、*punch*、*puckered* 和 *relish* 等。JNK 级联的生物学功能之一就是坏死损伤发生后即刻活化初期基因并通过 Relish 依赖机制终止级联（Park et al.，2004）。基因芯片和基因表达分析结果表明 JNK 级联可能调控伤口愈合黑化以及昆虫的部分先天免疫反应（Silverman and Maniatis，2001）。

细胞免疫是微生物入侵昆虫体内后由宿主所动员的免疫反应方式，一般是指由浆细胞和粒细胞介导的免疫应答，主要包括细胞的吞噬作用、结节作用以及包囊作用。当病原真菌在昆虫血腔中被血细胞识别后，血细胞介导的免疫反应就会通过控制细胞黏附和细胞毒性作用的效应因子来调节并发挥效应，从而对入侵的病原菌进行清除。因此，宿主在进行细胞免疫反应时，会导致血细胞数量变化以及血细胞类型比例的改变。吞噬作用（phagocytosis）是一种最为常见的血细胞免疫反应，是昆虫从血淋巴中清除入侵物的重要方式。昆虫细胞免疫过程可概括为：当昆虫遭受到病原微生物入侵时，在血腔中一些可识别病原物的受体如 PRR 等，通过识别并结合病原体相关分子模式（PAMP），进一步诱导胞间信号级联反应，完成对病原物的吞噬（Hultmark，2003）。吞噬作用在进化上高度保守，主要是通过粒细胞和浆细胞对较小的病原物进行识别、吞噬和破坏的过程。在冈比亚按蚊中，吞噬细胞除了可以吞噬细菌和真菌，还可以结合在寄生虫表面，促进其溶解和黑化（Strand and Pech，1995）。吞噬作用还可以清除昆虫体内的凋亡小体（Schmidt et al.，2001）。包囊作用主要由血细胞在病原物周围形成多层膜并将异物包裹，裹在囊中的病原物会被昆虫体内产生的活性氧自由基和活性氮自由基毒死或最终黑化而死（Hayashi et al.，2001）。结节作用是通过黑化或非黑化结节的形成对病原物产生免疫反应（Brown and Gordon，2005）。

昆虫的免疫组织主要是脂肪体和血淋巴，昆虫对病原微生物产生免疫反应被认为是模式识别受体对病原物所具有的病原体相关分子模式蛋白的识别过程（Medzhitov and Janeway，1997）。先天免疫系统是影响病原物入侵的重要因素，昆虫表皮对病原真菌的识别和免疫防御主要发生在病原真菌刺穿原表皮的过程中，当果蝇表皮受到损伤时，可以在其表皮内检测到抗菌物质（Fehlbaum et al.，1994），这表明昆虫的外表皮可能对外界刺激做出免疫应答。另有研究表明，在病原物感染后 24～48h，昆虫体液免疫相关基因的转录水平达到高峰，而在未感染的昆虫中，免疫相关基因则不转录或转录水平极低（Gillespie et al.，2000）。对于细胞免疫，有研究发现，在病原真菌自然侵染的初期，昆虫血细胞的数量会急剧增加，但在侵染 24h 以后，其血细胞数量反而急剧减少，因而推测在真菌即将穿透昆虫体壁时，血细胞的运动可能受到来自昆虫体壁识别真菌的特殊信号分子的调控。上述研究表明，昆虫对病原物的免疫感知比通常认为的还要早，当病原物还未刺穿上表皮时，免疫识别反应就已经发生了，但迄今为止，关于昆虫表皮的免疫反应机制仍不清楚。

8.2.3 表皮成分、发育和共生菌对真菌入侵的抑制

昆虫表皮脂质可减少杀虫剂、化学物质和毒素的渗透，从而保护虫体免受病原真菌的攻击；昆虫在不同发育阶段对真菌入侵的抑制能力不同；昆虫与微生物既有共生关系又有拮抗关系，共生菌（symbiont）不仅能够为昆虫的生长发育提供营养，还能抵御病原微生物侵染。

昆虫的表皮层覆盖着以非极性和极性化合物为主的复杂混合物，这些化合物可被有机溶剂萃取。昆虫表皮游离脂质的组成和数量因种类和发育阶段不同而异。昆虫表皮脂质的主要成分是烃类，包括直链饱和烃、不饱和烃等。在表皮脂质中，除醛类、醇类和游离脂肪酸外，主要存在蜡酯。昆虫病原真菌通过直接渗透表皮侵入宿主，上表皮脂质在保护昆虫免受干扰方面发挥着重要作用，还可以经常参与昆虫种间和种内各种化学信息交流（Stanleysamuelson and Nelson，1993；Singer et al.，1998）。昆虫病原真菌寄主识别机制与寄主表皮层上的营养水平密切相关（Beckage et al.，1993）。通过酶和机械机制的结合，寄生真菌渗透宿主表皮层。昆虫病原真菌产生一系列的表皮降解酶，如内源性蛋白酶、氨肽酶、羧肽酶、β-N-乙酰葡糖胺糖苷酶、几丁质酶、酯酶和脂肪酶，这些酶决定着真菌的毒力（Gillespie et al.，2000）。真菌一旦穿过表皮层，就会入侵昆虫的身体。昆虫宿主死亡后，真菌从宿主中穿透出来，孢子形成或孢子发生通常是在寄主尸体的外部（Shah and Pell，2003）。不同昆虫对真菌的敏感性或抗性可能由多种因素引起，包括外骨骼结构和成分的差异、表皮层中抗真菌化合物的存在，以及被入侵昆虫细胞和体液免疫反应的效率等（Vilcinskas and Gtz，1999）。表皮层的组成影响真菌分生孢子的萌发和菌丝生长，导致不同昆虫物种对真菌病原体的敏感性存在差异（Boucias and Latgé，1988；El-Sayed et al.，1991；Wang et al.，2005）。尽管昆虫表皮层的蛋白质和几丁质组成在所有昆虫中相似，但表皮成分具有异质性，因此导致特定昆虫对不同病原体反应的差异（Gołę-biowski et al.，2008）。表皮脂肪酸对真菌孢子的萌发和分化有明显的影响，其可能是有毒的或抑菌的（Boguś et al.，2010）。迄今为止，宿主表面脂质和蜡质在昆虫真菌致病机制中的作用尚不清楚。因此，测定表皮脂肪酸谱对于了解昆虫对真菌感染的敏感性或抗性背景具有重要意义。

昆虫的外骨骼体壁表面虽然有微生物附着，但其是阻挡致病真菌感染的一道

物理屏障。昆虫肠道内的共生微生物具有丰富的组成结构和复杂的生物学功能。共生微生物包括细菌、真菌、病毒、古细菌与原生动物等，不同的昆虫其共生微生物各不相同。昆虫肠道内有大量的细菌分布，即使是同种昆虫，因生长阶段和分布环境不同，其肠道微生物的结构也有差异。按蚊在完全变态发育过程中，幼虫孵化时存在少量母体遗传下来的共生菌，但在以细菌和浮游生物为食的过程中，也会不断摄取环境中的菌群和蓝藻，从而形成新的肠道菌群结构（Wang et al.，2011a），而绝大多数肠道微生物在幼虫化蛹和羽化阶段会以由围食膜包裹的粪便形式排出（Moncayo et al.，2005），因此在幼虫与成虫阶段肠道菌种类明显不同。

昆虫在自然环境中会面对各种病原、寄生虫和捕食者的生存威胁，共生菌在昆虫对抗这些威胁中发挥着不可或缺的作用。虫疫霉属（*Erynia*）是豌豆蚜的重要天敌，蚜虫沾染到虫霉菌孢子后，虫霉菌孢子会萌发并侵入蚜虫体表，随后菌丝不断生长，直到填满整个体腔而杀死蚜虫，并产生大量新孢子。在内共生细菌 *Regiella insecticola* 存在的条件下，蚜虫抗虫霉菌感染的能力至少可以提高 5 倍，当虫霉菌成功感染并杀死蚜虫时，其最终产生的孢子数量会受到严重影响，只能达到正常状况的 1/10（Scarborough et al.，2005），因此，内共生细菌 *Regiella insecticola* 可以保护蚜虫抵御病原真菌的入侵。

按蚊是疟疾的传播媒介，疟原虫通过按蚊吸血进入中肠，在 24h 内经历配子体、合子和动合子 3 个发育阶段，随后侵入中肠细胞，发育为卵囊并最终释放子孢子。疟原虫的发育会受到肠道共生菌的影响，如果用抗生素清除肠道共生菌，按蚊将更易受到疟原虫的感染（Dong et al.，2009）。有研究报道，将分离的肠道细菌黏质沙雷氏菌、栖水肠杆菌和阴沟肠杆菌与感染疟疾的血共同饲喂淡色按蚊，虫体感染率仅为 1%，而无菌对照组感染率高达 71%（Gonzalez et al.，2003）。除了肠道微生物，昆虫细胞内共生菌（沃尔巴克氏菌属 *Wolbachia*）也对多种病原微生物具有抑制作用。在自然条件下，沃尔巴克氏菌仅在尖音库蚊和少数伊蚊体内被发现。在埃及伊蚊群体中引入沃尔巴克氏菌，可有效抑制登革病毒的传播并缩短了宿主伊蚊的寿命（Hoffmann et al.，2011），减弱了埃及伊蚊传播疾病的媒介能力。随后又有研究发现，沃尔巴克氏菌还能抑制丝虫和寨卡病毒的传播（Ferri et al.，2011；Dutra et al.，2016）。中山大学和密歇根大学联合研究小组尝试通过显微注射技术在斯氏按蚊胚胎中注入沃尔巴克氏菌，证实了沃尔巴克氏菌在抗疟原虫的感染中发挥重要作用（Dutra et al.，2016）。目前，转基因共生菌阻断疟疾传播的研究取得重要进展，已发现转基因共生菌 SerratiaAS1、Pantoea、Asaia SF2.1，不仅能稳定共生，而且能在按蚊种群内垂直传播（Bongio and Lampe，2015；Wang et al.，2017）。以按蚊常见共生细菌成团泛菌为模型，借助大肠杆菌溶血素分泌系统（HlyA）合成 SM1Scorpine 或 EPIP4 等抗疟效应分子，在多种按蚊体内对多种疟原虫表现出抑制作用（Wang et al.，2012c）。另外，转基因共生菌也被应用于白蚁防治，白蚁在肠道原生生物分泌的消化酶作用下消化木质纤维素（lignocellulose），研究人员改造了一株酵母，使其表达特异性裂解原生生物的小肽，随后将其引入白蚁群体，杀灭白蚁肠道内辅助消化的原生生物，而白蚁因营养摄取不足而大量死亡（Sethi et al.，2014）。

球孢白僵菌是一种广泛使用的生物防治菌剂，其分生孢子通常附着在昆虫体表，形成特定的结构，并穿透表皮。在真菌入侵体内并产生毒素后，昆虫被杀死。昆虫微生物可以抑制昆虫病原物的感染。野生葱蝇幼虫比实验室非无菌幼虫更容易受到白僵菌的影响，菌群重复接种提高了幼虫对白僵菌的抗性，表明葱蝇幼虫的微生物共生体在抑制白僵菌感染中发挥了作用，进一步的实验表明，细菌共生体赖氨酸芽孢杆菌、弗氏柠檬酸杆菌、路德维希肠杆菌、假单胞菌、沙雷氏菌、粪鞘氨醇杆菌与嗜麦芽寡养单胞菌可抑制白僵菌的分生孢子萌发和菌丝生长，可能使少数萌发的分生孢子不能形成穿透结构，降低了白僵菌的感染效率。将分离到的菌株再次接种到无菌幼虫中，增强了无菌幼虫对白僵菌感染的抗性（Zhou et al.，2019）。综上所述，细菌共生物可通过抑制真菌分生孢子萌发和菌丝生长来抑制葱蝇幼虫中白僵菌的感染。微生物菌群的重新接种完全抑制了白僵菌 BB1106 对葱蝇幼虫的感染，然而其并没有完全抑制白僵菌 BB1101 与 BB1105 的感染。这可能是由于人工微生物菌群的接种引起微生物群落改变，需要进行系统实验来全面研究影响共生细菌抑制病原物感染的因素。

8.3 基于表皮入侵的高毒力病原真菌研发

8.3.1 基于表皮降解酶的虫生真菌基因工程改良

昆虫病原真菌是自然界中控制昆虫种群的重要生物因子。在人工释放条件下，可有效控制目标害虫的种群数量。昆虫病原真菌具有较强的扩散能力、主动致病性、较强的土壤宿存能力以及寄主不易产生抗性等特点，其可在害虫种群中形成疾病的传播和流行，实现对害虫种群的持续控制。其兼性寄生的营养方式、体壁及消化道入侵方式和孢子宿存机制为害虫的综合治理提供了靶标，对其研究开发也越来越受到国内外的重视。但昆虫病原真菌存在致死速度慢等不足，在实际应用中受到很大的限制。其中的重要因素就是在虫生真菌入侵时受到昆虫表皮的阻挡。为了穿透昆虫表皮，虫生真菌必须对表皮抗真菌化合物如醌、脂类、烷烃、游离脂肪酸进行降解，这些化合物会抑制孢子萌发和菌丝生长（Pedrini et al.，2013），红粉甲虫上表皮能分泌苯醌类物质，可以抵抗真菌的感染，白僵菌能分泌 1,4-苯醌氧化还原酶来降解这些物质，以此帮助解毒和促进真菌的感染，这是虫生真菌和昆虫之间协同进化的结果（Pedrini et al.，2015）。除此以外，虫生真菌还分泌一系列细胞色素 P450 单加氧酶、脱氢酶和脂肪酶，这些酶的主要作用是参与解毒反应（Pedrini et al.，2010）。有研究表明，在白僵菌和罗伯茨绿僵菌中，编码 CYP52 的细胞色素 P450 基因的缺失延缓了真菌孢子萌发并影响附着胞在昆虫表皮上的形成，从而显著降低了真菌的毒力（Zhang et al.，2012b）。采用脂肪酶活性抑制剂处理绿僵菌孢子，可以阻断其对昆虫表皮的感染过程（da Silva et al.，2010），说明脂肪酶在昆虫表皮层脂质降解中具有重要功能。

虫生真菌通过昆虫表皮层的蛋白质——几丁质屏障时也会产生多种酶，包括蛋白酶、几丁质酶、脂肪酶、酯酶、磷脂酶 C 和过氧化氢酶等（Wei et al.，2017），这些酶是穿透昆虫表皮的必要条件，是毒力因子，在水解昆虫表皮细胞、帮助菌丝侵入方面发挥着重要作用。例如，Pr1 蛋白酶（Shah et al.，2005）可以促进真菌孢子萌发并与其他酶（如 Pr2 和几丁质酶）共同降解表皮层，使真菌能够进入血腔（Ortiz-Urquiza and Keyhani，2013）。除此之外，在其侵入昆虫体内后，这些酶还参与破坏昆虫的免疫系统，影响昆虫的正常生理活动，最终引起昆虫的死亡。研究发现，将金龟子绿僵菌的蛋白酶 *Pr1A* 基因整合到绿僵菌基因组中，使得 Pr1A 蛋白酶超表达的工程真菌在侵染烟草天蛾后，虫体的取食量下降 40%，虫体致死时间缩短约 20%，菌株毒力显著增强（Leger et al.，1987）。由此可见，蛋白酶 Pr1A 对于昆虫毒力具有重要的意义。目前已经发现，在绿僵菌中至少存在 11 种 Pr1 类蛋白酶（Pr1A～Pr1K），此类蛋白酶在分子构象和基因序列方面存在着较大的差异（Freimoser et al.，2003）。在对绿僵菌、蜡蚧霉和黄曲霉的研究中发现，Pr1 蛋白酶均存在于这 3 类真菌中，并且呈现出很高的同源性。此外，Pr1 蛋白酶还在白僵菌和粉棒束孢等虫生真菌中广泛存在，该蛋白酶被认为是昆虫病原真菌穿透昆虫体壁的重要因子（Urtz and Rice，2000）。除了含有 Pr1 类蛋白酶，绿僵菌中还编码 Pr2 类蛋白酶，在绿僵菌中此类蛋白酶有 4 种，这类蛋白酶对昆虫体壁的可溶蛋白和酪蛋白具有很高的酶活性，但其作用易受到胰蛋白抑制因子的影响，此类蛋白酶主要是对 Pr1 类蛋白酶起协助作用。

几丁质是昆虫表皮的主要组成成分，几丁质酶在真菌降解昆虫表皮的过程中也发挥着重要的作用。与蛋白酶相似，几丁质酶也存在着许多异构体（St Leger et al.，1993）。有研究报道，这种异构现象是由其编码的基因不同造成的，而并非是后期蛋白修饰造成的。在蜡蚧轮枝菌中，现已经分离得到 3 种不同的几丁质酶及其相应的基因序列（Lu et al.，2005）。在蜡蚧轮枝菌中发现存在 Chi1 和 Chi2 两种几丁质酶，这两类酶的分子大小和编码基因都不相同。此后在该真菌中发现多种几丁质酶及其相应的编码基因（Yu et al.，2015）。酯酶是另一类虫生真菌分泌的水解酶，可降解昆虫表皮的蜡质层。酯酶由于其分解底物的不同，蛋白存在着一定的差异。研究对绿僵菌酯酶进行双向电泳，结果发现，在其培养基滤液中存在着 25 种异构体，这些异构体与虫生真菌对不同类型昆虫表皮的适应性相关，同时也扩大了虫生真菌的寄主范围（孟艳琼等，2004）。研究发现，蜡蚧轮枝菌的酯酶同工酶与其对桃蚜的毒力有着显著线性关系，表明酯酶能增强真菌的侵染毒力。目前，对虫生真菌酯酶的研究很少，关于酯酶相应的基因序列及其调控机理尚缺乏系统研究。随着虫生真菌的遗传学和分子生物学研究的逐步深入，大量与侵染毒力相关的基因逐渐被发现，病原真菌致病的分子机制将会被逐步揭示。在此基础上，通过分子生物学手段构建高毒力、杀虫谱广的菌株将成为未来研究的重点。同时，随着人们对环保的重视，微生物农药的应用面积在逐年扩大。基因改造后的虫生真菌作为一类杀虫功能更好的杀虫微生物，其应用范围也将逐年扩大，具有广阔的应用前景。此外，改良虫生真菌，研发高效杀虫微生物，对于高效、安全和可持续的害虫控制具有重要的意义。

8.3.2　抑制表皮免疫防御的高毒力菌株选育

表皮是昆虫抵御病原物入侵的重要屏障，对虫体具有物理防护作用，对病原物具有化学抑制作用，其能在一定程度上抵御那些穿透体壁来侵染宿主的病原体，如昆虫病原真菌等，先天免疫系统是影响病原物入侵的重要因素，但目前对昆虫表皮中免疫反应的研究相对较少。先前的研究认为，昆虫表皮对病原真菌的识别和免疫防御主要发生在病原真菌刺穿原表皮的过程中。例如，对家蚕体壁的上表皮进行刮擦后，在芽孢杆菌的刺激下，可以在表皮中检测到抗菌活性（Brey et al.，1993），这表明昆虫的外表皮可以对外界刺激做出免疫应答，但是在烟草天蛾中，用多糖点滴上表皮后，能在血淋巴中检测到多酚氧化酶（prophenoloxidase，PPO）活性和免疫信号通路基因的上调表达（Takahashi et al.，2015），这说明昆虫对病原物的免疫感知比我们目前认为的还要早，当病原物还未刺穿上表皮时，免疫识别反应就已经发生了，但迄今为止，关于昆虫表皮中的免疫反应机制仍不清楚。Chen 等（2016）在飞蝗的研究中表明，在病原菌入侵早期（4～36h），*C-type lectin*、*Scavenger receptor*、*Pelle*、*Myd88* 等免疫基因上调表达。张静（2021）在对飞蝗的研究中发现，当绿僵菌入侵时，飞蝗体内的 Toll 样受体显著响应病原真菌的侵染。从秀丽隐杆线虫到哺乳动物，Toll 样受体（Toll-like receptor，TLR）是一个进化上古老的模式识别受体（PRR），PRR 被推测为种系编码蛋白，识别保守的微生物病原体相关分子模式，从而诱导激活宿主的免疫反应。1980 年，在果蝇中发现了模式识别受体 Toll，该基因在果蝇胚胎背腹部发育中起决定性作用，被称为 Toll 样受体（TLR），并首次证实了 Toll 分子可以激活抗感染免疫反应，TLR 蛋白家族在植物、昆虫和脊椎动物中都广泛存在，果蝇 TLR4 是第一个被发现并克隆出来的昆虫 Toll 样受体。运用荧光定量 PCR 对飞蝗 *LmTLR* 的时空表达模式进行分析，结果表明，*LmTLR* 在表皮中表达量最高。采用 RNA 干扰技术沉默 *LmTLR*，发现注射 dsRNA 24h 后，*LmTLR* 可以被显著沉默，飞蝗血淋巴的抗菌活性显著下降，Toll 信号关键基因 *LmMyD88* 和 *LmPelle* 的表达量也随之下调，表明 *LmTLR* 通过影响 Toll 通路上的两个关键基因 *LmMyD88* 和 *LmPelle* 的表达而调控免疫反应。为了能够提高绿僵菌的致病效率，构建丝状真菌 dsRNA 表达载体，使其能够表达 ds*LmTLR*，将构建好的 pS-1-TLR1-TLR2 载体导入制备好的绿僵菌原生质体中，使其能够表达 ds*LmTLR*。实验结果表明，转化后的绿僵菌可以表达并分泌 ds*LmTLR*，通过实时荧光定量反转录（qRT-PCR）检测发现，转化后绿僵菌可以显著降低飞蝗 *LmTLR* 的表达水平（沉默了约 81%）；转化后的绿僵菌的毒力水平显著高于原始菌株，穿透昆虫体壁的时间大大缩短，供试飞蝗全部死亡时间提前约 2 天，大幅增加了绿僵菌的杀虫效率，上述研究工作为虫生真菌的深度利用提供了新的思路和方法。

8.4　小结与展望

昆虫病原真菌种类繁多，并且具有广泛的宿主范围，对多种昆虫都具有较强的杀伤力。它们被应用于昆虫生物防治中，相对于化学农药，病原真菌具有更低的环境污染风险和较高的生物安全性。此外，昆虫病原真菌还具有针对不同昆虫宿主的特异性，使得它们在有针对性地控制某些害虫方面具有潜力。

本章以表皮代谢为靶标的真菌防治策略作为主线，详述了昆虫病原真菌的主要类群及其致病机理、昆虫表皮与病原真菌的相互作用、表皮对病原真菌的免疫反应、表皮组分与共生菌对病原真菌的抑制机制。随着科学技术的进步和相关领域的研究不断深入，我们有望发现更多有效的病原真菌，并将其应用于农业、生态系统管理和害虫控制等方面。

第 9 章

以昆虫表皮代谢为靶标的 RNA 干扰生物防治策略

宋慧芳[1]，史学凯[2]，高　璐[3]，范云鹤[4]，柴　林[5]，朱坤炎[6]

[1] 长治学院生命科学系；[2] 太原师范学院生物科学与技术学院；

[3] 太原市成成中学校；[4] 山西白求恩医院；[5] 山西大学应用生物学研究所；

[6] 美国堪萨斯州立大学

采用 RNA 干扰（RNA interference，RNAi）技术下调靶标基因的表达水平，研究基因功能，是非模式生物中重要的反向遗传学研究手段。自该技术被发现以来，已发现在很多昆虫中 RNA 干扰可以高效抑制靶标基因的表达，抑制昆虫生长发育，所以，2008 年国际上首次提出基于 RNA 干扰的害虫防治理念（Price and Gatehouse，2008）。近年来，采用该技术进行害虫控制已成为植物保护领域的一种新型策略（Huvenne and Smagghe，2010）。

9.1　RNA 干扰简介

9.1.1　RNA 干扰的作用机制

1. RNA 干扰现象的发现

1990 年，美国科学家 Napoli 等在研究植物花色过程中首次发现转录后基因沉默（post-transcriptional gene silencing，PTGS）现象。随后意大利罗马大学的科学家 Romano 和 Macino 于 1992 年在真菌粗糙脉孢霉（*Neurospora crassa*）中也发现了类似现象。直至 1998 年，Fire 等在秀丽隐杆线虫（*Caenorhabditis elegans*）中证明引起这一现象的主要物质是双链 RNA（dsRNA），并将此现象定义为 RNA 干扰。RNA 干扰是指 dsRNA 特异性降解靶标基因 mRNA 序列的过程，属于转录后基因沉默机制。随后，在植物、昆虫及哺乳动物等生物中陆续展开了相关研究，内容涉及基因功能、信号转导通路、基因治疗和新药研发等（Perrimon et al.，2010）。

RNA 干扰技术具有许多传统方法无法比拟的特点和优势，主要如下：①特异性，dsRNA 特异性降解同源 mRNA 序列；②高效性，dsRNA 介导的 RNA 干扰通过级联放大形式发挥作用，少量 dsRNA 即可有效降解靶标 mRNA 序列，从而抑制靶标基因的表达；③系统性，对大部分生物而言，dsRNA 处理局部组织后，即可引起全身甚至子代靶标基因的降解；④安全性，dsRNA 在自然界极易降解，无残留，对环境无污染，相对安全。由于 RNA 干扰技术的优势和特色，迅速引起生物学家的广泛关注，成为分子生物学领域的研究热点之一，使该技术不断向害虫防治及基因治疗领域拓展（Cavallaro et al.，2017；Zhang et al.，2017c）。目前，因 RNA 干扰技术具有环保及高效杀虫特性，在国际社会关注度极高，各国科学家致力于研发更多靶向害虫防治的 dsRNA 生物制剂，并将基于 RNA 干扰的害虫防治生物制剂称为"第四代新型杀虫剂"。

2. RNA 干扰通路

在昆虫和其他动物中，现已发现存在 3 种不同类型的 RNA 干扰通路，依据小分子 RNA（small RNA）种类和结合蛋白的不同，可分为 siRNA（short/small interfering RNA）通路、miRNA（microRNA）通路和 piRNA [P-element induced wimpy tesis (Piwi)-interacting RNA] 通路 3 种类型，其作用机制如图 9-1 所示（Zhu and Palli，2020）。

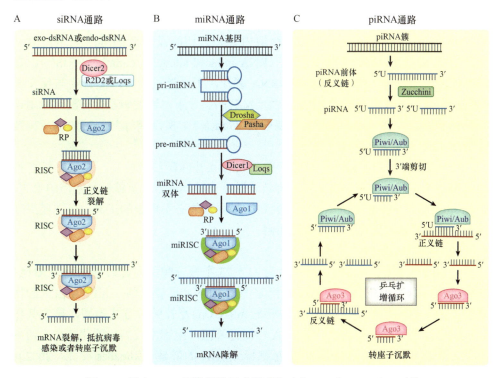

图 9-1　昆虫 RNA 干扰通路示意图 [修改自 Zhu 和 Palli（2020）]

（1）siRNA 通路

siRNA 一般来自生物体外源及生物体自身，由 RNA 病毒复制、细胞基因融合转录和体外合成的 dsRNA 分子等形成（Jinek and Doudna，2009）。siRNA 通常在其 3′ 端带有 2nt 的悬挂碱基，在 RNA 干扰过程中仅与靶标 mRNA 序列互补的反义链参与抑制靶标基因的表达，其存在两条平行的通路，分别是由外源性 siRNA（exogenous siRNA，exo-siRNA）介导的病毒防御通路和由内源性 siRNA（endogenous siRNA，endo-siRNA）介导的基因转座抑制通路（Cooper et al.，2019）。exo-siRNA 通路是指外源 dsRNA 进入生物体后，会被自身的核心酶系统降解为外源性 siRNA 进而发挥作用；endo-siRNA 通路在生物体内相对保守，在秀丽隐杆线虫、黑腹果蝇（*Drosophila melanogaster*）和哺乳动物中均有发现，其与生物体内自身转座子的沉默调控相关（Ambros et al.，2003；Ghildiyal et al.，2008；Watanabe et al.，2008）。

siRNA 介导的 RNA 干扰是高度保守的转录后基因沉默机制（Zamore et al.，2000），其作用过程为外源或内源产生的长链 dsRNA 进入细胞，在细胞质中核酸内切酶 Dicer2 的作用及 R2D2 和 Loqs（Loquacious）的辅助下，切割成大小为 21～23 个核苷酸的双链 siRNA，其中 5′ 端含有一个磷酸基团，3′ 端含有一个羟基并突出 2nt 悬垂，形成启动 RNA 干扰所必需的结构（Elbashir et al.，2001）。随后，siRNA 与 Ago2（Agonaute2）、核酸内（外）切酶及解旋酶等一些蛋白酶结合，形成 RNA 诱导的沉默复合物（RNA-induced silencing complex，RISC）。在 ATP 供能的条件下，RISC 将双链 siRNA 解开，正义链被降解，复合物与反义链 siRNA 结合，形成有活性的 RISC，在反义链的引导下，通过碱基互补配对原则识别靶标 mRNA，在 Ago2 的作用下裂解目标 mRNA，实现靶标基因的快速及持续性沉默（Liu et al.，2009）。

与 miRNA 不同，siRNA 与靶标序列具有互补匹配结合特性，导致靶标序列被降解而不是翻译抑制。由于其可有效地以序列特异性方式沉默靶标基因的表达，因此 siRNA 介导的基因沉默成为研究单个基因功能必不可少的工具，更在昆虫基因功能研究及害虫防治中发挥重要作用。

（2）miRNA 通路

与 siRNA 相似，miRNA 是长度为 21～23 个核苷酸的内源短链非编码 RNA，在生物体内具有保守性，但其生物学来源与 siRNA 显著不同，miRNA 由内源性基因产生。在动植物中，miRNA 与靶标 mRNA 的互补配对方式不同，导致其作用机制存在差异。在植物中，miRNA 与靶标基因匹配程度较高，因此多数为切割方式，作用机制类似于 RNA 干扰对靶标 mRNA 的降解（Rhoades et al.，2002）；在动物体内，miRNA 与靶标 mRNA 序列的匹配程度较差，miRNA 的 5′ 端的第 2 至第 8 个核苷酸称为"Seed 区"，其可与靶标 mRNA 互补配对，通过抑制靶标

mRNA 的翻译来沉默靶标基因（Stark et al.，2005）。在动物体内，miRNA 与靶标 mRNA 序列的不完全互补结合，导致 miRNA 对基因调控的复杂性，况且其自身也受到其他因素的调控，因此增加了研究的难度。

在生物体内大部分 miRNA 是由基因的 DNA 序列编码加工形成的，miRNA 的形成是一个复杂的生物学过程。miRNA 通路作用机制为：首先，核基因组中的 miRNA 基因在 RNA 聚合酶 Ⅱ（RNA polymerase Ⅱ）的作用下转录形成具有茎环结构（stem-loop struture）的初级 miRNA（primary miRNA，pri-miRNA），在细胞核内 Drosha 和 Pasha 等蛋白的协作下，识别并剪切形成长度为 60～70 个核苷酸序列的 miRNA 前体（precursor miRNA，pre-miRNA），pre-miRNA 通常包含 25 个核苷酸的茎区（stem region）和 10nt 的末端环状区（terminal loop），之后，其被细胞核转出系统（nuclear export machinery）转运至细胞质中，在 Dicer1 及 Loqs 的作用下，pre-miRNA 被剪切形成 21～23 个核苷酸且不完全互补配对的成熟体 miRNA 双体（miRNA/miRNA*），在解旋酶的作用下，迅速解开双链结构，其中一条链与 Ago1 蛋白结合，称为前导链，被保留下来，另一条链通常会迅速降解消失，前导链最终形成成熟体单链 miRNA，随后在相关蛋白的引导下，与靶标 mRNA 共同形成有活性的 miRNA 诱导的沉默复合物（microRNA-induced silencing complex，miRISC），miRISC 引导 miRNA 与靶标基因的 5′ 非编码区（5′UTR）、3′ 非编码区（3′UTR）及编码区（CDS）结合，对其靶标 mRNA 进行特异性降解，从而调控靶标基因的表达（Lai，2002，2003；Bartel，2004；Axtell et al.，2011；Ovando-Vazquez et al.，2016）。

研究表明，动物体内 miRNA 可在多个层次上对靶标基因进行转录后调控：一方面 miRNA 可在 mRNA 水平上进行调节；另一方面也可在蛋白质水平上进行翻译调控。另外，已有研究发现，一个 miRNA 在同一生物体内可以调控多个基因的表达，同时，一个基因也可以受到多个 miRNA 的调控（Krek et al.，2005）。因此，深入探究 miRNA 的生物学功能、揭示其分子机制具有重要意义，可为更高效地应用于昆虫生理学研究及害虫防治奠定坚实的理论基础。

（3）piRNA 通路

2006 年，国际上 4 个研究小组几乎同时在哺乳动物睾丸组织中发现了一种特异表达的内源性非编码小分子 RNA，能与 Ago 家族的 Piwi 亚家族蛋白相互结合形成 piRNA 诱导的沉默复合物（Piwi-interacting RNA-induced silencing complex，piRISC），因此被命名为 Piwi-interacting RNA，即 piRNA（Aravin et al.，2006；Girard et al.，2006；Grivna et al.，2006；Watanabe et al.，2006）。piRNA 通常长度为 23～31 个核苷酸，其与 miRNA 和 siRNA 的不同之处在于它来自活性转座元件（transposable element，TE）拷贝的 RNA 转录物，或来自基因组中称为 piRNA 簇（piRNA cluster）专门位点的转录物，主要作用是在动物的生殖细胞中沉默逆转录转座子和其他转录重复元素（Vagin et al., 2006），是一种生殖系统特异性的 RNA 沉默机制，该过程是动物所特有的。在结构上，大部分 piRNA 以单链形式存在，5′ 端磷酸化且第 1 位碱基偏好尿苷酸，第 10 位偏好腺苷酸，3′ 端的 2′-OH 被甲基化修饰（Kirino and Mourelatos, 2007）。piRNA 在生殖细胞及精子发生、胚胎发育和干细胞分化等方面发挥重要作用（Brennecke et al., 2007）。

　　根据其生物起源，piRNA 可分为两类，即初级和次级 piRNA。体细胞 piRNA 通过简单的初级加工途径生成，但是生殖细胞 piRNA 不仅要经过初级加工途径，还需进行扩增循环才能合成，因此，次级 piRNA 生成通路又称为乒乓循环（ping-pong 扩增循环）。其过程为：①在体细胞中，piRNA 簇在细胞核中转录形成长单链 RNA，即 piRNA 前体（piRNA precursor），进入细胞质后，初级加工途径中 piRNA 的成熟需要多种蛋白参与。首先，位于线粒体外膜的核酸内切酶 Zuc（Zucchini）切割 piRNA 前体，产生 5′ 端为尿嘧啶的 piRNA（Ipsaro et al., 2012；Nishimasu et al., 2012），并在 Tudor 和 Hsp90 等一系列蛋白的帮助下，在 Yb 体内被传递到 Piwi 蛋白中。Yb 复合体是含有 Piwi 和 RNA 核酸酶以及一些核糖蛋白的复合体（Saito et al., 2010；Handler et al., 2011；Qi et al., 2011；Zamparini et al., 2011），这些蛋白的缺失都会造成体细胞 piRNA 的减少。在细胞质中，piRNA 装载和成熟过程均发生在 Yb 体中。随后，在 Nbr 和 Trimmer 蛋白的共同作用下，将 piRNA 的 3′ 端剪切为成熟长度，甲基化酶 Hen1 将 piRNA 的 3′ 端进行甲基化修饰后变为成熟的 piRNA，并与 Piwi 蛋白形成成熟的 piRNA 诱导的沉默复合物（piRISC），piRISC 最后被转运到细胞核中，对转座子的沉默和基因功能的表达发挥作用（Yang and Xi, 2017）。②在生殖细胞中，piRNA 的成熟与体细胞不同，生殖细胞中没有 Yb 体，初级加工过程在 Nuage 上完成，Nuage 位于细胞核周围，生殖细胞中 Piwi 亚家族蛋白 Piwi、Ago3 和 Aub（Aubergine）集中分布于细胞质中的 Nuage 上，初级途径中产生的反义链 piRNA 在 Nuage 中分别与 Aub 和 Piwi 蛋白结合，形成 Piwi/Aub-piRNA 复合体，随后 Aub 介导底物正义链转座子 mRNA 序列的切割，从而产生次级正义链 piRNA，并被 Ago3 识别结合。反之，Ago3 形成的正义链 piRNA 复合体则切割与之互补配对的 piRNA 前体，形成新的反义链 piRNA，并与 Aub 识别结合，如此反复则形成一个正向扩增放大循环，因此，也被称为"乒乓扩增循环"。

　　生物体内 piRNA 通路存在复杂的调控网络，在 piRNA 通路中已有越来越多的调控因子被发现（Czech et al., 2013；Muerdter et al., 2013）。目前，国内外关于 piRNA 在哺乳动物及昆虫生殖功能方面的研究甚少，深入研究 piRNA 通路对动物生殖系统的影响，有望为害虫防治提供新的策略。

9.1.2　RNA 干扰技术的应用

RNA 干扰技术自发现以来因其具有特异、高效、快速和简便的优点，推动了对动植物，尤其是非模式生物基因功能的深入研究，同时，RNA 干扰在害虫防治领域也取得了一系列研究成果，已成为新的害虫防治手段。

1. RNA 干扰在基因功能研究中的应用

1998 年 Fire 等在秀丽隐杆线虫中发现 dsRNA 可以特异并高效地诱导生物体内靶标基因 mRNA 的沉默，之后，该技术被广泛应用于研究线虫生长发育和行为相关的基因功能。例如，在线虫中发现哺乳动物 *RBBP6* 的同源基因 *RBPL-1* 对其生长发育是必不可少的，通过 RNA 干扰技术沉默 *RBPL-1*，可导致胚胎死亡、卵母细胞生成和肠道发育的缺陷（Huang et al.，2013）。同时，对线虫 *dss-1* 的 RNA 干扰，证明了其在卵子发生中的重要作用（Pispa et al.，2008）。采用全基因组 RNA 干扰筛选的新方法，筛选到 78 个基因与脂滴形态学变化相关，其中 *mthf-1* 与一系列甲基化相关基因对脂质代谢有显著影响（Zhu et al.，2018）。不仅如此，线虫作为经典的模式生物，通过全基因组 RNA 干扰筛选的方法也可以有效地发现并鉴定新的癌症基因，有助于对癌症基因功能的进一步了解（Poulin et al.，2004）。

昆虫是自然界中种类最多且与人类联系最为密切的动物类群之一，随着越来越多昆虫基因组数据的发布，昆虫基因功能的研究得到快速发展。随着 RNA 干扰技术的发现与普及，越来越多的科学家发现 RNA 干扰是研究模式和非模式昆虫基因功能的最佳手段之一。在果蝇中，最早采用 RNA 干扰技术解析了 wingless 通路中 *frizzled* 和 *frizzled2* 基因的功能（Kennerdell and Carthew，1998）。褐飞虱（*Nilaparvata lugens*）是为害水稻的重要农业害虫，通过 RNA 干扰技术研究发现，胰岛素受体 InR1 和 InR2 决定了该虫的翅型分化，首次从分子水平上阐明了昆虫翅型分化的机制（Xu et al.，2015），也为害虫防治提供了新的靶标基因。飞蝗（*Locusta migratoria*）是一种重要的世界性农业害虫，康乐院士团队通过 RNA 干扰技术，发现群居型行为的产生受到多巴胺信号通路的调控（Ma et al.，2011）。通过对飞蝗 DNA 甲基转移酶基因 *Dnmt3* 进行 RNA 干扰后，发现其参与了群居与散居的行为转变（Hou et al.，2020）。

昆虫表皮（cuticle）对昆虫生长发育具有重要作用，而几丁质（chitin）是表皮的重要组成成分，通过 RNA 干扰技术对飞蝗、甜菜夜蛾（*Spodoptera exigua*）、赤拟谷盗（*Tribolium castaneum*）和褐飞虱表皮几丁质合成代谢途径系列关键基因开展了深入研究，从而为理解昆虫几丁质合成代谢过程以及探索新的害虫控制靶标基因奠定了基础（Zhu et al.，2008a，2016；Zhang et al.，2012a；Li et al.，2015；Xi et al.，2015a）。采用 RNA 干扰技术对豌豆蚜（*Acyrthosiphon pisum*）几丁质合成酶（chitin synthetase，CHS）开展研究，发现其在若虫生长和胚胎发育中起着关键作用（Ye et al.，2019）。利用 RNA 干扰技术抑制蚜虫嗅觉受体（olfactory receptor，OR）*ApisOR5* 和嗅觉结合蛋白基因 *ApisOBP3* 与 *ApisOBP7* 的表达后，蚜虫报警信息素倍半萜类（E)-β-法尼烯 [(E)-β-farnesene，EBF] 产生的驱虫行为消失，从而证明 *ApisOR5* 对于 EBF 的接收至关重要（Zhang et al.，2017b）。

RNA 干扰技术不仅用于研究农业害虫的基因功能，在经济昆虫基因功能研究中也发挥了重要作用。在家蚕（*Bombyx mori*）中，采用 RNA 干扰手段干扰蛹前期转录因子基因 *BmPOUM2*，导致其不能完成正常的变态发育（Deng et al.，2012）。在意大利蜜蜂（*Apis mellifera*）中，通过 RNA 干扰技术研究发现，卵黄蛋白原（vitellogenin，Vg）的敲除能够影响能量代谢，同时发现 Vg 和保幼激素（juvenile hormone，JH）在调节蜜蜂行为成熟方面存在紧密的协同调节关系（Wheeler et al.，2013）。

RNA 干扰现象最初是在植物中发现的，Napoli 等（1990）在研究矮牵牛（*Petunia hybrida*）的查耳酮合酶（chalcone synthase）基因时发现，通过转基因方法在花瓣中过表达该基因后，得到了与预期相反的结果，导入的查耳酮合酶基因抑制了花色素苷的生物合成，导致 42% 的植株长出纯白色或者白紫色相间的花瓣。他们将其导入与靶标基因同源的序列后，导致靶标基因转录水平下降的现象称为"共抑制"（co-suppression）。随后，RNA 干扰技术在植物基因功能研究中得到了广泛应用。在研究拟南芥（*Arabidopsis thaliana*）SOS2 家族的蛋白激酶（protein kinase）基因 *PKS* 时发现，过表达 *PKS18T/D* 的植物对脱落酸（abscisic acid，ABA）高度敏感，而通过采用 RNA 干扰技术干扰 *PKS18* 后，植株对 ABA 不敏感，表明 PKS18 与 ABA 信号转导有关（Gong et al.，2002）。从烟草（*Nicotiana tabacum*）的花瓣上分离克隆了查耳酮异构酶（chalcone isomerase，CHI）基因，通过 RNA 干扰技术对其研究发现，该基因能够影响烟草花瓣颜色和类黄酮（flavonoid）的积累（Nishihara et al.，2005）。

采用 RNA 干扰技术对生物基因功能进行解析，开拓了根据不同基因功能应用于不同领域的思维。例如，可以通过控制基因的表达来调控植物的花期、花色和花香等园艺性状，也可以通过调控基因的表达对害虫进行防控，展现了 RNA 干扰技术在基因功能研究中的巨大潜力和重要价值。

2. RNA 干扰技术在害虫控制中的应用

（1）昆虫 RNA 干扰靶标基因

RNA 干扰技术不仅在昆虫基因功能研究中发挥了重要的推动作用，而且在害虫控制中展现出重要的应用价值。昆虫是自然界种类和数量都很庞大的生物类群之一，采用 RNA 干扰防治有害昆虫就成为研究热点和重点。依据 RNA 干扰原理，任何基因都可以作为害虫防治的靶标基因，但事实上并非如此，研究发现，只有在昆虫生长发育过程中具有重要功能的基因才有可能作为有效的靶标基因。因此，对靶标基因的筛选和研究就显得尤为重要。

目前对靶标基因的筛选主要有 3 种方式：①全基因组筛选，适用于果蝇和赤拟谷盗等已完成全基因组测序的昆虫；②同源搜索法，即采用模式昆虫的已知序列，通过序列比对寻找同源基因，验证在目标昆虫中的功能；③ KEGG（Kyoto Encyclopedia of Genes and Genomes，京都基因与基因组数据库）通路法，通过 KEGG 通路分析，可以对昆虫中各种代谢通路、信号传递以及膜转运等通路和相关基因进行注释，根据注释筛选到关键基因。在使用后两种方法时需要非常谨慎，避免引发对非靶标生物如人类和其他高等动物的脱靶效应。研究发现，目前有以下 3 类基因可以筛选作为潜在靶标基因。

第一，昆虫特有的靶标基因：几丁质是昆虫表皮的主要组成成分之一，在哺乳动物中并不存在，因此几丁质代谢过程中的几丁质合成酶（CHS）基因和几丁质酶（chitinase，Cht）基因可以作为昆虫特有的靶标基因，如山西大学张建珍团队采用 RNA 干扰技术将飞蝗的 *CHS1* 基因或 *Cht5* 基因干扰后导致飞蝗发育异常而死亡（Zhang et al.，2010a；Li et al.，2015）；同样，采用 RNA 干扰技术干扰赤拟谷盗中的 *CHS1* 后，影响了虫体蜕皮，而干扰 *CHS2* 后，导致昆虫因取食减少而死亡（Arakane et al.，2004）。另外，蜕皮是昆虫非常重要的生物学过程，而蜕皮激素受体（ecdysteroid receptor，EcR）基因能够与 20-羟基蜕皮酮（20-hydroxyecdysone，20E）协同完成昆虫生长、发育和变态等过程，因此 *EcR* 基因可以作为潜在的靶标基因。例如，用表达棉铃虫（*Helicoverpa armigera*）*EcR* dsRNA 的转基因烟草叶片饲喂棉铃虫幼虫，其 *EcR* 的 mRNA 水平显著降低，进而导致羽化缺陷和幼虫死亡（Zhu et al.，2012）。在褐飞虱中通过饲喂 *EcR-A* 和 *EcR-B* 基因共同区域的 dsRNA 后，导致其存活率降低，同时当饲喂褐飞虱若虫表达 *EcR* 基因 dsRNA 的转基因水稻时，若虫的存活率虽然没有显著变化，但繁殖力显著降低（Yu et al.，2014）。

第二，高效安全的持家基因：囊泡型腺苷三磷酸酶（V-ATPase）的基因是一类在进化上保守的基因，其蛋白由 V1 和 V0 两个结构域组成，V1 由 A、B、C、D、E、F、G 和 H 8 个亚基构成，而 A 亚基是 V1 结构域的催化位点，在 ATP 水解过程中发挥功能。当采用 RNA 干扰技术干扰玉米根萤叶甲（*Diabrotica virgifera virgifera*）基因 *V-ATPase A* 和 *V-ATPase E* 后，其幼虫的致死率提高，而且导致南方玉米根萤叶甲（*Diabrotica undecimpunctata howardii*）和马铃薯甲虫（*Leptinotarsa decemlineata*）幼虫的死亡率提高。另外，当饲喂玉米根萤叶甲表达该虫 *V-ATPase A* 的 dsRNA 转基因玉米时，发现幼虫对玉米根部的为害显著降低（Baum et al.，2007）。

第三，提高农药防治的靶标基因：长期以来，农业害虫的防治主要依靠化学农药，但是化学农药的使用导致昆虫对其产生抗药性，究其原因是抗性昆虫体内细胞色素 P450 单加氧酶等解毒酶的表达量显著提高，可以分解代谢化学农药从而导致杀虫效率降低。因此，通过 RNA 干扰技术降低细胞色素 P450 基因的表达量，能够增强化学农药的杀虫效果。例如，在飞蝗体内，通过 RNA 干扰手段降低 *LmCYP6HL1* 或 *LmCYP6HN1* 的表达量，能够显著增加氯氰菊酯和氰戊菊酯对若虫的致死率（Zhang et al.，2019d）。

（2）植物及其他方式介导的害虫控制

采用植物表达 dsRNA 以抑制害虫生长发育的策略是保护植物免受虫灾最有效和最具潜力的方式之一。例如，棉花是我国重要的经济作物，而棉铃虫是为害棉花的常见害虫，棉铃虫通过产生有毒物质棉酚来抵御害虫的侵害，其体内的细胞色素 P450 基因（*CYP6AE14*）在棉酚分解过程中起关键作用。2007 年，中国科学院上海生命科学研究院植物生理生态研究所的研究团队利用转基因棉花表达靶向棉铃虫 *CYP6AE14* 基因的 dsRNA，棉铃虫取食该转基因棉花后，其中肠靶标基因 *CYP6AE14* 的表达量降低，导致棉铃虫无法降解棉花叶片中的有毒物质棉酚，进而导致棉铃虫生长发育异常，达到了抗虫的效果（Mao et al.，2007）。

同年，美国孟山都（Monsanto，现拜耳 Bayer）公司研发人员采用 RNA 干扰技术研究鞘翅目昆虫玉米根萤叶甲，发现饲喂靶向该虫相应基因的 dsRNA 时，能够导致虫体发育异常和死亡。同时，采用表达玉米根萤叶甲 *V-ATPase A* 的 dsRNA 转基因玉米饲喂玉米根萤叶甲幼虫时，发现玉米根系受损明显减少，证明 RNA 干扰有可能成为防治鞘翅目害虫的重要手段（Baum et al.，2007）。这些突破性的研究进展使这项技术越来越多地应用于害虫防治领域，美国孟山都公司经过多年的研发，成功获得了表达靶向玉米根萤叶甲 *DvSnf7* 基因 dsRNA 的转基因玉米品种 SmartStax Pro®，并通过了美国农业部（United States Department of Agriculture，USDA）和美国国家环境保护局（United States Environmental Protection Agency，USEPA）批准（Head et al.，2017）。这是 RNAi 技术在农业领域应用的一座里程碑。

然而，不同植物介导 RNA 干扰的效果也并非都很理想。例如，有些昆虫肠道可表达能够降解 dsRNA 的核糖核酸酶（dsRNA-degrading ribonuclease，dsRNase），因此，当昆虫取食表达靶向该虫基因 dsRNA 的植物时，会导致 dsRNA 在昆虫肠道内即被降解，从而降低了 RNA 干扰效果（Song et al.，2017）。另外，据报道植物细胞中的 Dicer 酶能够将 dsRNA 剪切成 siRNA，而一般情况下，昆虫细胞不能通过取食的方式有效吸收 siRNA，因此严重影响了 RNA 干扰的杀虫效果。为了克服这一障碍，研究者发现植物叶绿体缺乏 Dicer 酶，因此巧妙地将 dsRNA 表达在植物叶绿体中并使其得到大量累积，保证了 dsRNA 在被昆虫摄入时的数量和完整性，大大提高了植物介导 RNA 干扰的害虫防治效果（Zhang et al.，2015a）。

微生物表达 dsRNA 的优点是能够依靠微生物繁殖能力强的特点，将表达 dsRNA 的重组质粒转入细菌或真菌体内，合成大量的 dsRNA，降低了合成 dsRNA 的成本。例如，在实验室条件下，分别将携带有 5 个不同靶标基因（*Actin*、*Sec23*、*V-ATase E*、*V-ATase B*、*COPβ*）dsRNA 片段的 L4440 载体转化到 RNase Ⅲ 缺陷的大肠杆菌菌株 HT115（DE3）中，饲喂马铃薯甲虫幼虫后能够降低其靶标基因的表达，影响幼虫的存活率（Zhu et al.，2011）。同样，将细菌表达靶向甜菜夜蛾胰凝乳蛋白酶（chymotrypsin）*SeCHY2* 的 dsRNA 饲喂该虫后，可以提高该虫的 RNA 干扰效率（Vatanparast and Kim，2017）。目前采用微生物表达 dsRNA 的方法在很多昆虫中得到了应用，具有潜在的应用价值（Tian et al.，2009；Yu et al.，2019b）。

采用纳米复合材料递送 dsRNA 的优点是能够保证 dsRNA 进入细胞的完整性，克服了 dsRNA 在自然条件下以及在昆虫肠道中稳定性低、容易被降解的缺陷。据报道，目前已知的纳米材料包括壳聚糖（chitosan）、脂质体（liposome）、阳离子聚合物（cationic polymer）和碳量子点（carbon quantum dot，CQD）等，这些纳米材料均可以作为传递 dsRNA 的优质载体（Yan et al.，2021）。纳米材料介导的 RNA 干扰在冈比亚按蚊（*Anopheles gambiae*）中首次被应用，采用壳聚糖递送 *CHS2* 的 dsRNA 饲喂冈比亚按蚊后，显著提高了冈比亚按蚊的 RNA 干扰效率（Zhang et al.，2010b）。目前，采用纳米材料递送 dsRNA 进行害虫防治的研究日益增多，如中国农业大学沈杰团队比较了用阳离子核-壳荧光纳米粒子（cationic core-shell fluorescent nanoparticle，FNP）递送亚洲玉米螟（*Ostrinia furnacalis*）*Cht10* 基因的 dsRNA，饲喂亚洲玉米螟幼虫和用高剂量 ds*Cht10* 注射该虫的表型情况，发现只有用 FNP 递送的 dsRNA 饲喂亚洲玉米螟幼虫后会使其不能完成正常蜕皮（He et al.，2013）。进一步在大豆蚜（*Aphis glycines*）中将纳米材料递送血红素 *Hemocytin* 基因的 dsRNA 结合洗涤剂涂抹到蚜虫的背板，结果显示，能够使 *Hemocytin* 的表达量降低并且导致蚜虫种群密度降低（Zheng et al.，2019）。

由此可知，RNA 干扰技术有望成为害虫防治领域的新型手段。但在实际应用中仍然存在一些问题需要解决。例如，不同昆虫的 RNA 干扰效率不同，同一种昆虫 dsRNA 导入方式不同，则 RNA 干扰效率不同。因此，对 RNA 干扰机制进行深入研究，揭示不同昆虫 RNA 干扰效率差异的分子机制，可以促进 RNA 干扰技术更好地应用于害虫防控。

9.2 RNA 干扰抗虫靶标基因的筛选

9.2.1 高效安全抗虫靶标基因的特征及筛选方法

1. 高效安全抗虫靶标基因的特征

RNA 干扰技术是由 dsRNA 诱发，同源 mRNA 高效特异性降解的现象，自 1998 年发现以来已被广泛应用于植物、动物和微生物等生物类群的基因功能研究，由于其高效性和特异性，该技术被越来越多地应用于害虫防治领域，并有望成为第四代杀虫剂的核心技术。科学合理地选择靶标基因成为害虫防治的前提条件，也是 RNA 干扰技术能够达到应用推广的关键。作为高效安全的抗虫靶标基因应具备以下特征。

（1）靶标基因被沉默后可有效防控害虫

作为抗虫靶标基因，最主要的特征就是该基因的沉默对害虫自身具有明显效果。首先，沉默靶标基因可以通过影响昆虫的生长发育从而直接导致其死亡。例如，几丁质合成酶和几丁质酶是参与昆虫几丁质合成和降解的酶，在昆虫蜕皮发育的生命活动中起关键作用。在飞蝗中，干扰几丁质合成酶基因 A（*LmCHSA*）可以导致 90% 以上的死亡率（Zhang et al.，2010a；Wang et al.，2012a；Shi et al.，2016c）。在褐飞虱若虫中，几丁质酶基因 *NlCht1*、*NlCht7*、*NlCht9* 和 *NlCht10* 被沉默后，害虫的死亡率均超过 90%（Xi et al.，2015a）。因此，靶标基因沉默后害虫死亡率的高低是评判该靶标基因优劣的一个重要标准。其次，沉默靶标基因可以通过影响害虫的交配、繁殖和胚胎发育从而降低该种群的密度。这些基因虽然不能直接致死，但害虫的生殖力受到显著影响，也是害虫防治中可供选择的高效靶标基因。例如，在褐飞虱中采用 RNA 干扰技术干扰谷氨酰胺合成酶（glutamine synthetase，GS）基因后，降低了卵黄原蛋白（Vg）基因的表达并影响了卵巢的发育，最终导致褐飞虱的繁殖能力下降了 64.6%（Zhai et al.，2013）。

（2）靶标基因被沉默后使得害虫对农作物的为害显著降低

取食是昆虫生存的基础，对于农业害虫，取食量的多少直接关系到害虫对农作物的为害程度。有些靶标基因被沉默后虽然不能直接造成害虫的死亡，但可以影响昆虫的嗅觉和味觉系统，从而间接影响昆虫寻找食物和取食，这样的靶标基因也是害虫防控的高效靶标基因。例如，在豌豆蚜中通过 RNA 干扰技术抑制豌豆蚜效应子（*ApC002*）的表达后，采用刺吸电位图谱（electrical penetration graph，EPG）技术，发现豌豆蚜对植物的搜索和取食能力被抑制（Mutti et al.，2008）。在烟粉虱（*Bemisia tabaci*）中通过饲喂 dsRNA 下调 *Bt56* 基因的表达，发现烟粉虱在植物韧皮部的取食受到抑制（Xu et al.，2019）。

（3）靶标基因被沉默后对非靶标生物无不利影响

尽管 RNA 干扰技术的一大特征是具有较强的专一性，但是由于某些基因在不同生物中具有较高的同源性和保守性，所以，在采用 RNA 干扰技术防治害虫的过程中需要关注其脱靶现象，这就要求所选用的靶标基因具有较高的特异性，尤其是所设计的 dsRNA 序列不能与人类等非靶标生物具有过高的同源性，以免在防治害虫的同时对非靶标生物造成为害。这也是作为合格靶标基因的一大考量标准。所以，对于保守性较高的持家基因，在选择及设计 dsRNA 时要持慎重态度。

（4）低剂量的 dsRNA 就可以造成靶标基因的高效沉默

目前合成 dsRNA 的方法主要是采用市面上体外合成 dsRNA 的试剂盒，其原理是利用原核生物转录酶结合模板中的 T7 启动子，转录得到互补的 RNA 后，经退火得到 dsRNA，但是该方法成本较高。在筛选靶标基因时还需关注其剂量敏感度。在实验室开展基因功能研究时，通常选用较高剂量的 dsRNA，以将靶标基因沉默到最佳效果为目的。但如果真正用于害虫防治，还需考虑成本因素。例如，在褐飞虱幼虫中注射 50ng/头的 dsRNA，几丁质酶基因 *NlCht1*、*NlCht7*、*NlCht9*、*NlCht10* 均可被显著抑制，死亡率均超过 90%，而进一步进行浓度梯度实验时发现，*NlCht1* 在 dsRNA 浓度为 0.1ng/头时可以造成 80% 的死亡率，而同样情况下，*NlCht10* 只能造成 40% 的死亡率（Xi et al.，2015a）。在玉米根萤叶甲中，通过饲喂不同浓度的 dsRNA，发现 *DvSnf7* 基因对玉米根萤叶甲很有效，而在人工饲料中添加 dsRNA，其 LC_{50} 仅为 $1.2ng/cm^2$（Baum et al.，2007）。所以，低剂量、高沉默效率的靶标基因具有良好的应用前景，在 RNA 干扰技术的实际应用中具有重要的意义。

综上，作为抗虫靶标基因，首先应该对被防控的害虫有效，可直接致死或间接减少该害虫密度，从而降低该害虫对植物和农作物的为害；其次该靶标基因对人类等非靶标生物不具毒害性；最后在前两个条件符合的情况下，靶标基因的剂量敏感度也是影响该靶标基因能否被大规模生产使用的重要因素。

2. 高效安全抗虫靶标基因的筛选方法

（1）同源序列搜索法

对抗虫靶标基因的筛选，目前使用较多和较普遍的方式是同源序列搜索法。通过调研已发表的文献，找到在其他昆虫中已报道的 RNA 干扰靶标基因，进一步采用本地 Blast（basic local alignment search tool）在靶标害虫转录组中搜索同源基因，然后通过 RNA 干扰等手段验证该基因的功能，从而进一步判断该基因能否作为优良的靶标基因。例如，昆虫中保守性较高的持家基因 *Snf7*、*Actin*、*V-ATPase* 等以及昆虫中特有的一些家族基因、几丁质酶基因和 P450 基因（Baum et al.，2007；Zhang et al.，2015a；李大琪，2016；武丽仙，2020）等已在多个物种中被深入研究，因此在筛选抗虫靶标基因时，研究人员会优先考虑这些基因，但需要注意的是，由于这些"明星"基因在不同昆虫中保守性较高，在其他非靶标生物中也可能同样具有这些基因，所以在设计 dsRNA 片段时，需要格外谨慎，要避开与非靶标生物同源性较高的部位进行设计，以免在防治靶标害虫时对非靶标生物造成伤害。虽然同源序列搜索法被广泛应用于靶标基因的筛选，但其缺点是只能在已报道的靶标基因中选择，难以发现新的高效靶标基因。

（2）高通量测序筛选法

随着高通量测序技术（high-throughput sequencing）的发展，许多昆虫基因组、转录组和基因表达谱的研究得以开展。基因组测序是对某个物种基因组核酸序列的测定，确定该物种全基因组核酸序列信息。转录组测序是特定组织或细胞在某一状态下转录出的所有 RNA 总和，是所有 mRNA 和非编码 RNA。数字基因表达谱（digital gene expression profiling，DGE）是直接对某特定细胞或组织在特定功能状态下产生的 mRNA 进行高通量测序，从而描绘其基因表达种类和丰度信息，用来研究基因的表达差异。通过以上的高通量测序，可以获得昆虫更多的基因序列信息，进一步采用生物信息学分析及 RNA 干扰实验，可以筛选出新的及潜在的抗虫靶标基因。中国科学院上海生命科学研究院苗雪霞团队在亚洲玉米螟中就是采用转录组测序与基因表达谱相结合的方式筛选获得 10 个幼虫期特异性表达的基因，进一步对这 10 个基因进行 RNA 干扰，发现其中有 9 个基因在第 5 天的校正死亡率达 73%～100%（Wang et al.，2011b）。虽然采用该方法筛选靶标基因的工作量较大，但仍不失为一种筛选靶标基因的可行方法。

（3）样本胁迫法

昆虫不同的生理及行为受一系列基因的调控，不同状态下昆虫的基因表达模式可能不同，当昆虫受到高温、干燥、低毒化合物及 dsRNA 等因素胁迫时，体内某些相关基因的表达模式可能会产生变化。研究者可利用这一特性，筛选昆虫靶标基因。首先，对某一生活状态下的昆虫进行人工胁迫处理，之后对处理组和对照组（野生型）昆虫进行测序，分析两组中表达有显著差异（上调或下调）的基因，这些基因就可能是与胁迫相关的基因。例如，对注射 ds*LmCncC* 和 ds*GFP* 的飞蝗样品进行转录组测序比较，筛选到与飞蝗解毒相关的 9 个下调表达基因，通过 RNA 干扰结合杀虫剂生物测定实验，发现沉默 *LmCYP6FD1* 和 *LmUGT392C1* 基因表达后，飞蝗若虫对溴氰菊酯的敏感性增强；沉默 *LmCYP6FE1* 和 *LmUGT392C1* 基因表达后，飞蝗对吡虫啉的敏感性增强（刘娇，2020）。采用该方法筛选出的靶标基因，通过 RNA 干扰沉默后可以降低害虫对环境胁迫的抵抗能力，也是潜在的抗虫靶标基因。

（4）数据库搜索法

随着基因组学的飞速发展，研究已积累了越来越多的昆虫基因数据，为了方便搜索和应用，科学家整合了多个生物信息学数据库，如使用最广泛的 GenBank 数据库和 UniProt 蛋白质数据库，除此之外，还研发出多种具有不同特点、可满足不同搜索需求的二级数据库，如 Refseq 数据库、Gene 数据库、dbEST 数据库、Swiss-Prot 数据库和 KEGG 数据库。这些数据库在储存大量基因信息的同时各具特色。例如，KEGG 是一个整合了基因组、化学和系统功能信息的数据库，其可将从完整测序的基因组中得到的基因目录与更高级别的细胞、物种和生态系统水平的系统功能关联起来。而 Swiss-Prot 数据库中的所有序列条目都是分子生物学家和蛋白质化学家通过计算机工具并查阅有关文献资料仔细核实的，每个条目都有详细的注释，包括结构域、功能位点、跨膜区域、二硫键位置、翻译后修饰和突变体等。可以利用这些数据库，将靶标害虫转录组或基因组中的重要基因和主要通路注释出来，根据注释的通路寻找相关基因。这些形形色色的数据库在包含了大量基因信息的同时，又可以将数据库查询限定在某一特定部分，以便加快查询速度，为筛选更多的抗虫靶标基因提供了可能。

9.2.2　靶向表皮代谢 RNA 干扰的抗虫分子筛选

1. 基于 RNA 干扰筛选昆虫表皮代谢关键基因

昆虫表皮覆盖整个虫体，对于昆虫具有极其重要的生理功能，可以有效减少昆虫体内水分的流失，减弱机械损伤，保护昆虫维持正常机体状态，使昆虫可以更好地适应多种复杂的生存环境。昆虫表皮的主要成分为几丁质多糖、表皮蛋白和脂类，其结构和功能已在第 1 章中进行了阐述。虫体在发育过程中需要经历蜕皮过程，包括旧表皮的降解和新表皮的形成，但人畜等高等动物则不具有蜕皮这一生物学特性，因此针对表皮代谢系统，筛选高效的 RNA 干扰分子靶标，具有害虫防治专一性和对人畜等高等生物安全性等优点，可以促进 RNA 干扰技术在害虫防治中的应用。

山西大学张建珍教授团队针对表皮代谢系统筛选高效的 RNA 干扰分子靶标，开展了系统的研究工作，主要内容有以下 3 个方面。

（1）基于昆虫表皮几丁质代谢的研究

几丁质是昆虫体壁和中肠围食膜的主要成分，占昆虫虫蜕干物质的 25%～40%，几丁质代谢是一个复杂的生理过程，包括表皮几丁质的合成、几丁质排列组装与沉积、几丁质降解等，且受激素等诸多信号途径的调控。

如第 2 章所述，几丁质的合成从海藻糖（trehalose）出发，经海藻糖酶（trehalase）降解、己糖激酶（hexokinase）磷酸化等多个步骤，形成 UDP-N-乙酰葡糖胺（UDP-N-acetylglucosamine），作为几丁质合成酶的作用底物。刘晓健（2013）通过 RNA 干扰沉默飞蝗几丁质合成关键酶——谷氨酰胺:果糖-6-磷酸氨基转移酶 LmGFAT、UDP-N-乙酰葡糖胺焦磷酸化酶 LmUAP 和几丁质合成酶 LmCHS 的基因，发现 *LmGFAT*、*LmUAP1* 和 *LmCHS2* 负责体壁几丁质的合成，与对照组相比，注射各基因的 dsRNA 后，飞蝗新表皮几丁质合成量显著减少，昆虫因蜕皮困难而死亡；*LmCHS2* 负责中肠围食膜几丁质的合成，注射 ds*LmCHS2* 组的飞蝗围食膜不完整或完全缺失，影响食物的消化吸收从而导致飞蝗因饥饿而死亡。

于荣荣（2017）基于飞蝗转录组数据库全面搜索获得 3 类几丁质排列相关酶的基因序列，这 3 类酶分别是几丁质脱乙酰酶（chitin deacetylase，CDA）、Knk（Knickkopf）及 Rtv（Retroactive），对飞蝗注射这 3 类酶的基因 dsRNA 后，发现注射 ds*LmCDA1*、ds*LmCDA2*、ds*LmKnk*、ds*LmRtv* 后，均出现虫体难以蜕去旧表皮而导致死亡的现象，而注射 ds*LmCDA4* 和 ds*LmCDA5* 的虫体并无可见的异常表型，虫体可以成功蜕至下一龄期。进一步通过几丁质染色、免疫组化及透射电镜观察发现，这 3 类酶的基因的生物学功能也存在分化。张睿（2021）进一步对飞蝗 *Knk* 基因进行了研究，发现注射 ds*LmKnk3-5'* 的飞蝗 5 龄若虫出现蜕皮困难致死（30%）及成虫翅卷曲（60%）的表型，且飞蝗出现表皮变薄，几丁质含量显著降低，但层状结构仍然存在的情况；而注射 ds*LmKnk2* 或 ds*LmKnk3-FL* 的飞蝗 5 龄若虫均可成功蜕皮为正常成虫，飞蝗表皮厚度、层状结构及几丁质含量与对照组相比均无明显变化。在昆虫中，几丁质降解主要依靠几丁质酶和 β-N-乙酰葡糖胺糖苷酶（β-N-acetylglucosaminidase，NAG）的二元酶系统。

李大琪（2016）系统地研究了飞蝗几丁质酶家族基因，共获得 16 个飞蝗几丁质酶家族基因，分属于 9 个不同的昆虫几丁质酶组中，包括 4 类几丁质酶基因。采用 RNA 干扰和几丁质染色等方法对其生物学功能进行研究，发现 Group I 几丁质酶基因在飞蝗中出现分化，且功能上也有所差异，*LmCht5-1* 缺失后，可导致 5 龄若虫蜕皮失败；而 *LmCht5-2* 并无此影响。Group II 几丁质酶基因 *LmCht10* 是飞蝗蜕皮的重要基因，其缺失可导致表皮中几丁质酶总活力急剧下降、表皮中几丁质含量增加、旧表皮降解变慢，致使若虫蜕皮失败而死亡。*LmCht10* 对飞蝗产卵量与卵的孵化也有一定影响。

（2）基于昆虫表皮蛋白的研究

在昆虫表皮形成及昆虫器官的构建中，表皮蛋白至关重要。目前报道的昆虫表皮蛋白序列超过上千条，包括 CPR 家族、CPF/CPFL 家族、CPLC 家族、CPG 家族、CPAP 家族、Tweedle 家族等。昆虫表皮蛋白和几丁质作为表皮的主要成分，共同参与了昆虫生长发育时期的众多生理过程，如表皮的合成、昆虫塑形、翅的发育、产卵行为、抗性和免疫等。通过沉默表皮蛋白基因，阻碍昆虫的发育与繁殖，是利用 RNA 干扰进行生物防治的重要策略。

勾昕（2017）利用飞蝗转录组数据库鉴定出 81 个表皮蛋白基因，共分为 5 个家族，其中含 51 个 CPR 家族表皮蛋白基因、2 个 Tweedle 基因、9 个 CPF/CPFL

家族基因、9 个 CPAP 家族表皮蛋白基因以及其余 10 个不属于上述任何家族的表皮蛋白基因。在 CPR 家族中共发现 3 个含有几丁质结合域的翅表皮蛋白基因。对翅特异表达 *LmACP7* 基因进行了深入研究，经 RNA 干扰沉默该基因后，昆虫表皮细胞排列发生紊乱，微绒毛等被破坏，翅发育畸形，虫体因蜕皮困难而死亡，该研究为采用 RNA 干扰技术靶向翅发育关键基因以防控迁飞性害虫（如黏虫、玉米螟等）提供了新思路。

杨亚亭等（2018）采用蛋白质组学（proteomics）的方法测定了飞蝗内外表皮的差异蛋白，挖掘出 LmNCP1、LmNCP2、LmCP6 三个飞蝗内外表皮差异蛋白。采用 RNA 干扰技术开展研究，发现注射 ds*LmNCP1* 和 ds*LmNCP2* 后，飞蝗能正常蜕皮从而发育为成虫；解剖其成虫表皮，采用苏木精-伊红染色法（hematoxylineosin staining）进行染色，观察其表皮结构，发现与对照组相比，处理组表皮均明显变薄，且内表皮层减少，表明 *LmNCP1* 和 *LmNCP2* 基因参与飞蝗内表皮结构的形成。注射 ds*LmCP6* 后，成虫翅出现卷曲和皱缩的表型，推测该基因参与飞蝗翅的形成。

宋天琪（2016）搜索飞蝗转录组，克隆得到 LmTwdl1 和 LmTwdl2 两个 Tweedle 家族表皮蛋白。RNA 干扰 *LmTwdl1* 后，飞蝗出现蜕皮异常并大量死亡，电镜结果显示，表皮几丁质排布出现紊乱。

王燕等（2015）在飞蝗转录组数据库中搜索得到 8 个 CPAP 家族基因，分别命名为 *LmObst-A1*、*LmObst-A2*、*LmObst-B*、*LmObst-C*、*LmObst-D1*、*LmObst-D2*、*LmObst-E1*、*LmObst-E2*，进一步研究发现 *LmObst-E1* 是飞蝗发育所必需的，该基因沉默可导致飞蝗死亡，其他 7 个 LmObst 的沉默可导致飞蝗发育延迟 1～3 天，但无致死效应。

贾盼等（2019）从飞蝗表皮蛋白 CPR 家族中筛选出在表皮中（尤其是节间膜）特异性高表达的 *LmAbd-1*、*LmAbd-6* 基因，其在雌虫节间膜的表达量分别是雄虫的 1.5 倍、125.6 倍，沉默该基因后，雌虫的节间膜异常，延展性变弱，产卵数量减少，产卵行为受损。综上所述，针对昆虫产卵和迁飞等行为，设计靶向表皮蛋白相关基因的 dsRNA，可为 RNA 干扰害虫生物防治提供高效安全的策略。

（3）基于昆虫表皮脂类物质的研究

昆虫表皮中还有一类重要成分是表皮脂类物质，其可以避免昆虫体内水分蒸发和防止外源物质侵入。昆虫表皮脂类物质的主要化学成分为碳氢化合物、醇、蜡酯、脂肪酸、甾醇、三酰甘油等。昆虫脂类物质主要在绛色细胞（oenocyte）中合成，经孔道（pore canal）和蜡道（wax canal）运输到表皮层（Schal et al.，1998）。

余志涛（2018）采用 RNA 干扰技术沉默表皮脂肪酸合成的限速酶乙酰辅酶 A 羧化酶（acetyl-coenzyme A carboxylase，*LmACC*）后，飞蝗脂类物质合成减少，能量供应缺失，在蜕皮过程中陆续死亡。此外，对 3 个 ABC 转运蛋白（ATP-binding cassette transporter，ABC transporter）H 家族基因进行了 RNA 干扰研究，发现沉默 *LmABCH-9A* 和 *LmABCH-9B* 后，若虫均可正常生长发育，顺利蜕皮至下一龄期，无可见的异常表型，抑制 *LmABCH-9C* 表达后，脂类物质无法转运到上表皮层，表皮脂类物质的含量减少，保水性能减弱，体重在短时间内迅速下降，飞蝗在蜕皮后由于表皮变薄出现皱缩死亡的现象。

杨洋等（2021）对脂肪酸去饱和酶（desaturase，Desat）这一脂质合成通路的关键酶进行了研究。采用 RNA 干扰对 *LmDesat* 的生物学功能进行分析，发现在显著沉默 *LmDesat* 表达的情况下，42.8% 注射 ds*LmDesat1* 的飞蝗羽化为成虫后出现翅型紊乱，84.2% 注射 ds*LmDesat3* 的飞蝗无法蜕皮，在蜕皮前死亡，而注射 ds*LmDesat2* 的飞蝗与对照组相同，均能正常蜕皮和羽化。杨洋（2020）以飞蝗为研究对象，鉴定了 3 个飞蝗脂肪酸合成酶（fatty acid synthetase，FAS）基因，采用 RNA 干扰技术，显著沉默 *LmFAS1* 和 *LmFAS3* 的表达后，约 80% 的若虫出现蜕皮困难而死亡，成功蜕皮至下一龄期后陆续死亡；而沉默 *LmFAS2* 后，并未发现可见的异常表型。此外，研究还鉴定了 7 个脂肪酸延伸酶基因（*LmELO1*～*LmELO7*），其中注射 ds*LmELO7* 的若虫约 60% 出现蜕皮困难而死亡，其余约 40% 的若虫虽然可成功蜕皮至下一龄期，但是蜕皮后也会陆续死亡。

综上所述，表皮代谢过程中涉及几丁质代谢、脂质代谢及表皮蛋白的合成等众多基因，但并不是所有基因沉默后都会出现致死表型，因而系统地挖掘靶向昆虫表皮代谢的 RNA 干扰可致死基因很有意义。此外，靶向昆虫表皮代谢基因设计 RNA 生物农药，最大的优点在于几丁质等表皮物质主要源自昆虫等甲壳类动物的外壳，而人类和其他高等动物体内没有几丁质，采用该技术开展生物防治相对安全。

2. 靶向表皮代谢的高效 RNA 干扰抗虫靶标基因的应用

张建珍教授团队针对表皮代谢系统筛选获得多个高效的 RNA 干扰技术分子靶标，并采用如下方法将其应用于害虫防治。

（1）直接饲喂飞蝗 dsRNA 进行 RNA 干扰

对飞蝗注射 dsRNA 以实现 RNA 干扰已有很多实例，但是该方法只能应用于实验室进行靶标基因的筛选或功能研究。若要将 RNA 干扰技术应用于田间害虫防治，需要通过饲喂等方法进行探索。为了比较飞蝗注射和饲喂 dsRNA 后能否有效地发挥作用，宋慧芳（2018）选择了参与飞蝗蜕皮过程的几丁质酶 10 作为靶标基因，结果发现，饲喂 ds*LmCht10* 组的 5 龄若虫虫体全部可以正常蜕皮至成虫，而注射 ds*LmCht10* 组的 5 龄若虫虫体由于难以蜕去旧表皮，无法蜕皮至成虫，死亡率高达 100%。研究表明，将体外合成的 dsRNA 直接饲喂飞蝗难以实现 RNA 干扰。究其原因，是由于饲喂法导入的 dsRNA 进入飞蝗的中肠后，因飞蝗中肠内存在大量的 dsRNA 降解酶，会将 dsRNA 降解为无效的分子而无法进入细胞，实现系统性 RNA 干扰，这极大地阻碍了 RNA 干扰技术的应用。

dsRNA 降解酶不是仅在飞蝗中存在，在亚洲玉米螟（Fan et al.，2021）、家蚕（Liu et al.，2012b）和烟粉虱（Luo et al.，2017b）等昆虫中均有发现。为了克服这一类 dsRNA 降解酶对 RNA 干扰效率的影响，宋慧芳（2018）采用注射法首先沉默了飞蝗 LmdsRNase2 基因，再饲喂靶标基因，即飞蝗几丁质酶 10 基因 LmCht10 或几丁质合成酶 1 基因 LmCHS1 的 dsRNA，检测靶标基因的沉默效率及观察表型，研究发现沉默 LmdsRNase2 之后可提高饲喂 dsRNA 的干扰效率，实验组均出现了蜕皮困难而死亡的表型。进一步采用定量 PCR（qPCR）和几丁质染色实验证实，飞蝗出现此表型的原因是靶标基因表达量下降，导致飞蝗表皮几丁质合成和降解受阻。

Fan 等（2021）将亚洲玉米螟中肠解剖出来在体外培养，沉默了中肠高表达的 OfdsRNase2 之后再加入靶标基因的 dsRNA，发现靶标基因的 dsRNA 可以实现沉默。上述研究工作从理论上揭示了飞蝗等害虫饲喂 dsRNA 干扰无效的原因，推动了开发靶向害虫表皮代谢的高效 RNA 干扰产品的进程。

（2）培育表达飞蝗几丁质酶 10（chitinase 10，LmCht10）的 dsRNA 转基因玉米

李大琪（2016）系统地研究了飞蝗几丁质酶家族基因的分子特性、表达特点及分子功能，获得多个靶向飞蝗表皮几丁质代谢的靶标基因，有在体壁高表达的 LmCht5-1、LmCht5-2、LmCht10、LmIDGF3，在中肠高表达的 LmCht8、LmCht9、LmCht12、LmCht13，在卵期表达发生显著变化的 LmIDGF2，在赤拟谷盗中有功能的 TcCht7 同源基因 LmCht7 以及飞蝗 β-N-乙酰葡糖胺糖苷酶基因 LmNAG。这些基因的缺失对飞蝗若虫的发育影响各不相同。在肠道表达的 4 个几丁质酶基因缺失后试虫均不死亡。LmCht5-1、LmCht10 与 LmNAG 缺失后则有显著的致死效果，其中 LmCht10 致死率接近 100%。从表型来看，这 3 个基因都与飞蝗蜕皮相关。在飞蝗卵期或若虫期，LmCht10 在每一次旧表皮蜕去过程中均发挥作用；LmCht5-1 仅在飞蝗 5 龄期蜕皮时有致死作用；LmNAG 虽然有蜕皮困难的表型出现，但致死率不高。综合考虑，可优先选择飞蝗 LmCht10 作为有效的靶标基因。

进一步研究飞蝗 LmCht10 不同区域 dsRNA 的致死效果，发现昆虫间保守的几丁质酶催化域 LmCht10-CCD 对飞蝗、中华稻蝗和赤拟谷盗均有很高的致死率，而蝗虫特有的几丁质结合域 LmCht10-CBD 仅能致死飞蝗和中华稻蝗，并不影响赤拟谷盗的正常蜕皮发育。上述结果表明，可通过对该基因 dsRNA 区域或序列进行甄选，以获得对一种或多种害虫致死的 dsRNA，同时可将对非靶标生物的影响降至最小。据此，课题组选择 LmCht10 的 dsCCD 区域 cDNA 片段构建重组质粒，通过花粉介导法对玉米品种郑 58 进行基因转化，经连续自交和分子检测筛选在 T3 代成功获得 4 个阳性转化株系 dsLmCht10-11～dsLmCht10-14。生物学测定结果表明，

取食这 4 个株系的植株叶片后，1 龄飞蝗若虫均出现因蜕皮困难而致死的现象。选择致死率最高的株系 ds*LmCht10*-11，采用 Northern 印迹法（Northen blot）分析检测植物中 dsRNA 表达情况，并检测喂食后飞蝗若虫 *LmCht10* 的表达量，实验结果表明，在转基因玉米植株中 dsRNA 的主要存在形式为 siRNA，1 龄飞蝗若虫取食叶片后，*LmCht10* 表达受到抑制，部分若虫因蜕皮困难而死亡，死亡率达 53%。

已有学者将几丁质酶用于转基因作物，通过改造植物，使其表达几丁质酶来提高抗病虫效率。但早期研究中所利用的几丁质酶均来源于植物或微生物（Grison et al.，1996；Ohme-Takagi et al.，1998），对昆虫的致死效果并不显著。1993 年，第一个几丁质酶基因，即烟草天蛾（*Manduca sexta*）*MsCht5* 获得后（Kramer et al.，1993），研究多集中于利用此基因与其他抗虫蛋白共同构建转基因植物。Ding 等（1998）将其表达于转基因烟草中，发现可抑制烟芽夜蛾（*Heliothis virescens*）进食，但对烟草天蛾幼虫的影响并不显著。Wang 等（2005）将其与蝎毒素蛋白共表达于欧洲油菜（*Brassica napus*）中，显示出对小菜蛾（*Plutella xylostella*）的抗性。

综上，以昆虫表皮代谢系统为靶标，基于 RNA 干扰方法筛选靶标基因，并将其应用于害虫防治是先进的植物保护策略。但是，将该技术实际应用于害虫防治还需要解决很多问题，如降低 dsRNA 的成本、提高 RNA 干扰的效率以及高效的 dsRNA 导入方式等。

9.3　基于表皮代谢关键基因 RNA 干扰的生物防治策略

基于害虫表皮代谢关键基因 RNA 干扰的生物防治策略原理是采用 RNA 干扰技术，诱导沉默表皮代谢关键基因，使害虫生长发育异常，从而达到防治害虫的目的。这一生物防治策略具有许多传统方法无法比拟的优势（张建珍等，2021）。

一方面，RNA 干扰作为新型的害虫防控技术主要有以下特点：①特异性，可通过选择 dsRNA 序列区域，只针对性地降解靶标基因的 mRNA；②广谱性，目前，已在鞘翅目、直翅目、膜翅目、半翅目、双翅目和鳞翅目等多种重要农业害虫中开展了 RNA 干扰技术研究，该技术对不同害虫类群均具有良好的防治效果；③高效性，dsRNA 介导的 RNA 干扰在生物体内以催化放大的方式进行，少量的 dsRNA 就能有效地抑制靶标基因的表达；④系统性，RNA 干扰效应可以在害虫全身甚至在世代间传递，可明显提高 RNA 干扰效率；⑤环境安全性，残留的 dsRNA 在自然界极易降解，无残留，对环境无毒无害，相对安全。另一方面，基于昆虫表皮代谢关键基因设计 dsRNA，其特异性更高，无脱靶效应，对其他非靶标生物更安全。基于上述两方面优势，靶向表皮代谢关键基因 RNA 生物防治策略符合环保理念，可为农业的可持续发展提供新路径。

基于表皮代谢关键基因 RNA 干扰应用于害虫防治，必须具备两个重要条件：一是筛选到高效安全的靶向表皮代谢 RNA 干扰的抗虫分子，这在前一小节已经论述；另一个是必须通过合适的抗虫策略利用高效的运载体系将 dsRNA 有效地导入害虫体内。因此，选择合适的抗虫策略是 RNA 生物防治的关键。目前，已有 4 种抗虫策略应用于害虫防治中，即体外合成 dsRNA 的抗虫策略、纳米材料携带 dsRNA 的抗虫技术、微生物表达 dsRNA 的生物防治策略、植物介导表达 dsRNA 的生物防治策略。

9.3.1　体外合成 dsRNA 的抗虫策略

化学合成 dsRNA 的方法主要是通过对碱基的去保护、偶联、加帽和氧化等步骤，逐步循环添加新的核苷酸，最终得到目标核酸序列（李诗渊等，2017）。而该方法有诸多弊端，如随着合成序列长度的增加，其价格非常昂贵，在通过复杂的化学反应后，其合成效率变低，在纯化过程中有机杂质增多。

另一种基于实验室的合成方法为 T7 RNA 聚合酶（T7 RNA polymerase）体外转录合成 dsRNA。该酶是 1970 年从感染了噬菌体 T7 的大肠杆菌中分离出来的，其特点是不需要其他蛋白因子参与，就能够独立行使转录功能。此外，T7 RNA 聚合酶只能特异性地识别 T7 启动子（T7 promoter），并能够催化 dNTP 向 T7 启动子下游的 DNA 模板聚合，从而转录出互补的 RNA 链。因此，通过 T7 RNA 聚合酶可以在体外条件下高效地合成 dsRNA。T7 启动子序列为 5′-TAATACGACTCACTATAGGG-3′。在设计 dsRNA 合成所需的引物时，将 T7 启动子序列加入引物 5′ 端，之后通过 PCR 扩增合成带有 T7 启动子的 DNA 模板。进一步提纯该 DNA 模板，用 T7 RNA 聚合酶进行体外转录，合成与其互补的 RNA 序列，再将互补的单链 RNA 混合并退火，形成 dsRNA（Mullis and Faloona，1987；Cao et al.，1994；Li and Zamore，2019）。这一步结束后，需用 DNA 酶降解残留的双链 DNA 模板，最后再用异丙醇或乙醇沉淀得到 dsRNA。

将合成的 dsRNA 通过注射或饲喂的方法导入昆虫体内，可以有效沉默靶标基因，从而导致昆虫生长发育受阻，最终达到杀虫效果。注射法在双翅目昆虫黑腹果蝇（*Drosophila melanogaster*）（Misquitta and Paterson，1999）、鞘翅目昆虫赤拟谷盗（Tomoyasu and Denell，2004）、半翅目昆虫褐飞虱（Pan et al.，2018）以及直翅目昆虫飞蝗（张建珍等，2021）中都有大量的研究实例，在实验室中应用广泛。目前饲喂法已在鳞翅目、双翅目、半翅目和等翅目等多种昆虫中成功应用。例如，Bautista 等（2009）以细胞色素 P450 家族基因 *CYP6BG1* 为靶标，体外合成 dsRNA 并饲喂小菜蛾幼虫，实现了该基因表达量的下调。Turner 等（2006）通过直接饲喂体外合成的 dsRNA，沉默了苹淡褐卷蛾（*Epiphyas postvittana*）触角中的信息素结合蛋白。给豌豆蚜喂食含水通道蛋白基因 *ApAQP1* 的 dsRNA 人工饲料后，该靶标基因的表达水平显著下降（Shakesby et al.，2009）。此外，在北美散白蚁（*Reticulitermes flavipes*）中以纤维素酶和储存蛋白的基因为靶标基因，通过体外合成 dsRNA 成功实现了 RNA 干扰，与保幼激素共同作用阻碍其蜕皮，导致昆虫死亡（Zhou et al.，2008）。体外合成的 dsRNA 导入昆虫体内并实现 RNA 干扰效果的方法还有点滴法、喷洒法和浸泡法等。但无论是化学合成还是体外转录，通常需要通过复杂的化学反应或借助商品化的试剂盒，不仅合成量少且造价高，仅限于实验室或小规模的 RNA 干扰测试，很难满足田间大规模应用的需求。

9.3.2 纳米材料携带 dsRNA 的抗虫技术

1. 传统的 dsRNA 递送方式

传统的 dsRNA 递送方式包括注射法、饲喂法、喷洒法或点滴法。注射法可以直接避开表皮或肠道上皮屏障，将 dsRNA 精准递送到组织细胞，注射法应用于鞘翅目赤拟谷盗、直翅目飞蝗和鳞翅目棉铃虫等多种害虫中。Schroder（2003）通过胚胎注射法沉默了赤拟谷盗 *orthodenticle-1* 和 *hunchback* 后，导致胚胎的器官发育异常。Li 等（2015）采用 RNA 干扰技术，向飞蝗注射几丁质酶 5（chitinase 5）基因的 dsRNA，随后飞蝗因蜕皮困难而死亡。Yang 等（2017a）向棉铃虫注射靶向6-磷酸海藻糖合成酶相关基因的 dsRNA 后，虫体蜕皮畸形，出现较高的死亡率。目前，通过注射法实现 RNA 干扰已成为重要的研究方法。但是此方法仅适用于基因功能的研究，在田间进行推广应用有很大的局限性。

通过饲喂法实现 RNA 干扰是昆虫通过取食靶标基因的 dsRNA，经肠道吸收到肠上皮细胞，然后转运到不同组织，因此肠道内 dsRNA 的吸收和转运是饲喂法 RNA 干扰成功的关键。已有研究表明，昆虫肠道的 pH、核酸酶等因素会影响 dsRNA 的效率，另外，喂食法的作用效果较慢，尤其是在昆虫无法取食的时期。因此饲喂 dsRNA 的方法只在赤拟谷盗和蚜虫等少数昆虫中开展应用。

喷洒法或点滴法是将 dsRNA 制剂喷洒于害虫为害处，dsRNA 通过与昆虫体表直接接触而进入虫体，沉默靶标基因，从而致死害虫。中国科学院苗雪霞团队首次利用喷洒法在玉米螟中实现了 RNA 干扰（Wang et al.，2011b）。Pridgeon 等（2008）首次通过点滴法干扰了埃及伊蚊（*Aedes aegypti*）细胞凋亡抑制蛋白基因，能够有效杀死雌蚊。RNA 生物农药为环境友好型的化学杀虫剂替代品，但在田间应用时，dsRNA 在环境中的稳定性和在虫体中的 RNA 干扰效率都值得深入探索。

2. 纳米材料携带 dsRNA

近年来，纳米技术迅速发展且与多个学科领域相互融合。纳米材料是指粒径为1～100nm 的超微颗粒，纳米材料具有小尺寸、比表面积大、可修饰性强、水溶液分散性好、黏附性强和光催化降解等特点（Gleiter，2000；Buzea et al.，2007），使其广泛应用于半导体、疾病诊断与治疗、新材料等研究领域（Nykypanchuk et al.，2008），且在 RNA 生物防治领域也得到了应用。

纳米材料携带 dsRNA 抗虫技术是利用纳米材料通过静电作用和范德瓦耳斯力与 dsRNA 结合的原理，一方面保护 dsRNA 在环境中的稳定性，另一方面保护 dsRNA 不受核酸酶和昆虫体内环境的影响，从而提高 RNA 干扰效率，达到抗虫目的。纳米材料携带 dsRNA 抗虫技术主要包括纳米材料与 dsRNA 结合、昆虫摄取、细胞吸收、内涵体逃逸、核酸释放和 RNA 干扰效应等步骤（图 9-2）。

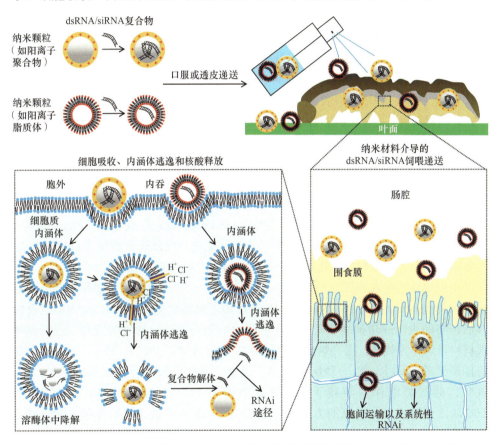

图 9-2　纳米材料介导的 dsRNA/siRNA 传递系统示意图［修改自 Yan 等（2021）］

其具体过程为纳米材料的阳离子基团通过离子键与 dsRNA 的磷酸基团结合，形成纳米材料/dsRNA 复合物或纳米材料通过亲水/疏水性将 dsRNA 包裹，昆虫通过取食或体壁接触摄入复合物后，纳米材料/dsRNA 复合物与细胞膜结合，然后通过内吞作用进入细胞（Kozielski et al.，2013；Zhou et al.，2013；Wang et al.，2014b）。在细胞摄取后，纳米材料/dsRNA 复合物产生的内吞囊泡沿着微管移动，随后与早期内涵体融合，在早期内涵体成熟为晚期内涵体（pH=5.0～6.2），最后至溶酶体（pH=4.5）的过程中，这些纳米材料/dsRNA 复合物从晚期内涵体逃逸到细胞质，在内涵体逃逸后，dsRNA 必须从纳米材料中充分解除结合才能用于 RNA 干扰。

细胞中有许多聚阴离子，如肝素和硫酸软骨素等，可以分解纳米材料/核酸复合物并释放核酸到细胞质中（Moret et al.，2001）。然而，这种竞争性的置换过程十分缓慢。另一种诱导核酸释放的机制是基于纳米材料对细胞内的刺激反应。纳米材料对核酸分子的亲和力由其物理化学性质决定，但是这种亲和力可以被细胞内刺激如酸性 pH 和胞质还原物等改变，随后诱导复合物解离（Kwon，2012）。例如，聚 β-氨基酯可水解，其降解速率取决于环境中 pH 和聚合物的构象（Lynn and Langer，2000；Tzeng and Green，2013）。纳米材料还可以被设计成具有特殊功能的材料，通过酸反应降解、谷胱甘肽介导的还原或其他刺激性反应，促进核酸释放（Wang et al.，2014b），释放后的 dsRNA 进入 RNA 干扰通路发挥作用（Yan et al.，2021）。

自从 RNA 干扰技术诞生以来，研究人员采用纳米材料携带 dsRNA，用于害虫防治，已开展了大量研究工作。美国堪萨斯州立大学朱坤炎实验室首先采用壳聚糖纳米颗粒（CS）携带几丁质合成酶基因 CHS 的 dsRNA，与食物混合后饲喂冈比亚按蚊幼虫，靶标基因表达下降，增加了幼虫对除虫脲（diflubenzuron）、钙荧光白（calcofluor white）或二硫苏糖醇（dithiothreitol）的敏感性（Zhang et al.，2010b）。壳聚糖具有成本低、无毒和可降解等优点，因此壳聚糖纳米材料/dsRNA 复合物可以作为优质材料，在害虫防治领域拥有广阔的应用前景。

中国农业大学沈杰团队研发的纳米材料 FNP 由中间荧光发色团和周围的多氨聚合物外壳构成。用 FNP 携带亚洲玉米螟几丁质酶基因 Cht10 的 dsRNA 混合饲料后饲喂幼虫，成功抑制了靶标基因的表达，阻碍了虫体的生长发育。证明该纳米材料可以作为载体，提高害虫防治的效果（He et al.，2013）。Yan 等（2020）在前期研究的基础上，以一种结构简单、成本低廉的纳米级星状聚合物（SPc）为载体，通过静电作用装载了 4 个靶标基因（TREH、ATPD、ATPE、CHS1）的 dsRNA，通过点滴、喷洒的方式使得 dsRNA 在 4h 内穿透大豆蚜体壁，其致死率分别达 81.67%（dsATPD+dsATPE）、78.5%（dsATPD+dsCHS1）。

Christiaens 等（2018）使用鸟苷酸聚合物作为载体，携带几丁质合成酶 2 基因 CHS2 的 dsRNA，饲喂甜菜夜蛾后，使得该害虫死亡率显著提高。该纳米材料的主要作用是提高了 dsRNA 在甜菜夜蛾碱性肠溶液中的稳定性，增加了肠上皮细胞对 dsRNA 的吸收。

以上成功案例展示出纳米材料携带 dsRNA 技术在田间害虫防治中的巨大潜力，尤其在鳞翅目昆虫防控方面。近年来，纳米材料介导的 RNA 干扰技术在多种害虫中均有广泛的研究（表 9-1）。

表 9-1 纳米材料介导的 RNA 干扰在不同害虫中的应用

目	昆虫	纳米类型	基因	效果	文献
鞘翅目	赤拟谷盗 （*Tribolium castaneum*）	肽胶囊	*BiP，Armet*	羽化异常	Avila et al.，2018
双翅目	冈比亚按蚊 （*Anopheles gambiae*）	壳聚糖	*CHS1*	几丁质含量降低	Zhang et al.，2010b
	埃及伊蚊 （*Aedes aegypti*）	壳聚糖	*Snf7*	幼虫死亡率提高	Das et al.，2015
	黑腹果蝇 （*Drosophila melanogaster*）	脂质体	*V-ATPase E*	干扰效率达 56.2%， 致死率可达 65%	Whyard et al.，2009
半翅目	大豆蚜 （*Aphis glycines*）	FNP	*hemocytin*	致死率提高	Zheng et al.，2019
		SPc	*ATPD+CHS1*	致死率高达 81.67%	Yan et al.，2020
鳞翅目	亚洲玉米螟 （*Ostrinia furnacalis*）	FNP	*Cht10*	体重下降，死亡	He et al.，2013
	甜菜夜蛾 （*Spodoptera exigua*）	鸟苷酸聚合物	*CHS2*	致死率显著升高	Christiaens et al.， 2018
	二化螟 （*Chilo suppressalis*）	脂质体	*GAPDH*	致死率提高	Wang et al.，2020b
	小地老虎 （*Agrotis ipsilon*）	SPc	*V-ATPase*	体长减小	Li et al.，2019
蜱螨目	镰形扇头蜱 （*Rhipicephalus haemaphy-* *saloides*）	脂质体	*ribosomal* *protein P0*	幼虫蜕皮率降低， 成虫产卵率降低	Zhang et al.，2018b

虽然纳米材料在 RNA 生物防治方面具有广阔的前景，但是在实际应用中还需要考虑如下问题，即纳米材料结合 dsRNA 的效率、昆虫对纳米材料/dsRNA 复合物的摄取、昆虫细胞对复合物的吸收、纳米材料/dsRNA 复合物从昆虫内涵体中逃逸、dsRNA 从复合物释放的速率、RNA 干扰通路核心酶等对 dsRNA 的作用，以及纳米材料的生物相容性和环境安全性。

9.3.3 微生物表达 dsRNA 的生物防治策略

RNA 干扰技术在农业害虫防治领域已取得了部分进展，但从目前来看，合成 dsRNA 的成本过高，不利于推广应用。因此，需要建立一种经济、高效的 dsRNA 合成方法，即微生物表达 dsRNA。常见的微生物表达 dsRNA 方法有昆虫病毒介导法与工程菌介导法。

1.昆虫病毒介导法表达 dsRNA

昆虫病毒介导法是利用病毒可侵染昆虫的特性，在寄主昆虫体内复制形成靶标基因的 dsRNA，以获得 RNA 干扰效果。例如，寄生于家蚕的重组病毒产生靶向 *BR-C* 基因的 dsRNA，使家蚕幼虫不能化蛹，成虫形态缺陷（Uhlirova et al.，2003）。但是由于病毒转座重组速率快，在进化过程中，可能侵染其他宿主，产生新的突变。因此，采用重组病毒表达 dsRNA 侵染害虫的方法可能引起潜在的生态风险。

2.工程菌介导法表达 dsRNA

工程菌介导法是通过构建可以表达靶标基因 dsRNA 的载体，将其转入细菌和真菌等微生物，获得大量的 dsRNA。具有潜在应用价值的有大肠杆菌表达 dsRNA系统，共生菌（symbiont）表达 dsRNA 系统，真菌表达 dsRNA 系统（表 9-2）。

表 9-2　微生物介导的 RNA 干扰在不同昆虫中的应用

目	昆虫	表达类型	基因	效果	文献
鳞翅目	家蚕 （*Bombyx mori*）	病毒介导	*BR-C*	化蛹异常，成虫形态缺陷	Uhlirova et al.，2003
鞘翅目	异色瓢虫 （*Harmonia axyridis*）	细菌表达	*vestigial*	高效干扰靶标基因，翅缺陷	Ma et al.，2020
	马铃薯甲虫 （*Leptinotarsa decemlineata*）	细菌表达	*β-actin*，*Sec23*	幼虫体重显著下降	Zhu et al.，2011
双翅目	橘小实蝇 （*Bactrocera dorsalis*）	细菌表达	*V-ATPase D*，*rpl19*	显著致死	Li et al.，2011
鳞翅目	甜菜夜蛾 （*Spodoptera exigua*）	细菌表达	*SeCHSA*	死亡率提高	Tian et al.，2009
			CHY2	提高幼虫死亡率	Vatanparast and Kim，2017
缨翅目	西花蓟马 （*Frankliniella occidentalis*）	共生菌表达	*Vg*	产卵减少，孵化率降低	Whitten et al.，2016
双翅目	斑翅果蝇 （*Drosophila suzukii*）	酵母表达	*γ-Tubulin*	降低了幼虫的存活率，并且抑制了成虫的发育与生殖	Murphy et al.，2016
	埃及伊蚊 （*Aedes aegypti*）	酵母表达	*FeZ-2*，*LRC*	神经发育受损，并且死亡率显著增加	Hapairai et al.，2017
直翅目	飞蝗 （*Locusta migratoria*）	真菌表达	*F$_1$F$_0$-ATPase*	杀虫毒性提高	Hu and Xia，2019

续表

目	昆虫	表达类型	基因	效果	文献
半翅目	烟粉虱 (*Bemisia tabaci*)	真菌表达	*TLR7*	基因表达下调，致死提前	Chen et al.，2015b
	柑橘粉虱 (*Dialeurodes citri*)	真菌表达	*DcPPO*	协同提高致死率	Yu et al.，2019b

大肠杆菌 HT115（DE3）是常用的 dsRNA 表达系统。HT115（DE3）是一种 RNase Ⅲ（dsRNA 特异性核酸内切酶）缺陷型菌株，利用该系统可以保障 dsRNA 不被细菌产生的核酸酶降解（Timmons et al.，2001）。此外，HT115（DE3）经过修饰与诱导，可以产生 T7 RNA 聚合酶（Studier and Moffatt，1986），T7 RNA 聚合酶可以特异性地识别 T7 启动子，并催化 dNTP 向 T7 启动子下游的 DNA 模板聚合，从而在细胞内转录出互补 RNA 链。中山大学张文庆团队利用大肠杆菌表达甜菜夜蛾几丁质合成酶 A 基因 *SeCHSA* 的 dsRNA，将菌株混合人工饲料后喂食幼虫，其生长发育受到抑制，蜕皮异常，死亡率显著提高（Tian et al.，2009）。中国农业大学沈杰团队建立了一种新的表达系统 pET28a-BL21（DE3），表达异色瓢虫（*Harmonia axyridis*）*vestigial* 基因的 dsRNA，实现了 dsRNA 的大量生产，其合成 dsRNA 的效率为 HT115（DE3）系统的 3 倍。虫体注射 dsRNA 后，获得翅缺陷表型（Ma et al.，2020）。众多研究表明，采用大肠杆菌表达 dsRNA 不仅操作简单、合成成本低，而且可采用发酵工艺，用于 dsRNA 的大量生产，易于工业化。但是，细菌发酵法具有如下局限性，即生产过程中可能存在细菌毒素；dsRNA 分离纯化烦琐；发酵废液可能造成二次污染。

共生菌表达 dsRNA 生物防治也称为共生体介导的 RNA 干扰（symbiont-mediated RNAi，SMR），是通过对昆虫共生菌进行遗传操作，改造成为 dsRNA 合成载体，将其直接喷洒于害虫为害处，持续繁殖产生 dsRNA，以达到害虫防控的目的。共生菌表达 dsRNA 是大有潜力的生物防治策略，主要有两方面优势：一是施用方便，作用持久，利用共生关系可以持续合成 dsRNA；二是抗虫特异性，主要表现在 RNA 干扰技术的特异性与共生菌对宿主的特异性。这些优势使 SMR 成为一种高效、安全和精准的害虫防治手段，具有明显的应用价值。英国 Paul Dyson 团队采用改造过的缺失 RNase Ⅲ 的共生菌表达 dsRNA，改造后的共生菌感染长红锥蝽（*Rhodnius prolixus*）和西花蓟马（*Frankliniella occidentalis*）后，成功沉默卵黄原蛋白（*Vg*）与 α-微管蛋白（α-tubulin，*Tub*）基因而导致害虫死亡（Whitten et al.，2016）。多项研究表明，共生菌表达 dsRNA 在害虫防治方面具有广阔的应用前景（Joga et al.，2016；Whitten and Dyson，2017）。

采用真菌表达 dsRNA 的研究相对较少。据报道，有两类真菌用于表达

dsRNA，即酿酒酵母（*Saccharomyces cerevisiae*）与昆虫病原真菌。酿酒酵母表达核酸的优势在于：酵母发酵在各领域研究和应用较广泛，相对安全；对酵母的遗传特性研究较为深入，易于改造；缺乏 RNA 干扰核心酶系统，可积累核酸产物；酵母/核酸制剂方便保存（Drinnenberg et al.，2009；Duman-Scheel，2019）。Murphy 等（2016）采用表达 dsRNA 的重组酵母饲喂斑翅果蝇（*Drosophila suzukii*），可阻碍其幼虫与成虫的生长发育。Hapairai 等（2017）利用酿酒酵母表达成束伸长蛋白（FeZ2）和白细胞受体簇（LRC）的短发夹 RNA（short hairpin RNA，shRNA），饲喂埃及伊蚊幼虫后，其神经发育受损，并且死亡率显著增加。酵母/核酸制剂经热灭活和烘干后仍能保持杀虫活性（死亡率超过 95%），并且酵母还有吸引成年雌虫产卵的特点。综上所述，基于 RNA 干扰的酵母表达系统将是未来生物防治的一个重要研究方向。昆虫病原真菌介导法是指通过昆虫病原真菌侵染昆虫的表皮或肠道，然后将 dsRNA 传递到目标害虫中。首先经过遗传改造的昆虫病原真菌孢子黏附昆虫表皮或肠道，穿透上皮细胞进入血腔等其他组织，产生毒素和 dsRNA 致死昆虫，之后真菌利用昆虫体内的营养繁殖出菌丝，菌丝穿出表皮形成分生孢子梗并产生大量分生孢子，继而对接触的昆虫进行新的侵染。该方法将真菌毒力与 dsRNA 毒力相结合，相辅相成，加快致死时间，有可能成为一种新型 RNA 干扰方法。Chen 等（2015b）采用玫烟色棒束孢（*Isaria fumosorosea*）表达免疫相关基因的 dsRNA 侵染烟粉虱，抑制了靶标基因的表达，提高了烟粉虱的死亡率。使用该方法需考虑如下问题，如昆虫致病真菌的生物学背景、遗传改造表达 dsRNA 的可行性、改造后的侵染性与安全性等。

9.3.4 植物介导表达 dsRNA 的生物防治策略

转基因植物介导的基因沉默是采用转基因技术，将害虫靶标基因的 dsRNA 在植物体中表达，害虫取食含有 dsRNA 的植物组织后生长发育受阻，生存率下降，种群数量减少，从而达到防治害虫的目的。这种方式通常被称为寄主诱导的基因沉默（host-induced gene silencing，HIGS）。目前，在玉米、棉花、烟草、马铃薯等植物中有研究报道（表 9-3），主要针对鳞翅目、鞘翅目、半翅目等咀嚼式和刺吸式口器害虫。目前，植物表达 dsRNA 的方法有核转化法和质体转化法。

表 9-3 转基因植物介导的 RNA 干扰在不同昆虫中的应用

目	昆虫	植物类型	基因	效果	文献
鞘翅目	玉米根萤叶甲（*Diabrotica virgifera virgifera*）	玉米（*Zea mays*）	*V-ATPase A*	保护植物根部	Baum et al.，2007

续表

目	昆虫	植物类型	基因	效果	文献
鞘翅目	玉米根萤叶甲 （*Diabrotica virgifera virgifera*）	玉米 （*Z. mays*）	*Snf7*	死亡	Urquhart et al.，2015
	马铃薯甲虫 （*Leptinotarsa decemlineata*）	马铃薯 （*Solanum tuberosum*）	*β-actin* （叶绿体表达）	生长迟缓，取食减少，死亡	Zhang et al.，2015a
半翅目	褐飞虱 （*Nilaparvata lugens*）	水稻 （*Oryza sativa*）	*NlHT1，Nltry*	基因表达减少	Zha et al.，2011
	烟粉虱 （*Bemisia tabaci*）	烟草 （*Nicotiana tabacum*）	*BtTPS*	若虫生长迟缓，成虫死亡率上升，产卵量下降	Gong et al.，2022
	麦长管蚜 （*Sitobion avenae*）	小麦 （*Triticum aesticum*）	*CHS1*	蜕皮困难而死亡	Zhao et al.，2018
	桃蚜 （*Myzus persicae*）	拟南芥 （*Arabidopsis thaliana*）	*cuticular protein*	繁殖能力下降	Bhatia and Bhattacharya，2018
	橘臀纹粉蚧 （*Planococcus citri*）	烟草 （*N. tabacum*）	*CHS1*	生长繁殖受阻	Khan et al.，2013
鳞翅目	棉铃虫 （*Helicoverpa armigera*）	烟草 （*N. tabacum*）	*CYP6AE14*	生长迟缓，对棉酚的抗性减少	Mao et al.，2007
	棉铃虫 （*H. armigera*）	番茄 （*Solanum lycopersicum*）	*Cht*	生长缓慢，畸形	Mamta et al.，2016
	棉铃虫 （*H. armigera*）	棉花 （*Gossypium hirsutum*）	*HMGR*	幼虫体重减轻并死亡	Tian et al.，2015
	烟草天蛾 （*Manduca sexta*）	烟草 （*N. tabacum*）	*CYP6B46*	基因表达减少	Kumar et al.，2012

　　核转化法是指通过植物基因工程技术将表达 dsRNA 的载体导入细胞中，并获得有效表达及稳定遗传的方法。通常包括以下步骤：筛选靶标基因、构建表达载体、转化受体植物、受体植物遗传特性和抗虫性评价。植物核转化法操作较简便，研究应用广泛。Mao 等（2007）以烟草为载体，表达了棉铃虫参与棉酚解毒的细胞色素 P450 基因 *CYP6AE14* 的 dsRNA，饲喂虫体后，靶标基因的表达量显著下降，对棉酚的耐受力减弱，直至虫体死亡。美国孟山都公司的研究人员用玉

米构建了玉米根萤叶甲关键酶基因的 dsRNA 表达载体，饲喂玉米根萤叶甲后，抑制其幼虫的发育并导致死亡（Baum et al.，2007）。2015 年，该公司培育出 dsRNA 与 Bt 蛋白共表达的转基因玉米 MON 87411（Levine et al.，2015），2017 年获得美国食品药品监督管理局（Food and Drug Administration，FDA）批准，并计划实现商业化。但有一些问题需要重视，即利用细胞核转基因技术合成的 dsRNA 会受到植物自身 RNA 干扰通路核心酶的剪切，影响 RNA 干扰效率（Bally et al.，2016）。同一转化类型的不同转基因植物株系对靶标害虫的防治效率也存在差异（Mamta et al.，2016）。

质体转化法也称为叶绿体转基因技术，与核转化法不同的是，构建的质粒将直接转化进入植物叶绿体中，在叶绿体中大量积累 dsRNA。相对于传统的核转化技术，质体转化有诸多优势，即质体在植物细胞内数量多，可表达大量外源基因；质体基因组小，便于遗传操作；质体转化植物绝大部分属于母系遗传，可以减少转基因引起的基因扩散等生态安全问题；靶标基因可以定位定点插入叶绿体基因组内，不会影响其他细胞器或基因的正常功能（Bock，2007）。Zhang 等（2015a）通过叶绿体表达 dsRNA 防治马铃薯甲虫，达到比核转化更为优越的效果。研究者利用叶绿体转基因技术，大幅提高了植物抗虫的效果（Zhang et al.，2017b；Bally et al.，2016）。但是，叶绿体转基因技术发展较晚，只在少量作物中实现，且需要通过基因枪将靶标基因导入叶绿体内，该转化技术还有待深入研发。

9.4　小结与展望

RNA 干扰是由 dsRNA 介导的生物进化史上高度保守的一种转录后基因沉默现象。自 RNA 干扰技术被发现以来，广泛应用于基因功能的研究，尤其是在非模式生物中应用。因 RNA 干扰技术具有特异性、高效性、系统性、安全性等优点，在国际社会关注度极高，各国科学家致力于研发更多靶向害虫防治的 dsRNA 生物制剂，并将基于 RNA 干扰的害虫防治生物制剂称为"第四代新型杀虫剂"。

本章共分为三小节，第一小节首先介绍了 RNA 干扰技术的发现及其在昆虫体内的三大作用途径，其次综述了该技术在基因功能和害虫防治中的应用。第二小节分为两部分，第一部分概括了高效安全抗虫靶标基因的特征及筛选方法，第二部分重点概括了靶向表皮代谢 RNA 干扰的抗虫分子筛选。作为抗虫靶标基因，首先应该对被防控的害虫有效，可直接致死或间接减少该害虫密度，从而降低该害虫对植物和农作物的为害；其次该靶标基因对人类等非靶标生物不具毒害性；最后在前两个条件符合的情况下，靶标基因的剂量敏感度也是影响该靶标基因能否被大规模生产使用的重要因素。高效安全的抗虫靶标基因筛选方法有同源序列搜索法、高通量测序筛选法、样本胁迫法以及数据库搜索法等。第三小节对基于表皮代谢关键基因 RNA 干扰的生物防治策略进行了总结和展望。基于表皮代谢关键基因 RNA 干扰应用于害虫防治，除了筛选到高效安全的靶向表皮代谢 RNA 干扰的抗虫分子，还必须通过合适的抗虫策略利用高效的运载体系将 dsRNA 有效地导入害虫体内。目前，已有 4 种抗虫策略应用于害虫防治中，即体外合成 dsRNA 的抗虫策略、纳米材料携带 dsRNA 的抗虫技术、微生物表达 dsRNA 的生物防治策略、植物介导表达 dsRNA 的生物防治策略。

综上，以昆虫表皮代谢系统为靶标，基于 RNA 干扰方法筛选高效安全的表皮代谢靶标基因，并将其应用于害虫防治是先进的植物保护策略。基于 RNA 干扰的生物农药的主要成分为核苷酸片段，由于核苷酸也是生命的基本组成成分，故对环境无污染，此外，其作用机制清楚，可针对靶标害虫进行精准设计，这些优点使其成为极具潜力的新型生物农药。但是，将该技术规模化应用于大田等地方，还需要解决很多问题，如何降低 dsRNA 的成本、如何提高部分昆虫系统性 RNA 干扰的效率、选择高效的 dsRNA 导入方式等。尽管如此，国际上第一例表达昆虫 dsRNA 的抗虫玉米（MON 87411）已经于 2017 年 6 月获得种植许可，这是一个具有里程碑意义的重要事件，开辟了将 RNA 干扰技术应用于害虫防治的新时代。未来，在生物防治方面，相信基于 RNA 干扰的生物农药会与化学农药、抗性作物等相互结合、协同使用，具有广阔的市场空间。

参 考 文 献

彩万志, 庞雄飞, 花保祯, 等. 2011. 普通昆虫学. 2 版. 北京: 中国农业大学出版社.

陈洁, 陈宏鑫, 姚琼, 等. 2014. 甜菜夜蛾 UAP 的克隆、时空表达及 RNAi 研究. 中国农业科学, 47(7): 1351-1361.

陈霈, 弓惠芬. 1989. 灭幼脲对亚洲玉米螟胚胎气管系统形成的影响. 昆虫学报, 32(2): 144-148.

陈耀华, 1993. 农乐增效剂在防治作物虫害中的应用. 湖北农业科学, 32(8): 38-39.

陈一萍, 王志德, 傅洪涛, 等. 2023. 新烟碱类杀虫剂的研究进展与分析方法概述. 精细化工中间体, 53(1): 1-9.

董卿. 2019. 飞蝗预若虫表皮发育及其几丁质代谢分子机制研究. 太原: 山西大学硕士学位论文.

樊美珍, 黄勃. 1999. 几种虫生真菌附着胞的荧光显微及扫描电镜观察. 菌物系统, 18(3): 249-253.

樊永胜, 朱道弘. 2009. 昆虫体色多型及其调控机理. 中南林业科技大学学报, 29(1): 84-88.

弓慧琼, 赵小明, 郭东龙, 等. 2018. 昆虫鞣化激素及其受体研究进展. 应用昆虫学报, 55(3): 317-328.

龚建福, 李玲玲, 刘文, 等. 2022. 昆虫体色多型的分子调控机制. 环境昆虫学报, 44(1): 52-59.

勾昕. 2017. 飞蝗翅特异表皮蛋白基因 *LmACP7* 的功能研究. 太原: 山西大学硕士学位论文.

何应琴, 曾贤义, 程浅, 等. 2017. 不同体色生物型烟蚜的取食特性分析. 植物保护学报, 44(2): 298-304.

贺红武, 刘钊杰. 2001. 有机磷农药的发展趋势与低毒有机磷杀虫剂的开发和利用（上）. 世界农药, 23(3): 1-5.

胡文静, 屈艾, 仇敬运, 等. 2007. 环境物质拟除虫菊酯毒理学研究进展. 环境科学与管理, 32(10): 52-54.

贾建洪, 盛卫坚, 高建荣. 2005. 苯甲酰基脲类杀虫剂伏虫隆的合成. 农药, 44(6): 263-265.

贾盼. 2019. 表皮蛋白 Abd-1 和 Abd-6 在飞蝗节间膜延展性能及产卵行为中的功能研究. 太原: 山西大学硕士学位论文.

贾盼, 张晶, 杨洋, 等. 2019. 飞蝗内表皮结构糖蛋白基因 *LmAbd-2* 的表达与功能分析. 中国农业科学, 52(4): 651-660.

雷仲仁, 问锦曾, 吕远刚, 等. 2002. 几种昆虫几丁质抑制剂对东亚飞蝗的毒力测定和应用评价. 植物保护, 28(2): 5-7.

李大琪. 2016. 飞蝗几丁质酶家族基因功能及 RNAi 介导的害虫防治应用研究. 太原: 山西大学博士学位论文.

李丹婷. 2019. 褐飞虱体表脂质合成通路基因研究. 杭州: 浙江大学博士学位论文.

李峰, 刘晓健, 张建珍, 等. 2012. 几丁质合成抑制剂定虫隆对飞蝗的毒性效应研究. 山西大学学报, 35(1): 124-127.

李建庆, 张永安, 张星耀, 等. 2003. 病原真菌毒素的研究进展. 林业科学研究, 16(2): 233-239.

李诗渊, 赵国屏, 王金. 2017. 合成生物学技术的研究进展: DNA 合成、组装与基因组编辑. 生物工程学报, 33(3): 343-360.

李文华, 王中康, 殷幼平, 等. 2004. 理化因子对白僵菌附着孢形成的影响. 重庆大学学报（自然科学版），27(2): 102-106.

梁欣, 陈斌, 乔梁. 2014. 昆虫表皮蛋白基因研究进展. 昆虫学报, 57(9): 1084-1093.

刘柏琦, 乔梁, 许柏英, 等. 2016. 中华按蚊 CPF 家族表皮蛋白基因的全基因组鉴定及其特征分析. 昆虫学报, 59(6) : 622-631.

刘博文. 2016. 白蜡虫蜡酯合酶基因 cDNA 全长克隆及原核表达. 北京: 中国林业科学研究院硕士学位论文.

刘凤翔, 杨青. 2013. 通过 RNA 干扰研究亚洲玉米螟乙酰己糖胺酶的潜在靶标性. 农药学学报, 15(2): 1008-7303.

刘娇. 2020. 飞蝗细胞色素 P450 的杀虫剂代谢解毒特性及其表达调控研究. 太原: 山西大学博士学位论文.

刘晓健. 2013. 飞蝗几丁质合成关键基因特性及转录调控研究. 太原: 山西大学博士学位论文.

刘晓健, 刘卫敏, 赵小明, 等. 2019. 昆虫表皮发育研究进展及展望. 应用昆虫学报, 56(4): 625-638.

刘晓健, 孙亚文, 崔淼, 等. 2016. 飞蝗海藻糖酶基因的分子特性及功能. 中国农业科学, 49(22): 4375-4386.

刘晓健, 杨美玲, 张建琴, 等. 2010. 氟虫脲对东亚飞蝗和中华稻蝗几丁质合成酶基因表达的影响. 昆虫学报, 53(9): 1039-1044.

刘艳梅, 杨航宇, 张宗舟. 2009. 昆虫病原真菌的种类和致病机理. 天水师范学院学报, 29(2): 40-43.

柳伟伟. 2018. 飞蝗胚胎期表皮发育及几丁质酶 5-1 功能研究. 太原: 山西大学硕士学位论文.

柳伟伟, 李任建, 付穗业, 等. 2018. 基于改良石蜡切片技术的飞蝗胚胎浆膜表皮发育模式及形态变化观察. 昆虫学报, 61(6): 733-740.

罗梅浩, 郭线茹, 张宏亮, 等. 1999. 烟田烟青虫和棉铃虫幼虫体色变化及遗传规律初步研究. 河南农业大学学报, 33(3): 263-266.

苗建才, 迟德富, 郝然喜. 1994. 灭幼脲对杨干象作用机制和防治的研究. 林业科学, 30(4): 325-331.

孟艳琼, 丁德贵, 杜永部, 等. 2004. 蜡蚧轮枝孢酯酶同工酶活性与菌株毒力相关性研究. 安徽农业大学学报, 31(2): 135-138.

穆小丽, 任建新, 罗嘉, 等. 2013. 烯虫酯对烟草甲的生物活性影响. 农药, 52(5): 380-382.

彭云鹏, 文礼章, 易倩, 等. 2015. 利用计算机视觉技术量化解析食物颜色与斜纹夜蛾幼虫体色变化的关系. 昆虫学报, 58(5): 559-568.

蒲蛰龙. 1985. 应用昆虫的病原真菌防治害虫. 生物防治通报, (1): 27-31.

钦俊德. 1958. 蝗卵的研究Ⅲ. 东亚飞蝗卵的失水和耐干能力. 昆虫学报, 1(3): 207-225.

钦俊德, 郭郛, 翟啓慧, 等. 1956. 蝗卵的研究Ⅱ. 蝗卵在孵育时的变化及其意义. 昆虫学报, 6(1): 37-60.

钦俊德, 郭郛, 翟啓慧, 等. 1959. 蝗卵的研究Ⅳ. 浸水对蝗卵胚胎发育和死亡的影响. 昆虫学报, 2(4): 287-305.

钦俊德, 翟啓慧, 沙槎云. 1954. 蝗卵的研究Ⅰ. 亚洲飞蝗蝗卵孵育期中胚胎形态变化的观察及野外蝗卵胚胎发育期的调查. 昆虫学报, 4(4): 383-398.

裘智勇, 王平阳, 夏定国, 等. 2018. 色素代谢相关基因在家蚕褐色类鹑斑突变品系 q-lb 4 龄眠蚕表皮中的表达分析. 蚕业科学, 44(6): 841-848.

任永霞, 王罡, 郭郁频, 等. 2005. 类胡萝卜素概述. 山东农业大学学报（自然科学版）, 36(3): 485-488.

单艳敏, 张卓然, 周晓榕, 等. 2019. 沙葱萤叶甲表皮蛋白基因 *GdAbd* 的克隆及对温度胁迫的响应. 植物保护学报, 46(3): 514-521.

沈兆鹏. 2005. 绿色储粮: 用昆虫生长调节剂控制储粮害虫. 粮食科技与经济, 30(5): 6-9.

宋慧芳. 2018. 飞蝗 dsRNA 降解酶对 RNA 干扰效率的影响机制. 太原: 山西大学博士学位论文.

宋天琪. 2016. 飞蝗表皮 Tweedle 家族基因的功能及几丁质代谢的调控机制. 太原: 山西大学硕士学位论文.

孙亮先, 黄周英, 郑华军, 等. 2012. 蜜蜂表皮蛋白 apidermin（apd）基因家族 3 个新成员的特性鉴定及昆虫 APD 家族序列特征的分析. 昆虫学报, 55(1): 12-23.

孙明霞, 殷海玮, 王京霞, 等. 2020. 昆虫色素研究进展. 应用昆虫学报, 57(2): 298-309.

孙涛. 2017. 白蜡虫蜡酯合酶基因表达动态和初步功能研究. 北京: 中国林业科学研究院硕士学位论文.

孙雅雯, 郑彬. 2015. 昆虫表皮与化学杀虫剂抗性机制关系的研究进展. 中国病原生物学杂志, 10(11): 1055-1059.

王贵强, 严毓华, 张龙, 等. 1996. 昆虫生长调节剂对飞蝗体重及表皮的影响. 现代化农业, (8): 5-7.

王肖娟, 谢慧琴. 2007. 杀虫剂增效作用及其作用机理研究进展. 安徽农业科学, 35(13): 3902-3904, 3929.

王燕, 李大琪, 刘晓健, 等. 2015. 飞蝗表皮蛋白 Obstructor 家族基因的分子特性及基于 RNAi 的功能分析. 中国农业科学, 48(1): 73-82.

王荫长. 2004. 昆虫生理学. 北京: 中国农业出版社: 26.

吴钜文. 2000. 昆虫生长调节剂在农业害虫防治中的应用. 农药, 41(4): 6-8.

吴文君. 1982. 氨基甲酸酯类杀虫剂的作用机制及其毒理特点. 昆虫知识, 19(2): 40-42.

吴霞. 2002. 拟除虫菊酯、氟虫腈和茚虫威作用机制的最新进展. 世界农药, 24(2): 29-34.

吴娱, 刘春琴, 束长龙, 等. 2019. 卵表携带微生物对白星花金龟生长发育的影响. 贵阳: 中国植物保护学会 2019 年学术年会.

武丽仙. 2020. 飞蝗内源代谢相关的 3 个细胞色素 P450 基因功能及调控研究. 太原: 山西大学博士学位论文.

熊延坤, 张青文, 徐静, 等. 2002. 大蜡螟幼虫的体色遗传规律. 昆虫学报, 45(6): 717-723.

徐南昌, 郎国良. 1995. 噻嗪酮防治柑桔黑刺粉虱试验. 农药, 34(6): 33-34.

徐亚玲, 李文楚, 陈芳艳, 等. 2013. 家蚕蜕皮过程中体壁真皮细胞的形态学观察. 广东蚕业, 47(4): 29-33.

杨佳鹏. 2021. 表皮蛋白 LmNCP4.9 在飞蝗体色形成中的作用机制研究. 太原: 山西大学硕士学位论文.

杨璞, 徐冬丽, 陈晓鸣, 等. 2012. 蜡酯合成途径及关键酶的研究进展. 中国细胞生物学学报, 34(7): 695-703.

杨亚亭. 2018. 飞蝗内表皮蛋白基因的功能研究. 太原: 山西大学硕士学位论文.

杨亚亭, 赵小明, 秦忠玉, 等. 2018. 飞蝗表皮蛋白基因 *LmNCP1* 的分子特性及功能分析. 中国农业科学, 51(7): 1303-1314.

杨洋. 2020. 飞蝗脂肪酸合成酶和延伸酶基因在表皮脂质合成中的功能研究. 太原: 山西大学硕士学位论文.

杨洋, 张建珍, 赵小明. 2021. 飞蝗脂肪酸去饱和酶家族基因表达及功能分析. 山西大学学报（自然科学版）, 44(1): 134-141.

姚世鸿. 2005. 云斑车蝗绿色个体和褐色个体的核型和C-带. 贵州科学, 23(2): 40-44.

游灵, 田生荣, 刘伟, 等. 2012. 苯甲酰脲类杀虫剂对亚洲玉米螟生长发育和繁殖的效用. 应用昆虫学报, 49(6): 1565-1571.

于荣荣. 2017. 飞蝗表皮几丁质有序排列关键基因的功能研究. 太原: 山西大学博士学位论文.

余志涛. 2018. 飞蝗表皮脂形成关键基因的功能研究. 太原: 山西大学博士学位论文.

曾慧花, 张建珍, 杨美玲, 等. 2008. 几丁质合成抑制剂除虫脲对中华稻蝗的毒性效应研究. 四川动物, 27(5): 835-836.

张娣. 2015. 脂溶性渗透剂"柔脂通"性能测定及林间防治效果的研究. 保定: 河北农业大学硕士学位论文.

张贺贺, 张琪文, 林嘉, 等. 2018. 南亚实蝇鞣化激素基因的克隆与表达分析. 昆虫学报, 61(10): 1237-1246.

张欢欢. 2012. 飞蝗GFAT和GNA的分子特性及生物学功能研究. 太原: 山西大学硕士学位论文.

张建珍, 柴林, 史学凯, 等. 2021. RNA干扰技术与害虫防治. 山西大学学报（自然科学版）, 44(5): 980-987.

张洁. 2015. 昆虫蜕皮液蛋白质组及蛋白功能研究. 北京: 中国科学院大学博士学位论文.

张静. 2021. 飞蝗Toll样受体的功能及其应用研究. 太原：山西大学硕士学位论文.

张静静, 雷忻, 田鹏飞, 等. 2015. 有机杀虫剂对动物体毒性及其作用机制的研究进展. 延安大学学报(自然科学版), 34(4): 88-91.

张立力, 胡双平, 李勇. 1988. 有机磷杀虫剂对四种粮仓害虫作用机制的研究. 郑州粮食学院学报, 9(3): 40-46.

张倩, 鲁鼎浩, 蒲建, 等. 2012. 灰飞虱海藻糖酶基因的克隆及RNA干扰效应. 昆虫学报, 55(8): 911-920.

张睿. 2021. *Knickkopf*家族基因在飞蝗表皮发育及应对环境胁迫中的功能研究. 太原: 山西大学博士学位论文.

张万娜, 刘香亚, 赖乾, 等. 2021. 棉铃虫表皮蛋白基因*CP22*和*CP14*的表达特征及其对甲氧虫酰肼的响应. 植物保护学报, 48(5): 1043-1053.

赵善欢. 1993. 杀虫剂及农业害虫化学防治的展望. 西北农林科技大学学报（自然科学版）, 21(3): 73-81.

赵善欢. 2000. 植物化学保护. 3版. 北京: 中国农业出版社: 106-112.

赵善欢, 陈文奎. 1986. 介绍杀虫剂进入昆虫体内的途径、转移机制及作用方式的新理论. 华南农业大学学报, 7(3): 5-15.

赵小凡. 2007. 昆虫蜕皮的分子机理及应用. 昆虫知识, 44(3): 323-326.

赵小明, 贾盼, 勾昕, 等. 2017. 飞蝗内表皮蛋白基因*LmAbd-5*的表达与功能分析. 中国农业科学, 50(10): 1820-1829.

郑天祥, 钱雨农, 张大羽. 2017. 昆虫脂肪酸合成通路关键基因的研究进展. 中国生物工程杂志, 37(11): 19-27.

朱道弘, 阳柏苏. 2004. 飞蝗变型及体色多型的内分泌控制机理. 动物学研究, 25(5): 460-464.

朱国念, 魏方林. 2002. 毒死蜱·阿维菌素复配剂对棉铃虫的增效机理. 浙江大学学报（农业与生命科学版）, 28(3): 6.

Abbott DW, Macauley MS, Vocadlo DJ, et al. 2009. *Streptococcus pneumoniae* endohexosaminidase D, structural and mechanistic insight into substrate-assisted catalysis in family 85 glycoside hydrolases. J Biol Chem, 284(17): 11676-11689.

Abo-Elghar GE, El-Sheikh AE, El-Sayed FM, et al. 2004a. Persistence and residual activity of an organophosphate, pirimiphos-methyl, and three IGRs, hexaflumuron, teflubenzuron and pyriproxyfen, against the cowpea weevil, *Callosobruchus maculatus* (Coleoptera: Bruchidae). Pest Manag Sci, 60(1): 95-102.

Abo-Elghar GE, Fujiyoshi P, Matsumura F. 2004b. Significance of the sulfonylurea receptor (SUR) as the target of diflubenzuron in chitin synthesis inhibition in *Drosophila melanogaster* and *Blattella germanica*. Insect Biochem Mol Biol, 34(8): 743-752.

Adams MD, Celniker SE, Holt RA, et al. 2000. The genome sequence of *Drosophila melanogaster*. Science, 287(5461): 2185-2195.

Adrangi S, Faramarzi MA. 2013. From bacteria to human: a journey into the world of chitinases. Biotechnol Adv, 31(8): 1786-1795.

Ahmad M, Denholm I, Bromilow RH. 2006. Delayed cuticularpenetration and enhanced metabolism of deltamethrin inpyrethroid-resistant strains of *Helicoverpa armigera* from China and Pakistan. Pest Manag Sci, 62(9): 805-810.

Akiyama M, Sugiyama-Nakagiri Y, Sakai K, et al. 2001. ABC transporters: physiology, structure and mechanism an overview. Res Microbiol, 152: 205-210.

Alabaster A, Isoe J, Zhou GL, et al. 2011. Deficiencies in acetyl-CoA carboxylase and fatty acid synthase 1 differentially affect eggshell formation and blood meal digestion in *Aedes aegypti*. Insect Biochem Mol Biol, 41(12): 946-955.

Alain V, Vladimir M, Dumas C. 2002. Effects of the peptide mycotoxin destruxin E on insect haemocytes and on dynamics and efficiency of the multicellular immune reaction. J Invertebr Pathol, 80(3): 177-187.

Ali A, Ahmed S. 2018. A review on chitosan and its nanocomposites in drug delivery. Int J Biol Macromol, 109: 273-286.

Ali MS, Mishra B, Rahman RF, et al. 2016. The silkworm *Bombyx mori* cuticular protein CPR55 gene is regulated by the transcription factor βFTZ-F1. J Basic & Applied Zoology, 73: 20-27.

Ali MS, Rahman RF, Swapon AH. 2015. Transcriptional regulation of cuticular protein glycine-rich13 gene expression in wing disc of *Bombyx mori*, Lepidoptera. J Insect Sci, 15(1): 27.

Altmann F, Schwihla H, Staudacher E, et al. 1995. Insect cells contain an unusual, membrane-bound β-*N*-acetylglucosaminidase probably involved in the processing of protein *N*-glycans. J Biol Chem, 270(29): 17344-17349.

Altner H, Ameismeier F. 1986. Tubular bodies in dendritic outer segments projecting to second embryonic cuticle from anlagen of contact chemoreceptors in *Locusta migratoria* L. (Orthoptera: Acrididae) and *Periplaneta americana* (L.) (Dictyoptera: Blattidae). Int J Insect Morphol

Embryol, 15(4): 253-262.

Alvarenga ESL, Mansur JF, Justi SA, et al. 2016. Chitin is a component of the *Rhodnius prolixus* midgut. Insect Biochem Mol Biol, 69: 61-70.

Ambros V, Lee RC, Lavanway A, et al. 2003. MicroRNAs and other tiny endogenous RNAs in *C. elegans*. Curr Biol, 13(10): 807-818.

Ampasala DR, Zheng SC, Zhang DY, et al. 2011. An epidermis-specific chitin synthase cDNA in *Choristoneura fumiferana*: cloning, characterization, developmental and hormonal-regulated expression. Arch Insect Biochem Physiol, 76(2): 83-96.

Ana Paula GF, Itabajarada SVJ, Aoi M, et al. 2000. *In vitro* assessment of *Metarhizium anisopliae* isolates to control the cattle tick *Boophilus microplus*. Vet Parasitol, 94(1-2): 117-125.

Andersen OA, Dixon M J, Eggleston I M, et al. 2005. Natural product family 18 chitinase inhibitors. Nat Prod Rep, 22(5): 563-579.

Andersen SO. 1998. Amino acid sequence studies on endocuticular proteins from the desert locust, *Schistocerca gregaria*. Insect Biochem Mol Biol, 28(5-6): 421-434.

Andersen SO. 1999. Exoskeletal proteins from the crab, *Cancer pagurus*. Comp Biochem Phys A, 123(2): 203-211.

Andersen SO. 2000. Studies on proteins in post-ecdysial nymphal cuticle of locust, *Locusta migratoria*, and cockroach, *Blaberus craniifer*. Insect Biochem Mol Biol, 30(7): 569-577.

Andersen SO. 2002. Characteristic properties of proteins from pre-ecdysial cuticle of larvae and pupae of the mealworm *Tenebrio molitor*. Insect Biochem Mol Biol, 32(9): 1077-1087.

Andersen SO. 2004. Chlorinated tyrosine derivatives in insect cuticle. Insect Biochem Mol Biol, 34(10): 1079-1087.

Andersen SO. 2007. Involvement of tyrosine residues, N-terminal amino acids, and beta-alanine in insect cuticular sclerotization. Insect Biochem Mol Biol, 37(9): 969-974.

Andersen SO. 2010. Insect cuticular sclerotization: a review. Insect Biochem Mol Biol, 40(3): 166-178.

Andersen SO, Højrup P. 1987. Extractable proteins from abdominal cuticle of sexually mature locusts, *Locusta migratoria*. Insect Biochem, 17(1): 45-51.

Andersen SO, Højrup P, Roepstorff P. 1995. Insect cuticular proteins. Insect Biochem Mol Biol, 25(2): 153-176.

Andersen SO, Rafn K, Roepstorff P. 1997. Sequence studies of proteins from larval and pupal cuticle of the yellow meal worm, *Tenebrio molitor*. Insect Biochem Mol Biol, 27(2): 121-131.

Anderson DT. 1974. Embryology and Phylogeny in Annelids and Arthropods. Syst Zool, 23: 150.

Ando O, Nakajima M, Kifune M, et al. 1995. Trehazolin, a slow, tight-binding inhibitor of silkworm trehalase. Biochim Biophys Acta, 1244(2-3): 295-302.

Andrew DJ, Baker BS. 2008. Expression of the *Drosophila* secreted cuticle protein 73 (*dsc73*) requires shavenbaby. Dev Dynam, 237(4): 1198-1206.

Antoniewski C, Mugat B, Delbac F, et al. 1996. Direct repeats bind the EcR/USP receptor and mediate ecdysteroid responses in *Drosophila melanogaster*. Mol Cell Biol, 16(6): 2977-2986.

Antony B, Fujii T, Moto K, et al. 2009. Pheromone-gland-specific fatty-acyl reductase in the adzuki bean borer, *Ostrinia scapulalis* (Lepidoptera: Crambidae). Insect Biochem Mol Biol. 39(2): 90-95.

Aoyama T, Naganawa H, Suda H, et al. 1992. The structure of nagstatin, a new inhibitor of *N*-acetyl-β-D-glucosaminidase. J Antibiot, 45(9): 1557-1558.

Appel E, Heepe L, Lin CP, et al. 2015. Ultrastructure of dragonfly wing veins: composite structure of fibrous material supplemented by resilin. J Anat, 227(4): 561-582.

Apple RT, Fristrom JW. 1991. 20-hydroxyecdysone is required for, and negatively regulates, transcription of *Drosophila* pupal cuticle protein genes. Dev Biol, 146(2): 569-582.

Arai N, Shiomi K, Iwai Y, et al. 2000a. Argifin, a new chitinase inhibitor, produced by *Gliocladium* sp. FTD-0668. II. Isolation, physico-chemical properties, and structure elucidation. J Antibiot, 53(6): 609-614.

Arai N, Shiomi K, Yamaguchi Y, et al. 2000b. Argadin, a new chitinase inhibitor, produced by *Clonostachys* sp. FO-7314. Chem Pharm Bull, 48(10): 1442-1446.

Arakane Y, Baguinon MC, Jasrapuria S, et al. 2011. Both UDP-*N*-acetylglucosamine pyrophosphorylases of *Tribolium castaneum* are critical for molting, survival and fecundity. Insect Biochem Mol Biol, 41(1): 42-50.

Arakane Y, Dixit R, Begum K, et al. 2009b. Analysis of functions of the chitin deacetylase gene family in *Tribolium castaneum*. Insect Biochem Mol Biol, 39(5-6): 355-365.

Arakane Y, Hogenkamp DG, Zhu YC, et al. 2004. Characterization of two chitin synthase genes of the red flour beetle, *Tribolium castaneum*, and alternate exon usage in one of the genes during development. Insect Biochem Mol Biol, 34(3): 291-304.

Arakane Y, Li B, Muthukrishnan S, et al. 2008b. Functional analysis of four neuropeptides, EH, ETH, CCAP and bursicon, and their receptors in adult ecdysis behavior of the red flour beetle, *Tribolium castaneum*. Mech Dev, 125(11-12): 984-995.

Arakane Y, Lomakin J, Beeman RW, et al. 2009a. Molecular and functional analyses of amino acid decarboxylases involved in cuticle tanning in *Tribolium castaneum*. J Biol Chem, 284(24): 16584-16594.

Arakane Y, Lomakin J, Gehrke SH, et al. 2012. Formation of rigid, non-flight forewings (elytra) of a beetle requires two major cuticular proteins. PLOS Genet, 8(4): e1002682.

Arakane Y, Muthukrishnan S. 2010. Insect chitinase and chitinase-like proteins. Cell Mol Life Sci, 67(2): 201-216.

Arakane Y, Muthukrishnan S, Beeman RW, et al. 2005b. Laccase 2 is the phenoloxidase gene required for beetle cuticle tanning. Proc Natl Acad Sci USA, 102(32): 11337-11342.

Arakane Y, Muthukrishnan S, Kramer KJ, et al. 2005a. The *Tribolium* chitin synthase genes *TcCHS1* and *TcCHS2* are specialized for synthesis of epidermal cuticle and midgut peritrophic matrix. Insect Mol Biol, 14(5): 453-463.

Arakane Y, Specht CA, Kramer KJ, et al. 2008a. Chitin synthases are required for survival, fecundity and egg hatch in the red flour beetle, *Tribolium castaneum*. Insect Biochem Mol Biol, 38(10): 959-962.

Arakane Y, Zhu Q, Matsumiya M, et al. 2003. Properties of catalytic, linker and chitin-binding domains of insect chitinase. Insect Biochem Mol Biol, 33(6): 631-648.

Araújo SJ, Aslam H, Tear G, et al. 2005. *mummy/cystic* encodes an enzyme required for chitin and glycan synthesis, involved in trachea, embryonic cuticle and CNS development: analysis of its role in *Drosophila* tracheal morphogenesis. Dev Biol, 288(1): 179-193.

Aravin A, Gaidatzis D, Pfeffer S, et al. 2006. A novel class of small RNAs bind to MILI protein in mouse testes. Nature, 442(7099): 203-207.

Arnosti DN. 2003. Analysis and function of transcriptional regulatory elements: insights from *Drosophila*. Annu Rev Entomol, 48: 579-602.

Arrese EL, Rojas-Rivas BI, Wells MA. 1996. The use of decapitated insects to study lipid mobilization in adult *Manduca sexta*: effects of adipokinetic hormone and trehalose on fat body lipase activity. Insect Biochem Mol Biol, 26(8-9): 775-782.

Arthur FH. 2004. Evaluation of methoprene alone and in combination with diatomaceous earth to control *Rhyzopertha dominica* (Coleoptera: Bostrichidae) on stored wheat. J Stored Prod Res, 40(5): 485-498.

Asano N. 2003. Glycosidase inhibitors: update and perspectives on practical use. Glycobiology, 13(10): 93R-104R.

Ashfaq M, Sonoda S, Tsumuki H. 2007. Developmental and tissue-specific expression of *CHS1* from *Plutella xylostella* and its response to chlorfluazuron. Insect Biochem Mol Biol, 89(1): 20-30.

Ashida M, Brey PT. 1995. Role of the integument in insect defense: pro-phenol oxidase cascade in the cuticular matrix. Proc Natl Acad Sci USA, 92(23): 10698-10702.

Asiegbu FO. 2000. Adhesion and development of the root rot fungus (*Heterobasidion annosum*) on conifer tissues: effects of spore and host surface constituents. FEMS Microbiol Ecol, 33(2): 101-110.

Avalos J, Carmen Limón M. 2015. Biological roles of fungal carotenoids. Curr Genet, 61(3): 309-324.

Avila LA, Chandrasekar R, Wilkinson KE, et al. 2018. Delivery of lethal dsRNAs in insect diets by branched amphiphilic peptide capsules. J Control Release, 273: 139-146.

Axtell MJ, Westholm JO, Lai EC. 2011. Vive la difference: biogenesis and evolution of microRNAs in plants and animals. Genome Biol, 12(4): 221.

Bærnholdt D, Andersen SO. 1998. Sequence studies on post-ecdysial cuticular proteins from pupae of the yellow mealworm, *Tenebrio molitor*. Insect Biochem Mol Biol, 28(7): 517-526.

Baker JD, Truman JW. 2002. Mutations in the *Drosophila* glycoprotein hormone receptor, *rickets*, eliminate neuropeptide-induced tanning and selectively block a stereotyped behavioral program. J Exp Biol, 205(Pt 17): 2555-2565.

Balabanidou V, Grigoraki L, Vontas J. 2018. Insect cuticle: a critical determinant of insecticide resistance. Curr Opin Insect Sci, 27: 68-74.

Balabanidou V, Kampouraki A, MacLean M, et al. 2016. Cytochrome P450 associated with insecticide resistance catalyzes cuticular hydrocarbon production in *Anopheles gambiae*. Proc Natl Acad Sci USA, 113(33): 9268-9273.

Balabanidou V, Kefi M, Aivaliotis M, et al. 2019. Mosquitoes cloak their legs to resist insecticides. Proc Biol Sci, 286(1907): 20191091.

Bally J, McIntyre GJ, Doran RL, et al. 2016. In-plant protection against *Helicoverpa armigera* by production of long hpRNA in chloroplasts. Front Plant Sci, 7: 1453.

Bansal R, Mian MA, Mittapalli O, et al. 2012. Characterization of a chitin synthase encoding gene and effect of diflubenzuron in soybean aphid, *Aphis glycines*. Int J Biol Sci, 8(10): 1323-1334.

Barek H, Sugumaran M, Ito S, et al. 2018. Insect cuticular melanins are distinctly different from those of mammalian epidermal melanins. Pigment Cell Melanoma Res, 31(3): 384-392.

Barelli L, Padilla-Guerrero IE, Bidochka MJ. 2011. Differential expression of insect and plant specific adhesin genes, *Mad1* and *Mad2*, in *Metarhizium robertsii*. Fungal Biol, 115(11): 1174-1185.

Barry MK, Triplett AA, Christensen AC. 1999. A peritrophin-like protein expressed in the embryonic tracheae of *Drosophila melanogaster*. Insect Biochem Mol Biol, 29(4): 319-327.

Bartel DP. 2004. MicroRNAs: genomics, biogenesis, mechanism, and function. Cell, 116(2): 281-297.

Bartel DP. 2009. MicroRNAs: target recognition and regulatory functions. Cell, 136(2): 215-233.

Baum JA, Bogaert T, Clinton W, et al. 2007. Control of coleopteran insect pests through RNA interference. Nat Biotechnol, 25(11): 1322-1326.

Bautista MAM, Miyata T, Miura K, et al. 2009. RNA interference-mediated knockdown of a cytochrome P450, *CYP6BG1*, from the diamondback moth, *Plutella xylostella*, reduces larval resistance to permethrin. Insect Biochem Mol Biol, 39(1): 38-46.

Bayer CA, Holley B, Fristrom JW. 1996. A switch in broad-complex zinc-finger isoform expression is regulated posttranscriptionally during the metamorphosis of *Drosophila* imaginal discs. Dev Biol, 177(1): 1-14.

Beament JWL. 1945. The cuticular lipoids of insects. J Exp Biol, 21: 115-131.

Beament JWL. 1964. The active transport and passive movement of water in insects. Adv Insect Physiol, 2: 67-129.

Beck SD. 1985. Effects of thermoperiod on photoperiodic determination of larval diapause in *Ostrinia nubilalis*. J Insect Physiol, 31(1): 41-46.

Beckage NE, Thompson SN, Federici BA. 1993. Parasites and Pathogens of Insects. New York: Academic: 211-229.

Beckel WE. 1958. Investigations of permeability, diapause, and hatching in the eggs of the mosquito *Aedes hexodontus* Dyar. Can J Zool, 36(4): 541-554.

Behr M, Hoch M. 2005. Identification of the novel evolutionary conserved obstructor multigene family in invertebrates. FEBS Lett, 579(30): 6827-6833.

Bell JV. 1969. *Serratia marcescens* found in eggs of Heliothis zea: tests against *Trichoplusia ni*. J Invertebr Pathol, 13(1): 151-152.

Bennet-Clark HC. 1963. The relation between epicuticular folding and the subsequent size of an insect. J Insect Physiol, 9(1): 43-46.

Benoit JB, Yang G, Krause TB, et al. 2011. Lipophorin acts as a shuttle of lipids to the milk gland during tsetse fly pregnancy. J Insect Physiol, 57(11): 1553-1561.

Benton MA, Akam M, Pavlopoulos A. 2013. Cell and tissue dynamics during *Tribolium* embryogenesis revealed by versatile fluorescence labeling approaches. Development, 140(15): 3210-3220.

Berlese A. 1913. Intorno alle metamorfosi degli insetti. Redia, 9(2): 121-137.

Bhatia V, Bhattacharya R. 2018. Host-mediated RNA interference targeting a cuticular protein gene impaired fecundity in the green peach aphid *Myzus persicae*. Pest Manag Sci, 74(9): 2059-2068.

Bhosale P, Bernstein PS. 2007. Vertebrate and invertebrate carotenoid-binding proteins. Arch Biochem Biophys, 458(2): 121-127.

Bi HL, Xu J, He L, et al. 2019. CRISPR/Cas9-mediated ebony knockout results in puparium melanism in *Spodoptera litura*. Insect Sci, 26(6): 1011-1019.

Bidart-Bouzat MG, Imeh-Nathaniel A. 2008. Global change effects on plant chemical defenses against insect herbivores. J Integr Plant Biol, 50(11): 1339-1354.

Biester EM, Hellenbrand J, Gruber J, et al. 2012. Identification of avian wax synthases. Bmc Biochem, 13: 4.

Billas IML, Iwema T, Gamier JM, et al. 2003. Structural adaptability in the ligand-binding pocket of the ecdysone hormone receptor. Nature, 426(6962): 91-96.

Billeter JC, Atallah J, Krupp JJ, et al. 2009. Specialized cells tag sexual and species identity in *Drosophila melanogaster*. Nature, 461(7266): 987.

Bischoff V, Vignal C, Boneca IG, et al. 2004. Function of the *Drosophila* pattern-recognition receptor PGRP-SD in the detection of Gram-positive bacteria. Nat Immunol, 5(11): 1175-1180.

Blair DE, van Aalten DMF. 2004. Structures of *Bacillus subtilis* PdaA, a family 4 carbohydrate esterase, and a complex with *N*-acetyl-glucosamine. FEBS Lett, 570(1-3): 13-19.

Blattner R, Furneaux RH, Kemmitt T, et al. 1994. Syntheses of the fungicide/insecticide allosamidin and a structural isomer. J Chem Soc Perkin Trans, 26(23): 3411-3421.

Blomquist GJ. 2010. Biosynthesis of cuticular hydrocarbons // Blomquist GJ, Bagnères A. Insect Hydrocarbons Biology, Biochemistry, and Chemical Ecology. Cambridge: Cambridge University Press: 35-52.

Bock R. 2007. Plastid biotechnology: prospects for herbicide and insect resistance, metabolic engineering and molecular farming. Curr Opin Biotechnol, 18(2): 100-106.

Bogerd J, Babin PJ, Kooiman FP, et al. 2000. Molecular characterization and gene expression in the eye of the apolipophorin II / I precursor from *Locusta migratoria*. J Comp Neurol, 427(4): 546-558.

Bogo MR, Rota CA, Pinto H, et al. 1998. A chitinase encoding gene (*chit1* gene) from the entomopathogen *Metarhizium anisopliae*: isolation and characterization of genomic and full-length cDNA. Curr Microbiol, 37(4): 221-225.

Boguś MI, Czygier M, Gołębiowski M, et al. 2010. Effects of insect cuticular fatty acids on *in vitro* growth and pathogenicity of the entomopathogenic fungus *Conidiobolus coronatus*. Exp Parasitol, 125(4): 400-408.

Bongio NJ, Lampe DJ. 2015. Inhibition of *Plasmodium berghei* development in mosquitoes by effector proteins secreted from *Asaia* sp. bacteria using a novel native secretion signal. PLOS ONE, 10(12): e0143541.

Boos S, Meunier J, Pichon S, et al. 2014. Maternal care provides antifungal protection to eggs in the European earwig. Behavioral Ecology, 25(4): 754-761.

Boot RG, Blommaart EF, Swart E, et al. 2001. Identification of a novel acidic mammalian chitinase distinct from chitotriosidase. J Biol Chem, 276(9): 6770-6778.

Boucias DG, Garcia-Maruniak A, Cherry R, et al. 2012. Detection and characterization of bacterial symbionts in the heteropteran, *Blissus insularis*. FEMS Microbiol Ecol, 82(3): 629-641.

Boucias DG, Latgé JP. 1988. Nonspecific induction of germination of *Conidiobolus obscurus* and *Nomuraea rileyi* with host and non-host cuticle extracts. J Invertebr Pathol, 51(2): 168-171.

Bouhin H, Charles JP, Quennedey B, et al. 1992. Characterization of a cDNA clone encoding a glycine-rich cuticular protein of *Tenebrio molitor*: developmental expression and effect of a juvenile hormone analogue. Insect Mol Biol, 1(2): 53-62.

Bouligand YC. 1965. On a twisted fibrillar arrangement common to several biologic structures. C R Acad Hebd Seances Acad Sci D, 261(22): 4864-4867.

Boutros M, Agaisse H, Perrimon N. 2002. Sequential activation of signaling pathways during innate immune responses in *Drosophila*. Dev Cell, 3(5): 711-722.

Brandstaetter AS, Endler A, Kleineidam CJ. 2008. Nestmate recognition in ants is possible without tactile interaction. Naturwissenschaften, 95(7): 601-608.

Brehélin M, Hoffmann JA, Matz G, et al. 1975. Encapsulation of implanted foreign bodies by hemocytes in *Locusta migratoria* and *Melolontha melolontha*. Cell Tissue Res,160(3): 283-289.

Brennan CA, Anderson KV. 2004. *Drosophila*: the genetics of innate immune recognition and response. Annu Rev Immunol, 22(1): 457-483.

Brennecke J, Aravin AA, Stark A, et al. 2007. Discrete small RNA-generating loci as master regulators of transposon activity in *Drosophila*. Cell, 128(6): 1089-1103.

Brey PT, Lee WJ, Yamakawa M, et al. 1993. Role of the integument in insect immunity: epicuticular abrasion and induction of cecropin synthesis in cuticular epithelial cells. Proc Natl Acad Sci USA, 90(13): 6275-6279.

Brites-Neto J, Brasil J, de Andrade J, et al. 2017. Evaluation of an association of alpha-cypermethrin and flufenoxuron for tick control in an area at risk of Brazilian spotted fever. Vet Parasitol, 238: 1-4.

Broehan G, Kroeger T, Lorenzen M, et al. 2013. Functional analysis of the ATP-binding cassette (ABC) transporter gene family of *Tribolium castaneum*. BMC Genomics, 14(1): 6.

Brooks L, Brunelli M, Pattison P, et al. 2015. Crystal structures of eight mono-methyl alkanes (C26-C32) via single-crystal and powder diffraction and DFT-D optimization. IUCrJ, 2(5): 490-497.

Brown GD, Gordon S. 2005. Immune recognition of fungal beta-glucans. Cell Microbiol, 7(4): 471-479.

Buček A, Vogel H, Matoušková P, et al. 2013. The role of *desaturases* in the biosynthesis of marking pheromones in bumblebee males. Insect Biochem Mol Biol, 43(8): 724-731.

Budd GE, Telford MJ. 2009. The origin and evolution of arthropods. Nature, 457(7231): 812-817.

Bulik DA, Van Ophem P, Manning JM, et al. 2000. UDP-*N*-acetylglucosamine pyrophosphorylase, a key enzyme in encysting *Giardia*, is allosterically regulated. J Biol Chem, 275(19): 14722-14728.

Burmeister SS, Jarvis ED, Fernald RD. 2005. Rapid behavioral and genomic responses to social opportunity. PLOS Biol, 3(11): e363.

Butt TM, Coates CJ, Dubovskiy IM. 2016. Entomopathogenic fungi: new insights into host-pathogen interactions. Adv Genet, 94: 307-364.

Butt TM, Ibrahim L, Clark SJ, et al. 1995. The germination behavior of *Metarhizium anisopliae* on the surface of aphid and flea beetle cuticles. Mycol Res, 99(8): 945-950.

Buzea C, Pacheco II, Robbie K. 2007. Nanomaterials and nanoparticles: sources and toxicity. Biointerphases, 2(4): MR17-MR47.

Caillaud MC, Losey JE. 2010. Genetics of color polymorphism in the pea aphid, *Acyrthosiphon pisum*. J Insect Sci, 10(1): 95.

Calla B, MacLean M, Liao LH, et al. 2018. Functional characterization of CYP4G11: a highly conserved enzyme in the western honey bee *Apis mellifera*. Insect Mol Biol, 27(5): 661-674.

Campos-Herrera R, Pathak E, El-Borai FE, et al. 2013. New citriculture system suppresses native and augmented entomopathogenic nematodes. Biol Control, 66(3): 183-194.

Candy DJ, Kilby BA. 1962. Studies on chitin synthesis in the desert locust. J Exp Biol, 39: 129-140.

Cao TL, Revers F, Cazenave C. 1994. Production of double-stranded RNA during synthesis of bromouracil-substituted RNA by transcription with T7 RNA polymerase. FEBS Lett, 351(2): 253-256.

Carlson DA, Mayer MS, Silhacek DL, et al. 1971. Sex attractant pheromone of house fly: isolation, identification and synthesis. Science, 174(4004): 76.

Carot-Sans G, Muñoz L, Piulachs MD, et al. 2015. Identification and characterization of a fatty acyl reductase from a *Spodoptera littoralis* female gland involved in pheromone biosynthesis. Insect Mol Biol, 24(1): 82-92.

Carroll SB. 1995. Homeotic genes and the evolution of arthropods and chordates. Nature, 376(6540): 479-485.

Carsten N, Svend OA. 1993. Cuticular proteins from fifth instar nymphs of the migratory locust, *Locusta migratoria*. Insect Biochem Mol Biol, 4: 521-531.

Cavallaro G, Sardo C, Craparo EF, et al. 2017. Polymeric nanoparticles for siRNA delivery: production and applications. Int J Pharmaceut, 525(2): 313-333.

Cen K, Li B, Lu YZ, et al. 2017. Divergent LysM effectors contribute to the virulence of *Beauveria bassiana* by evasion of insect immune defenses. PLOS Pathog, 13(9): e1006604.

Cerkowniak M, Puckowski A, Stepnowski P, et al. 2013. The use of chromatographic techniques for the separation and the identification of insect lipids. J Chromatogr B Analyt Technol Biomed Life Sci, 937: 67-78.

Chapman RF. 2013. The Insects Structure and Function. 5th ed. Cambridge: Cambridge University Press.

Charles JP. 2010. The regulation of expression of insect cuticle protein genes. Insect Biochem Mol Biol, 40(3): 205-213.

Charnley AK. 1984. Physiological aspects of destructive pathogenesis in insects by fungi: a speculative review // Aderson JM, Walton DWA. Intervebrate-Microbial Interactions. London:

Cambridge University Press: 229-270.

Chaudhari SS, Arakane Y, Specht CA, et al. 2011. Knickkopf protein protects and organizes chitin in the newly synthesized insect exoskeleton. Proc Natl Acad Sci USA, 108(41): 17028-17033.

Chaudhari SS, Arakane Y, Specht CA, et al. 2013. Retroactive maintains cuticle integrity by promoting the trafficking of Knickkopf into the procuticle of *Tribolium castaneum*. PLOS Genet, 9(1): e1003268.

Chaudhari SS, Moussian B, Specht CA, et al. 2014. Functional specialization among members of Knickkopf family of proteins in insect cuticle organization. PLOS Genet, 10(8): e1004537.

Chaudhari SS, Noh MY, Moussian B, et al. 2015. Knickkopf and retroactive proteins are required for formation of laminar serosal procuticle during embryonic development of *Tribolium castaneum*. Insect Biochem Mol Biol, 60(Complete): 1-6.

Chauvin G, Barbier R. 1979. Morphogenese de l'enveloppe vitelline, ultrastructure du chorion et de la cuticule serosale chez *Korscheltellus lupulinus* L. (Lepidoptera: Hepialidae). Int J Morphol, 8(5): 375-386.

Chauvin G, Hamon C, Vancassel M, et al. 1991. The eggs of *Forficula auricularia* L. (Dermaptera, Forficulidae): ultrastructure and resistance to low and high temperatures. Can J Zool, 69(11): 2873-2878.

Chen EH, Hou QL, Dou W, et al. 2022. Expression profiles of tyrosine metabolic pathway genes and functional analysis of DOPA decarboxylase in puparium tanning of *Bactrocera dorsalis* (Hendel). Pest Manag Sci, 78(1): 344-354.

Chen J, Liang ZK, Liang YK, et al. 2013. Conserved microRNAs miR-8-5p and miR-2a-3p modulate chitin biosynthesis in response to 20-hydroxyecdysone signaling in the brown planthopper, *Nilaparvata lugens*. Insect Biochem Mol Biol,43(9): 839-848.

Chen J, Tang B, Chen H, et al. 2010. Different functions of the insect soluble and membrane-bound trehalase genes in chitin biosynthesis revealed by RNA interference. PLOS ONE, 5(4): e10133.

Chen L, Liu T, Duan YW, et al. 2017. Microbial secondary metabolite, phlegmacin B$_1$, as a novel inhibitor of insect chitinolytic enzymes. J Agric Food Chem, 65: 3851-3857.

Chen L, Liu T, Zhou Y, et al. 2014d. Structural characteristics of an insect group I chitinase, an enzyme indispensable to moulting. Acta Crystallographica, 70(4): 932-942.

Chen L, Zhou Y, Qu MB, et al. 2014e. Fully deacetylated chitooligosaccharides act as efficient glycoside hydrolase family 18 chitinase inhibitors. J Biol Chem, 289(25): 17932-17940.

Chen N, Fan YL, Bai Y, et al. 2016. Cytochrome P450 gene, *CYP4G51*, modulates hydrocarbon production in the pea aphid, *Acyrthosiphon pisum*. Insect Biochem Mol Biol, 76: 84-94.

Chen N, Pei XJ, Li S, et al. 2020. Involvement of integument-rich CYP4G19 in hydrocarbon biosynthesis and cuticular penetration resistance in *Blattella germanica* (L.). Pest Manag Sci, 76(1): 215-226.

Chen P, Wang JY, Li HY, et al. 2015a. Role of GTP-CHI links PAH and TH in melanin synthesis in silkworm, *Bombyx mori*. Gene, 567(2): 138-145.

Chen PJ, Senthilkumar R, Jane WN, et al. 2014c. Transplastomic *Nicotiana benthamiana* plants expressing multiple defence genes encoding protease inhibitors and chitinase display broad-spectrum resistance against insects, pathogens and abiotic stresses. Plant Biotechnol J, 12(4): 503-515.

Chen Q, Guo P, Xu L, et al. 2014b. Exploring unsymmetrical dyads as efficient inhibitors against the insect β-*N*-acetyl-D-hexosaminidase OfHex2. Biochimie, 97: 152-162.

Chen QM, Cheng DJ, Liu SP, et al. 2014a. Genome-wide identification and expression profiling of the fatty acid desaturase gene family in the silkworm, *Bombyx mori*. Genet Mol Res, 13(2): 3747-3760.

Chen SB, Glazer I, Gollop N, et al. 2006. Proteomic analysis of the entomopathogenic nematode *Steinernema feltiae* IS-6 IJs under evaporative and osmotic stresses. Mol Biochem Parasitol, 145(2): 195-204.

Chen W, Yang Q. 2020. Development of novel pesticides targeting insect chitinases: a minireview and perspective. J Agric Food Chem, 68(16): 4559-4565.

Chen XR, Li L, Hu QB, et al. 2015b. Expression of dsRNA in recombinant *Isaria fumosorosea* strain targets the TLR7 gene in *Bemisia tabaci*. BMC Biotechnol, 15: 64.

Cheon HM, Seo SJ, Sun J, et al. 2001. Molecular characterization of the VLDL receptor homolog mediating binding of lipophorin in oocyte of the mosquito *Aedes aegypti*. Insect Biochem Mol Biol, 31(8): 753-760.

Chertemps T, Duportets L, Labeur C, et al. 2010. A female-specific desaturase gene responsible for diene hydrocarbon biosynthesis and courtship behaviour in *Drosophila melanogaster*. Insect Mol Biol, 15(4): 465-473.

Chertemps T, Duportets L, Labeur C, et al. 2005. A new elongase selectively expressed in *Drosophila* male reproductive system. Biochem Bioph Res Co, 333(4): 1066-1072.

Chown SL, Sørensen JG, Terblanche JS. 2011. Water loss in insects: an environmental change perspective. J Insect Physiol, 57(8): 1070-1084.

Christiaens O, Iga M, Velarde RA, et al. 2010. Halloween genes and nuclear receptors in ecdysteroid biosynthesis and signalling in the pea aphid. Insect Mol Biol, 19(2): 187-200.

Christiaens O, Tardajos MG, Martinez RZL, et al. 2018. Increased RNAi efficacy in *Spodoptera exigua* via the formulation of dsRNA with guanylated polymers. Front Physiol, 9: 316.

Chung H, Carroll SB. 2015. Wax, sex and the origin of species: dual roles of insect cuticular hydrocarbons in adaptation and mating. Bioessays, 37(7): 822-830.

Chung H, Loehlin DW, Dufour HD, et al. 2014. A single gene affects both ecological divergence and mate choice in *Drosophila*. Science, 343: 1148-1151.

Clarkson JM, Chamley AK. 1996. New insights into the mechanisms of fungal pathogenesis in insects. Trends Microbiol, 4(5): 197-203.

Clements J, Schoville S, Peterson N, et al. 2016. Characterizing molecular mechanisms of imidacloprid resistance in select populations of *Leptinotarsa decemlineata* in the Central Sands Region of Wisconsin. PLOS ONE, 11(1): e0147844.

Cohen E. 2001. Chitin synthesis and inhibition: a revisit. Pest Manag Sci, 57(10): 946-950.

Cohen E, Moussian B. 2016. Extracellular Composite Matrices in Arthropods. Switzerland: Springer: 221-253.

Cole KD, Fernando-Warnakulasuriya GP, Boguski MS, et al. 1987. Primary structure and comparative sequence analysis of an insect apolipoprotein. Apolipophorin-Ⅲ from *Manduca sexta*. J Biol Chem, 262(24): 11794-11800.

Collins SR, Reynolds OL, Taylor PW. 2014. Combined effects of dietary yeast supplementation and methoprene treatment on sexual maturation of Queensland fruit fly. J Insect Physiol, 61: 51-57.

Colombo G, Meli M, Cañada J, et al. 2005. A dynamic perspective on the molecular recognition of chitooligosaccharide ligands by hevein domains. Carbohydr Res, 340(5): 1039-1049.

Cooper AM, Silver K, Zhang JZ, et al. 2019. Molecular mechanisms influencing efficiency of RNA interference in insects. Pest Manag Sci, 75(1): 18-28.

Cordero RJB, Casadevall A. 2020. Melanin. Curr Biol, 30(4): 142-143.

Cornman RS, Togawa T, Dunn WA, et al. 2008. Annotation and analysis of a large cuticular protein family with the R&R Consensus in *Anopheles gambiae*. BMC Genomics, 9(1): 22.

Cornman RS, Willis JH. 2009. Annotation and analysis of low-complexity protein families of *Anopheles gambiae* that are associated with cuticle. Insect Mol Biol, 18(5): 607-622.

Cox DL, Willis JH. 1987. Analysis of the cuticular proteins of *Hyalophora cecropia* with two-dimensional electrophoresis. Insect Biochem, 17(3): 457-468.

Cui MM, Hu P, Wang T, et al. 2017. Differential transcriptome analysis reveals genes related to cold tolerance in seabuckthorn carpenter moth, *Eogystia hippophaecolus*. PLOS ONE, 12(11): e0187105.

Cunningham PA. 1986. A review of toxicity testing and degradation studies used to predict the effects of diflubenzuron (Dimilin) on estuarine crustaceans. Environ Pollut, 40: 63-86.

Cuthill IC, Allen WL, Arbuckle K, et al. 2017. The biology of color. Science, 357(6350): eaan0221.

Czapla TH, Hopkins TL, Kramer KJ. 1990. Catecholamines and related *O*-diphenols in cockroach hemolymph and cuticle during sclerotization and melanization: comparative studies on the order Dictyoptera. J Comp Physiol B, 160(2): 175-181.

Czech B, Preall JB, McGinn J, et al. 2013. A transcriptome-wide RNAi screen in the *Drosophila* ovary reveals factors of the germline piRNA pathway. Mol Cell, 50(5): 749-761.

da Silva MV, Santi L, Staats CC, et al. 2005. Cuticle-induced endo/exoacting chitinase CHIT30 from *Metarhizium anisopliae* is encoded by an ortholog of the *chi3* gene. Res Microbiol, 156(3): 382-392.

da Silva WOB, Santi L, Schrank A, et al. 2010. *Metarhizium anisopliae* lipolytic activity plays a pivotal role in *Rhipicephalus (Boophilus) microplus* infection. Fungal Biology, 114(1): 10-15.

Dai FY, Qiao L, Cao C, et al. 2015. Aspartate decarboxylase is required for a normal pupa pigmentation pattern in the silkworm, *Bombyx mori*. Sci Rep, 5: 10885.

Daimon T, Hamada K, Mita K, et al. 2003. A *Bombyx mori* gene, *BmChi-h*, encodes a protein homologous to bacterial and baculovirus chitinases. Insect Biochem Mol Biol, 33(8): 749-759.

Dallerac R, Labeur C, Jallon JM, et al. 2000. A delta 9 desaturase gene with a different substrate specificity is responsible for the cuticular diene hydrocarbon polymorphism in *Drosophila melanogaster*. Proc Natl Acad Sci USA, 97(17): 9449-9454.

Dantuma N, Potters M, De Winther MP, et al. 1999. An insect homolog of the vertebrate very low density lipoprotein receptor mediates endocytosis of lipophorins. J Lipid Res, 40(5): 973-978.

Darbro JM, Millar JG, McElfresh JS, et al. 2005. Survey of muscalure [(Z)-9-tricosene] on house flies (Diptera: Muscidae) from field populations in California. Environ Entomol, 34: 1418-1425.

Das S, Debnath N, Cui YJ, et al. 2015. Chitosan, carbon quantum dot, and silica nanoparticle mediated dsRNA delivery for gene silencing in *Aedes aegypti*: a comparative analysis. ACS Appl Mater Interfaces, 7(35): 19530-19535.

Datta K, Baisakh N, Thet KM, et al. 2002. Pyramiding transgenes for multiple resistance in rice against bacterial blight, yellow stem borer and sheath blight. Theor Appl Genet, 106(1): 1-8.

Davis MM, O'Keefe SL, Primrose DA, et al. 2007. A neuropeptide hormone cascade controls the precise onset of post-eclosion cuticular tanning in *Drosophila melanogaster*. Development, 134(24): 4395-4404.

Dearden P, Grbic M, Falciani F, et al. 2000. Maternal expression and early zygotic regulation of the *Hox3/zen* gene in the grasshopper *Schistocerca gregaria*. Evol Dev, 2(5): 261-270.

DeLoach JR, Meola SM, Mayer RT, et al. 1981. Inhibition of DNA synthesis by diflubenzuron in pupae of the stable fly *Stomoxys calcitrans* (L.). Pestic Biochem Physiol, 15: 172-180.

Deng H, Zheng S, Yang X, et al. 2011. Transcription factors BmPOUM2 and BmβFTZ-F1 are involved in regulation of the expression of the wing cuticle protein gene *BmWCP4* in the silkworm, *Bombyx mori*. Insect Mol Bio, 20(1): 45-60.

Deng HM, Zhang J, Li Y, et al. 2012. Homeodomain POU and Abd-A proteins regulate the transcription of pupal genes during metamorphosis of the silkworm, *Bombyx mori*. Proc Natl Acad Sci USA, 109(31): 12598-12603.

Deul DJ, de Jong BJ, Kortenbach JAM. 1978. Inhibition of chitin synthesis by two 1-(2,6-disubstituted benzoyl)-3-phenylurea insecticides. Pestic Biochem Physiol, 8(1): 98-105.

Deutsch JS. 2010. Hox Genes: Studies from the 20th to the 21st Century. Austin: Springer.

Dewey EM, McNabb SL, Ewer J, et al. 2004. Identification of the gene encoding bursicon, an insect neuropeptide responsible for cuticle sclerotization and wing spreading. Curr Biol, 14(13): 1208-1213.

Dhadialla TS, Carlson GR, Le DP. 1998. New insecticides with ecdysteroidal and juvenile hormone activity. Annu Rev Entomol, 43: 545-569.

Ding X, Gopalakrishnan B, Johnson LB, et al. 1998. Insect resistance of transgenic tobacco expressing an insect chitinase gene. Transgenic Res, 7(2): 77-84.

Dittmer NT, Hiromasa Y, Tomich JM, et al. 2012. Proteomic and transcriptomic analyses of rigid and membranous cuticles and epidermis from the elytra and hindwings of the red flour beetle, *Tribolium castaneum*. J Proteome Res, 11(1): 269-278.

Dittmer NT, Suderman RJ, Jiang HB, et al. 2004. Characterization of cDNAs encoding putative laccase-like376 multicopper oxidases and developmental expression in the tobacco hornworm, *Manduca sexta*, and the malaria mosquito, *Anopheles gambiae*. Insect Biochem Mol Biol, 34(1): 29-41.

Dittmer NT, Tetreau G, Cao XL, et al. 2015. Annotation and expression analysis of cuticular proteins from the tobacco hornworm, *Manduca sexta*. Insect Biochem Mol Biol, 62: 100-113.

Dixit R, Arakane Y, Specht CA, et al. 2008. Domain organization and phylogenetic analysis of proteins from the chitin deacetylase gene family of *Tribolium castaneum* and three other species of insects. Insect Biochem Mol Biol, 38(4): 440-451.

Doan TTP, Carlsson AS, Hamberg M, et al. 2009. Functional expression of five *Arabidopsis* fatty acyl-CoA reductase genes in *Escherichia coli*. J Plant Physiol, 166(8): 787-796.

Domergue F, Vishwanath SJ, Joubès J, et al. 2010. Three *Arabidopsis* fatty acyl-coenzyme A reductases, FAR1, FAR4, and FAR5, generate primary fatty alcohols associated with suberin deposition. Plant Physiology, 153(4): 1539.

Dong YM, Manfredini F, Dimopoulos G. 2009. Implication of the mosquito midgut microbiota in the defense against malaria parasites. PLOS Pathogens, 5(5): e1000423.

Dorn A. 1976. Ultrastructure of embryonic envelopes and integument of *Oncopeltus fasciatus* Dallas (Insecta, Heteroptera). Zoomorphologie, 85(2): 111-131.

Doucet D, Retnakaran A. 2012. Insect chitin: metabolism, genomics and pest management. Adv Insect Physiol, 43: 437-511.

Douglas AE. 2015. Multiorganismal insects: diversity and function of resident microorganisms. Annu Rev Entomol, 60(1): 17-34.

Douris V, Steinbach D, Panteleri R, et al. 2016. Resistance mutation conserved between insects and mites unravels the benzoylurea insecticide mode of action on chitin biosynthesis. Proc Natl Acad Sci USA, 113(51): 14692-14697.

Dow RC, Carlson SD, Goodman WG. 1988. A scanning electron microscope study of the developing embryo of *Manduca sexta* (L.) (Lepidoptera: Sphingidae). Int J Insect Morphol Embryol, 17: 231-242.

Doyle SL, O'Neill LA. 2006. Toll-like receptors: from the discovery of NF-κB to new insights into transcriptional regulations in innate immunity. Biochem Pharmacol, 72(9): 1102-1113.

Drauzio ENR, Gilberto ULB, Stephan DF, et al. 2004. Variations in UV-B tolerance and germination speed of *Metarhizium anisopliae* conidia produced on insects and artificial substrates. Invertebr Pathol, 87(2-3): 77-83.

Drinnenberg IA, Weinberg DE, Xie KT, et al. 2009. RNAi in budding yeast. Science, 326(5952): 544-550.

Duan YW, Liu T, Zhou Y, et al. 2018. Glycoside hydrolase family 18 and 20 enzymes are novel targets of the traditional medicine berberine. J Biol Chem, 293(40): 15429-15438.

Duan ZB, Chen YX, Huang W, et al. 2013. Linkage of autophagy to fungal development, lipid storage and virulence in *Metarhizium robertsii*. Autophagy, 9(4): 538-549.

Dubovskiy IM, Whitten MMA, Kryukov VY, et al. 2013. More than a colour change: insect melanism, disease resistance and fecundity. Proc Biol Sci, 280(1763): 20130584.

Duman-Scheel M. 2019. *Saccharomyces cerevisiae* (Baker's yeast) as an interfering RNA expression and delivery system. Curr Drug Targets, 20(9): 942-952.

Dunn JA, Prickett JC, Collins DA, et al. 2016. Primary screen for potential sheep scab control agents.

Vet Parasitol, 224: 68-76.

Dunning LT, Dennis AB, Park D, et al. 2013. Identification of cold-responsive genes in a New Zealand alpine stick insect using RNA-Seq. Comp Biochem Phys D, 8(1): 24-31.

Dunning LT, Dennis AB, Sinclair BJ, et al. 2014. Divergent transcriptional responses to low temperature among populations of alpine and lowland species of New Zealand stick insects (*Micrarchus*). Mol Ecol, 23(11): 2712-2726.

Durand P, Golinelli-Pimpaneau B, Mouilleron S, et al. 2008. Highlights of glucosamine-6P synthase catalysis. Arch Biochem Biophys, 474(2): 302-317.

Dutra HL, Rocha MN, Dias FB, et al. 2016. *Wolbachia* blocks currently circulating Zika virus isolates in Brazilian *Aedes aegypti* Mosquitoes. Cell Host & Microbe, 19(6): 771-774.

Eisenhaber B, Maurer-Stroh S, Novatchkova M, et al. 2003. Enzymes and auxiliary factors for GPI lipid anchor biosynthesis and post-translational transfer to proteins. Bioessays, 25(4): 367-385.

Elbashir SM, Lendeckel W, Tuschl T. 2001. RNA interference is mediated by 21- and 22-nucleotide RNAs. Genes Dev, 15(2): 188-200.

Elorza MV, Rico H, Sentandreu R. 1983. Calcofluor white alters the assembly of chitin fibrils in *Saccharomyces cerevisiae* and *Candida albicans* cells. J Gen Microbiol, 129(5): 1577-1582.

El-Sayed GN, Ignoffo CM, Leathers TD. 1991. Effects of cuticle source and concentration on germination of conidia of two isolates of *Nomuraea rileyia*. Mycopathologia, 113(2): 95-102.

Elvin CM, Vuocolo T, Pearson RD, et al. 1996. Characterization of a major peritrophic membrane protein, peritrophin-44, from the larvae of *Lucilia cuprina*. cDNA and deduced amino acid sequences. J Biol Chem, 271(15): 8925-8935.

Erler F, Polat E, Demir H, et al. 2011. Control of mushroom sciarid fly *Lycoriella ingenua* populations with insect growth regulators applied by soil drench. J Econ Entomol, 104(3): 839-844.

Evans TA, Iqbal N. 2015. Termite (order Blattodea, infraorder Isoptera) baiting 20 years after commercial release. Pest Manag Sci, 71(7): 897-906.

Fadel F, Zhao YG, Cachau R, et al. 2015. New insights into the enzymatic mechanism of human chitotriosidase (CHIT1) catalytic domain by atomic resolution X-ray diffraction and hybrid QM/MM. Acta Crystallograph, 71(7): 1455-1470.

Falciani F, Hausdorf B, Schroder R, et al. 1996. Class 3 *Hox* genes in insects and the origin of Zen. Proc Natl Acad Sci USA, 93(16): 8479-8484.

Falcón T, Ferreira-Caliman MJ, Franco Nunes FM, et al. 2014. Exoskeleton formation in *Apis mellifera*: cuticular hydrocarbons profiles and expression of desaturase and elongase genes during pupal and adult development. Insect Biochem Mol Biol, 50: 68-81.

Fan YH, Liu X, Keyhani NO, et al. 2017. Regulatory cascade and biological activity of *Beauveria bassiana* oosporein that limits bacterial growth after host death. Proc Natl Acad Sci USA, 114(9): E1578-E1586.

Fan YH, Pei XQ, Guo SJ. 2010. Increased virulence using engineered protease-chitin binding domain hybrid expressed in the entomopathogenic fungus *Beauveria bassiana*. Microb Pathog, 49(6): 376-380.

Fan YH, Song HF, Abbas M, et al. 2021. A dsRNA-degrading nuclease (dsRNase2) limits RNAi efficiency in the Asian corn borer (*Ostrinia furnacalis*). Insect Sci, 28(6): 1677-1689.

Fan YL, Ortiz-Urquiza A, Garrett T, et al. 2015. Involvement of a caleosin in lipid storage, spore dispersal, and virulence in the entomopathogenic filamentous fungus, *Beauveria bassiana*. Environ Microbiol, 17(11): 4600-4614.

Fan YL, Zurek L, Dykstra MJ, et al. 2003. Hydrocarbon synthesis by enzymatically dissociated oenocytes of the abdominal integument of the German Cockroach, *Blattella germanica*. Die Naturwissenschaften, 90(3): 121-126.

Fang FJ, Wang WJ, Zhang DH, et al. 2015. The cuticle proteins: a putative role for deltamethrin resistance in *Culex pipiens pallens*. Parasitol Res, 114(12): 4421-4429.

Fang WG, Bidochka MJ. 2006. Expression of genes involved in germination, conidiogenesis and pathogenesis in *Metarhizium anisopliae* using quantitative real-time RT-PCR. Mycol Res, 110(10): 1165-1171.

Fang WG, Leng B, Xiao YH, et al. 2005. Cloning of *Beauveria bassiana* chitinase gene *Bbchit1* and its application to improve fungal strain virulence. Appl Environ Microb, 71(1): 363-370.

Fang WG, Pava-Ripoll M, Wang SB, et al. 2009. Protein kinase A regulates production of virulence determinants by the entomopathogenic fungus, *Metarhizium anisopliae*. Fungal Genet Biol, 46(3): 277-285.

Farnesi LC, Brito JM, Linss JG, et al. 2012. Physiological and morphological aspects of *Aedes aegypti* developing larvae: effects of the chitin synthesis inhibitor novaluron. PLOS ONE, 7(1): e30363.

Farnesi LC, Menna-Barreto RFS, Martins AJ, et al. 2015. Physical features and chitin content of eggs from the mosquito vectors *Aedes aegypti*, *Anopheles aquasalis* and *Culex quinquefasciatus*: connection with distinct levels of resistance to desiccation. J Insect Physiol, 83: 43-52.

Farnesi LC, Vargas HCM, Valle D, et al. 2017. Darker eggs of mosquitoes resist more to dry conditions: melanin enhances serosal cuticle contribution in egg resistance to desiccation in *Aedes*, *Anopheles* and *Culex* vectors. PLOS Negl Trop Dis, 11(10): e0006063.

Fehlbaum P, Bulet P, Michaut L, et al. 1994. Insect immunity. Septic injury of *Drosophila* induces the synthesis of a potent antifungal peptide with sequence homology to plant antifungal peptides. J Biol Chem, 269(52): 33159-33163.

Ferri E, Bain O, Barbuto M, et al. 2011. New insights into the evolution of *Wolbachia* infections in filarial nematodes inferred from a large range of screened species. PLOS ONE, 6(6): e20843.

Ferveur JF. 2005. Cuticular hydrocarbons: their evolution and roles in *Drosophila* pheromonal communication. Behavior Genetics, 35(3): 279-295.

Feyereisen R. 2020. Origin and evolution of the CYP4G subfamily in insects, cytochrome P450 enzymes involved in cuticular hydrocarbon synthesis. Mol Phylogenet Evol, 143: 106695.

Figon F, Casas J. 2019. Ommochromes in invertebrates: biochemistry and cell biology. Biol Rev Camb Philos Soc, 94(1): 156-183.

Figon F, Munsch T, Croix C, et al. 2020. Uncyclized xanthommatin is a key ommochrome intermediate in invertebrate coloration. Insect Biochem Mol Biol, 124(1): 103403.

Finzel K, Lee DJ, Burkart MD. 2015. Using modern tools to probe the structure-function relationship of fatty acid synthases. Chembiochem, 46(16): 528-547.

Fire A, Xu SQ, Montgomery MK, et al. 1998. Potent and specific genetic interference by double-stranded RNA in *Caenorhabditis elegans*. Nature, 391(6669): 806-811.

Fitches E, Wilkinson H, Bell H, et al. 2004. Cloning, expression and functional characterisation of chitinase from larvae of tomato moth (*Lacanobia oleracea*): a demonstration of the insecticidal activity of insect chitinase. Insect Biochem Mol Biol, 34(10): 1037-1050.

Foley E, O'Farrell PH. 2004. Functional dissection of an innate immune response by a genome-wide RNAi screen. PLOS Biology, 2(8): 1091-1106.

Fontaine AR, Olsen N, Ring RA, et al. 1991. Cuticular metal hardening of mouthparts and claws of some forest insects of British Columbia. J Entomol Soc Brit Columbia, 88: 45-55.

Fraenkel G, Hsiao C. 1962. Hormonal and nervous control of tanning in the fly. Science, 138: 27-29.

Freimoser FM, Screen S, Bagga S, et al. 2003. Expressed sequence tag (EST) analysis of two subspecies of *Metarhizium anisopliae* reveals a plethora of secreted proteins with potential activity in insect hosts. Microbiology, 149(1): 239-247.

Fujii T, Abe H, Kawamoto M, et al. 2013. Albino (*al*) is a tetrahydrobiopterin (BH4)-deficient mutant of the silkworm *Bombyx mori*. Insect Biochem Mol Biol, 43(7): 594-600.

Fujita K, Shimomura K, Yamamoto K, et al. 2006. A chitinase structurally related to the glycoside hydrolase family 48 is indispensable for the hormonally induced diapause termination in a beetle. Biochem Biophys Res Commun, 345(1): 502-507.

Fukamizo T. 2000. Chitinolytic enzymes: catalysis, substrate binding, and their application. Curr Protein Pept Sci, 1(1): 105-124.

Fukui M, Machida R. 2006. Embryonic development of *Baculentulus densus* (Imadaté): its outline (Hexapoda: Protura, Acerentomidae). Proc Arthropodan Embryol Soc Jpn, 41: 21-28.

Fusetti F, Von Moeller H, Houston D, et al. 2002. Structure of human chitotriosidase: implications for specific inhibitor design and function of mammalian chitinase-like lectins. J Biol Chem, 277(28): 25537-25544.

Futahashi R, Fujiwara H. 2005. Melanin-synthesis enzymes coregulate stage-specific larval cuticular markings in the swallowtail butterfly, *Papilio xuthus*. Dev Genes Evol, 215(10): 519-529.

Futahashi R, Fujiwara H. 2006. Expression of one isoform of GTP cyclohydrolase Ⅰ coincides with the larval black markings of the swallowtail butterfly, *Papilio xuthus*. Insect Biochem Mol Biol, 36(1): 63-70.

Futahashi R, Fujiwara H. 2008. Juvenile hormone regulates butterfly larval pattern switches. Science, 319(5866): 1061.

Futahashi R, Kurita R, Mano H, et al. 2012. Redox alters yellow dragonflies into red. Proc Natl Acad Sci USA, 109(31): 12626-12631.

Futahashi R, Okamoto S, Kawasaki H, et al. 2008a. Genome-wide identification of cuticular protein genes in the silkworm, *Bombyx mori*. Insect Biochem Mol Biol, 38(12): 1138-1146.

Futahashi R, Sato J, Meng Y, et al. 2008b. *yellow* and *ebony* are the responsible genes for the larval color mutants of the silkworm *Bombyx mori*. Genetics, 180(4): 1995-2005.

Gan ZW, Yang JK, Tao N, et al. 2007. Cloning of the gene *Lecanicillium psalliotae* chitinase Lpchi1 and identification of its potential role in the biocontrol of root-knot nematode *Meloidogyne incognita*. Appl Microbiol Biotechnol, 76(6): 1309-1317.

Gangishetti U, Veerkamp J, Bezdan D, et al. 2012. The transcription factor grainy head and the steroid hormone ecdysone cooperate during differentiation of the skin of *Drosophila melanogaster*. Insect Biochem Mol Biol, 21(3): 283-295.

George MW, Gene ER, Kim CW, et al. 2006. Insights into social insects from the genome of the honeybee *Apis mellifera*. Nature, 443(7114): 931-949.

Georgel PT, Hansen JC. 2001. Linker histone function in chromatin: dual mechanisms of action. Biochem Cell Biol, 79(3): 313-316.

Gerolt P. 1969. Mode of entry of contact insecticides. J Insect Physiol, 15(4): 563-580.

Gerolt P. 1983. Insecticides: their route of entry, mechanism of transport and mode of action. Biol Rev Camb Philos Soc, 58(2): 233-274.

Ghildiyal M, Seitz H, Horwich MD, et al. 2008. Endogenous siRNAs derived from transposons and mRNAs in *Drosophila* somatic cells. Science, 320(5879): 1077-1081.

Gibbs A, Pomonist JG. 1995. Physical properties of insect cuticular hydrocarbons: the effects of chain length, methyl-branching and unsaturation. Comp Biochem Phys B, 12(2): 243-249.

Gibbs AG. 2002. Lipid melting and cuticular permeability: new insights into an old problem. J Insect Physiol, 48(4): 391-400.

Gilbert L, Iatrou K, Gill S. 2005. Comprehensive Molecular Insect Science. Oxford: Elsevier.

Gilbert LI. 2004. Halloween genes encode P450 enzymes that mediate steroid hormone biosynthesis in *Drosophila melanogaster*. Mol Cell Endocrinol, 215(1-2): 1-10.

Gillespie JP, Burnett C, Charnley AK, et al. 2000. The immune response of the desert locust *Schistocerca gregaria* during mycosis of the entomopathogenic fungus, *Metarhizium anisopliae* var. *acridum*. J Insect Physiol, 46(4): 429-437.

Gillott C. 2005. Entomology. 3rd ed. Netherlands: Springer: 355-372.

Girard A, Sachidanandam R, Hannon GJ, et al. 2006. A germline-specific class of small RNAs binds mammalian Piwi proteins. Nature, 442(7099): 199-202.

Girardie A. 1964. Action de la pars intercerebralis sur le developpment de *Locusta migratoria* L. J Insect Physiol, 10(4): 599-609.

Giribet G, Edgecombe GD. 2012. Reevaluating the arthropod tree of life. Annu Rev Entomol, 57(1): 167-186.

Girotti JR, Mijailovsky SJ, Juárez MP, 2012. Epicuticular hydrocarbons of the sugarcane borer *Diatraea saccharalis* (Lepidoptera: Crambidae). Physiol Entomol, 37(3): 266-277.

Gleiter H. 2000. Nanostructured materials: basic concepts and microstructure. Acta Mater, 48(1): 1-29.

Gobert V, Hoffmann JA, Gottar M, et al. 2003. Dual activation of the *Drosophila* Toll pathway by two pattern recognition receptors. Science, 302(5653): 2126-2130.

Gołę-biowski M, Edmund Maliński, Bogu MI, et al. 2008. The cuticular fatty acids of *Calliphora vicina*, *Dendrolimus pini* and *Galleria mellonella* larvae and their role in resistance to fungal infection. Insect Biochem Mol Biol, 38(6): 619-627.

Goltsev Y, Rezende GL, Vranizan K, et al. 2009. Developmental and evolutionary basis for drought tolerance of the *Anopheles gambiae* embryo. Dev Biol, 330(2): 462-470.

Gong C, Yang ZZ, Hu Y, et al. 2022. Silencing of the *BtTPS* genes by transgenic plant-mediated RNAi to control *Bemisia tabaci* MED. Pest Manag Sci, 78(3): 1128-1137.

Gong DM, Zhang CQ, Chen XY, et al. 2002. Constitutive activation and transgenic evaluation of the function of an arabidopsis PKS protein kinase. J Biol Chem, 277(44): 42088-42096.

Gonzalez Ceron L, Santillan F, Rodriguez MH, et al. 2003. Bacteria in midguts of field-collected *Anopheles albimanus* block *Plasmodium vivax* sporogonic development. J Med Entomol, 40(3): 371-374.

Gopalapillai R, Kadono-Okuda K, Tsuchida K, et al. 2006. Lipophorin receptor of *Bombyx mori*: cDNA cloning, genomic structure, alternative splicing, and isolation of a new isoform. J Lipid Res, 47(5): 1005-1013.

Graham H, Michael S. 2009. Protein based rational design of ecdysone agonists. Bioorg Med Chem, 17(12): 4064-4070.

Griffith MB, Barrows EM, Perry SA. 2000. Effect of diflubenzuron on flight of adult aquatic insects (Plecoptera, Trichoptera) following emergence during the second year after aerial application. J Econ Entomol, 93(6): 1695-1700.

Grimaldi DA, Engel MS. 2005. Evolution of the Insects. Cambridge: Cambridge University Press.

Grison R, Grezes-Besset B, Schneider M, et al. 1996. Field tolerance to fungal pathogens of *Brassica napus* constitutively expressing a chimeric chitinase gene. Nat Biotechnol, 14(5): 643-646.

Grivna S T, Beyret E, Wang Z, et al. 2006. A novel class of small RNAs in mouse spermatogenic cells. Genes Dev, 20(13): 1709-1714.

Grover A. 2012. Plant chitinases: genetic diversity and physiological roles. Crit Rev Plant Sci, 31(1): 57-73.

Gu P, Welch WH, Guo L, et al. 1997. Characterization of a novel microsomal fatty acid synthetase (FAS) compared to a cytosolic FAS in the housefly, *Musca domestica*. Comp Biochem Phys B, 118(2): 447-456.

Guan X, Middlebrooks BW, Alexander S, et al. 2006. Mutation of TweedleD, a member of an unconventional cuticle protein family, alters body shape in *Drosophila*. Proc Natl Acad Sci USA, 103(45): 16794-16799.

Guillou H, Zadravec D, Martin PGP, et al. 2010. The key roles of elongases and desaturases in mammalian fatty acid metabolism: insights from transgenic mice. Prog Lipid Res, 49(2): 186-199.

Guo P, Chen Q, Liu T, et al. 2013. Development of unsymmetrical dyads as potent noncarbohydrate-based inhibitors against human β-*N*-acetyl-D-hexosaminidase. ACS Med Chem Lett, 4(6): 527-531.

Guo YY, An Z, Shi WP. 2012. Control of grasshoppers by combined application of *Paranosema* locustae and an insect growth regulator (IGR) (cascade) in rangelands in China. J Econ Entomol, 105(6): 1915-1920.

Gupta SC, Leathers TD, EL-Sayed GN, et al. 1991. Production of degradation enzyme by *Metachizium anisopliae* during growth on defined media and insect cuticle. Exp Mycol, 15(4): 310-315.

Gurska D, Jentzsch IV, Panfilio KA. 2019. Mutual regulation underlies paralogue functional diversification. bioRxiv: 427245.

Gutierrez E, Wiggins D, Fielding B, et al. 2007. Specialized hepatocyte-like cells regulate *Drosophila* lipid metabolism. Nature, 445(7125): 275-280.

Gutiérrez-Moreno R, Mota-Sanchez D, Blanco CA, et al. 2019. Field-evolved resistance of the fall armyworm (Lepidoptera: Noctuidae) to synthetic insecticides in Puerto Rico and Mexico. J Econ Entomol, 112(2): 792-802.

Habibpour B. 2010. Laboratory evaluation of Flurox, a chitin synthesis inhibitor, on the termite, *Microcerotermes diversus*. J Insect Sci, 10(1): 2.

Hadley NF. 1982. Cuticle ultrastructure with respect to the lipid waterproofing barrier. J Exp Zool Part A, 222(3): 239-248.

Haebel S, Jensen C, Andersen SO, et al. 1995. Isoforms of a cuticular protein from larvae of the meal beetle, *Tenebrio molitor*, studied by mass spectrometry in combination with Edman degradation and two-dimensional polyacrylamide gel electrophoresis. Protein Sci, 4(3): 394-404.

Hamilton C, Lay F, Bulmer MS. 2011. Subterranean termite prophylactic secretions and external antifungal defenses. J Insect Physiol, 57(9): 1259-1266.

Hamodrakas SJ, Willis JH, Iconomidou VA. 2002. A structural model of the chitin-binding domain of cuticle proteins. Insect Biochem Mol Biol, 32(11): 1577-1583.

Han Q, Fang JM, Ding HZ, et al. 2002. Identification of *Drosophila melanogaster* yellow-f and yellow-f2 proteins as dopachrome-conversion enzymes. Biochem J, 368(1): 333-340.

Handel K, Grünfelder CG, Roth S, et al. 2000. Tribolium embryogenesis: a SEM study of cell shapes and movements from blastoderm to serosal closure. Dev Genes Evol, 210(4): 167-179.

Handler D, Olivieri D, Novatchkova M, et al. 2011. A systematic analysis of *Drosophila* TUDOR domain-containing proteins identifies Vreteno and the Tdrd12 family as essential primary piRNA pathway factors. EMBO J, 30(19): 3977-3993.

Hapairai LK, Mysore K, Chen YY, et al. 2017. Lure-and-Kill yeast interfering RNA larvicides targeting neural genes in the human disease vector mosquito *Aedes aegypti*. Sci Rep, 7(1): 13223.

Hartl L, Zach S, Seidl-Seiboth V. 2012. Fungal chitinases: diversity, mechanistic properties and biotechnological potential. Appl Microbiol Biotechnol, 93(2): 533-543.

Harvey HC, Staples RC. 1984. Evidence that camp initiates nuclear division and infection structure formation in the bean rust fungus *Uromyces phaseoli*. Exp Mycol, 8(1): 37-46.

Hashimoto H. 2006. Recent structural studies of carbohydrate binding modules. Cell Mol Life Sci, 63(24): 2954-2967.

Hassan AEM, Charnley AK. 1983. Combined effects of diflubenzuron and the entomopathogenic fungus *Metarhizium anisopliae* on the tobacco hornworm *Manduca sexta*. Proc Int Congr Prot,

3: 790.

Hattie M, Debowski AW, Stubbs KA. 2012. Development of tools to study lacto-*N*-biosidase: an important enzyme involved in the breakdown of human milk oligosaccharides. Chembiochem, 13(8): 1128-1131.

Hayashi F, Smith KD, Ozinsky A, et al. 2001. The innate immune response to bacterial flagellin is mediated by Toll-like receptor 5. Nature, 410(6832): 1099-1103.

He BC, Chu Y, Yin MZ, et al. 2013. Fluorescent nanoparticle delivered dsRNA toward genetic control of insect pests. Adv Mater, 25(33): 4580-4584.

He NJ, Botelho JMC, McNall RJ, et al. 2007. Proteomic analysis of cast cuticles from *Anopheles gambiae* by tandem mass spectrometry. Insect Biochem Mol Biol, 37(2): 135-146.

Head GP, Carroll MW, Evans SP, et al. 2017. Evaluation of SmartStax and SmartStax PRO maize against western corn rootworm and northern corn rootworm: efficacy and resistance management. Pest Manag Sci, 73(9): 1883-1899.

Hegedus D, Erlandson M, Gillott C, et al. 2009. New insights into peritrophic matrix synthesis, architecture, and function. Annu Rev Entomol, 54(1): 285-302.

Heming BS. 1979. Origin and fate of germ cells in male and female embryos of *Haplothrips verbasci* (Osborn) (Insecta, Thysanoptera, Phlaeothripidae). J Morphol, 160(3): 323-343.

Heming BS. 1996. Structure and development of larval antennae in embryos of *Lytta viridana* LeConte (Coleoptera: Meloidae). Can J Zool, 74(6): 1008-1034.

Henrich VC, Sliter TJ, Lubahn DB, et al. 1990. A steroid/thyroid hormone receptor superfamily member in *Drosophila melanogaster* that shares extensive sequence similarity with a mammalian homologue. Nucleic Acids Res, 18(14): 4143-4148.

Henriques BS, Genta FA, Mello CB, et al. 2016. Triflumuron effects on the physiology and reproduction of *Rhodnius prolixus* adult females. Biomed Res Int, 2016: 8603140.

Henrissat B. 1991. A classification of glycosyl hydrolases based on amino acid sequence similarities. Biochem J, 280(2): 309-316.

Hens K, Lemey P, Macours N, et al. 2004. Cyclorraphan yolk proteins and lepidopteran minor yolk proteins originate from two unrelated lipase families. Insect Mol Biol, 13(6): 615-623.

Hilbrant M, Horn T, Koelzer S, et al. 2016. The beetle amnion and serosa functionally interact as apposed epithelia. eLife, 5: e13834.

Hinton HE. 1977. Function of shell structures of pig louse and how egg maintains a low equilibrium temperature in direct sunlight. J Insect Physiol, 23(7): 785-800.

Hiruma K, Riddiford LM. 1984. Regulation of melanization of tobacco hornworm larval cuticle *in vitro*. J Exp Zool, 230(3): 393-403.

Hiruma K, Riddiford LM. 1985. Hormonal regulation of dopa decarboxylase during a larval molt. Dev Biol, 110(2): 509-513.

Hiruma K, Riddiford LM. 2009. The molecular mechanisms of cuticular melanization: the ecdysone cascade leading to dopa decarboxylase expression in *Manduca sexta*. Insect Biochem Mol Biol, 39(3): 245-253.

Ho CW, Popat SD, Liu TW, et al. 2010. Development of GlcNAc-inspired iminocyclitiols as potent and selective N-acetyl-β-hexosaminidase inhibitors. ACS Chem Biol, 5(5): 489-497.

Hodgetts RB, O'Keefe SL. 2006. Dopa decarboxylase: a model gene-enzyme system for studying development, behavior, and systematics. Annu Rev Entomol, 51(1): 259-284.

Hoffmann AA, Montgomery BL, Popovici J, et al. 2011. Successful establishment of *Wolbachia* in *Aedes* populations to suppress dengue transmission. Nature, 476(7361): 454-457.

Hoffmann JA,Weber ANR, Servane TD, et al. 2003. Binding of the *Drosophila cytokine* Spätzle to Toll is direct and establishes singling. Nat Immunol, 4(8): 794-800.

Hogenkamp DG, Arakane Y, Kramer KJ, et al. 2008. Characterization and expression of the beta-*N*-acetylhexosaminidase gene family of *Tribolium castaneum*. Insect Biochem Mol Biol, 38(4): 478-489.

Hollocher H, Ting CT, Wu CI, et al. 1997. Incipient speciation by sexual isolation in *Drosophila melanogaster*: variation in mating preference and correlation between sexes. Evolution, 51(4): 1175-1181.

Hopkins TL, Kramer KJ. 1992. Insect cuticle sclerotization. Entomol, 37(1): 273-302.

Hopkins TL, Krchma LJ, Ahmad SA, et al. 2000. Pupal cuticle proteins of *Manduca sexta*: characterization and profiles during sclerotization. Insect Biochem Mol Biol, 30(1): 19-27.

Hopkins TL, Morgan TD, Aso Y, et al. 1982. *N*-beta-alanyldopamine: major role in insect cuticle tanning. Science, 217(4557): 364-366.

Hopkins TL, Morgan TD, Kramer KJ. 1984. Catecholamines in haemolymph and cuticle during larval, pupal and adult development of *Manduca sexta*. Insect Biochem, 14(5): 533-540.

Horsch M, Hoesch L, Vasella A, et al. 1991. *N*-acetylglucosaminono-1,5-lactone oxime and the corresponding (phenylcarbamoyl) oxime. Novel and potent inhibitors of β-*N*-acetylglucosaminidase. Eur J Biochem, 197(3): 815-818.

Horst DJVD, Rodenburg KW. 2010. Lipoprotein assembly and function in an evolutionary perspective. Biomol Concepts, 1(2): 165-183.

Horst DJVD, Van Doorn JM, Voshol H, et al. 1991. Different isoforms of an apoprotein (apolipophorin III) associate with lipoproteins in *Locusta migratoria*. Eur J Biochem, 196(2): 509-517.

Hou L, Wang XS, Yang PC, et al. 2020. DNA methyltransferase 3 participates in behavioral phase change in the migratory locust. Insect Biochem Mol Biol, 121: 103374.

Hovemann BT, Ryseck RP, Walldorf U, et al. 1998. The *Drosophila* ebony gene is closely related to microbial peptide synthetases and shows specific cuticle and nervous system expression. Gene, 221(1): 1-9.

Howard RW, Blomquist GJ. 2005. Ecological, behavioral, and biochemical aspects of insect hydrocarbons. Annu Rev Entomol, 50: 371-393.

Hu G, Leger RJ. 2004. A phylogenomic approach to reconstructing the diversification of serine proteases in fungi. J Evol Biol, 17(6): 1204-1214.

Hu J, Xia YX. 2019. Increased virulence in the locust-specific fungal pathogen *Metarhizium acridum* expressing dsRNAs targeting the host F_1F_0-ATPase subunit genes. Pest Manag Sci, 75(1): 180-186.

Hu YG, Shen YH, Zhang Z, et al. 2013. Melanin and urate act to prevent ultraviolet damage in the integument of the silkworm, *Bombyx mori*. Arch Insect Biochem Physiol, 83(1): 41-55.

Hu YH, Chen XM, Yang P, et al. 2018. Characterization and functional assay of a fatty acyl-CoA reductase gene in the scale insect, *Ericerus pela* Chavannes (Hemiptera: Coccoidae). Arch Insect Biochem Physiol, 97(4): e21445.

Huang CY, Chou SY, Bartholomay LC, et al. 2005. The use of gene silencing to study the role of dopa decarboxylase in mosquito melanization reactions. Insect Mol Biol, 14(3): 237-244.

Huang HJ, Xue J, Zhuo JC, et al. 2017. Comparative analysis of the transcriptional responses to low and high temperatures in three rice planthopper species. Mol Ecol, 26(10): 2726-2737.

Huang P, Ma X, Zhao YM, et al. 2013. The *C. elegans* homolog of RBBP6 (RBPL-1) regulates fertility through controlling cell proliferation in the germline and nutrient synthesis in the intestine. PLOS ONE, 8(3): e58736.

Hughes CL, Liu PZ, Kaufman TC. 2004. Expression patterns of the rogue Hox genes *Hox3/zen* and *fushi tarazu* in the apterygote insect *Thermobia domestica*. Evol Dev, 6(6): 393-401.

Hultmark D. 2003. *Drosophila* immunity: paths and patterns. Curr Opin Immunol, 15(1): 12-19.

Hunter E, Vincent JFV. 1974. The effects of a novel insecticide on insect cuticle. Experientia, 30(12): 1432-1433.

Huvenne H, Smagghe G. 2010. Mechanisms of dsRNA uptake in insects and potential of RNAi for pest control: a review. J Insect Physiol, 56(3): 227-235.

Huxham IM, Lackie AM. 1986. A simple visual method for assessing the activation and inhibition of phenoloxidase production by isect haemocytes *in vitro*. J Immunol Methods, 94(1-2): 271-277.

Iconomidou VA, Willis JH, Hamodrakas SJ. 1999. Is β-pleated sheet the molecular conformation which dictates formation of helicoidal cuticle? Insect Biochem Mol Biol, 29(3): 285-292.

Ikeda Y, Machida R. 2001. Embryogenesis of the dipluran *Lepidocampa weberi* Oudemans (Hexapoda: Diplura, Campodeidae): formation of dorsal organ and related phenomena. J Morphol, 249(3): 242-251.

Ioannidou ZS, Theodoropoulou MC, Papandreou NC, et al. 2014. CutProtFam-Pred: detection and classification of putative structural cuticular proteins from sequence alone, based on profile hidden Markov models. Insect Biochem Mol Biol, 52: 51-59.

Ipsaro JJ, Haase AD, Knott SR, et al. 2012. The structural biochemistry of Zucchini implicates it as a nuclease in piRNA biogenesis. Nature, 491(7423): 279-283.

Ishaaya I, Casida JE. 1974. Dietary TH 6040 alters composition and enzyme activity of housefly larval cuticle. Pestic Biochem Physiol, 4(4): 484-490.

Ishida Y, Leal WS. 2008. Chiral discrimination of the Japanese beetle sex pheromone and a behavioral antagonist by a pheromone-degrading enzyme. Proc Natl Acad Sci USA, 105(26): 9076-9080.

Ito T, Katayama T, Hattie M, et al. 2013. Crystal structures of a glycoside hydrolase family 20 lacto-*N*-biosidase from *Bifidobacterium bifidum*. J Biol Chem, 288(17): 11795-11806.

Izumida H, Imamura N, Sano H. 1996. A novel chitinase inhibitor from a marine bacterium, *Pseudomonas* sp. J Antibiot, 49(1): 76-80.

Jacobs CGC, Braak N, Lamers GEM, et al. 2015. Elucidation of the serosal cuticle machinery in the beetle *Tribolium* by RNA sequencing and functional analysis of *Knickkopf1*, *Retroactive* and *Laccase2*. Insect Biochem Mol Biol, 60: 7-12.

Jacobs CGC, Rezende GL, Lamers GEM, et al. 2013. The extraembryonic serosa protects the insect egg against desiccation. Proc Biol Sci, 280(1764): 20131082.

Jacobs CGC, Spaink HP, van der Zee M. 2014a. The extraembryonic serosa is a frontier epithelium providing the insect egg with a full-range innate immune response. eLife, 3: e04111.

Jacobs CGC, Wang Y, Vogel H, et al. 2014b. Egg survival is reduced by grave-soil microbes in the carrion beetle, *Nicrophorus vespilloides*, BMC Evol Biol, 14(1): 208.

Jacups SP, Paton CJ, Ritchie SA. 2014. Residual and pre-treatment application of starycide insect growth regulator (triflumuron) to control *Aedes aegypti* in containers. Pest Manag Sci, 70(4): 572-575.

Janeway CA, Medzhitov R. 2002. Innate immune recognition. Annu Rev Immunol, 20: 197-216.

Jaspers MHJ, Pflanz R, Riedel D, et al. 2014. The fatty acyl-CoA reductase Waterproof mediates airway clearance in *Drosophila*. Dev Biol, 385(1): 23-31.

Jasrapuria S, Arakane Y, Osman G, et al. 2010. Genes encoding proteins with peritrophin A-type chitin-binding domains in *Tribolium castaneum* are grouped into three distinct families based on phylogeny, expression and function. Insect Biochem Mol Biol, 40(3): 214-227.

Jasrapuria S, Specht CA, Kramer KJ, et al. 2012. Gene families of cuticular proteins analogous to peritrophins (CPAPs) in *Tribolium castaneum* have diverse functions. PLOS ONE, 7(11): e49844.

Jaworski E, Wang L, Marco G. 1963. Synthesis of chitin in cell free extracts of *Prodenia eridania*. Nature, 198: 790.

Jenkin PM, Hinton HE. 1966. Apolysis in arthropod moulting cycles. Nature, 211(5051): 871.

Jensen C, Andersen SO, Roepstorff P. 1998. Primary structure of two major cuticular proteins from the migratory locust, *Locusta migratoria*, and their identification in polyacrylamide gels by mass spectrometry. Biochim Biophys Acta, 1429(1): 151-162.

Jensen UG, Rothmann A, Skou L, et al. 1997. Cuticular proteins from the giant cockroach, *Blaberus craniifer*. Insect Biochem Mol Biol, 27(2): 109-120.

Jeschikov J. 1941. Die Dottermengen im Ei und die Typen der postembryonalen Entwicklung bei den Insekten. Zoologischer Anzeiger, 134(3-4): 71-87.

Jespersen S, Højrup P, Andersen SO, et al. 1994. The primary structure of an endocuticular protein from two locus species, *Locusta migratoria* and *Schistocerca gregaria*, determined by a combination of mass spectrometry and automatic Edman degradation. Comp Biochem Phys B, 109(1): 125-138.

Jin H, Seki T, Yamaguchi J, et al. 2019. Prepatterning of *Papilio xuthus* caterpillar camouflage is controlled by three homeobox genes: *clawless*, *abdominal-A*, and *Abdominal-B*. Sci Adv, 5(4): 1-13.

Jindra M, Palli SR, Riddiford LM. 2013. The juvenile hormone signaling pathway in insect development. Annu Rev Entomol, 58(1): 181-204.

Jinek M, Doudna JA. 2009. A three-dimensional view of the molecular machinery of RNA interference. Nature, 457(7228): 405-412.

Jintsu Y, Uchifune T, Machida R. 2010. Structural features of eggs of the basal phasmatodean *Timema monikensis* Vickery & Sandoval, 1998 (Insecta: Phasmatodea: Timematidae). Arthropod Syst Phylo, 68(1): 71-78.

Joga MR, Zotti MJ, Smagghe G, et al. 2016. RNAi efficiency, systemic properties, and novel delivery methods for pest insect control: What we know so far. Front Physiol, 7: 553.

Jones G, Wozniak M, Chu Y, et al. 2001. Juvenile hormone Ⅲ-dependent conformational changes of the nuclear receptor ultraspiracle. Insect Biochem Mol Biol, 32(1): 33-49.

Jones KC, de Voogt P. 1999. Persistent organic pollutants (POPs): state of the science. Environ Pollut, 100(1-3): 209-221.

Juárez MP, Fernández GC. 2007. Cuticular hydrocarbons of triatomines. Comp Biochem Phys A, 147(3): 711-730.

Kambris Z, Cook PE, Phuc HK, et al. 2009. Immune activation by life-shortening *Wolbachia* and reduced filarial competence in mosquitoes. Science, 326(5949): 134-136.

Kameda T, Miyazawa M, Ono H, et al. 2005. Hydrogen bonding structure and stability of alpha-chitin studied by ^{13}C solid-state NMR. Macromol Biosci, 5(2): 103-106.

Kameda Y, Asano N, Yamaguchi T, et al. 1987. Validoxylamines as trehalase inhibitors. J Antibiot (Tokyo), 40(4): 563-565.

Kaneko T, Goldman WE, Mellroth P, et al. 2004. Monomeric and polymeric Gram-negative peptidoglycan but not purified LPS stimulate the *Drosophila* IMD pathway. Immunity, 20(5): 637-649.

Kanost MR, Boguski MS, Freeman M, et al. 1988. Primary structure of apolipophorin-Ⅲ from the migratory locust, *Locusta migratoria*. Potential amphipathic structures and molecular evolution of an insect apolipoprotein. J Biol Chem, 263(22): 10568-10573.

Karouzou MV, Spyropoulos Y, Iconomidou VA, et al. 2007. *Drosophila* cuticular proteins with the R&R Consensus: annotation and classification with a new tool for discriminating RR-1 and RR-2 sequences. Insect Biochem Mol Biol, 37(8): 754-760.

Kato N, Dasgupta R, Smartt CT, et al. 2002. Glucosamine: fructose-6-phosphate aminotransferase: gene characterization, chitin biosynthesis and peritrophic matrix formation in *Aedes aegypti*. Insect Mol Biol, 11(3): 207-216.

Kato N, Mueller CR, Fuchs JF, et al. 2006. Regulatory mechanisms of chitin biosynthesis and roles of chitin in peritrophic matrix formation in the midgut of adult *Aedes aegypti*. Insect Biochem Mol Biol, 36(1): 1-9.

Kato T, Shizuri Y, Izumida H, et al. 1995. Styloguanidines, new chitinase inhibitors from the marine sponge *Stylotella aurantium*. Tetrahedron Lett, 36(12): 2133-2136.

Katzenellenbogen BS, Kafatos FC. 1970. Some properties of silkmoth moulting gel and moulting fluid. J Insect Physiol, 16(12): 2241-2256.

Kavallieratos NG, Athanassiou CG, Vayias BJ, et al. 2012. Efficacy of insect growth regulators as grain protectants against two stored-product pests in wheat and maize. J Food Prot, 75(5): 942-950.

Kawamura K, Shibata T, Saget O, et al. 1999. A new family of growth factors produced by the fat body and active on *Drosophila* imaginal disc cells. Development, 126(2): 211-219.

Kayser WI. 1976. Differences in black pigmentation in lepidopteran cuticles as revealed by light and electron microscopy. Cell Tissue Res, 171(4): 513-521.

Kefi M, Balabanidou V, Douris V, et al. 2019. Two functionally distinct CYP4G genes of *Anopheles gambiae* contribute to cuticular hydrocarbon biosynthesis. Insect Biochem Mol Biol, 110: 52-59.

Kennerdell JR, Carthew RW. 1998. Use of dsRNA-mediated genetic interference to demonstrate that *frizzled* and *frizzled 2* act in the wingless pathway. Cell, 95(7): 1017-1026.

Ker RF. 1977. Investigation of locust cuticle using the insecticide diflubenzuron. Insect Physiol, 23(1): 39-48.

Kerwin JL, Turecek F, Xu R, et al. 1999. Mass spectrometric analysis of catechol-histidine adducts from insect cuticle. Anal Biochem, 268(2): 229-237.

Khajuria C, Buschman LL, Chen MS, et al. 2010. A gut-specific chitinase gene essential for regulation of chitin content of peritrophic matrix and growth of *Ostrinia nubilalis* larvae. Insect Biochem Mol Biol, 40(8): 621-629.

Khan AM, Ashfaq M, Kiss Z, et al. 2013. Use of recombinant tobacco mosaic virus to achieve RNA interference in plants against the citrus mealybug, *Planococcus citri* (Hemiptera: Pseudococcidae). PLOS ONE, 8(9): e73657.

Khan HA, Akram W, Arshad M, et al. 2016. Toxicity and resistance of field collected *Musca domestica* (Diptera: Muscidae) against insect growth regulator insecticides. Parasitol Res, 115(4): 1385-1390.

Kim GH, Ahn YJ, Cho KY. 1992. Effects of diflubenzuron on longevity and reproduction of *Riptortus clavatus* (Hemiptera: Alydidae). J Eco Entomo, 85(3): 664-668.

Kim JH, Moon JH, Lee SY, et al. 2010. Biologically inspired humidity sensor based on three-dimensional photonic crystals. Appl Phys Lett, 97(10): 103701.

Kim JJ, Roberts DW. 2012. The relationship between conidial dose, moulting and insect developmental stage on the susceptibility of cotton aphid, *Aphis gossypii*, to conidia of *Lecanicillium attenuatum*, an entomopathogenic fungus. Biocontrol Sci Techn, 22(3): 319-331.

Kimbrell DA. 1991. Insect antibacterial proteins: not just for insects and against bacteria. BioEssays, 13(12): 657-663.

Kirino Y, Mourelatos Z. 2007. Mouse Piwi-interacting RNAs are 2′-O-methylated at their 3′ termini. Nat Struct Mol Biol, 14(4): 347-348.

Klag J. 1978. Differentiation of ectodermal cells and cuticle formation during embryogenesis of the firebrat, *Thermobia domestica* (Packard) (Thysanura). Acta Biol Cracov Ser Zool, 21: 45-55.

Kliewer JW. 1961. Weight and hatchability of *Aedes aegypti* eggs (Diptera: Culicidae). Ann Entomol Soc Am, 54(6): 912-917.

Klostermeyer EC. 1942. The life history and habits of the ring-legged earwig, *Euborellia annulipes*

(Lucas) (Order Dermaptera). J Kansas Entomol Soc, 15(1): 13-18.

Klowden MJ. 2007. Physiological Systems in Insects. 2nd ed. Burlington: Academic Press: 83-102.

Klowden MJ. 2013. Physiological Systems in Insects. 3rd ed. San Diego: Academic Press.

Knapp S, Vocadlo D, Gao ZN, et al. 1996. NAG-thiazoline, an *N*-acetyl-β-hexosaminidase inhibitor that implicates acetamido participation. J Am Chem Soc, 118(28): 6804-6805.

Knoll HJ. 1974. Untersuchungen zur Entwicklungsgeschichte von *Scutigera coleoptrata* L. (Chilopoda). Zool Jb Anat, 92: 47-132.

Kobayashi Y, Ando H. 1988. Phylogenetic relationships among the lepidopteran and trichopteran suborders (Insecta) from the embryological standpoint1. J Zool Syst Evolut Research, 26(3): 186-210.

Kobayashi Y, Ando H. 1990. Early embryonic development and external features of developing embryos of the caddisfly, *Nemotaulius admorsus* (Trichoptera: Limnephilidae). J Morphol, 203(1): 69-85.

Kobayashi Y, Niikura K, Oosawa Y, et al. 2013. Embryonic development of *Carabus insulicola* (Insecta, Coleoptera, Carabidae) with special reference to external morphology and tangible evidence for the subcoxal theory. J Morphol, 274(12): 1323-1352.

Koch PB, Keys DN, Rocheleau T, et al. 1998. Regulation of dopa decarboxylase expression during colour pattern formation in wild-type and melanic tiger swallowtail butterflies. Development, 125(12): 2303-2313.

Koelle MR, Talbot WS, Segraves WA, et al. 1991. The *Drosophila EcR* gene encodes an ecdysone receptor, a new member of the steroid receptor superfamily. Cell, 67(1): 59-77.

Kômoto N, Quan GX, Sezutsu H, et al. 2009. A single-base deletion in an ABC transporter gene causes white eyes, white eggs, and translucent larval skin in the silkworm *w-3^{oe}* mutant. Insect Biochem Mol Biol, 39(2): 152-156.

Konopová B, Zrzavý J. 2005. Ultrastructure, development, and homology of insect embryonic cuticles. J Morphol, 264(3): 339-362.

Kozielski KL, Tzeng SY, Green JJ. 2013. Bioengineered nanoparticles for siRNA delivery. Wiley Interdiscip Rev Nanomed Nanobiotechnol, 5(5): 449-468.

Kramer KJ, Corpuz L, Choi HK, et al. 1993. Sequence of a cDNA and expression of the gene encoding epidermal and gut chitinases of *Manduca sexta*. Insect Biochem Mol Biol, 23(6): 691-701.

Kramer KJ, Hopkins TL, Schaefer J. 1995. Applications of solids NMR to the analysis of insect sclerotized structures. Insect Biochem Mol Biol, 25(10): 1067-1080.

Kramer KJ, Kanost MR, Hopkins TL, et al. 2001. Oxidative conjugation of catechols with proteins in insect skeletal systems. Tetrahedron, 57(2): 385-392.

Kramer KJ, Morgan TD, Hopkins TL, et al. 1984. Catecholamines and β-alanine in the red flour beetle, *Tribolium castaneum*: roles in cuticle sclerotization and melanization. Insect Biochem Mol Biol, 14(3): 293-298.

Kramer KJ, Muthukrishnan S. 2005. Chitin metabolism in insects. Comp Mol Insect Sci, 4: 111-144.

Krek A, Grün D, Poy MN, et al. 2005. Combinatorial microRNA target predictions. Nat Genet, 37(5): 495-500.

Krogh TN, Skou L, Roepstorff P, et al. 1995. Primary structure of proteins from the wing cuticle of the migratory locust, *Locusta migratoria*. Insect Biochem Mol Biol, 25(3): 319-329.

Kumar P, Pandit SS, Baldwin IT. 2012. Tobacco rattle virus vector: a rapid and transient means of silencing *Manduca sexta* genes by plant mediated RNA interference. PLOS ONE, 7(2): e31347.

Kwon YJ. 2012. Before and after endosomal escape: roles of stimuli-converting siRNA/polymer interactions in determining gene silencing efficiency. Acc Chem Res, 45(7): 1077-1088.

Lagueux M, Hetru C, Goltzene F, et al. 1979. Ecdysone titre and metabolism in relation to cuticulogenesis in embryos of *Locusta migratoria*. J Insect Physiol, 25(9): 709-723.

Lai EC. 2002. MicroRNAs are complementary to 3′UTR sequence motifs that mediate negative post-transcriptional regulation. Nat Genet, 30(4): 363-364.

Lai EC. 2003. MicroRNAs: runts of the genome assert themselves. Curr Biol, 13(23): R925-R936.

Lai-Fook J. 1966. The repair of wounds in the integument of insects. J Insect Physiol, 46(2): 195-226.

Lamer A, Dorn A. 2001. The serosa of *Manduca sexta* (Insecta, Lepidoptera): ontogeny, secretory activity, structural changes, and functional considerations. Tissue & Cell, 33(6): 580-595.

Lau KW, Chen CD, Lee HL, et al. 2018. Bioefficacy of insect growth regulators against *Aedes albopictus* (Diptera: Culicidea) from Sarawak, Malaysia: a statewide survey. J Econ Entomol, 111(3): 1388-1394.

Ledirac N, Delescluse C, Lesca P, et al. 2000. A benzoyl-urea insecticide, is a potent inhibitor of TCDD-induced CYP1A1 expression in HepG2 cells. Toxicol Appl Pharmacol, 164(3): 273-279.

Lee CS, Han JH, Kim BS, et al. 2003. Wax moth, *Galleria mellonella*, high density lipophorin receptor: alternative splicing, tissue-specific expression, and developmental regulation. Insect Biochem Mol Biol, 33(8): 761-771.

Leger RJ, Chamley AK, Cooper RM. 1987. Characterization of cuticle-degrading produced by the entomopathogen *Metanhizium anisopliae*. Arch Biochem, 253(1): 221-232.

Leger RJ, Cooper RM, Charnley AK. 1986. Cuticle-degrading enzymes of entomopathogenic fungi: cuticle degradation *in vitro* by enzymes from entomopathogens. J Inverteb Pathol, 47(2): 167-177.

Leighton T, Marks E, Leighton F. 1981. Pesticides: insecticides and fungicides as chitin synthesis inhibitors. Science, 213(4510): 905-907.

Lemaitre B. 2004. The road to Toll. Nat Rev Immunol, 4: 521-527.

Lemaitre B, Hoffmann J. 2007. The host defense of *Drosophila melanogaster*. Annu Rev Immunol, 25: 697-743.

Lemoine A, Mathelin J, Braquart-Vernier C, et al. 2004. A functional analysis of ACP20, an adult specific cuticular protein gene from the beetle *Tenebrio*: role of an intronic sequence in transcriptional activation during the late metamorphic period. Insect Mol Biol, 13(5): 481-493.

Leonard AE, Pereira SL, Sprecher H, et al. 2004. Elongation of long-chain fatty acids. Prog Lipid Res, 43(1): 36-54.

Léonard R, Rendic D, Rabouille C, et al. 2006. The *Drosophila* fused lobes gene encodes an *N*-acetylglucosaminidase involved in *N*-glycan processing. J Biol Chem, 281(8): 4867-4875.

Leulier F, Parquet C, Pili-Floury S, et al. 2003. The *Drosophila* immune system detects bacteria through specific peptidoglycan recognition. Nat Immunol, 4(5): 478-484.

Leulier F, Rodriguez A, Khush RS, et al. 2000. The *Drosophila* caspase Dredd is required to resist to Gram-negative bacterial infection. EMBO Reports, 1(4): 353-358.

Levine SL, Tan JG, Mueller GM, et al. 2015. Independent action between DvSnf7 RNA and Cry3Bb1 protein in southern corn rootworm, *Diabrotica undecimpunctata howardi* and Colorado potato beetle, *Leptinotarsa decemlineata*. PLOS ONE, 10(3): e0118622.

Li B, Takegawa K, Suzuki T, et al. 2008. Synthesis and inhibitory activity of oligosaccharide thiazolines as a class of mechanism based inhibitors for endo-β-*N*-acetylglucosaminidases. Bioorg Med Chem, 16(8): 4670-4675.

Li CJ, Zamore PD. 2019. Preparation of dsRNAs for RNAi by *in vitro* transcription. Cold Spring Harb Protoc, (3): 209-214.

Li DQ, Zhang JQ, Wang Y, et al. 2015. Two chitinase 5 genes from *Locusta migratoria*: molecular characteristics and functional differentiation. Insect Biochem Mol Biol, 58: 46-54.

Li DT, Dai YT, Chen X, et al. 2020. Ten fatty acyl-CoA reductase family genes were essential for the survival of the destructive rice pest, *Nilaparvata lugens*. Pest Manag Sci, 76(7): 2304-2315.

Li JH, Qian JX, Xu YY, et al. 2019. A facile-synthesized star polycation constructed as a highly efficient gene vector in pest management. ACS Sustain Chem Eng, 7(6): 6316-6322.

Li KX, Zhang XB, Zuo Y, et al. 2017. Timed Knickkopf function is essential for wing cuticle formation in *Drosophila melanogaster*. Insect Biochem Mol Biol, 89: 1-10.

Li L, Jiang YP, Liu ZY, et al. 2016b. Jinggangmycin increases fecundity of the brown planthopper, *Nilaparvata lugens* (Stal) via fatty acid synthase gene expression. J Proteomics, 130(1): 140-149.

Li XL, Zheng TX, Zheng XW, et al. 2016a. Molecular characterization of two fatty acyl-CoA reductase genes From *Phenacoccus solenopsis* (Hemiptera: Pseudococcidae). J Insect Sci, 16(1): 49.

Li XX, Zhang MY, Zhang HY. 2011. RNA interference of four genes in adult *Bactrocera dorsalis* by feeding their dsRNAs. PLOS ONE, 6(3): e17788.

Liang JB, Wang T, Xiang ZH, et al. 2015. Tweedle cuticular protein BmCPT1 is involved in innate immunity by participating in recognition of *Escherichia coli*. Insect Biochem Mol Biol, 58: 76-88.

Liang JB, Zhang L, Xiang ZH, et al. 2010. Expression profile of cuticular genes of silkworm, *Bombyx mori*. BMC Genomics, 11: 173.

Liang PH, Cheng WC, Lee YL, et al. 2006. Novel five-membered iminocyclitol derivatives as selective and potent glycosidase inhibitors: new structures for antivirals and osteoarthritis. Chembiochem, 7(1): 165-173.

Ligoxygakis P, Pelte N, Ji CY, et al. 2002. A serpin mutant links Toll activation to melanization in the host defence of *Drosophila*. Embo J, 21(23): 6330-6337.

Lin Y, Jin T, Zeng L, et al. 2012. Cuticular penetration of β-cypermethrin in insecticide-susceptible and resistant strains of *Bactrocera dorsalis*. Pestic Biochem Phys, 103(3): 189-193.

Lincoln DCR. 1961. The oxygen and water requirements of the egg of *Ocypus olens* Müller (Staphylinidae, Coleoptera). J Insect Physiol, 7(3): 265-272.

Liu FY, Liu T, Qu MB, et al. 2012a. Molecular and biochemical characterization of a novel β-*N*-

acetyl-D-hexosaminidase with broad substrate-spectrum from the Asian corn borer, *Ostrinia furnacalis*. Int J Biol Sci, 8(8): 1085-1096.

Liu J, Lemonds TR, Marden JH, et al. 2016. A pathway analysis of melanin patterning in a hemimetabolous insect. Genetics, 203(1): 403-413.

Liu JS, Swevers L, Iatrou K, et al. 2012b. *Bombyx mori*, DNA/RNA non-specific nuclease: expression of isoforms in insect culture cells, subcellular localization and functional assays. J Insect Physiol, 58(8): 1166-1176.

Liu T, Chen L, Zhou Y, et al. 2017. Structure, catalysis, and inhibition of Chi-h, the lepidopteraexclusive insect chitinase. J Biol Chem, 292(6): 2080-2088.

Liu T, Xia M, Zhang H, et al. 2015. Exploring NAG-thiazoline and its derivatives as inhibitors of chitinolytic β-acetylglucosaminidases. FEBS Lett, 589(1): 110-116.

Liu T, Zhang HT, Liu FY, et al. 2011. Structural determinants of an insect β-*N*-acetyl-D-hexosaminidase specialized as a chitinolytic enzyme. J Biol Chem, 286(6): 4049-4058.

Liu XJ, Li F, Li DQ, et al. 2013a. Molecular and functional analysis of UDP-*N*-acetylglucosamine pyrophosphorylases from *Locusta migratoria*. PLOS ONE, 8(8): e71970.

Liu XJ, Sun YW, Li DQ, et al. 2018. Identification of LmUAP1 as a 20-hydroxyecdysone response gene in the chitin biosynthesis pathway from the migratory locust, *Locusta migratoria*. Insect Sci, 25(2): 211-221.

Liu XJ, Zhang HH, Li S, et al. 2012c. Characterization of a midgut-specific chitin synthase gene (*LmCHS2*) responsible for biosynthesis of chitin of peritrophic matrix in *Locusta migratoria*. Insect Biochem Mol Biol, 42(12): 902-910.

Liu Y, Wang F, Yu XL, et al. 2013b. Genetic analysis of the *ELOVL6* gene polymorphism associated with type 2 diabetes mellitus. Braz J Med Biol Res, 46(7): 623-628.

Liu Y, Ye XC, Jiang F, et al. 2009. C3PO, an endoribonuclease that promotes RNAi by facilitating RISC activation. Science, 325(5941): 750-753.

Locke M. 1961. Pore canals and related structures in insect cuticle. J Biophys Biochem Cytol, 10(4): 589-618.

Locke M. 1966. The structure and formation of the cuticulin layer in the epicuticle of an insect, *Calpodes ethlius* (Lepidoptera, Hesperiidae). J Morphol, 118(4): 461-494.

Locke M. 2001. The Wigglesworth lecture: insects for studying fundamental problems in biology. J Insect Physiol, 47(4-5): 495-507.

Locke M, Huie P. 1979. Apolysis and the turnover of plasma membrane plaques during cuticle formation in an insect. Tissue & Cell, 11(2): 277-291.

Lockey KH. 1988. Lipids of the insect cuticle: origin, composition and function. Comp Biochem Phys B, 89(4): 595-645.

Lomakin J, Huber PA, Eichler C, et al. 2011. Mechanical properties of the beetle elytron, a biological composite material. Biomacromolecules, 12(2): 321-335.

Lord JC, Howard RW. 2004. A proposed role for the cuticular fatty amides of *Liposcelis bostrychophila* (Psocoptera: Liposcelidae) in preventing adhesion of entomopathogenic fungi with dry-conidia.

Mycopathologia, 158(2): 211-217.

Louvet JP. 1974. Observation en microscopie e'lectronique des cuticules e'difie'es par l'embryon, et discussion du concept de "mue embryonnaire" dans le cas du phasme *Carausius morosus* Br. (Insecta, Phasmida). Z Morphol Tiere, 78: 159-179.

Lowden S, Gray S, Dawson K. 2007. Treatment of natural infestations of the biting louse (*Werneckiella equi*) on horses using triflumuron, a benzoylurea derivative insect growth regulator. Vet Parasitol, 148(3-4): 295-300.

Lu JB, Zhang MQ, Li LC, et al. 2019. DDC plays vital roles in the wing spot formation, egg production, and chorion tanning in the brown planthopper. Arch Insect Biochem Physiol, 101(2): e21552.

Lu K, Chen X, Li Y, et al. 2018. Lipophorin receptor regulates *Nilaparvata lugens* fecundity by promoting lipid accumulation and vitellogenin biosynthesis. Comp Biochem Phys A, 219-220: 28-37.

Lu ZX, Laroche A, Huang HC. 2005. Isolation and characterization of chitinases from *Verticillium lecanii*. Can J Microbiol, 51(12): 1045-1055.

Luo CW, Dewey EM, Sudo S, et al. 2005. Bursicon, the insect cuticle-hardening hormone, is a heterodimeric cystine knot protein that activates G protein-coupled receptor LGR2. Proc Natl Acad Sci USA, 102(8): 2820-2825.

Luo J, Liang SJ, Li JY, et al. 2017a. A transgenic strategy for controlling plant bugs (*Adelphocoris suturalis*) through expression of double-stranded RNA homologous to fatty acyl-coenzyme A reductase in cotton. New Phytologist, 215(3): 1173-1185.

Luo Y, Chen QG, Luan JB, et al. 2017b. Towards an understanding of the molecular basis of effective RNAi against a global insect pest, the whitefly *Bemisia tabaci*. Insect Biochem Mol Biol, 88: 21-29.

Luschnig S, Bätz T, Armbruster K, et al. 2006. Serpentine and vermiform encode matrix proteins with chitin binding and deacetylation domains that limit tracheal tube length in *Drosophila*. Curr Biol, 16(2): 186-194.

Lynch RE, Lewis LC, Brindley TA. 1976. Bacteria associated with eggs and first-instar larvae of the European corn borer: identification and frequency of occurrence. J Invertebr Pathol, 27(2): 229-237.

Lynn DM, Langer R. 2000. Degradable poly(β-amino esters): synthesis, characterization, and self-assembly with plasmid DNA. J Am Chem Soc, 122(44): 10761-10768.

Lyu ZH, Chen JX, Li ZX, et al. 2019. Knockdown of β-*N*-acetylglucosaminidase gene disrupts molting process in *Heortia vitessoides* Moore. Arch Insect Biochem Physiol, 101(4): e21561.

Ma ZY, Guo W, Guo XJ, et al. 2011. Modulation of behavioral phase changes of the migratory locust by the catecholamine metabolic pathway. Proc Natl Acad Sci USA, 108(10): 3882-3887.

Ma ZZ, Zhou H, Wei YL, et al. 2020. A novel plasmid-*Escherichia coli* system produces large batch dsRNAs for insect gene silencing. Pest Manag Sci, 76(7): 2505-2512.

Macauley MS, Whitworth E, Debowski AW, et al. 2005. *O*-GlcNAcase uses substrate-assisted catalysis: kinetic analysis and development of highly selective mechanism-inspired inhibitors. J Biol Chem, 280(27): 25313-25322.

Macdonald JM, Tarling CA, Taylor EJ, et al. 2010. Chitinase inhibition by chitobiose and chitotriose thiazolines. Angew Chem Int Ed, 49(14): 2599-2602.

Machida R. 2005. Evidence from embryology for reconstructing the relationships of hexapod basal clades. Arthropod Syst Phylo, 64(1): 95-104.

Machida R, Ando H. 1998. Evolutionary changes in developmental potentials of the embryo proper and embryonic membranes along with the derivative structures in *Atelocerata*, with special reference to Hexapoda (Arthropoda). Proc Arthropod Embryol Soc Jpn, 33: 1-13.

Machida R, Ikeda Y, Tojo K. 2002. Evolutionary changes in developmental potentials of the embryo proper and embryonic membranes in Hexapoda: a synthesis revised. Proc Arthropod Embryol Soc Jpn, 37: 1-11.

Machida R, Nagashima T, Ando H. 1990. The early embryonic development of the jumping bristletail *Pedetontus unimaculatus* Machida (Hexapoda: Microcoryphia, Machilidae). J Morphol, 206(2): 181-195.

Machida R, Nagashima T, Ando H. 1994. Embryonic development of the jumping bristletail *Pedetonutus unimaculatus* Machida, with special reference to embryonic membranes (Hexapoda: Microcoryphia, Machilidae). J Morphol, 220(2): 147-165.

Machida S, Saito M. 1993. Purification and characterization of membrane-bound chitin synthase. J Biol Chem, 268(3): 1702-1707.

Macken A, Lillicrap A, Langford K. 2015. Benzoylurea pesticides used as veterinary medicines in aquaculture: risks and developmental effects on nontarget crustaceans. Environ Toxicol Chem, 34(7): 1533-1542.

MacLean M, Nadeau J, Gurnea T, et al. 2018. Mountain pine beetle (*Dendroctonus ponderosae*) CYP4Gs convert long and short chain alcohols and aldehydes to hydrocarbons. Insect Biochem Mol Biol, 102: 11-20.

Maegawa GHB, Tropak M, Buttner J, et al. 2007. Pyrimethamine as a potential pharmacological chaperone for late-onset forms of GM2 gangliosidosis. J Biol Chem, 282(12): 9150-9161.

Mai MS, Kramer KJ. 1983. Properties of esterases from pharate pupal moulting fluid of the tobacco hornworm, *Manduca sexta*. Comp Biochem Phys B, 74(4): 769-773.

Maïbèche-Coisne M, Monti-Dedieu L, Aragon S, et al. 2000. A new cytochrome P450 from *Drosophila melanogaster*, CYP4G15, expressed in the nervous system. Biochem Bioph Res Co, 273(3): 1132-1137.

Majerowicz D, Calderón-Fernández GM, Alves-Bezerra M, et al. 2017. Lipid metabolism in *Rhodnius prolixus*: lessons from the genome. Gene, 596(5): 27-44.

Makki R, Cinnamon E, Gould AP. 2014. The development and functions of oenocytes. Annu Rev Entomol, 59: 405-425.

Mamta K, Reddy KR, Rajam MV. 2016. Targeting chitinase gene of *Helicoverpa armigera* by host-induced RNA interference confers insect resistance in tobacco and tomato. Plant Mol Biol, 90(3): 281-292.

Mansur JF, Alvarenga ESL, Figueira-Mansur J, et al. 2014. Effects of chitin synthase double-stranded RNA on molting and oogenesis in the Chagas disease vector *Rhodnius prolixus*. Insect Biochem

Mol Biol, 51: 110-121.

Mao YB, Cai WJ, Wang JW, et al. 2007. Silencing a cotton bollworm P450 monooxygenase gene by plant-mediated RNAi impairs larval tolerance of gossypol. Nat Biotechnol, 25(11): 1307-1313.

Maoz D, Ward T, Samuel M, et al. 2017. Community effectiveness of pyriproxyfen as a dengue vector control method: a systematic review. PLOS Negl Trop Dis, 11(7): e0005651.

Marchini D, Marri L, Rosetto M, et al. 1997. Presence of antibacterial peptides on the laid egg chorion of the medfly *Ceratitis capitata*. J Morphol, 240(3): 657-663.

Mai MS, Kramer KJ. 1983. Properties of esterases from pharate pupal moulting fluid of the tobacco hornworm, *Manduca sexta*. Comp Biochem Phys B, 74(4): 769-773.

Marschall HU, Matern H, Wietholtz H, et al. 1992. Bile acid *N*-acetylglucosaminidation. *In vivo* and *in vitro* evidence for a selective conjugation reaction of 7 beta-hydroxylated bile acids in humans. J Clin Invest, 89(6): 1981-1987.

Martins GF, Ramalho-Ortigão JM, Lobo NF, et al. 2011. Insights into the transcriptome of oenocytes from *Aedes aegypti* pupae. Mem Inst Oswaldo Cruz, 106(3): 308-315.

Mashimo Y, Beutel R, Dallai R, et al. 2014. Embryonic development of Zoraptera with special reference to external morphology, and its phylogenetic implications (Insecta). J Morphol, 275(3): 295-312.

Masumoto M, Machida R. 2006. Development of embryonic membranes in the silverfish *Lepisma saccharina* Linnaeus (Insecta: Zygentoma, Lepismatidae). Tissue & Cell, 38(3): 159-169.

Mathelin J, Quennedey B, Bouhin H, et al. 1998. Characterization of two new cuticular genes specifically expressed during the post-ecdysial molting period in *Tenebrio molitor*. Gene, 211(2): 351-359.

Mcfarlane JE, Kennard CP. 1960. Further observations on water absorption by the eggs of *Acheta domesticus*. Can J Zool, 38(1): 77-85.

Medzhitov R, Janeway CA. 1997. Innate immunity: the virtues of a nonclonal system of recognition. Cell, 91(3): 295-298.

Mello TRP, Aleixo AC, Pinheiro DG, et al. 2019. Hormonal control and target genes of *ftz-f1* expression in the honeybee *Apis mellifera*: a positive loop linking juvenile hormone, *ftz-f1*, and vitellogenin. Insect Mol Biol, 28(1): 145-159.

Meloni G, Cossu M, Foxi C, et al. 2018. Combined larvicidal and adulticidal treatments to control *Culicoides biting midges* (Diptera: Ceratopogonidae): results of a pilot study. Vet Parasitol, 257(15): 28-33.

Mendive FM, Van Loy T, Claeysen S, et al. 2005. *Drosophila* molting neurohormone bursicon is a heterodimer and the natural agonist of the orphan receptor DLGR2. FEBS Lett, 579(10): 2171-2176.

Merzendorfer H. 2006. Insect chitin synthases: a review. J Comp Physiol B, 176(1): 1-15.

Merzendorfer H. 2013. Chitin synthesis inhibitors: old molecules and new developments. Insect Sci, 20(2): 121-138.

Merzendorfer H, Kim HS, Chaudhari SS, et al. 2012. Genomic and proteomic studies on the effects of the insect growth regulator diflubenzuron in the model beetle species *Tribolium castaneum*. Insect Biochem Mol Biol, 42(4): 264-276.

Merzendorfer H, Zimoch L. 2003. Chitin metabolism in insects: structure, function and regulation of chitin synthases and chitinases. J Exp Biol, 206(24): 4393-4412.

Meyer F, Flötenmeyer M, Moussian B. 2013. The sulfonylurea receptor Sur is dispensable for chitin synthesis in *Drosophila melanogaster* embryos. Pest Manag Sci, 69(10): 1136-1140.

Michel T, Reichhart JM, Hoffmann JA, et al. 2001. *Drosophila* Toll is activated by Gram-positive bacteria through a circulating peptidoglycan recognition protein. Nature, 414(6865): 756-759.

Miller A. 1939. The egg and early development of the stone fly, *Pteronarcys proteus* Newman (Plecoptera). J Morphol, 64(3): 555-609.

Miller JS, Zink AG. 2012. Parental care trade-offs and the role of filial cannibalism in the maritime earwig, *Anisolabis maritima*. Anim Behav, 83(6): 1387-1394.

Mirhaghparast SK, Zibaee A, Sendi JJ, et al. 2015. Immune and metabolic responses of *Chilo suppressalis* Walker (Lepidoptera: Crambidae) larvae to an insect growth regulator, hexaflumuron. Pestic Biochem Physiol, 125: 69-77.

Misof B, Liu S, Meusemann K, et al. 2014. Phylogenomics resolves the timing and pattern of insect evolution. Science, 346(6210): 763-767.

Misquitta L, Paterson BM. 1999. Targeted disruption of gene function in *Drosophila* by RNA interference (RNA-i): a role for nautilus in embryonic somatic muscle formation. Proc Natl Acad Sci USA, 96(4): 1451-1456.

Missios S, Davidson HC, Linder D, et al. 2000. Characterization of cuticular proteins in the red flour beetle, *Tribolium castaneum*. Insect Biochem Mol Biol, 30(1): 47-56.

Mitlin N, Wiygul G, Haynes JW. 1977. Inhibition of DNA synthesis in boll weevils (*Anthonomus grandis* Boheman) sterilized by dimilin. Pestic Biochem Physiol, 7(6): 559-563.

Mitsumasu K, Azuma M, Niimi T, et al. 2005. Membrane-penetrating trehalase from silkworm *Bombyx mori*. Molecular cloning and localization in larval midgut. Insect Mol Biol, 14(5): 501-508.

Mitsumasu K, Kanamori Y, Fujita M, et al. 2010. Enzymatic control of anhydrobiosis-related accumulation of trehalose in the sleeping chironomid, *Polypedilum vanderplanki*. FEBS J, 277(20): 4215-4228.

Miura, T, Braendle, C, Shingleton A, et al. 2003. A comparison of parthenogenetic and sexual embryogenesis of the pea aphid *Acyrthosiphon pisum* (Hemiptera: Aphidoidea). J Exp Zool B Mol Dev Evol, 295(1): 59-81.

Moncayo AC, Lerdthusnee K, Leon R. 2005. Meconial peritrophic matrix structure, formation, and meconial degeneration in mosquito pupae/pharate adults: histological and ultrastructural aspects. J Med Entomol, 42(6): 939-944.

Moore RF, Taft HM. 1975. Boll weevils: chemosterilization of both sexes with busulfan plus Thompson-Haywars TH-6040. J Eco Entomo, 68(1): 96-98.

Moran NA, Jarvik T. 2010. Lateral transfer of genes from fungi underlies carotenoid production in aphids. Science, 328(5978): 624-627.

Moret I, Peris JE, Guillem VM, et al. 2001. Stability of PEI-DNA and DOTAP-DNA complexes: effect of alkaline pH, heparin and serum. J Control Release, 76(1-2): 169-181.

Moriconi DE, Dulbecco AB, Juárez MP, et al. 2019. A fatty acid synthase gene (*FASN3*) from the integument tissue of *Rhodnius prolixus* contributes to cuticle water loss regulation. Insect Mol Biol, 28(6): 850-861.

Moto K, Yoshiga T, Yamamoto M, et al. 2003. Pheromone gland-specific fatty-acyl reductase of the silkmoth, *Bombyx mori*. Proc Natl Acad Sci USA, 100(16): 9156-9161.

Mouilleron S, Badet-Denisot MA, Badet B, et al. 2011. Dynamics of glucosamine-6-phosphate synthase catalysis. Arch Biochem Biophys, 505(1): 1-12.

Mousavi A, Hotta Y. 2005. Glycine-rich protein. Appl Biochem Biotechnol, 120: 169-174.

Moussian B. 2008. The role of GlcNAc in formation and function of extracellular matrices. Comp Biochem Phys B, 149(2): 215-226.

Moussian B. 2010. Recent advances in understanding mechanisms of insect cuticle differentiation. Insect Biochem Mol Biol, 40(5): 363-375.

Moussian B. 2013. The arthropod cuticle // Minelli A, Boxshall G, Fusco G. Arthropod Biology and Evolution: Molecules, Development, Morphology. Heidelberg: Springer: 171-196.

Moussian B, Schwarz H, Bartoszewski S, et al. 2005b. Involvement of chitin in exoskeleton morphogenesis in *Drosophila melanogaster*. J Morphol, 264(1): 117-130.

Moussian B, Seifarth C, Müller U, et al. 2006a. Cuticle differentiation during *Drosophila* embryogenesis. Arthropod Struct Dev, 35(3): 137-152.

Moussian B, Söding J, Schwarz H, et al. 2005a. Retroactive, a membrane-anchored extracellular protein related to vertebrate snake neurotoxin-like proteins, is required for cuticle organization in the larva of *Drosophila melanogaster*. Dev Dyn, 233(3): 1056-1063.

Moussian B, Tång E, Tonning A, et al. 2006b. *Drosophila* Knickkopf and Retroactive are needed for epithelial tube growth and cuticle differentiation through their specific requirement for chitin filament organization. Development, 133(1): 163-171.

Muerdter F, Guzzardo PM, Gillis J, et al. 2013. A genome-wide RNAi screen draws a genetic framework for transposon control and primary piRNA biogenesis in *Drosophila*. Mol Cell, 50(5): 736-748.

Mulder R, Gijswijk MJ. 1973. The laboratory evaluation of two promising new insecticides which interfere with cuticle deposition. Pestic Sci, 4(5): 737-745.

Mullis KB, Faloona FA. 1987. Specific synthesis of DNA *in vitro* via a polymerase-catalyzed chain reaction. Methods Enzymol, 155: 335-350.

Mun S, Noh MY, Dittmer NT, et al. 2015. Cuticular protein with a low complexity sequence becomes cross-linked during insect cuticle sclerotization and is required for the adult molt. Sci Rep, 5: 10484.

Murata T, Kagayama Y, Hirose S. 1996. Regulation of the *EDC84A* gene by FTZ-F1 during metamorphosis in *Drosophila melanogaster*. Mol Cell Biol, 16(11): 6509-6515.

Murphy KA, Tabuloc CA, Cervantes KR, et al. 2016. Ingestion of genetically modified yeast symbiont reduces fitness of an insect pest via RNA interference. Sci Rep, 6: 22587.

Muthukrishnan S, Merzendorfer H, Arakane Y, et al. 2019. Chitin organizing and modifying enzymes and proteins involved in remodeling of the insect cuticle. Adv Exp Med Biol, 1142: 83-114.

Mutti NS, Louis J, Pappan LK, et al. 2008. A protein from the salivary glands of the pea aphid, *Acyrthosiphon pisum*, is essential in feeding on a host plant. Proc Natl Acad Sci USA, 105(29): 9965-9969.

Naaz N, Choudhary JS, Prabhakar CS, et al. 2016. Identification and evaluation of cultivable gut bacteria associated with peach fruit fly, *Bactrocera zonata* (Diptera: Tephritidae). Phytoparasitica, 44: 165-176.

Nagamatsu Y, Yanagisawa I, Kimoto M, et al. 1995. Purification of a chitooligosaccharidolytic β-*N*-acetylglucosaminidase from *Bombyx mori* larvae during metamorphosis and the nucleotide sequence of its cDNA. Biosci Biotechnol Biochem, 59(2): 219-225.

Nakaishi Y, Bando M, Shimizu H, et al. 2009. Structural analysis of human glutamine: fructose-6-phosphate amidotransferase, a key regulator in type 2 diabetes. FEBS Lett, 583(1): 163-167.

Napoli C, Lemieux C, Jorgensen R. 1990. Introduction of a chimeric chalcone synthase gene into petunia results in reversible co-suppression of homologous genes *in trans*. Plant Cell, 2(4): 279-289.

Nelson DR, Hines H, Stay B. 2004. Methyl-branched hydrocarbons, major components of the waxy material coating the embryos of the viviparous cockroach *Diploptera punctata*. Comp Biochem Phys B, 138(3): 265-276.

Neville AC, Luke BM. 1969. A two-system model for chitin-protein complexes in insect cuticles. Tissue & Cell, 1(4): 689-707.

Neville AC, Parry DA, Woodhead-Galloway J. 1976. The chitin crystallite in arthropod cuticle. J Cell Sci, 21(1): 73-82.

Neville AC. 1993. Biology of Fibrous Composites: Development Beyond the Cell Membrane. Cambridge: Cambridge University Press.

Nijhout FH. 1991. The development and evolution of butterfly wing patterns. Tropical Lepidoptera, 3(2): 155-156.

Ninomiya Y, Kurakake M, Oda Y, et al. 2008. Insect cytokine growth-blocking peptide signaling cascades regulate two separate groups of target genes. FEBS J, 275(5): 894-902.

Nishihara M, Nakatsuka T, Yamamura S. 2005. Flavonoid components and flower color change in transgenic tobacco plants by suppression of chalcone isomerase gene. FEBS Lett, 579(27): 6074-6078.

Nishimasu H, Ishizu H, Saito K, et al. 2012. Structure and function of Zucchini endoribonuclease in piRNA biogenesis. Nature, 491(7423): 284-287.

Nita M, Wang HB, Zhong YS, et al. 2009. Analysis of ecdysone-pulse responsive region of BMWCP2 in wing disc of *Bombyx mori*. Comp Biochem Phys B, 153(1): 101-108.

Niu BL, Shen WF, Liu Y, et al. 2008. Cloning and RNAi-mediated functional characterization of MaLac2 of the pine sawyer, *Monochamus alternatus*. Insect Mol Biol, 17(3): 303-312.

Noh MY, Kramer KJ, Muthukrishnan S, et al. 2014. Two major cuticular proteins are required for assembly of horizontal laminae and vertical pore canals in rigid cuticle of *Tribolium castaneum*.

Insect Biochem Mol Biol, 53: 22-29.

Noh MY, Kramer KJ, Muthukrishnan S, et al. 2015. *Tribolium castaneum* RR-1 cuticular protein TcCPR4 is required for formation of pore canals in rigid cuticle. PLOS Genet, 11(2): e1004963.

Noh MY, Muthukrishnan S, Kramer KJ, et al. 2016. Cuticle formation and pigmentation in beetles. Curr Opin Insect Sci, 17(10): 1-9.

Noh MY, Muthukrishnan S, Kramer KJ, et al. 2017. Development and ultrastructure of the rigid dorsal and flexible ventral cuticles of the elytron of the red flour beetle, *Tribolium castaneum*. Insect Biochem Mol Biol, 91: 21.

Noh MY, Muthukrishnan S, Kramer KJ, et al. 2018a. Group I chitin deacetylases are essential for higher order organization of chitin fibers in beetle cuticle. J Biol Chem, 293(18): 6985-6995.

Noh MY, Muthukrishnan S, Kramer KJ, et al. 2018b. A chitinase with two catalytic domains is required for organization of the cuticular extracellular matrix of a beetle. PLOS Genet, 14(3): e1007307.

Nøhr C, Andersen SO. 1993. Cuticular proteins from fifth instar Nymphs of the migratory locust, *Locusta migratoria*. Insect Biochem Mol Biol, 23(4): 521-531.

Nøhr C, Højrup P, Olav Andersen S. 1992. Primary structure of two low molecular weight proteins isolated from cuticle of fifth instar nymphs of the migratory locust, *Locusta migratoria*. Insect Biochem Mol Biol, 22(1): 19-24.

Nykypanchuk D, Maye MM, Lelie DVD, et al. 2008. DNA-guided crystallization of colloidal nanoparticles. Nature, 451(7178): 549-552.

Oh CS, Toke DA, Mandala S, et al. 1997. *ELO2* and *ELO3*, homologues of the *Saccharomyces cerevisiae ELO1* gene, function in fatty acid elongation and are required for sphingolipid formation. J Biol Chem, 272(28): 17376-17384.

Ohme-Takagi M, Meins F Jr, Shinshi H. 1998. A tobacco gene encoding a novel basic class II chitinase: a putative ancestor of basic class I and acidic class II chitinase genes. Mol Gen Genet, 259(5): 511-515.

Ohno Y, Suto S, Yamanaka M, et al. 2010. ELOVL1 production of C24 acyl-CoAs is linked to C24 sphingolipid synthesis. Proc Natl Acad Sci USA, 107: 18439-18444.

Okamoto S, Futahashi R, Kojima T, et al. 2008. Catalogue of epidermal genes: genes expressed in the epidermis during larval molt of the silkworm *Bombyx mori*. BMC Genomics, 9: 396.

Olland AM, Strand J, Presman E, et al. 2009. Triad of polar residues implicated in pH specificity of acidic mammalian chitinase. Protein Sci, 18(3): 569-578.

Omura S, Arai N, Yamaguchi Y, et al. 2000. Argifin, a new chitinase inhibitor, produced by *Gliocladium* sp. FTD-0668. I. Taxonomy, fermentation, and biological activities. J Antibiot, 53(6): 603-608.

Ortiz-Urquiza A, Keyhani NO. 2013. Action on the surface: entomopathogenic fungi versus the insect cuticle. Insects, 4(3): 357-374.

Osanai-Futahashi M, Tatematsu KI, Yamamoto K, et al. 2012. Identification of the *Bombyx* red egg gene reveals involvement of a novel transporter family gene in late steps of the insect ommochrome biosynthesis pathway. J Biol Chem, 287(21): 17706-17714.

Osman GH, Assem SK, Alreedy RM, et al. 2015. Development of insect resistant maize plants expressing a chitinase gene from the cotton leaf worm, *Spodoptera littoralis*. Sci Rep, 5: 18067.

Ostrowski S, Dierick HA, Bejsovec A. 2002. Genetic control of cuticle formation during embryonic development of *Drosophila melanogaster*. Genetics, 161(1): 171-182.

Ovando-Vázquez C, Lepe-Soltero D, Abreu-Goodger C. 2016. Improving microRNA target prediction with gene expression profiles. BMC Genomics, 17: 364.

Palm W, Sampaio JL, Brankatschk M, et al. 2012. Lipoproteins in *Drosophila melanogaster*: assembly, function, and influence on tissue lipid composition. PLOS Genet, 8(7): e1002828.

Palmgren A. 1955. Staining nerve fibers after sublimate-acetic and after sublimate-acetic and after Bouin's fluid. Stain Technol, 30(1): 31-36.

Pamminger T, Foitzik S, Kaufmann KC, et al. 2014. Worker personality and its association with spatially structured division of labor. PLOS ONE, 9(1): e79616.

Pan PL, Ye YX, Lou YH, et al. 2018. A comprehensive omics analysis and functional survey of cuticular proteins in the brown planthopper. Proc Natl Acad Sci USA, 115(20): 5175-5180.

Panfilio KA. 2008. Extraembryonic development in insects and the acrobatics of blastokinesis. Dev Biol, 313(2): 471-491.

Panfilio KA. 2009. Late extraembryonic morphogenesis and its zen (RNAi)-induced failure in the milkweed bug *Oncopeltus fasciatus*. Dev Biol, 333(2): 297-311.

Panfilio KA, Akam M. 2007. A comparison of Hox3 and Zen protein coding sequences in taxa that span the Hox3/zen divergence. Dev Genes Evol, 217(4): 323-329.

Panfilio KA, Liu PZ, Akam M, et al. 2006. *Oncopeltus fasciatus* zen is essential for serosal tissue function in katatrepsis. Dev Biol, 292(1): 226-243.

Panfilio KA, Oberhofer G, Roth S. 2013. High plasticity in epithelial morphogenesis during insect dorsal closure. Biol Open, 2(11): 1108-1118.

Panfilio KA, Roth S. 2010. Epithelial reorganization events during late extraembryonic development in a hemimetabolous insect. Dev Biol, 340(1): 100-115.

Panteleev DY, Goryacheva II, Andrianov BV, et al. 2007. The endosymbiotic bacterium *Wolbachia* enhances the nonspecific resistance to insect pathogens and alters behavior of *Drosophila melanogaster*. Russ J Genet, 43(9): 1066-1069.

Park HC, Kim ML, Kang YH, et al. 2004. Pathogen- and NaCl-induced expression of the SCaM-4 promoter is mediated in part by a GT-1 box that interacts with a GT-1-like transcription factor. Plant Physiol, 135(4): 2150-2161.

Parra-Peralbo E, Culi J. 2011. *Drosophila* lipophorin receptors mediate the uptake of neutral lipids in oocytes and imaginal disc cells by an endocytosis-independent mechanism. PLOS Genet, 7(2): e1001297.

Parvy JP, Napal L, Rubin T, et al. 2012. *Drosophila melanogaster* acetyl-CoA-carboxylase sustains a fatty acid-dependent remote signal to waterproof the respiratory system. PLOS Genet, 8(8): e1002925.

Paskewitz SM, Andreev O. 2008. Silencing the genes for dopa decarboxylase or dopachrome conversion enzyme reduces melanization of foreign targets in *Anopheles gambiae*. Comp

Biochem Phys B, 150(4): 403-408.

Pedrini N, Crespo R, Juárez MP. 2007. Biochemistry of insect epicuticle degradation by entomopathogenic fungi. Comp Biochem Phys C, 146(12): 124-137.

Pedrini N, Ortiz-Urquiza A, Huarte-Bonnet C, et al. 2013. Targeting of insect epicuticular lipids by the entomopathogenic fungus *Beauveria bassiana* hydrocarbon oxidation within the context of a host-pathogen interaction. Front Microbiol, 4: 24.

Pedrini N, Ortiz-Urquiza A, Huarte-Bonnet C, et al. 2015. Tenebrionid secretions and a fungal benzoquinone oxidoreductase form competing components of an arms race between a host and pathogen. Proc Natl Acad Sci USA, 112(28): E3651-E3660.

Pedrini N, Zhang SZ, Juarez MP, et al. 2010. Molecular characterization and expression analysis of a suite of cytochrome P450 enzymes implicated in insect hydrocarbon degradation in the entomopathogenic fugus *Beauveria bassiana*. Microbiology, 156(Pt 8): 2549-2557.

Pei XJ, Chen N, Bai Y, et al. 2019. BgFas1: a fatty acid synthase gene required for both hydrocarbon and cuticular fatty acid biosynthesis in the German cockroach, *Blattella germanica*. Insect Biochem Mol Biol, 112: 103203.

Peneff C, Mengin-Lecreulx D, Bourne Y. 2001. The crystal structures of Apo and complexed *Saccharomyces cerevisiae* GNA1 shed light on the catalytic mechanism of an amino-sugar *N*-acetyltransferase. J Biol Chem, 276(19): 16328-16334.

Pener MP, Yerushalmi Y. 1998. The physiology of locust phase polymorphism: an update. J Insect Physiol, 44(5-6): 365-377.

Perrimon N, Ni JQ, Perkins L. 2010. *In vivo* RNAi: today and tomorrow. CSH Perspect Biol, 2(8): a003640.

Pesch YY, Riedel D, Behr M. 2015. Obstructor A organizes matrix assembly at the apical cell surface to promote enzymatic cuticle maturation in *Drosophila*. J Biol Chem, 290(16): 10071-10082.

Petkau G, Wingen C, Jussen LCA, et al. 2012. Obstructor-A is required for epithelial extracellular matrix dynamics, exoskeleton function, and tubulogenesis. J Biol Chem, 287(25): 21396-21405.

Pignatelli P, Ingham VA, Balabanidou V, et al. 2018. The *Anopheles gambiae* ATP-binding cassette transporter family: phylogenetic analysis and tissue localization provide clues on function and role in insecticide resistance. Insect Mol Biol, 27(1): 110-122.

Pispa J, Palmen S, Holmberg CI, et al. 2008. *C. elegans* dss-1 is functionally conserved and required for oogenesis and larval growth. BMC Dev Biol, 8: 51.

Post LC, Jong BJD, Vincent WR. 1974. 1-(2,6-disubstituted benzoyl)-3-phenylurea insecticides: inhibitors of chitin synthesis. Pestic Biochem Physiol, 4(4): 473-483.

Post LC, Vincent WR. 1973. A new insecticide inhibits chitin synthesis. Naturwissenschaften, 60(9): 431-432.

Poulin G, Nandakumar R, Ahringer J. 2004. Genome-wide RNAi screens in *Caenorhabditis elegans*: impact on cancer research. Oncogene, 23(51): 8340-8345.

Price DRG, Gatehouse JA. 2008. RNAi-mediated crop protection against insects. Trends in Biotechnol, 26(7): 393-400.

Pridgeon JW, Zhao L, Becnel JJ, et al. 2008. Topically applied AaeIAP1 double-stranded RNA kills female adults of *Aedes aegypti*. J Med Entomol, 45(3): 414-420.

Qi HY, Watanabe T, Ku HY, et al. 2011. The Yb body, a major site for Piwi-associated RNA biogenesis and a gateway for Piwi expression and transport to the nucleus in somatic cells. J Biol Chem, 286(5): 3789-3797.

Qiao L, Du MH, Liang X, et al. 2016. Tyrosine hydroxylase is crucial for maintaining pupal tanning and immunity in *Anopheles sinensis*. Sci Rep, 6: 29835.

Qiao L, Xiong G, Wang RX, et al. 2014. Mutation of a cuticular protein, BmorCPR2, alters larval body shape and adaptability in silkworm, *Bombyx mori*. Genetics, 196(4): 1103-1115.

Qin GK, Lapidot S, Numata K, et al. 2009. Expression, cross-linking, and characterization of recombinant chitin binding resilin. Biomacromolecules, 10(12): 3227-3234.

Qiu Y, Tittiger C, Wicker-Thomas C, et al. 2012. An insect-specific P450 oxidative decarbonylase for cuticular hydrocarbon biosynthesis. Proc Natl Acad Sci USA, 109(37): 14858-14863.

Qu MB, Ma L, Chen P, et al. 2014. Proteomic analysis of insect molting fluid with a focus on enzymes involved in chitin degradation. J Proteome Res, 13(6): 2931-2940.

Qu MB, Yang Q. 2011. A novel alternative splicing site of class A chitin synthase from the insect *Ostrinia furnacalis*-gene organization, expression pattern and physiological significance. Insect Biochem Mol Biol, 41(12): 923-931.

Quan GX, Kim I, Kômoto N, et al. 2002. Characterization of the kynurenine 3-monooxygenase gene corresponding to the white egg 1 mutant in the silkworm *Bombyx mori*. Mol Genet Genomics, 267(1): 1-9.

Quan GX, Ladd T, Duan J, et al. 2013. Characterization of a spruce budworm chitin deacetylase gene: stage-and tissue-specific expression, and inhibition using RNA interference. Insect Biochem Mol Biol, 43(8): 683-691.

Raczynska J, Olchowy J, Konariev PV, et al. 2007. The crystal and solution studies of glucosamine-6-phosphate synthase from *Candida albicans*. J Mol Biol, 372(3): 672-688.

Rafiqi AM, Lemke S, Ferguson S, et al. 2008. Evolutionary origin of the amnioserosa in cyclorrhaphan flies correlates with spatial and temporal expression changes of zen. Proc Natl Acad Sci USA, 105(1): 234-239.

Rao FV, Andersen OA, Vora KA, et al. 2005. Methylxanthine drugs are chitinase inhibitors: investigation of inhibition and binding modes. Chem Biol, 12(9): 973-980.

Rebers JE, Niu J, Riddiford LM. 1997. Structure and spatial expression of the *Manduca sexta* MSCP14. 6 cuticle gene. Insect Biochem Mol Biol, 27(3): 229-240.

Rebers JE, Riddiford LM. 1988. Structure and expression of a *Manduca sexta* larval cuticle gene homologous to *Drosophila* cuticle genes. J Mol Biol, 203(2): 411-423.

Rebers JE, Willis JH. 2001. A conserved domain in arthropod cuticular proteins binds chitin. Insect Biochem Mol Biol, 31(11): 1083-1093.

Reed RD, McMillan WO, Nagy LM. 2008. Gene expression underlying adaptive variation in *Heliconius* wing patterns: non-modular regulation of overlapping cinnabar and vermilion prepatterns. Proc R Soc B, 275(1630): 37-45.

Regier JC, Shultz JW, Zwick A, et al. 2010. Arthropod relationships revealed by phylogenomic analysis of nuclear protein-coding sequences. Nature, 463(7284): 1079-1083.

Reszczynska E, Welc R, Grudzinski W, et al. 2015. Carotenoid binding to proteins: modeling pigment transport to lipid membranes. Arch Biochem Biophys, 584: 125-133.

Reynolds SE, Samuels RI. 1996. Physiology and biochemistry of insect moulting fluid. Adv Insect Physiol, 26(8): 157-232.

Řezanka T, Kolouchová I, Gharwalová L. 2018. Lipidomic analysis of lower organisms // Wilkes H. Hydrocarbons, Oils and Lipids: Diversity, Origin, Chemistry and Fate. Cham: Springer.

Rezende GL, Martins AJ, Gentile C, et al. 2008. Embryonic desiccation resistance in *Aedes aegypti*: presumptive role of the chitinized serosal cuticle. BMC Dev Biol, 8: 82.

Rezende GL, Vargas HCM, Moussian B, et al. 2016. Composite eggshell matrices: chorionic layers and sub-chorionic cuticular envelopes. Extracellular Composite Matrices in Arthropods: 325-366.

Rhoades MW, Reinhart BJ, Lim LP, et al. 2002. Prediction of plant microRNA targets. Cell, 110(4): 513-520.

Richards S, Gibbs RA, Weinstock GM, et al. 2008. The genome of the model beetle and pest *Tribolium castaneum*. Nature, 452(7190): 949-955.

Riddiford LM. 2009. Encyclopedia of Insects. Second Edition. New York: Academic Press: 649-654.

Riddiford LM, Hiruma K, Zhou X, et al. 2003. Insights into the molecular basis of the hormonal control of molting and metamorphosis from *Manduca sexta* and *Drosophila melanogaster*. Insect Biochem Mol Biol, 33(12): 1327-1338.

Riddiford LM, Truman JW, Mirth CK, et al. 2010. A role for juvenile hormone in the prepupal development of *Drosophila melanogaster*. Development, 137(7): 1117-1126.

Riedel F, Vorkel D, Eaton S. 2011. Megalin-dependent yellow endocytosis restricts melanization in the *Drosophila* cuticle. Development, 138(1): 149-158.

Rinterknecht E. 1993. A fine structural analysis of serosal cuticulogenesis in the egg of *Locusta migratoria* migratorioides. Tissue & Cell, 25(4): 611-625.

Rinterknecht E, Matz G. 1983. Oenocyte differentiation correlated with the formation of ectodermal coating in the embryo of a cockroach. Tissue & Cell, 15(3): 375-390.

Roberto L, Jean-Luc C, Guy R, et al. 1997. Spore germination and hyphal growth of *Beauveria* sp. on insect lipids. J Econ Entomol, 90(1): 119-123.

Rogoff WM, Beltz AD, Johnsen JO, et al. 1964. A sex pheromone in the housefly, *Musca domestica* L. J Insect Physiol, 10(2): 239-246.

Romano N, Macino G. 1992. Quelling: transient inactivation of gene expression in *Neurospora crassa* by transformation with homologous sequences. Mol Microbiol, 6(22): 3343-3353.

Rondot I, Quennedey B, Courrent A, et al. 1996. Cloning and sequencing of a cDNA encoding a larval-pupal-specific cuticular protein in *Tenebrio molitor* (Insecta, Coleoptera). Developmental expression and effect of a juvenile hormone analogue. Eur J Biochem, 235(1-2): 138-143.

Rong S, Li DQ, Zhang XY, et al. 2013. RNA interference to reveal roles of β-*N*-acetylglucosaminidase gene during molting process in *Locusta migratoria*. Insect Sci, 20(1): 109-119.

Rosenfeld JA, Reeves D, Brugler MR, et al. 2016. Genome assembly and geospatial phylogenomics of the bed bug *Cimex lectularius*. Nat Commun, 7: 10164.

Sadeghi A, Van Damme EJM, Smagghe G. 2009. Evaluation of the susceptibility of the pea aphid, *Acyrthosiphon pisum*, to a selection of novel biorational insecticides using an artificial diet. J Insect Sci, 9(1): 1-8.

Saito H. 1998. Purification and properties of two blue biliproteins from the larval hemolymph and integument of *Rhodinia fugax* (Lepidoptera: Saturniidae). Insect Biochem Mol Biol, 28(12): 995-1005.

Saito H. 2001. Blue biliprotein as an effective factor for cryptic colouration in *Rhodinia fugax* larvae. J Insect Physiol, 47(2): 205-212.

Saito K, Ishizu H, Komai M, et al. 2010. Roles for the Yb body components Armitage and Yb in primary piRNA biogenesis in *Drosophila*. Genes Dev, 24(22): 2493-2498.

Sakuda S, Isogai A, Makita T, et al. 1987a. Structures of allosamidins, novel insect chitinase inhibitors, produced by actinomycetes. Agric Biol Chem, 51(12): 3251-3259.

Sakuda S, Isogai A, Matsumoto S, et al. 1986. The structure of allosamidin, a novel insect chitinase inhibitor, produced by *Streptomyces* sp. Tetrahedron Lett, 27(22): 2475-2478.

Sakuda S, Isogai A, Matsumoto S, et al. 1987b. Search for microbial insect growth regulators. Ⅱ. Allosamidin, a novel insect chitinase inhibitor. J Antibiot, 40(3): 296-300.

Sakudoh T, Sezutsu H, Nakashima T, et al. 2007. Carotenoid silk coloration is controlled by a carotenoid-binding protein, a product of the *Yellow blood* gene. Proc Natl Acad Sci USA, 104(21): 8941-8946.

Samantha LJ, David M, Potter U, et al. 2007. The contribution of surface waxes to pre-penetration growth of an entomopathogenic fungus on host cuticle. Mycol Res, 111(2): 240-249.

Samuels RI, Reynolds SE. 2000. Proteinase inhibitors from the molting fluid of the pharate adult tobacco hornworm, *Manduca sexta*. Arch Insect Biochem, 43(1): 33-43.

Sánchez-Ramos I, Fernández CE, González-Núñez M, et al. 2013. Laboratory tests of insect growth regulators as bait sprays for the control of the olive fruit fly, *Bactrocera oleae* (Diptera: Tephritidae). Pest Manag Sci, 69(4): 520-526.

Sandre SL, Tammaru T, Esperk T, et al. 2007. Carotenoid-based colour polyphenism in a moth species: search for fitness correlates. Entomol Exp Appl, 124(3): 269-277.

Sassa T, Ohno Y, Suzuki S, et al. 2013. Impaired epidermal permeability barrier in mice lacking elovl1, the gene responsible for very-long-chain fatty acid production. Mol Cell Biol, 33(14): 2787-2796.

Sawada H, Nakagoshi M, Reinhardt RK, et al. 2002. Hormonal control of GTP cyclohydrolase Ⅰ gene expression and enzyme activity during color pattern development in wings of *Precis coenia*. Insect Biochem Mol Biol, 32(6): 609-615.

Sbrenna G. 1974. The fine structure and formation of the cuticles during the embryonic development of *Schistocerca gregaria* Forskal (Orthoptera, Acrididae). J Submicrosc Cytol, 6: 287-295.

Scarborough CL, Ferrari J, Godfray HCJ. 2005. Aphid protected from pathogen by endosymbiont.

Science, 310(5755): 1781.

Schaefer J, Kramer KJ, Garbow JR, et al. 1987. Aromatic cross-links in insect cuticle: detection by solid-state ^{13}C and ^{15}N NMR. Science, 235(4793): 1200-1204.

Schal C, Sevala VL, Young HP, et al. 1998. Sites of synthesis and transport pathways of insect hydrocarbons: cuticle and and ovary as target tissues. Amer Zool, 38(2): 382-393.

Schimmelpfeng K, Strunk M, Stork T, et al. 2006. *Mummy* encodes an UDP-*N*-acetylglucosamine-dipohosphorylase and is required during *Drosophila* dorsal closure and nervous system development. Mech Dev, 123(6): 487-499.

Schmidt O, Theopold U, Strand MR. 2001. Innate immunity and evasion by insect parasitoids. BioEssays, 23(4): 344-351.

Schmidt-Ott U. 2000. The amnioserosa is an apomorphic character of cyclorrhaphan flies. Dev Genes Evol, 210(7): 373-376.

Schroder R. 2003. The genes orthodenticle and hunchback substitute for bicoid in the beetle *Tribolium*. Nature, 422(6932): 621-625.

Searles LL, Ruth RS, Pret AM, et al. 1990. Structure and transcription of the *Drosophila melanogaster* vermilion gene and several mutant alleles. Mol Cell Biol, 10(4): 1423-1431.

Seo SJ, Cheon HM, Sun JX, et al. 2003. Tissue-and stage-specific expression of two lipophorin receptor variants with seven and eight ligand-binding repeats in the adult mosquito. J Biol Chem, 278(43): 41954-41962.

Sethi A, Delatte J, Foil L, et al. 2014. Protozoacidal Trojan-Horse: use of a ligand-lytic peptide for selective destruction of symbiotic protozoa within termite guts. PLOS ONE, 9(9): e106199.

Shah FA, Wang CS, Butt TM. 2005. Nutrition influences growth and virulence of the insect-pathogenic fungus *Metarhizium anisopliae*. FEMS Microbiology Letters, 251(2): 259-266.

Shah PA, Pell JK. 2003. Entomopathogenic fungi as biological control agents. Appl Microbiol Biotechnol, 61(5-6): 413-423.

Shahin R, Iwanaga M, Kawasaki H. 2016. Cuticular protein and transcription factor genes expressed during prepupal-pupal transition and by ecdysone pulse treatment in wing discs of *Bombyx mori*. Insect Mol Biol, 25(2): 138-152.

Shahin R, Iwanaga M, Kawasaki H. 2018. Expression profiles of cuticular protein genes in wing tissues during pupal to adult stages and the deduced adult cuticular structure of *Bombyx mori*. Gene, 646: 181-194.

Shakesby AJ, Wallace IS, Isaacs HV, et al. 2009. A water-specific aquaporin involved in aphid osmoregulation. Insect Biochem Mol Biol, 39(1): 1-10.

Shane JS, Rountree TD, Butters MK, et al. 2009. Design, synthesis, and biological evaluation of enantiomeric β-*N*-acetylhexosaminidase inhibitors LABNAc and DABNAc as potential agents against Tay-Sachs and Sandhoff disease. Chem Med Chem, 4(3): 378-392.

Shao L, Devenport M, Jacobs-Lorena M. 2001. The peritrophic matrix of hematophagous insects. Arch Insect Biochem Physiol, 47(2): 119-125.

Sharakhova MV, George P, Brusentsova IV, et al. 2010. Genome mapping and characterization of the

Anopheles gambiae heterochromatin. BMC Genomics, 11: 459.

Shen B, Manley JL. 2002. Pelle kinase is activated by autophosphorylation during Toll signaling in *Drosophila*. Dev, 129(8): 1925-1933.

Shi JF, Fu J, Mu LL, et al. 2016b. Two *Leptinotarsa* uridine diphosphate *N*-acetylglucosamine pyrophosphorylases are specialized for chitin synthesis in larval epidermal cuticle and midgut peritrophic matrix. Insect Biochem Mol Biol, 68: 1-12.

Shi JF, Mu LL, Guo WC, et al. 2016c. Identification and hormone induction of putative chitin synthase genes and splice variants in *Leptinotarsa decemlineata* (SAY). Arch Insect Biochem Physiol, 92(4): 242-258.

Shi L, Paskewitz SM. 2004. Identification and molecular characterization of two immune-responsive chitinase-like proteins from *Anopheles gambiae*. Insect Mol Biol, 13(4): 387-398.

Shi ZK, Liu XJ, Xu QY, et al. 2016a. Two novel soluble trehalase genes cloned from *Harmonia axyridis* and regulation of the enzyme in a rapid changing temperature. Comp Biochem Phys B, 198: 10-18.

Shiomi K, Niimi T, lmai K, et al. 2000. Structure of the VAPpeptide (BmACP-5.7) gene in the silkworm, *Bombyx mori* and a possible regulation of its expression by BmFTZF1. Insect Biochem Mol Biol, 30(2): 119-125.

Shirataki H, Futahashi R, Fujiwara H. 2010. Species-specific coordinated gene expression and trans-regulation of larval color pattern in three swallowtail butterflies. Evol Dev, 12(3): 305-314.

Shukla E, Thorat LJ, Nath BB, et al. 2015. Insect trehalase: physiological significance and potential applications. Glycobiology, 25(4): 357-367.

Shylesha AN, Jalali SK, Gupta A. 2018. Studies on new invasive pest *Spodoptera frugiperda* (Lepidoptera: Noctuidae) and its natural enemies. Biol Control, 32(3): 1-7.

Sikorowski PP, Lawrence AM, Inglis GD. 2001. Effects of *Serratia marcescens* on rearing of the tobacco budworm (Lepidoptera: Noctuidae). American Entomologist, 47(1): 51-60.

Silverman N, Zhou R, Erlich RL, et al. 2003. Immune activation of NF-κB and JNK requires *Drosophila* TAK1. J Biol Chem, 278(49): 48928-48934.

Silverman NS, Maniatis T. 2001. NF-κB signaling pathways in mammalian and insect innate immunity. Gene and Development, 15(18): 2321-2342.

Singer TL. 1998. Roles of hydrocarbons in the recognition systems of insects. Am Zool, 38(2): 394-405.

Slámová K, Bojarová P, Petrásková L, et al. 2010. β-*N*-acetylhexosaminidase: What's in a name? Biotechnol Adv, 28(6): 682-693.

Slifer EH. 1937. Memoirs: the origin and fate of the membranes surrounding the grasshopper egg; together with some experiments on the source of the hatching enzyme. J Cell Sci, 79(315): 493-506.

Smith RJ, Grula EA. 1983. Chitinase is an inducible enzyme in *Beauveria bassiana*. J Invertebr Pathol, 42(3): 319-326.

Soares MP, Elias-Neto M, Simoes ZL, et al. 2007. A cuticle protein gene in the honeybee: expression during development and in relation to the ecdysteroid titer. Insect Biochem Mol Biol, 37(12): 1272-1282.

Soltani N, Besson MT, Delachambre J. 1984. Effects of diflubenzuron on the pupal-adult development of *Tenebrio molitor* L. (Coleoptera: Tenebrionidae): growth and development, cuticle secretion, epidermal cell density and DNA synthesis. Pestic Biochem Physiol, 21(2): 256-264.

Song HF, Zhang JQ, Li DQ, et al. 2017. A double-stranded RNA degrading enzyme reduces the efficiency of oral RNA interference in migratory locust. Insect Biochem Mol Biol, 86: 68-80.

Sosa-Gomez DR, Boucias DG, Nation JL. 1997. Attachment of *Metarhizium anisopliae* to the southern green stink bug *Nezara viridula* cuticle and fungistatic effect of cuticular lipids and aldehydes. J Invertebr Pathol, 69(1): 31-39.

South A, Levan K, Leombruni L, et al. 2008. Examining the role of cuticular hydrocarbons in firefly species recognition. Ethology, 114(9): 916-924.

Souza-Ferreira PS, Mansur JF, Berni M, et al. 2014. Chitin deposition on the embryonic cuticle of *Rhodnius prolixus*: the reduction of *CHS* transcripts by CHS-dsRNA injection in females affects chitin deposition and eclosion of the first instar nymph. Insect Biochem Mol Biol, 51: 101-109.

Spindler KD, Spindler-Barth M, Londershausen M. 1990. Chitin metabolism: a target for drugs against parasites. Parasitol Res, 76(4): 283-288.

Sree KS, Padmaja V. 2008. Destruxin from *Metarhizium anisopliae* induces oxidative stress effecting larval mortality of the polyphagous pest *Spodoptera litura*. J Appl Entomol, 132(1): 68-78.

St Leger RJ, Charnley AK. 1991. The role of cuticle-degrading enzymes in fungal pathogenesis in insects // Cole ET, Hoch HC. Fungal Spore Disease Initiation in Plants and Animals. New York: Plenum Press: 267-287.

St Leger RJ, Hajek AE. 1994. Interaction between fungal pathogens and insect hosts. Annu Rev Entomol, 39: 293-332.

St Leger RJ, Joshi L, Bidochka MJ, et al. 1996. Construction of an improved mycoinsecticide overexpressing a toxic protease. Proc Natl Acad Sci USA, 93(13): 6349-6354.

St Leger RJ, Lacceti LB, Staples RC, et al. 1990. Protein kinase in the entomopathogenic fungus *Metarhizium anisopliae*. J Gen Microbiol, 136(7): 1401-1411.

St Leger RJ, Robetts DW, Staples RC. 1989. Novel GTP-binding proteins in plasma membranes of the fungus *Metarhizium anisopliae*. Biochem Biophys Res Commun, 164(1): 562-566.

St Leger RJ, Staples RC, Roberts DW. 1993. Entomopathogenic isolates of *Metarhizium anisopliae*, *Beauveria bassiana*, and *Aspergillus flavus* produce multiple extracellular chitinase isozymes. J Invertebr Pathol, 61(1): 81-84.

St Leger RJ, Wang CS. 2006. A collagenous protective coat enables *Metarhizium anisopliae* to evade insect immune responses. Proc Natl Acad Sci USA, 103(17): 6647-6652.

Stacke RF, Giacomelli T, Bronzatto ES, et al. 2019. Susceptibility of Brazilian populations of *Chrysodeixis includens* (Lepidoptera: Noctuidae) to selected insecticides. J Econ Entomol, 112(3): 1378-1387.

Stam MR, Blanc E, Coutinho PM, et al. 2005. Evolutionary and mechanistic relationships between glycosidases acting on a- and b-bonds. Carbohyd Res, 340(18): 2728-2734.

Stanleysamuelson BDW, Nelson DR. 1993. Insect Lipids: Chemistry, Biochemistry, and Biology. Lincoln: University of Nebraska Press: 179-226.

Staples RC, Macko V. 1980. Formation of infection structures as a recognition response in fungi. Exp Mycol, 4(1): 1.

Stara J, Erban T, Hubert J. 2010. The effect of chitin metabolic effectors on the population increase of stored product mites. Exp Appl Acarol, 52(2): 155-167.

Stark A, Brennecke J, Bushati N, et al. 2005. Animal microRNAs confer robustness to gene expression and have a significant impact on 3′ UTR evolution. Cell, 123(6): 1133-1146.

Starnecker G. 1997. Hormonal control of lutein incorporation into pupal cuticle of the butterfly Inachis io and the pupal melanization reducing factor. Physiol Entomol, 22(1): 65-72.

Stauber M, Prell A, Schmidt-Ott U. 2002. A single *Hox3* gene with composite bicoid and zerknullt expression characteristics in non-cyclorrhaphan flies. Proc Natl Acad Sci USA, 99(1): 274-279.

Stoven S, Silverman N, Junell A, et al. 2003. Caspase-mediated processing of the *Drosophila* NF-κB factor relish. Proc Natl Acad Sci USA, 100(10): 5991-5996.

Strand MR, Pech LL. 1995. Immunological basis for compatibility in parasitoid host relationships. Annu Rev Entomol, 40: 31-56.

Studier FW, Moffatt BA. 1986. Use of bacteriophage T7 RNA polymerase to direct selective high level expression of cloned genes. J Mol Biol, 189(1): 113-130.

Su X, Peng DQ. 2020. The exchangeable apolipoproteins in lipid metabolism and obesity. Int J Clin Chem, 503: 128-135.

Suderman RJ, Dittmera NT, Kanosta MR, et al. 2006. Model reactions for insect cuticle sclerotization: cross-linking of recombinant cuticular proteins upon their laccase-catalyzed oxidative conjugation with catechols. Insect Biochem Mol Biol, 36(4): 353-365.

Sugumaran M. 2009. Complexities of cuticular pigmentation in insects. Pigment Cell Melanoma Res, 22(5): 523-525.

Sun R, Liu C, Zhang H, et al. 2015. Benzoylurea chitin synthesis inhibitors. J Agric Food Chem, 63(31): 6847-6865.

Sun XL, Guo JX, Ye WY, et al. 2017. Cuticle genes *CpCPR63* and *CpCPR47* may confer resistance to deltamethrin in *Culex pipiens pallens*. Parasitol Res, 116(8): 2175-2179.

Suzuki Y, Matsuoka T, Iimura Y, et al. 2002. Ecdysteroid dependent expression of a novel cuticle protein gene *BMCPG1* in the silkworm, *Bombyx mori*. Insect Biochem Mol Bio, 32(6): 599-607.

Sviben S, Spaeker O, Bennet M, et al. 2020. Epidermal cell surface structure and chitin-protein co-assembly determine fiber architecture in the locust cuticle. ACS Appl Mater Interfaces, 12(23): 25581-25590.

Tabadkani SM, Ahsaei SM, Hosseininaveh V, et al. 2013. Food stress prompts dispersal behavior in apterous pea aphids: Do activated aphids incur energy loss? Physiol Behav, 17(110-111): 221-225.

Tabudravu JN, Eijsink VGH, Gooday GW, et al. 2002. Psammaplin A, a chitinase inhibitor isolated from the Fijian marine sponge *Aplysinella rhax*. Bioorg Med Chem, 10(4): 1123-1128.

Takahashi D, Garcia BL, Kanost MR. 2015. Initiating protease with modular domains interacts with β-glucan recognition protein to trigger innate immune response in insects. Proc Natl Acad Sci USA, 112(45): 13856-13861.

Takeda K, Kaisho T, Akira S. 2003. Toll-like receptors. Annu Rev Immunol, 21: 335-376.

Takeda M, Mita K, Quan GX, et al. 2001. Mass isolation of cuticle protein cDNAs from wing discs of *Bombyx mori* and their characterizations. Insect Biochem Mol Biol, 31(10): 1019-1028.

Takiguchi M, Niimi T, Su ZH, et al. 1992. Trehalase from male accessory gland of an insect, *Tenebrio molitor*, cDNA sequencing and developmental profile of the gene expression. Biochem J, 288(1): 19-22.

Talbo G, Højrup P, Rahbek-Nielsen H, et al. 1991. Determination of the covalent structure of an N- and C-terminally blocked glycoprotein from endocuticle of *Locusta migratoria*. Eur J Biochem, 195(2): 495-504.

Talloen W, Van Dyck H, Lens L. 2004. The cost of melanization: butterfly wing coloration under environmental stress. Evolution, 58(2): 360-366.

Tamura Y, Nakajima KI, Nagayasu KI, et al. 2002. Flavonoid 5-glucosides from the cocoon shell of the silkworm, *Bombyx mori*. Phytochemistry, 59(3): 275-278.

Tan QQ, Liu W, Zhu F, et al. 2017. Fatty acid synthase 2 contributes to diapause preparation in a beetle by regulating lipid accumulation and stress tolerance genes expression. Sci Rep, 7: 40509.

Tanaka S, Harano KI, Nishide Y. 2012. Re-examination of the roles of environmental factors in the control of body-color polyphenism in solitarious nymphs of the desert locust *Schistocerca gregaria* with special reference to substrate color and humidity. J Insect Physiol, 58(1): 89-101.

Tang B, Chen X, Liu Y, et al. 2008. Characterization and expression patterns of a membrane-bound trehalase from *Spodoptera exigua*. BMC Mol Biol, 9: 51.

Tang B, Yang MM, Shen QD, et al. 2017. Suppressing the activity of trehalase with validamycin disrupts the trehalose and chitin biosynthesis pathways in the rice brown planthopper, *Nilaparvata lugens*. Pesticide Biochem Physiol, 137: 81-90.

Tang L, Liang JB, Zhan ZG, et al. 2010. Identification of the chitin-binding proteins from the larval proteins of silkworm, *Bombyx mori*. Insect Biochem Mol Biol, 40(3): 228-234.

Tawfik AI, Tanaka S, De Loof A, et al. 1999. Identification of the gregarization-associated dark-pigmentotropin in locusts through an albino mutant. Proc Natl Acad Sci USA, 96(12): 7083-7087.

Teerawanichpan P, Robertson AJ, Qiu X. 2010. A fatty acyl-CoA reductase highly expressed in the head of honey bee (*Apis mellifera*) involves biosynthesis of a wide range of aliphatic fatty alchols. Insect Biochem Mol Biol, 40(9): 641-649.

Tellam RL, Vuocolo T, Johnson SE, et al. 2000. Insect chitin synthase cDNA sequence, gene organization and expression. Eur J Biochem, 267(19): 6025-6043.

Tellam RL, Wijffels G, Willadsen P. 1999. Peritrophic matrix proteins. Insect Biochem Mol Biol, 29(2): 87-101.

Terra WR. 2001. The origin and functions of the insect peritrophic membrane and peritrophic gel. Arch Insect Biochem Physiol, 47(2): 47-61.

Tetreau G, Cao X, Chen YR, et al. 2015a. Overview of chitin metabolism enzymes in *Manduca sexta*: identification, domain organization, phylogenetic analysis and gene expression. Insect Biochem

Mol Biol, 62: 114-126.

Tetreau G, Dittmer NT, Cao XL, et al. 2015b. Analysis of chitin-binding proteins from *Manduca sexta* provides new insights into evolution of peritrophin A-type chitin-binding domains in insects. Insect Biochem Mol Biol, 62: 127-141.

Tian G, Cheng LL, Qi XW, et al. 2015. Transgenic cotton plants expressing double-stranded RNAs target *HMG-CoA reductase* (*HMGR*) gene inhibits the growth, development and survival of cotton bollworms. Int J Biol Sci, 11(11): 1296-1305.

Tian HG, Peng H, Yao Q, et al. 2009. Developmental control of a Lepidopteran pest *Spodoptera exigua* by ingestion of bacteria expressing dsRNA of a non-midgut gene. PLOS ONE, 4(7): e6225.

Tiegs OW. 2021. The 'dorsal organ' of the embryo of Campodea. Q J Microsc Sci, 84: 35-47.

Tigens OW. 1947. The development and affinities of the Pauropoda, based on a study of *Pauropus silvaticus*. J Cell Sci, 88(3): 275-336.

Tiklová K, Tsarouhas V, Samakovlis C. 2013. Control of airway tube diameter and integrity by secreted chitin-binding proteins in *Drosophila*. PLOS ONE, 8(6): e67415.

Tilak R, Verma AK, Wankhade UB. 2010. Effectiveness of diflubenzuron in the control of houseflies. J Vector Borne Dis, 47(2): 97-102.

Timmons L, Court DL, Fire A. 2001. Ingestion of bacterially expressed dsRNAs can produce specific and potent genetic interference in *Caenorhabditis elegans*. Gene, 263(1-2): 103-112.

Tirello P, Pozzebon A, Cassanelli S, et al. 2012. Resistance to acaricides in Italian strains of *Tetranychus urticae:* toxicological and enzymatic assays. Exp Appl Acarol, 57(1): 53-64.

Togawa T, Dunn WA, Emmons AC, et al. 2007. CPF and CPFL, two related gene families encoding cuticular proteins of *Anopheles gambiae* and other insects. Insect Biochem Mol Biol, 37(7): 675-688.

Togawa T, Dunn WA, Emmons AC, et al. 2008. Developmental expression patterns of cuticular protein genes with the R&R Consensus from *Anopheles gambiae*. Insect Biochem Mol Biol, 38(5): 508-519.

Togawa T, Nakato H, Izumi S. 2004. Analysis of the chitin recognition mechanism of cuticle proteins from the soft cuticle of the silkworm, *Bombyx mori*. Insect Biochem Mol Biol, 34(10): 1059-1067.

Togawa T, Shofuda K, Yaginuma T, et al. 2001. Structural analysis of gene encoding cuticle protein BMCP18, and characterization of its putative transcription factor in the silkworm, *Bombyx mori*. Insect Biochem Mol Biol, 31(6): 611-620.

Tojo K, Machida R. 1997. Embryogenesis of the mayfly *Ephemera japonica* McLachlan (Insecta: Ephemeroptera, Ephemeridae), with special reference to abdominal formation. J Morphol, 234(1): 97-107.

Tomiya N, Narang S, Park J, et al. 2006. Purification, characterization, and cloning of a *Spodoptera frugiperda* Sf9 β-*N*-acetylhexosaminidase that hydrolyzes terminal *N*-acetylglucosamine on the *N*-glycan core. J Biol Chem, 281(28): 19545-19560.

Tomoyasu Y, Denell RE. 2004. Larval RNAi in *Tribolium* (Coleoptera) for analyzing adult development.

Dev Genes Evol, 214(11): 575-578.

Tong XL, Liang PF, Wu SY, et al. 2018. Disruption of *PTPS* gene causing pale body color and lethal phenotype in the silkworm, *Bombyx mori*. Int J Mol Sci, 19(4): 1024.

Tonning A, Helms S, Schwarz H, et al. 2006. Hormonal regulation of mummy is needed for apical extracellular matrix formation and epithelial morphogenesis in *Drosophila*. Development, 133(2): 331-341.

Tonning A, Hemphälä J, Tång E, et al. 2005. A transient luminal chitinous matrix is required to model epithelial tube diameter in the *Drosophila* trachea. Dev Cell, 9(3): 423-430.

Tribolium Genome Sequencing Consortium. 2008. The genome of the model beetle and pest *Tribolium castaneum*. Nature, 452(7190): 949-955.

Trionnaire GL, Jaubert S, Sabater-Muñoz B, et al. 2007. Seasonal photoperiodism regulates the expression of cuticular and signalling protein genes in the pea aphid. Insect Biochem Mol Biol, 37(10): 1094-1102.

True JR, Yeh SD, Hovemann BT, et al. 2005. *Drosophila* tan encodes a novel hydrolase required in pigmentation and vision. PLOS Genet, 1(5): e63.

Truman JW, Riddiford LM. 1999. The origins of insect metamorphosis. Nature, 401: 447-452.

Truman JW, Riddiford LM. 2002. Endocrine insights into the evolution of metamorphosis in insects. Annu Rev Entomol, 47: 467-500.

Tsigos I, Martinou A, Kafetzopoulos D, et al. 2000. Chitin deacetylases: new, versatile tools in biotechnology. Trends Biotechnol, 18(7): 305-312.

Tsirilakis K, Kim C, Vicencio AG, et al. 2012. Methylxanthine inhibit fungal chitinases and exhibit antifungal activity. Mycopathologia, 173(2-3): 83-91.

Turner CT, Davy MW, MacDiarmid RM, et al. 2006. RNA interference in the light brown apple moth, *Epiphyas postvittana* (Walker) induced by double-stranded RNA feeding. Insect Mol Biol, 15(3): 383-391.

Tzeng SY, Green JJ. 2013. Subtle changes to polymer structure and degradation mechanism enable highly effective nanoparticles for siRNA and DNA delivery to human brain cancer. Adv Healthc Mater, 2(3): 468-480.

Uchida Y, Shimmi O, Sudoh M, et al. 1996. Characterization of chitin synthase 2 of *Saccharomyces cerevisiae* II: Both full size and processed enzymes are active for chitin synthesis. J Biochem, 119(4): 659-666.

Uchifune T, Machida R. 2005. Embryonic development of *Galloisiana yuasai* Asahina, with special reference to external morphology (Insecta: Grylloblattodea). J Morphol, 266(2): 182-207.

Uemiya H, Ando H. 1987. Blastodermic cuticles of a springtail, *Tomocerus ishibashii* Yosii (Collembola: Tomoceridae). Int J Morphol, 16(5): 287-294.

Uhlirova M, Foy BD, Beaty BJ, et al. 2003. Use of Sindbis virus-mediated RNA interference to demonstrate a conserved role of Broad-Complex in insect metamorphosis. Proc Natl Acad Sci USA, 100(26): 15607-15612.

Urquhart W, Mueller GM, Carleton S, et al. 2015. A novel method of demonstrating the molecular and functional equivalence between *in vitro* and plant-produced double-stranded RNA. Regul Toxicol Pharmacol, 73(2): 607-612.

Urtz BE, Rice WC. 2000. Purification and characterization of a novel extracellular protease from *Beauveria bassiana*. Mycol Res, 104(2): 180-186.

Usuki H, Nitoda T, Ichikawa M, et al. 2008. TMG-chitotriomycin, an enzyme inhibitor specific for insect and fungal β-*N*-acetylglucosaminidases, produced by actinomycete *Streptomyces anulatus* NBRC 13369. J Am Chem Soc, 130(12): 4146-4152.

Usuki H, Toyo-oka M, Kanzaki H, et al. 2009. Pochonicine, a polyhydroxylated pyrrolizidine alkaloid from fungus *Pochonia suchlasporia* var. *suchlasporia* TAMA 87 as a potent β-*N*-acetylglucosaminidase inhibitor. Bioorg Med Chem, 17(20): 7248-7253.

Vagin VV, Sigova A, Li CJ, et al. 2006. A distinct small RNA pathway silences selfish genetic elements in the germline. Science, 313(5785): 320-324.

Van Aalten DM, Synstad B, Brurberg MB, et al. 2000. Structure of a two-domain chitotriosidase from *Serratia marcescens* at 1.9-Å resolution. Proc Natl Acad Sci USA, 97: 5842-5847.

Van Daalen JJ, Meltzer J, Mulder R, et al. 1972. A selective insecticide with a novel mode of action. Naturwissenschaften, 59(7): 312-313.

Van der Horst DJ. Rodenburg KW. 2010. Lipoprotein assembly and function in an evolutionary perspective. BioMol Concepts, 1(2): 165-183.

Van der Horst DJ, Van Doorn JM, Voshol H, et al. 1991. Different isoforms of an apoprotein (apolipophorin Ⅲ) associate with lipoproteins in *Locusta migratoria*. Eur J Biochem, 196(2): 509-517.

Van der Zee M, Berns N, Roth S. 2005. Distinct functions of the *Tribolium zerknullt* genes in serosa specification and dorsal closure. Curr Biol, 15(7): 624-636.

Van Eck WH. 1979. Mode of action of two benzoylphenyl ureas as inhibitors of chitin synthesis in insects. Insect Biochem, 9(3): 295-300.

Van Hoof D, Rodenburg KW, van der Horst DJ. 2003. Lipophorin receptor-mediated lipoprotein endocytosis in insect fat body cells. J Insect Physiol, 44(8): 1431-1440.

Vannini L, Willis JH. 2017. Localization of RR-1 and RR-2 cuticular proteins within the cuticle of *Anopheles gambiae*. Arthropod Struct Dev, 46(1): 13-29.

Vargas HCM, Farnesi LC, Martins AJ, et al. 2014. Serosal cuticle formation and distinct degrees of desiccation resistance in embryos of the mosquito vectors *Aedes aegypti*, *Anopheles aquasalis* and *Culex quinquefasciatus*. J Insect Physiol, 62: 54-60.

Vargas HCM, Panfilio KA, Roelofs D, et al. 2019. Blastodermal cuticle formation contributes to desiccation resistance in springtail eggs: eco-evolutionary implications for insect terrestrialization. J Exp Zool B Mol Dev Evol, 336(8): 606-619.

Vargas HCM, Panfilio KA, Roelofs D, et al. 2021. Increase in egg resistance to desiccation in springtails correlates with blastodermal cuticle formation: eco-evolutionary implications for insect terrestrialization. J Exp Zool B Mol Dev Evol, 336(8): 606-619.

Vatanparast M, Kim Y. 2017. Optimization of recombinant bacteria expressing dsRNA to enhance insecticidal activity against a lepidopteran insect, *Spodoptera exigua*. PLOS ONE, 12(8):

e0183054.

Vey A, Matha V, Dumas C. 2002. Effects of the peptide mycotoxin destruxin E on insect haemocytes and on dynamics and efficiency of the multicellular immune reaction. J Invertebr Pathol, 80(3): 177-187.

Vilcinskas A, Gtz P. 1999. Entomopathogenic fungi and the insect immune system. Adv Parasitol, 43: 267-313.

Vincent JFV, Wegst UGK. 2004. Design and mechanical properties of insect cuticle. Arthropod Struct Dev, 33(3): 187-199.

Vitt UA, Hsu SY, Hsueh AJ. 2001. Evolution and classification of cystine knot-containing hormones and related extracellular signaling molecules. Mol Endocrinol, 15(5): 681-694.

Vivan LM, Torres JB, Fernandes PLS. 2017. Activity of selected formulated biorational and synthetic insecticides against larvae of *Helicoverpa armigera* (Lepidoptera: Noctuidae). J Econ Entomol, 110(1): 118-126.

Walton OC, Stevens M. 2018. Avian vision models and field experiments determine the survival value of peppered moth camouflage. Commun Biol, 1: 118.

Wang CS, Duan ZB, St Leger RJ, et al. 2008. MOS1 osmosensor of *Metarhizium anisopliae* is required for adaptation to insect host hemolymph. Eukaryot Cell, 7(2): 302-309.

Wang CS, St Leger RJ. 2005. Developmental and transcriptional responses to host and nonhost cuticles by the specific locust pathogen *Metarhizium anisopliae* var. *acridum*. Eukaryot Cell, 4(5): 937-947.

Wang CS, St Leger RJ. 2007. A scorpion neurotoxin increases the potency of a fungal insecticide. Nat Biotechnol, 25(12): 1455-1456.

Wang CS, Typas MA, Butt TM. 2002. Detection and characterisation of *pr1* virulent gene deficiencies in the insect pathogenic fungus *Metarhizium anisopliae*. Microbiology, 213(2): 251-255.

Wang CS, Wang SB. 2017. Insect pathogenic fungi: genomics, molecular interactions, and genetic improvements. Annu Rev Entomol, 62(1): 73-90.

Wang CY, Cheng J, Lyu ZH, et al. 2019a. Chitin deacetylase 1 and 2 are indispensable for larval-pupal and pupal-adult molts in *Heortia vitessoides* (Lepidoptera: Crambidae). Comp Biochem Phys B, 237: 110325.

Wang JX, Chen ZL, Du JZ, et al. 2005. Novel insect resistance in *Brassica napus* developed by transformation of chitinase and scorpion toxin genes. Plant Cell Rep, 24(9): 549-555.

Wang KX, Peng YC, Chen JS, et al. 2020b. Comparison of efficacy of RNAi mediated by various nanoparticles in the rice striped stem borer (*Chilo suppressalis*). Pestic Biochem Phys, 165: 104467.

Wang P, Granados RR. 2001. Molecular structure of the peritrophic membrane (PM): identification of potential PM target sites for insect control. Arch Insect Biochem Physiol, 47(2): 110-118.

Wang S, Ghosh AK, Bongio N, et al. 2012c. Fighting malaria with engineered symbiotic bacteria from vector mosquitoes. Proc Natl Acad Sci USA, 109(31): 12734-12739.

Wang SB, Dos-Santos A LA, Huang W, et al. 2017. Driving mosquito refractoriness to *Plasmodium falciparum* with engineered symbiotic bacteria. Science, 357(6358): 1399-1402.

Wang SQ, Jayaram SA, Hemphälä J, et al. 2006. Septate-junction-dependent luminal deposition of chitin deacetylases restricts tube elongation in the *Drosophila* trachea. Curr Biol, 16(2): 180-185.

Wang SY, Hackney Price J, Zhang D. 2019b. Hydrocarbons catalysed by TmCYP4G122 and TmCYP4G123 in *Tenebrio molitor* modulate the olfactory response of the parasitoid *Scleroderma guani*. Insect Mol Biol, 28(5): 637-648.

Wang SY, Li BL, Zhang DY. 2019c. NlCYP4G76 and NlCYP4G115 modulate susceptibility to desiccation and insecticide penetration through affecting cuticular hydrocarbon biosynthesis in *Nilaparvata lugens* (Hemiptera: Delphacidae). Front Physiol, 10: 913.

Wang X, Ding X, Gopalakrishnan B, et al. 1996. Characterization of a 46 kDa insect chitinase from transgenic tobacco. Insect Biochem Mol Biol, 26(10): 1055-1064.

Wang X, Fang X, Yang P, et al. 2014a. The locust genome provides insight into swarm formation and long-distance flight. Nat Commun, 5(1): 2957.

Wang Y, Iii TMG, Kukutla P, et al. 2011a. Dynamic gut microbiome across life history of the malaria mosquito *Anopheles gambiae* in Kenya. PLOS ONE, 6(9): e24767.

Wang Y, Fan HW, Huang HJ, et al. 2012a. Chitin synthase 1 gene and its two alternative splicing variants from two sap-sucking insects, *Nilaparvata lugens* and *Laodelphax striatellus* (Hemiptera: Delphacidae). Insect Biochem Mol Biol, 42(9): 637-646.

Wang YB, Zhang H, Li HC, et al. 2011b. Second-generation sequencing supply an effective way to screen RNAi targets in large scale for potential application in pest insect control. PLOS ONE, 6(4): e18644.

Wang YD, Yang PC, Cui F, et al. 2013. Altered immunity in crowded locust reduced fungal (*Metarhizium anisopliae*) pathogenesis. PLOS Pathog, 9(1): e1003102.

Wang YL, Liu T, Yang Q, et al. 2012b. A modeling study for structure features of β-*N*-acetyl-D-hexosaminidase from *Ostrinia furnacalis* and its novel inhibitor allosamidin: species selectivity and multi-target characteristics. Chem Biol Drug Des, 79(4): 572-582.

Wang YW, Norum M, Oehl K, et al. 2020a. Dysfunction of oskyddad causes harlequin-type ichthyosis-like defects in *Drosophila melanogaster*. PLOS Genet, 16(1): e1008363.

Wang YW, Yu ZT, Zhang JZ, et al. 2016. Regionalization of surface lipids in insects. Proc R Soc B, 283(1830): 20152994.

Wang ZY, Liu G, Zheng HR, et al. 2014b. Rigid nanoparticle-based delivery of anti-cancer siRNA: challenges and opportunities. Biotechnol Adv, 32(4): 831-843.

Warren WD, Palmer S, Howells AJ. 1996. Molecular characterization of the cinnabar region of *Drosophila melanogaster*: identification of the cinnabar transcription unit. Genetica, 98(3): 249-262.

Watanabe T, Takeda A, Tsukiyama T, et al. 2006. Identification and characterization of two novel classes of small RNAs in the mouse germline: retrotransposon-derived siRNAs in oocytes and germ-line small RNAs in testes. Genes Dev, 20(13): 1732-1743.

Watanabe T, Totoki Y, Toyoda A, et al. 2008. Endogenous siRNAs from naturally formed dsRNAs regulate transcripts in mouse oocytes. Nature, 453(7194): 539-543.

Weers PM, Ryan RO. 2006. Apolipophorin Ⅲ: role model apolipoprotein. Insect Biochem Mol Biol, 36(4): 231-240.

Weers PM, Van Marrewijk WJ, Beenakkers AM, et al. 1993. Biosynthesis of locust lipophorin. Apolipophorins Ⅰ and Ⅱ originate from a common precursor. J Biol Chem, 268(6): 4300-4303.

Wei G, Lai YL, Wang GD, et al. 2017. Insect pathogenic fungus interacts with the gut microbiota to accelerate mosquito mortality. Proc Natl Acad Sci USA, 114(23): 5994-5999.

Werner T, Liu G, Kang D, et al. 2000. A family of peptidoglycan recognition proteins in the fruit fly *Drosophila melanogaster*. Proc Natl Acad Sci USA, 97(25): 13772-13777.

Werren JH, Richards S, Desjardins CA, et al. 2010. Functional and evolutionary insights from the genomes of three parasitoid *Nasonia* species. Science, 327(5963): 343-348.

Wheeler MM, Ament SA, Rodriguez-Zas SL, et al. 2013. Brain gene expression changes elicited by peripheral vitellogenin knockdown in the honey bee. Insect Mol Biol, 22(5): 562-573.

Whitten M, Dyson P. 2017. Gene silencing in non-model insects: overcoming hurdles using symbiotic bacteria for trauma-free sustainable delivery of RNA interference. Bio Essays, 39(3): 1600247.

Whitten MMA, Facey PD, Del Sol R, et al. 2016. Symbiont-mediated RNA interference in insects. Proc Biol Sci, 283(1825): 20160042.

Whyard S, Singh AD, Wong S. 2009. Ingested double-stranded RNAs can act as species-specific insecticides. Insect Biochem Mol Biol, 39(11): 824-832.

Wigglesworth VB. 1933. The physiology of the cuticle and of ecdysis in *Rhodnius prolixus* (Triatomldac. Hemiptera): with special reference to the function of the oenocytes and of the dorsal glands. J Cell Sci, 76(302): 269-318.

Wigglesworth VB. 1945. Transpiration through the cuticle of insects. J Exp Biol, 21(3-4): 97-114.

Wigglesworth VB. 1947. The epicuticle in an insect, *Rhodnius prolixus* (Hemiptera). Proc R Soc Lond B Biol Sci, 134(875): 163-181.

Wigglesworth VB. 1955. The role of the haemocytes in the growth and moulting of an insect, *Rhodnius prolixus* (Hemiptera). J Exp Biol, 32(4): 649-663.

Wigglesworth VB. 1970. Structural lipids in the insect cuticle and the function of the oenocytes. Tissue Cell, 2(1): 155-179.

Wigglesworth VB. 1972. The Principles of Insect Physiology. Cambridge: Chapman and Hall Limited, Cambridge University Press.

Wigglesworth VB. 1975a. Incorporation of lipid into the epicuticle of *Rhodnius* (Hemiptera). J Cell Sci, 19(3): 459-485.

Wigglesworth VB. 1975b. Distribution of lipid in the lamellate endocuticle of *Rhodnius prolixus* (Hemiptera). J Cell Sci, 19(3): 439-457.

Wigglesworth VB. 1985. The transfer of lipid in insects from the epidermal cells of the cuticle. Tissue Cell, 17(2): 249-265.

Wijnen B, Leertouwer HL, Stavenga DG. 2007. Colors and pterin pigmentation of pierid butterfly wings. J Insect Physiol, 53(12): 1206-1217.

Williams CM. 1967. Third-generation pesticides. Sci Am, 217(1): 13-17.

Willis JH. 2010. Structural cuticular proteins from arthropods: annotation, nomenclature, and sequence characteristics in the genomics era. Insect Biochem Mol Biol, 40(3): 189-204.

Wing KD, Slawecki RA, Carlson GR. 1988. RH-5849, a nonsteroidal ecdysone agonist: effects on larval Lepidoptera. Science, 241(4864): 470-472.

Wittkopp PJ, Beldade P. 2009. Development and evolution of insect pigmentation: genetic mechanisms and the potential consequences of pleiotropy. Semin Cell Dev Biol, 20(1): 65-71.

Wittkopp PJ, True JR, Carroll SB. 2002. Reciprocal functions of the *Drosophila* yellow and ebony proteins in the development and evolution of pigment patterns. Development, 129(8): 1849-1858.

Wright JE. 1976. Environmental and toxicological aspects of insect growth regulators. Environ Health Perspect, 14: 127.

Wright TR. 1996. The Wilhelmine E. Key 1992 Invitational lecture. Phenotypic analysis of the dopa decarboxylase gene cluster mutants in *Drosophila melanogaster*. J Hered, 87(3): 175-190.

Wu JJ, Mu LL, Chen ZC, et al. 2019. Disruption of ecdysis in *Leptinotarsa decemlineata* by knockdown of chitin deacetylase 1. J Asia Pac Entomol, 22(2): 443-452.

Wu LP, Anderson KV. 1997. Related signaling networks in *Drosophila* that control dorsoventral patterning in the embryo and the immune response. Cold Spring Harb Symp Quant Biol, 62: 97-103.

Wu LX, Zhang ZF, Yu ZT, et al. 2020. Both *LmCYP4G* genes function in decreasing cuticular penetration of insecticides in *Locusta migratoria*. Pest Manag Sci, 76(11): 3541-3550.

Wuttig U, Baier U, Penzlin H. 1991. The effect of diflubenzuron (dimilin) on the ecdysteroid titer and neuronal activity of *Periplaneta americana* (L.). Pestic Biochem Physiol, 39(1): 8-19.

Xi Y, Pan PL, Ye YX, et al. 2014. Chitin deacetylase family genes in the brown planthopper, *Nilaparvata lugens* (Hemiptera: Delphacidae). Insect Mol Biol, 23(6): 695-705.

Xi Y, Pan PL, Ye YX, et al. 2015a. Chitinase-like gene family in the brown planthopper, *Nilaparvata lugens*. Insect Mol Biol, 24(1): 29-40.

Xi Y, Pan PL, Zhang CX. 2015b. The β-*N*-acetylhexosaminidase gene family in the brown planthopper, *Nilaparvata lugens*. Insect Mol Biol, 24(6): 601-610.

Xia QY, Zhou ZY, Lu C, et al. 2004. A draft sequence for the genome of the domesticated silkworm (*Bombyx mori*). Science, 306(5703): 1937-1940.

Xia Y, Clarkson JM, Charnley AK. 2002. Trehalose-hydrolysing enzymes of *Metarhizium anisopliae* and their role in pathogenesis of the tobacco hornworm, *Manduca sexta*. J Invertebr Pathol, 80(3): 139-147.

Xiang M, Zhang HZ, Jing XY, et al. 2021. Sequencing, expression, and functional analyses of four genes related to fatty acid biosynthesis during the diapause process in the female ladybird, *Coccinella septempunctata* L. Front Physiol, 12: 706032.

Xiao GH, Ying SH, Zheng P, et al. 2012. Genomic perspectives on the evolution of fungal entomopathogenicity in *Beauveria bassiana*. Sci Rep, 2: 483.

Xiong G, Tong XL, Gai TT, et al. 2017. Body shape and coloration of silkworm larvae are influenced by a novel cuticular protein. Genetics, 207(3): 1053-1066.

Xiong G, Tong XL, Yan ZW, et al. 2018. Cuticular protein defective Bamboo mutant of *Bombyx mori* is sensitive to environmental stresses. Pestic Biochem Phys, 148: 111-115.

Xu HJ, Xue J, Lu B, et al. 2015. Two insulin receptors determine alternative wing morphs in planthoppers. Nature, 519(7544): 464-467.

Xu HX, Qian LX, Wang XW, et al. 2019. A salivary effector enables whitefly to feed on host plants by eliciting salicylic acid-signaling pathway. Proc Natl Acad Sci USA, 116(2): 490-495.

Xu Y, Yang XS, Sun XH, et al. 2020. Transcription factor FTZ-F1 regulates mosquito cuticular protein CPLCG5 conferring resistance to pyrethroids in *Culex pipiens pallens*. Parasit Vectors, 13(1): 514.

Yan S, Qian J, Cai C, et al. 2020. Spray method application of transdermal dsRNA delivery system for efficient gene silencing and pest control on soybean aphid *Aphis glycines*. J Pest Sci, 93(1): 449-459.

Yan S, Ren BY, Shen J. 2021. Nanoparticle-mediated double-stranded RNA delivery system: a promising approach for sustainable pest management. Insect Sci, 28(1): 21-34.

Yang F, Xi RW. 2017. Silencing transposable elements in the *Drosophila* germline. Cell Mol Life Sci, 74(3): 435-448.

Yang ML, Wang YL, Jiang F, et al. 2016. miR-71 and miR-263 jointly regulate target genes chitin synthase and chitinase to control locust molting. PLOS Genet, 12(8): e1006257.

Yang ML, Wang YL, Liu Q, et al. 2019a. A β-carotene-binding protein carrying a red pigment regulates body-color transition between green and black in locusts. eLife, 8: e41362.

Yang MM, Zhao LN, Shen QD, et al. 2017a. Knockdown of two trehalose-6-phosphate synthases severely affects chitin metabolism gene expression in the brown planthopper *Nilaparvata lugens*. Pest Manag Sci, 73(1): 206-216.

Yang Q, Liu T, Liu F, et al. 2008. A novel β-*N*-acetyl-D-hexosaminidase from the insect *Ostrinia furnacalis* (Guenée). FEBS J, 275(22): 5690-5702.

Yang WJ, Xu KK, Yan X, et al. 2019b. Knockdown of β-*N*-acetylglucosaminidase 2 impairs molting and wing development in *Lasioderma serricorne* (Fabricius). Insects, 10(11): 396.

Yang Y, Liu T, Yang YL, et al. 2011. Synthesis, evaluation, and mechanism of *N,N,N*-trimethyl-D-glucosamine-1,4-chitooligosaccharides as selective inhibitors of glycosyl hydrolase family 20 β-*N*-acetyl-D-hexosaminidases. Chem Bio Chem, 12(3): 457-467.

Yang Y, Zhao XM, Niu N, et al. 2020. Two fatty acid synthase genes from the integument contribute to cuticular hydrocarbon biosynthesis and cuticle permeability in *Locusta migratoria*. Insect Mol Biol, 29(6): 555-568.

Yao Q, Zhang D, Tang B, et al. 2010. Identification of 20-hydroxyecdysone late-response genes in the chitin biosynthesis pathway. PLOS ONE, 5(11): e14058.

Ye C, Jiang YD, An X, et al. 2019. Effects of RNAi-based silencing of chitin synthase gene on moulting and fecundity in pea aphids (*Acyrthosiphon pisum*). Sci Rep, 9(1): 3694.

Ye YX, Pan PL, Kang D, et al. 2015. The multicopper oxidase gene family in the brown planthopper, *Nilaparvata lugens*. Insect Biochem Mol Biol, 63: 124-132.

Yin J, Li L, Shaw N, et al. 2009. Structural basis and catalytic mechanism for the dual functional endo- β-*N*-acetylglucosaminidase A. PLOS ONE, 4(3): e4658.

Yu G, Xie LQ, Li JT, et al. 2015. Isolation, partial characterization, and cloning of an extracellular chitinase from the entomopathogenic fungus *Verticillium lecanii*. Genet Mol Res, 14(1): 2275-2289.

Yu R, Xu XP, Liang YK, et al. 2014. The insect ecdysone receptor is a good potential target for RNAi-based pest control. Int J Biol Sci, 10(10): 1171-1180.

Yu RR, Liu WM, Li DQ, et al. 2016a. Helicoidal organization of chitin in the cuticle of the migratory locust requires the function of the chitin deacetylase2 enzyme (LmCDA2). J Biol Chem, 291(47): 24352-24363.

Yu RR, Liu WM, Zhao XM, et al. 2019a. LmCDA1 organizes the cuticle by chitin deacetylation in *Locusta migratoria*. Insect Mol Biol, 28(3): 301-312.

Yu RR, Zhang R, Liu WM, et al. 2022. The DOMON domain protein LmKnk contributes to correct chitin content, pore canal formation and lipid deposition in the cuticle of *Locusta migratoria* during moulting. Insect Mol Biol, 31(2): 127-138.

Yu SJ, Pan Q, Luo R, et al. 2019b. Expression of exogenous dsRNA by *Lecanicillium attenuatum* enhances its virulence to *Dialeurodes citri*. Pest Manag Sci, 75(4): 1014-1023.

Yu SJ, Terriere LC. 1975. Activities of hormone metabolizing enzymes in house flies treated with some substituted urea growth regulators. Life Sci, 17(4): 619-625.

Yu XM, Zhou Q, Li SC, et al. 2008. The silkworm (*Bombyx mori*) microRNAs and their expressions in multiple developmental stages. PLOS ONE, 3(8): e2997.

Yu ZT, Wang YW, Zhao XM, et al. 2017. The ABC transporter ABCH-9C is needed for cuticle barrier construction in *Locusta migratoria*. Insect Biochem Mol Biol, 87: 90-99.

Yu ZT, Zhang XY, Wang YW, et al. 2016b. LmCYP4G102: an oenocyte-specific cytochrome P450 gene required for cuticular waterproofing in the migratory locust, *Locusta migratoria*. Sci Rep, 6(5): 29980.

Yuasa M, Kiuchi T, Banno Y, et al. 2016. Identification of the silkworm *quail* gene reveals a crucial role of a receptor guanylyl cyclase in larval pigmentation. Insect Biochem Mol Biol, 68: 33-40.

Yun GT, Jung WB, Oh MS, et al. 2018. Springtail-inspired superomniphobic surface with extreme pressure resistance. Sci Adv, 4(8): eaat4978.

Yuzwa SA, Macauley MS, Heinonen JE, et al. 2008. A potent mechanism-inspired *O*-GlcNAcae inhibitor that blocks phosphorylation of tau *in vivo*. Nat Chem Biol, 4(8): 483-490.

Zamore PD, Tuschl T, Sharp PA, et al. 2000. RNAi: double-stranded RNA directs the ATP-dependent cleavage of mRNA at 21 to 23 nucleotide intervals. Cell, 101(1): 25-33.

Zamparini AL, Davis MY, Malone CD, et al. 2011. Vreteno, a gonad-specific protein, is essential for germline development and primary piRNA biogenesis in *Drosophila*. Development, 138(18): 4039-4050.

Zdybicka-Barabas A, Cytryńska M. 2013. Apolipophorins and insects immune response. Invert Surviv J, 10(1): 58-68.

Zen KC, Choi HK, Krishnamachary N, et al. 1996. Cloning, expression, and hormonal regulation of an insect β-*N*-acetylglucosaminidase gene. Insect Biochem Mol Biol, 26(5): 435-444.

Zeng B, Liu YT, Feng ZR, et al. 2012. Overexpression of a P450 gene (*CYP6CW1*) in buprofezin-resistant *Laodelphax striatellus* (Fallén). Pestic Biochem Physiol, 104: 277-282.

Zha WJ, Peng XX, Chen RZ, et al. 2011. Knockdown of midgut genes by dsRNA-transgenic plant-mediated RNA interference in the hemipteran insect *Nilaparvata lugens*. PLOS ONE, 6(5): e20504.

Zhai YF, Zhang JQ, Sun ZX, et al. 2013. Proteomic and transcriptomic analyses of fecundity in the brown planthopper *Nilaparvata lugens* (Stål). J Proteome Res, 12(11): 5199-5212.

Zhang DW, Chen J, Yao Q, et al. 2012a. Functional analysis of two chitinase genes during the pupation and eclosion stages of the beet armyworm *Spodoptera exigua* by RNA interference. Arch Insect Biochem Physiol, 79(4-5): 220-234.

Zhang HY, Lin Y, Shen GW, et al. 2017a. Pigmentary analysis of eggs of the silkworm *Bombyx mori*. J Insect Physiol, 101: 142-150.

Zhang J, Goyer C, Pelletier Y. 2008. Environmental stresses induce the expression of putative glycine-rich insect cuticular protein genes in adult *Leptinotarsa decemlineata* (Say). Insect Mol Biol, 17(3): 209-216.

Zhang J, Khan SA, Hasse C, et al. 2015b. Full crop protection from an insect pest by expression of long double stranded RNAs in plastids. Science, 347(6225): 991-994.

Zhang J, Khan SA, Heckel DG, et al. 2017c. Next-generation insect-resistant plants: RNAi-mediated crop protection. Trends in Biotechnol, 35(9): 871-882.

Zhang J, Walker WB, Wang GR. 2015a. Pheromone reception in moths: from molecules to behaviors. Prog Mol Biol Transl Sci, 130: 109-128.

Zhang JZ, Liu XJ, Zhang JQ, et al. 2010a. Silencing of two alternative splicing-derived mRNA variants of chitin synthase 1 gene by RNAi is lethal to the oriental migratory locust, *Locusta migratoria manilensis* (Meyen). Insect Biochem Mol Biol, 40(11): 824-833.

Zhang JZ, Zhang X, Arakane Y, et al. 2011a. Comparative genomic analysis of chitinase and chitinase-like genes in the African malaria mosquito (*Anopheles gambiae*). PLOS ONE, 6(5): e19899.

Zhang JZ, Zhang X, Arakane Y, et al. 2011b. Identification and characterization of a novel chitinase-like gene cluster (*AgCht5*) possibly derived from tandem duplications in the African malaria mosquito, *Anopheles gambiae*. Insect Biochem Mol Biol, 41(8): 521-528.

Zhang JZ, Zhu KY. 2006. Characterization of a chitin synthase cDNA and its increased mRNA level associated with decreased chitin synthesis in *Anopheles quadrimaculatus* exposed to diflubenzuron. Insect Biochem Mol Biol, 36(9): 712-725.

Zhang LL, Reed RD. 2016. Genome editing in butterflies reveals that spalt promotes and Distal-less represses eyespot colour patterns. Nat Commun, 7: 11769.

Zhang M, Ji YN, Zhang XB, et al. 2019b. The putative chitin deacetylases serpentine and vermiform have non-redundant functions during *Drosophila* wing development. Insect Biochem Mol Biol, 110: 128-135.

Zhang M, Ma PJ, Zhang TT, et al. 2021. Roles of LmCDA1 and LmCDA2 in cuticle formation in the foregut and hindgut of *Locusta migratoria*. Insect Sci, 28(5): 1-32.

Zhang R, Wang B, Grossi G, et al. 2017b. Molecular basis of alarm pheromone detection in aphids. Curr Biol, 27(1): 55-61.

Zhang R, Zhao XM, Liu XJ, et al. 2020a. Effect of RNAi-mediated silencing of two *Knickkopf* family genes (*LmKnk2* and *LmKnk3*) on cuticle formation and insecticide susceptibility in *Locusta migratoria*. Pest Manag Sci, 76(9): 2907-2917.

Zhang S, Widemann E, Bernard G, et al. 2012b. CYP52X1, representing new cytochrome P450 subfamily, displays fatty acid hydroxylase activity and contributes to virulence and growth on insect cuticular substrates in entomopathogenic fungus *Beauveria bassiana*. J Biol Chem, 287(16): 13477-13486.

Zhang SZ, Zhang XL, Shen J, et al. 2016. Susceptibility of field populations of the diamondback moth, *Plutella xylostella*, to a selection of insecticides in central China. Pestic Biochem Physiol, 132: 38-46.

Zhang TT, Liu WM, Li DQ, et al. 2018a. LmCht5-1 promotes pro-nymphal molting during locust embryonic development. Insect Biochem Mol Biol, 101: 124-130.

Zhang TT, Yuan DW, Xie J, et al. 2019c. Evolution of the cholesterol biosynthesis pathway in animals. Mol Biol Evol, 36(11): 2548-2556.

Zhang X, Zhang JZ, Zhu KY. 2010b. Chitosan/double-stranded RNA nanoparticle-mediated RNA interference to silence chitin synthase genes through larval feeding in the African malaria mosquito (*Anopheles gambiae*). Insect Mol Biol, 19(5): 683-693.

Zhang XY, Dong J, Wu HH, et al. 2019d. Knockdown of cytochrome P450 CYP6 family genes increases susceptibility to carbamates and pyrethroids in the migratory locust, *Locusta migratoria*. Chemosphere, 223: 48-57.

Zhang Y, Wang XX, Feng ZJ, et al. 2020b. Aspartate-*beta*-alanine-NBAD pathway regulates pupal melanin pigmentation plasticity of ladybird *Harmonia axyridis*. Insect Sci, 28(6): 1651-1663.

Zhang YL, Han YC, Liu BS, et al. 2017c. Resistance monitoring and cross-resistance role of CYP6CW1 between buprofezin and pymetrozine in field populations of *Laodelphax striatellus* (Fallén). Sci Rep, 7(1): 14639.

Zhang YT, Cui J, Zhou YZ, et al. 2018b. Liposome mediated double stranded RNA delivery to silence ribosomal protein P0 in the tick *Rhipicephalus haemaphysaloides*. Ticks Tick Borne Dis, 9(3): 638-644.

Zhang ZY, Yan JM, Liu Q, et al. 2019a. Genome-wide analysis and hormone regulation of chitin deacetylases in silkworm. Int J Mol Sci, 20(7): 1-16.

Zhao LN, Yang MM, Shen QD, et al. 2016. Functional characterization of three trehalase genes regulating the chitin metabolism pathway in rice brown planthopper using RNA interference. Sci Rep, 6(1): 27841.

Zhao XM, Gou X, Liu WM, et al. 2019a. The wing-specific cuticular protein LmACP7 is essential for normal wing morphogenesis in the migratory locust. Insect Biochem Mol Biol, 112: 103206.

Zhao XM, Gou X, Qin ZY, et al. 2017. Identification and expression of cuticular protein genes based on *Locusta migratoria* transcriptome. Sci Rep, 7: 45462.

Zhao XM, Jia P, Zhang J, et al. 2019c. Structural glycoprotein LmAbd-9 is required for the formation of the endocuticle during locust molting. Int J Biol Macromol, 125: 588-595.

Zhao XM, Qin ZY, Zhang J, et al. 2019b. Nuclear receptor hormone receptor 39 is required for locust moulting by regulating the chitinase and carboxypeptidase genes. Insect Mol Biol, 28(4): 537-549.

Zhao XM, Shao T, Su YZ, et al. 2022. Cuticle protein LmACP19 is required for the stability of epidermal cells in wing development and morphogenesis of *Locusta migratoria*. Int J Mol Sci, 23(6): 3106.

Zhao XM, Yang JP, Gou X, et al. 2021. Cuticular protein gene *LmACP8* is involved in wing morphogenesis in the migratory locust, *Locusta migratoria*. J Integr Agr, 20(6): 1596-1606.

Zhao XM, Yang Y, Niu N, et al. 2020a. The fatty acid elongase gene *LmELO7* is required for hydrocarbon biosynthesis and cuticle permeability in the migratory locust, *Locusta migratoria*. J Insect Physiol, 123: 104052.

Zhao YJ, Sui XY, Xu LJ, et al. 2018. Plant-mediated RNAi of grain aphid *CHS1* gene confers common wheat resistance against aphids. Pest Manag Sci, 74(12): 2754-2760.

Zhao YY, Liu WM, Zhao XM, et al. 2020b. Apolipophorin-II/I contributes to cuticular hydrocarbon transport and cuticle barrier construction in *Locusta migratoria*. Front Physiol, 11: 790.

Zheng P, Xia YL, Xiao GH, et al. 2011. Genome sequence of the insect pathogenic fungus *Cordyceps militaris*, a valued traditional Chinese medicine. Genome Biol, 12(11): R116.

Zheng Y, Hu YS, Yan S, et al. 2019. A polymer/detergent formulation improves dsRNA penetration through the body wall and RNAi-induced mortality in the soybean aphid *Aphis glycines*. Pest Manag Sci, 75(7): 1993-1999.

Zhong YS, Mita K, Shimada T, et al. 2006. Glycine-rich protein genes, which encode a major component of the cuticle, have different developmental profiles from other cuticle protein genes in *Bombyx mori*. Insect Biochem Mol Biol, 36(2): 99-110.

Zhou FY, Wu XQ, Xu LT, et al. 2019. Repressed *Beauveria bassiana* infections in *Delia antiqua* due to associated microbiota. Pest Manag Sci, 75(1): 170-179.

Zhou JH, Shum KT, Burnett JC, et al. 2013. Nanoparticle-based delivery of RNAi therapeutics: progress and challenges. Pharmaceuticals, 6(1): 85-107.

Zhou XG, Wheeler MM, Oi FM, et al. 2008. RNA interference in the termite *Reticulitermes flavipes* through ingestion of double-stranded RNA. Insect Biochem Mol Biol, 38(8): 805-815.

Zhou Y, Badgett M, Bowen J, et al. 2016. Distribution of cuticular proteins in different structures of adult *Anopheles gambiae*. Insect Biochem Mol Biol, 75: 45-57.

Zhu B, Shan J Q, Li R, et al. 2019. Identification and RNAi-based function analysis of chitinase family genes in diamondback moth, *Plutella xylostella*. Pest Manag Sci, 75(7): 1951-1961.

Zhu F, Gujar H, Gordon JR, et al. 2013a. Bed bugs evolved unique adaptive strategy to resist pyrethroid insecticides. Sci Rep, 3: 1456.

Zhu F, Xu J, Palli R, et al. 2011. Ingested RNA interference for managing the populations of the Colorado potato beetle, *Leptinotarsa decemlineata*. Pest Manag Sci, 67(2): 175-182.

Zhu JQ, Liu SM, Ma Y, et al. 2012. Improvement of pest resistance in transgenic tobacco plants expressing dsRNA of an insect-associated gene *EcR*. PLOS ONE, 7(6): e38572.

Zhu JS, Nakagawa S, Chen W, et al. 2013b. Synthesis of eight stereoisomers of pochonicine: nanomolar inhibition of β-*N*-acetylhexosaminidases. J Org Chem, 78(20): 10298-10309.

Zhu KY, Merzendorfer H, Zhang WQ, et al. 2016. Biosynthesis, turnover, and functions of chitin in insects. Annu Rev Entomol, 61: 177-196.

Zhu KY, Palli SR. 2020. Mechanisms, applications, and challenges of insect RNA interference. Annu Rev Entomol, 65(1): 293-311.

Zhu QS, Arakane Y, Banerjee D, et al. 2008a. Domain organization and phylogenetic analysis of the chitinase-like family of proteins in three species of insects. Insect Biochem Mol Biol, 38(4): 452-466.

Zhu QS, Arakane Y, Beeman RW, et al. 2008b. Functional specialization among insect chitinase family genes revealed by RNA interference. Proc Natl Acad Sci USA, 105(18): 6650-6655.

Zhu QS, Deng YP, Vanka P, et al. 2004. Computational identification of novel chitinase-like proteins in the *Drosophila melanogaster* genome. Bioinformatics, 20(2): 161-169.

Zhu XT, Liu YL, Zhang H, et al. 2018. Whole-genome RNAi screen identifies methylation-related genes influencing lipid metabolism in *Caenorhabditis elegans*. J Genet Genomics, 45(5): 259-272.

Ziese S, Dorn A. 2003. Embryonic integument and "molts" in *Manduca sexta* (Insecta, Lepidoptera). J Morphol, 255: 146-161.

Zou ZW, Xin L, Wang JH, et al. 2010. Effects of low temperatures on the fatty acid composition of *Hepialus jianchuanensis* larvae. 3rd International Conference on Biomedical Engineering and Informatics, 6: 2560-2564.

Zuber R, Norum M, Wang YW, et al. 2018. The ABC transporter Snu and the extracellular protein Snsl cooperate in the formation of the lipid-based inward and outward barrier in the skin of *Drosophila*. Eur J Cell Biol, 97(2): 90-101.